Vorträge aus dem Gebiete der
Hydro- und Aerodynamik
(Innsbruck 1922)

Gehalten von

A. G. v. Baumhauer-Amsterdam, V. Bjerknes-Bergen, J. M. Burgers-Delft,
B. Caldonazzo-Mailand, U. Cisotti-Mailand, V. W. Ekman-Lund, W. Heisen-
berg-München, L. Hopf-Aachen, Th. v. Kármán-Aachen, G. Kempf-Hamburg,
T. Levi-Civita-Rom, C. W. Oseen-Upsala, M. Panetti-Turin, E. Pistolesi-
Rom, L. Prandtl-Göttingen, D. Thoma-München, J. Th. Thysse-Haag,
E. Trefftz-Dresden, R. Verduzio-Rom, C. Wieselsberger-Göttingen,
E. Witoszynski-Warschau, G. Zerkowitz-München

Herausgegeben von

Th. v. Kármán und T. Levi-Civita

Professor am Aerodyn. Institut der   Professor an der Universität
Techn. Hochschule, Aachen   Rom

Mit 98 Abbildungen im Text

Springer-Verlag Berlin Heidelberg GmbH

ISBN 978-3-662-00260-5   ISBN 978-3-662-00280-3 (eBook)
DOI 10.1007/978-3-662-00280-3

Softcover reprint of the hardcover 1st edition 1924

Vorwort.

Die Hydro- und Aerodynamik hat in den letzten Jahrzehnten eine Entwicklung angenommen, welche insbesondere dadurch gekennzeichnet ist, daß die Überzeugung von der Brauchbarkeit der mathematischen Methoden zur Klärung physikalisch und technisch wichtiger Probleme stark gehoben wurde. Es wurde dies einerseits dadurch erreicht, daß man die an und für sich bekannte Lehre von der Bewegung idealer Flüssigkeiten, die Lehre von Wirbeln und Wirbelbewegungen im einzelnen auf die praktischen Aufgaben anzuwenden versuchte, andererseits aber den Versuch unternahm, in das schwierige und undankbare Gebiet der reibenden Flüssigkeiten mit feineren mathematischen Methoden einzudringen.

Während der Jahre des großen Krieges hat das Interesse an flugtechnischen Problemen die Aufmerksamkeit in allen Ländern in erhöhtem Maße auf die Fortschritte der theoretischen Aero- und Hydromechanik gelenkt, ohne daß die Vertreter dieser Disziplinen Gelegenheit gehabt hätten, sich auszusprechen und ihre Ergebnisse zu vergleichen. Aus diesem Grunde faßten die Unterzeichneten den Gedanken, eine Art zwangloser Zusammenkunft der Vertreter der Hydro- und Aeromechanik anzuregen. Die Zusammenkunft kam im September 1922 in Innsbruck zustande. Die Beiträge — ergänzt mit einigen später eingelaufenen Mitteilungen von einigen Herren, die verhindert waren, an der Zusammenkunft teilzunehmen — sind in dem vorliegenden Bande niedergelegt.

Das Buch erhebt keineswegs den Anspruch auf eine vollständige Darstellung der Probleme der Hydro- und Aeromechanik, welche zur Zeit die Fachkreise beschäftigen. Sein Inhalt ist zwanglos zustande gekommen und zeigt naturgemäß vielfach eine Ungleichmäßigkeit, sowohl was den Gegenstand als was die Form anbelangt. Berichte und selbständige Beiträge, umfassende Darstellung gelöster Probleme und programmatische Ausblicke über zu lösende Aufgaben stehen nebeneinander. Die Herausgeber geben sich trotzdem der Hoffnung hin, daß das Buch für den Fachmann nicht ohne Interesse und auch geeignet ist, denjenigen, welche keine Gelegenheit hatten, an der anregenden Tagung teilzunehmen, von den mannigfachen Problemen und Entwicklungsmöglichkeiten der Hydro- und Aerodynamik ein lebendiges Bild zu geben.

Für freundliche Hilfe insbesondere beim Lesen der Korrekturen sind wir Herrn Kollegen L. Hopf zu Dank verpflichtet.

<table>
<tr><td>Aachen
———
Rom</td><td>, im März 1924.</td><td>Th. v. Kármán.
T. Levi-Civita.</td></tr>
</table>

Inhaltsverzeichnis.

Über den Anteil Italiens an dem Fortschritt der klassischen Hydrodynamik in den letzten fünfzehn Jahren[1]).

Von U. Cisotti in Mailand.

Vor allem gebührt mein Dank den Veranstaltern dieser Zusammenkunft, die mich freundlichst einluden, die von den Italienern auf dem Gebiete der klassischen Hydrodynamik in den letzten Jahren erreichten Fortschritte darzulegen. Mancher andere hätte mit größerer Autorität als ich über diesen Gegenstand berichten können: es sei mir erlaubt, nur einen einzigen Namen zu nennen, der unser Stolz ist und nicht nur unserer allein: Tullio Levi-Civita.

Die Aufforderung, die von ihm an mich erging, erreichte mich, als ich, weit entfernt von meinem Studienorte, meinen Büchern, meinen Zeichnungen inmitten der Herrlichkeiten der Tiroler Alpen Erholung suchte. Wenn ich das Gebot meines Gewissens befolgt hätte, so hätte ich unter diesen Umständen die an mich ergangene Aufforderung ablehnen müssen; ich zog es jedoch vor, lieber meinem Gefühl zu folgen, als etwas zu tun, was den Veranstaltern dieser Tagung und jenen, die an ihr teilnehmen wollten, mißfällig hätte scheinen können. Ich mußte mich also auf mein Gedächtnis verlassen und auf einige Notizen, die mir freundlichst von einigen Kollegen zur Verfügung gestellt wurden, denen ich hiermit meinen wärmsten Dank ausspreche, und endlich auf einige Schriften, die ich mir in diesen letzten Tagen zu verschaffen vermochte. Aus diesen Gründen erbitte ich Ihre wohlwollende Nachsicht bezüglich der Lücken, die der vorliegende Bericht aufweisen könnte.

Es erscheint mir nicht angezeigt, mich auf eine ins einzelne gehende Aufzählung der zahlreichen italienischen Arbeiten einzulassen, die in diesen letzten Jahren erschienen sind. Ich könnte höchstens nach meiner Rückkehr nach Mailand die gesamte Literatur zusammenstellen, falls diese den Zwecken der gegenwärtigen Tagung von Nutzen sein würde. Ich werde mich auf eine kurze Übersicht über die einschlägigen Arbeiten beschränken — auf ein Panoramabild sozusagen, und nur dort ausführlicher verweilen, wo es nach meiner Ansicht der Gegenstand erfordert.

---

[1]) Übersetzt von Th. Pöschl in Prag.

In der räumlichen Hydrodynamik der idealen (reibungsfreien) Flüssigkeiten betrifft eine Gruppe von Untersuchungen (von Almansi, Boggio, Burgatti, Cisotti) die dynamischen Wirkungen, die von strömenden Flüssigkeiten auf eingetauchte Körper, auf die Wände von Röhren und Kanälen, oder auf die Gefäße, welche bewegte Flüssigkeitsmassen enthalten, ausgeübt werden. Von den Ergebnissen dieser Arbeiten möchte ich besonders hervorheben:

a) die Formeln von Boggio, die die Resultierende und das Moment der dynamischen Drücke einer Flüssigkeit auf die Wände eines Rohres liefern, das von ihr durchströmt wird;

b) die von Almansi herrührende Feststellung, daß, wenn man eine Strömung um einen ruhenden Körper betrachtet, die Resultierende der auf diesen ausgeübten Drücke null oder normal zur Strömungsrichtung oder auch gegen diese um einen spitzen Winkel geneigt ist, welches Ergebnis man als eine Verallgemeinerung des Paradoxons von d'Alembert ansehen kann;

c) die eleganten, sich auf die Dimensionskriterien stützenden Betrachtungen von Burgatti über den Widerstand, welchen in der Luft bewegte ebene Flächen erfahren.

Endlich weise ich auf den folgenden Umstand hin, welcher auszuschließen scheint, daß die innere Reibung die Wirkung der gesamten in Bewegung befindlichen Flüssigkeit auf die Wände des sie enthaltenden Gefäßes beeinflussen kann: bei jeder Bewegung einer beliebigen — und daher auch zähen — Flüssigkeit, die in einem geschlossenen Gefäß stattfindet, ist die Resultierende und das Moment der dynamischen Drücke der Flüssigkeit auf die Gefäßwände gleich Null.

Bei der Untersuchung der Bewegung von festen Körpern in Flüssigkeiten und von Flüssigkeiten, die Röhren und Kanäle durchströmen, ist es von Interesse, festzustellen, bis zu welchem Punkte der spezifische Druck nicht negativ wird. Es ist einleuchtend, daß solchen negativen Werten keine physikalische Wirklichkeit entsprechen kann.

Wenn man dieser Bedingung in der klassischen Lösung des Problems der geradlinigen und gleichförmigen Bewegung einer festen Kugel in einer unendlichen und kräftefreien Flüssigkeit Rechnung trägt, wobei die entstehende Bewegung als wirbelfrei angenommen wird, so gelangt man zu dem Schluß, daß die Geschwindigkeit des Körpers den Wert

$$\frac{2}{3}\sqrt{\frac{2\,p_0}{\varrho}}$$

nicht übersteigen darf; darin bedeutet p_0 den hydrostatischen Druck (der bei Abwesenheit von Volumkräften konstant ist), und ϱ die Dichte der Flüssigkeit (auch konstant).

Für größere Geschwindigkeiten gelangt man zu der physikalischen Unmöglichkeit, daß in Bereichen, die von Flüssigkeit erfüllt sind, der Druck negativ wird.

Der soeben für eine starre Kugel in einer vollkommenen Flüssigkeit erwähnte Fall tritt auch bei Körpern von beliebiger Form auf (wenigstens sofern die Oberfläche des starren Körpers keine Singularität aufweist und gegen den äußeren von Flüssigkeit erfüllten Raum konvex ist), ferner, wie auch die Flüssigkeit, welche den festen Körper umgibt, beschaffen ist (sie kann auch kompressibel sein), und endlich wenn auch keine besonderen Annahmen (wie die der Wirbelfreiheit) über die Art der Strömung eingeführt werden. So muß z. B. die Geschwindigkeit V eines in eine Flüssigkeitsmasse von beschränkter Tiefe (Kanal, See oder Meer) gänzlich oder teilweise (schwimmend) eingetauchten starren Körpers der folgenden Beschränkung genügen:

$$V \leqq \sqrt{2\,g\varDelta + \frac{2\,p_A}{\varrho}}\,;$$

darin bedeuten:

g die Beschleunigung der Schwere,

p_A den atmosphärischen Druck auf den freien Flüssigkeitsspiegel,

ϱ die Dichte der Flüssigkeit,

$\varDelta$ die Eintauchtiefe des Buges des schwimmenden Körpers unter dem freien Spiegel.

Für einen an der Oberfläche schwimmenden Körper mit kleiner Tauchtiefe, für den angenähert $\varDelta = 0$ ist, reduziert sich die vorhergehende Bedingung auf

$$V \leqq \sqrt{\frac{2\,p_A}{\varrho}}\,.$$

Um eine Vorstellung von der Größenordnung des zweiten Gliedes zu gewinnen, bemerken wir, daß wir unter den normalen Verhältnissen (ruhige Luft und See) ungefähr

$$V \leqq 14 \text{ m/sek}$$

erhalten, was einer Stundengeschwindigkeit von 27 Seemeilen entspricht. Es ist hervorzuheben, daß die größten bisher von Schiffen erreichten Geschwindigkeiten sich um 36 Seemeilen in der Stunde herum bewegen. Wie wir sehen, liegt die theoretische Grenze etwas unterhalb (um etwa $^1/_4$) der größten Geschwindigkeiten, die in der Praxis und unter viel verwickelteren Bedingungen als die von der Theorie in Rechnung gezogenen schon erreicht wurden, und welche höchstwahrscheinlich das Erreichen noch größerer Geschwindigkeiten verhindern.

Aus diesen Betrachtungen müssen wir daher schließen, daß für die Geschwindigkeiten der Körper, die über der genannten Grenze liegen, die gewöhnlichen Gleichungen der reinen Hydromechanik nicht mehr anwendbar sind. Auch für ideale Flüssigkeiten, die in geraden Röhren oder Kanälen fließen, müßte auf Grund der Gleichungen der klassischen Hydrodynamik eine obere Grenze für die Geschwindigkeit sich ergeben.

Für strömende Flüssigkeiten in Röhren zeigt die Erfahrung, daß zwei Strömungsformen möglich sind: die Poiseuillesche und die hydraulische. Beide sind durch die zähe Natur der Flüssigkeit bedingt. Nach den vorhergehenden Schlußfolgerungen müßte man jedoch annehmen, daß die Existenz zweier Strömungsformen nicht nur für die zähen Flüssigkeiten charakteristisch ist: die eine findet ihre mathematische Darstellung in den klassischen Gleichungen der Hydromechanik der idealen Flüssigkeiten, und auch für die andere Form müßte eine befriedigende analytische Formulierung möglich sein, aber dies bildet ein bisher unerforschtes Gebiet.

Bezüglich des Zustandswechsels bei der Strömung von Wasser in geradlinigen Röhren mit kreisförmigem Querschnitt und insbesondere bezüglich der turbulenten Strömungsform sei auf die interessanten Ergebnisse der von Ing. Giulio De Marchi ausgeführten Versuche hingewiesen, die er mir freundlichst mitgeteilt hat. Wenn ϱ die Dichte, μ den Reibungskoeffizienten der Flüssigkeit, d den Durchmesser des Rohres und V die mittlere Geschwindigkeit bezeichnet, so tritt bekanntlich Instabilität der Poiseuilleschen Strömungsform auf, sobald die Reynoldssche Zahl

$$\frac{V\,d\,\varrho}{\mu}$$

einen bestimmten Wert annimmt, der nach den Versuchen von Hagen, Couette und Reynolds übereinstimmend auf etwa 2000 festgelegt wurde; wir können daher setzen, wenn mit V_c die kritische Geschwindigkeit bezeichnet wird,

$$V_c = k\,\frac{\mu}{\varrho\,d},$$

worin $k \simeq 2000$ ist. Von dieser Geschwindigkeit ab verändert sich der regelmäßige Verlauf der Stromfäden — der für die Poiseuillesche Strömungsform charakteristisch ist — allmählich: die Fäden suchen in der ganzen Flüssigkeitsmasse zusammen- oder auseinanderzulaufen und geben so Veranlassung zum hydraulischen oder turbulenten Zustand. Es ist bekannt, daß diese neue Strömungsform sich nicht unmittelbar einstellt, sobald die Geschwindigkeit den Wert V_c übersteigt, sondern erst bei einer höheren Geschwindigkeit, und zwar etwa bei dem Wert $1,2\,V_c$. Für Geschwindigkeiten zwischen V_c und $1,2\,V_c$ sind beide Strömungsformen möglich, aber sie sind instabil.

Nach De Marchi bedeutet der Wert 2000, der für die Zahl k angegeben wurde, nicht die kleinste Geschwindigkeit, bei welcher der laminare Bewegungszustand nicht mehr aufrecht erhalten werden kann, sondern praktisch ist es richtiger, $k = 1000$ zu setzen, und es ist nicht ausgeschlossen, daß weitere Versuche dazu führen könnten, den Wert von k noch weiter herabzusetzen. An dieser Stelle ist der von De Marchi aufgedeckte Umstand erwähnenswert, daß der Wert der kritischen Konstanten unabhängig ist von der Beschaffenheit der

Wandungen der Rohre, wofern d den hydraulischen Durchmesser bezeichnet. Ferner bemerkt De Marchi, daß das Verschwinden der Pulsationen bei einer Geschwindigkeit eintritt, die von der Beschaffenheit der Wände abhängt, und welche merklich höher ist, wie der früher definierte kleinste kritische Wert. Die Phase der Pulsationen und jene des vollkommen geordneten Zustandes sind getrennt durch eine Übergangsphase, die durch ein Zittern der Strahlen charakterisiert ist. Während des Wechsels des Zustandes steht die Abhängigkeit von der Temperatur nicht im Einklange mit den allgemeinen Ähnlichkeitsgesetzen.

Was den turbulenten Zustand betrifft, so führen die Versuche von De Marchi zu folgenden Schlüssen:

a) In glatten Rohren erfolgt die Strömung in vollständiger Übereinstimmung mit den Ähnlichkeitsgesetzen und hängt daher ausschließlich von den vier Größen: Dichte, Zähigkeit, lineare Abmessung und Geschwindigkeit ab. Hierbei ist der Umstand erwähnenswert, daß es nicht nötig ist, irgendeine äußere Reibungszahl einzuführen, sondern die erwähnte Feststellung mit der Annahme im Einklang steht, daß die Flüssigkeit an der Wand haftet.

b) Bei glatten Röhren folgt aus einer Zunahme der Temperatur eine Zunahme der Geschwindigkeit bei gleichem Widerstand und gleichem Druckgefälle.

In ihrer Gesamtheit bestätigen daher die gewonnenen Ergebnisse vollständig jene von Stanton.

Über die turbulente Bewegung in sehr rauhen Röhren sind die Versuche von De Marchi nicht hinreichend, um über den Einfluß der Rauhigkeit sichere Schlüsse zu ziehen.

Die nach der Reynoldsschen Behandlungsweise der Turbulenz gewonnenen Ergebnisse widersprechen in keinem Punkte den Erfahrungstatsachen; es gibt keinen Grund, die Anwendbarkeit dieser Methode anzuzweifeln, welche — wie es Lorentz nachgewiesen hat — den Unterschied zwischen Laminarströmung und Turbulenz klar darzulegen vermag. Damit findet die Hypothese von Navier über die innere Reibung der Flüssigkeiten, auf die sich die Methode stützt und deren Anwendbarkeit auf die Erscheinungen des zweiten Zustandes fraglich erschien, eine neue Bestätigung. Nach De Marchi ist es nützlich, darauf hinzuweisen, daß diese Übereinstimmung zwischen Theorie und Wirklichkeit nicht eintritt, wenn man die Methode von Boussinesq heranzieht, welche, abgesehen von dem von Lorentz aufgedeckten Fehler, zu Folgerungen führt, die den experimentellen Ergebnissen von Bazin widersprechen.

Bevor ich diese Erörterung schließe, sei es mir gestattet, endlich noch auf eine Folgerung theoretischer Natur hinzuweisen, die auf das Vorhandensein eines dritten Zustandes außer den beiden vorgenannten hinzuweisen scheint, der theoretisch mit derselben Wahrscheinlichkeit existieren könnte, wie die beiden ersten.

Ich betrachte die geradlinige, gleichförmige Bewegung einer starren Kugel in einer zähen, allseits unbegrenzten Flüssigkeit; die

Betrachtung ist aber auch anwendbar auf die Bewegung von Flüssigkeiten in Röhren.

Sei a der Halbmesser und V die Geschwindigkeit der Kugel, ϱ die Dichte und μ der Reibungskoeffizient der Flüssigkeit. Wir betrachten den Widerstand, den die Flüssigkeit der Bewegung der Kugel entgegensetzt; sein Wert wird im wesentlichen von den vier Elementen V, a, ϱ, μ abhängen. Einfache Dimensionsbetrachtungen lassen drei Zustände als (theoretisch) gleich möglich zu, die durch verschiedene Abhängigkeit des Widerstandes gekennzeichnet sind und die sich aus folgenden Formeln ergeben:

$$R_1 = \varphi\, a\, \mu\, V,$$

$$R_2 = \psi\, \varrho\, a^2\, V^2,$$

$$R_3 = \chi\, \frac{\mu^2}{\varrho},$$

in denen φ, ψ, χ nur von der Reynoldsschen Zahl

$$\sigma = \frac{\varrho\, a\, V}{\mu}$$

abhängen und in jedem besonderen Falle Konstanten sind.

Der erste Zustand entspricht einem Widerstand, der der Geschwindigkeit, dem Halbmesser der Kugel sowie auch dem Reibungskoeffizienten proportional ist: dies ist der Stokes'sche Bereich.

Bei dem zweiten — dem hydraulischen oder turbulenten Bereiche — wächst der Widerstand proportional mit dem Quadrat der Geschwindigkeit und der Oberfläche der Kugel.

Beim dritten Strömungszustande ergibt sich der Widerstand proportional dem Quadrate der Zähigkeitszahl.

Das Auftreten des einen oder anderen dieser Zustände hängt auch in diesem Falle fast sicher — wie beim Fließen durch Röhren — vom Werte der Reynoldsschen Zahl ab.

Der dritte Zustand ist mit den bisher ausgeführten Versuchen nicht in Zusammenhang gebracht worden. Es ist daher nicht unwahrscheinlich, daß er nur in jenem Bereich existiert, in welchem der erste Zustand bereits aufgehört hat und der zweite noch nicht endgültig eingetreten ist. Es liegt nun an den Experimentatoren, festzustellen, bis zu welchem Punkte die theoretischen Annahmen durch die Wirklichkeit betätigt werden[1]).

---

[1]) In der Diskussion, die dem Vortrag dieses Berichtes folgte, bemerkte Herr Prandtl, daß die drei angegebenen Ausdrücke in der allgemeinen Formel $R = f\,\sigma^n\,\varrho\,a^2\,V^2$ enthalten sind. In der Tat stimmt, wenn man n nacheinander die Werte -1, 0, -2 erteilt, R beziehungsweise mit R_1, R_2, R_3 überein. Es sei hierbei an einige Versuche und Betrachtungen erinnert, die schon auf dem III. Internationalen Mathematikerkongresse in Heidelberg (1904) dargelegt wurden. Bei der Weiterführung der von Prof. Prandtl gemachten Bemerkung muß ich meinerseits feststellen, daß auch unter der Annahme, daß die Anwendung der Dimensionsbetrachtungen die Form von R unbestimmt läßt, trotzdem das von mir verfolgte analytische Kriterium (s. im Literatur-

Im Hinblick auf die Mechanik der zähen Flüssigkeiten sind die Arbeiten von Picciati und Boggio erwähnenswert, die bemerkenswerte Ergänzungen der Untersuchungen von Stokes über die langsame Bewegung einer Kugel und eines Zylinders in einer zähen Flüssigkeit liefern, sowie auch die von Picciati gegebene strenge Ableitung der klassischen Stokesschen Formel, welche den Grenzwert für die Fallgeschwindigkeit einer Kugel in einer zähen Flüssigkeit bestimmt und welche in ausgezeichneter Weise von B. A. Wilson und J. J. Thomson bei der Bestimmung der Ladung eines Elektrons angewendet wurde.

Die Bewegung einer zähen Flüssigkeit, die von der langsamen gleichförmigen Translation eines eingetauchten Körpers herrührt, ist bekanntlich bestimmt, wenn die Flüssigkeit an dem festen Körper vollständig haftet, d. h. wenn die Geschwindigkeit der Flüssigkeit an der Oberfläche des Körpers der Geschwindigkeit des Körpers selbst gleich ist. Dies ist nicht mehr der Fall, wenn an der Oberfläche die Adhäsion null ist und allgemein, wenn das Haften ein teilweises ist. Die Oberflächenbedingungen lassen dann eine gewisse Unbestimmtheit bestehen.

Im Falle einer starren Kugel läßt sich zeigen, wie diese Unbestimmtheit verschwindet, wenn man ausdrückt, daß die Energiedissipation ein Minimum sein muß.

Ich kann diese kurze Aufzählung der italienischen Arbeiten, die sich auf die Bewegung der zähen Flüssigkeiten beziehen, nicht abschließen, ohne auf die bemerkenswerte Anwendung der entsprechenden Gleichungen in den Gletscheruntersuchungen von Somigliana hinzuweisen. In diesen wird die theoretische Möglichkeit dargetan, ein wirkliches Bild von dem Querschnittsprofil eines Gletschers zu erhalten, und zwar aus der Kenntnis der Geschwindigkeit der Oberflächenpunkte. Zu diesen Folgerungen gelangt der Autor durch Einführung der gemeinhin zugelassenen Annahme, daß die Bewegung des Gletschers verglichen werden kann mit jener einer schweren zähen Flüssigkeit. —

Wenn wir zur Mechanik der idealen Flüssigkeiten zurückkehren, so sind von bemerkenswertem Interesse die Untersuchungen von Almansi über die Wirkungen, welche zwischen Körpern auftreten, die sich in einer Flüssigkeitsmasse bewegen und sich dabei deformieren. Es gelingt dem Autor, indem er scharfsinnig die großen analytischen Schwierigkeiten vermeidet, welche die direkte Behandlung des Problems darbietet, klarzustellen, unter welchen Bedingungen Anziehung bzw. Abstoßung auftritt, wobei er jedoch auf die quantitative Auswertung verzichtet.

verzeichnis die Note: „Sui moti turbolenti provocati da solidi immersi", d. i. „Über die durch eingetauchte starre Körper hervorgerufenen turbulenten Bewegungen") neben den beiden ersten (schon durch die Erfahrung bestätigten) Zuständen mit denselben Mitteln den dritten in Evidenz setzt; dieser scheint daher dieselbe analytische Wahrscheinlichkeitsberechtigung zu haben wie die beiden ersten.

Almansi liefert außerdem auch einen einfachen und eleganten analytischen Beweis für jene von Bjerknes in ausführlicher Weise sowohl mathematisch als experimentell untersuchten Bewegungen, bei denen die dynamischen Wirkungen, die von mehreren in eine Flüssigkeit eingetauchten Körpern auf irgendeinen beliebigen von ihnen ausgeübt werden, der Newtonschen Anziehung entsprechen.

Bezüglich des klassischen Problems, das sich auf die Gleichgewichtsfiguren rotierender Flüssigkeitsmassen bezieht, deren Teilchen sich nach dem Newtonschen Gesetze anziehen, ist der von Crudeli aufgedeckte Umstand erwähnenswert, daß die bekannte, von Poincaré aufgestellte obere Grenze der Winkelgeschwindigkeit im Verhältnis $1 : \sqrt{2}$ erniedrigt werden kann. —

Die Einführung des homographischen Kalküls in das Dirichletsche Problem, das sich auf die Bewegung einer Flüssigkeitsmasse bezieht, welche die ellipsoidische Form beibehält, hat es Boggio ermöglicht, den neuen Ergebnissen von Stekloff nicht nur eine einfache und deutliche Form zu geben, sondern diese Ergebnisse selbst durch die Entdeckung neuer Integrale zu vervollkommnen und zu vervollständigen. —

Wenn man einer in Bewegung befindlichen Flüssigkeitsmasse eine gleichförmige Translation erteilt, so bleiben bekanntlich die dynamischen Bedingungen für das einzelne Teilchen unverändert; im besonderen bleibt auch die Druckverteilung unverändert. Daher kann man fragen: gibt es andere Bewegungen, welche ebenfalls keinen Einfluß auf die Druckverteilung haben? Die Antwort ist bejahend: die Bahnen der einzelnen Flüssigkeitsmoleküle sind in diesem Falle geradlinig, und jede Gerade verschiebt sich in sich selbst mit konstanter Geschwindigkeit, deren Wert von einer Geraden zur andern in willkürlicher Weise variieren kann. Die geraden Bahnkurven sind entweder parallel zueinander oder sie bilden eine solenoidale Kongruenz, d. h. eine Strahlenkongruenz, welche geometrisch in folgender Weise gekennzeichnet werden kann: Man nehme eine beliebige Kurve im Raume, bilde in jedem Punkte der Kurve die Schmiegungsebene und in jeder von diesen die Geraden parallel zur Tangente an die Kurve in dem entsprechenden Punkte: eine so erzeugte Schar von Geraden bildet eine solenoidale Strahlenkongruenz. —

Betrachten wir eine geschlossene Wirbelfläche in einer unendlich ausgedehnten Flüssigkeit, die eine wirbelfreie Bewegung ausführt und sich in einem konservativen Kraftfelde befindet. Im allgemeinen deformiert sich die Wirbelfläche während der Bewegung in Abhängigkeit von der Bewegung der Flüssigkeitsmasse selbst. Ist es möglich, daß die genannte Wirbelfläche ihre Form unverändert beibehält, d. h. sich starr verschiebt? Die Lösung dieses Problems bildet eine einfache Anwendung der Methoden von Kirchhoff bezüglich der Bewegung eines Körpers in einer unbegrenzten Flüssigkeit.

Bemerkenswerte Untersuchungen über die Bewegung von Wirbelfäden rühren von L. S. da Rios und über die Bewegung von Wirbelschichten von Anita de Faccio her.

Bei der Untersuchung von Flüssigkeitsbewegungen, in denen starre, zu einer Ebene π symmetrisch angeordnete Wände vorhanden sind, kann es vorkommen, daß die Elemente der Bewegung einer Halbsymmetrie genügen, so daß in den zur Ebene π symmetrisch liegenden Punkten die skalaren Größen gleich sind, und ebenso alle Vektoren mit Ausnahme der Geschwindigkeit, welche eine Umkehrung des Vorzeichens erfährt. Viele Hydrauliker haben in diesen Fällen angenommen, daß das Stromlinienbild außer von den sonstigen Bestimmungsgrößen auch vom Geschwindigkeitssinne abhängt, und daher mit Bezug auf die Ebene π keine Symmetrie darbieten kann. Colonnetti hat durch elementare Betrachtungen das Unzutreffende dieser Auffassung nachgewiesen.

Die von Levi-Civita angestellten theoretischen Betrachtungen über die Kontraktion von Flüssigkeitsstrahlen, die aus einem Gefäß durch eine Öffnung ausströmen, haben mir Gelegenheit gegeben, diesem Gegenstande einige Ergänzungen hinzuzufügen. Ich habe zunächst Levi-Civitas Abschätzungen qualitativer Art wiedergefunden und vertieft, z. B. die Erkenntnis, daß es möglich ist, das Kontraktionsverhältnis unter $^1/_2$ herabzudrücken, und zwar durch Anwendung zusätzlicher Röhren, die gegen das Innere des Gefäßes divergieren. Unter den analytischen Einzelheiten verdient eine Formel von Levi-Civita besonders hervorgehoben zu werden, die eine Folge des Lemmas von Ostrogradsky-Green ist und die für die hydrodynamischen Anwendungen außerordentlich fruchtbar war und noch heute fruchtbar ist. —

Auf hydroelastischem Gebiet sind die Arbeiten von Laura zu nennen über die Fortpflanzung der Vibrationen eines elastischen Körpers in einer Flüssigkeit. —

Ich will diese flüchtige Übersicht, die sich auf die räumliche Hydrodynamik bezieht, mit einem Hinweis auf die durch Mario Pascal unlängst veröffentlichte Verallgemeinerung des Begriffs der Zirkulation längs geschlossener Linien auf geschlossene Flächen beschließen. Wenn V der Geschwindigkeitsvektor, n der normal nach innen gerichtete Einheitsvektor in einem beliebigen Punkte der geschlossenen Fläche ist, so definiert Pascal als die Flächenzirkulation den Vektor

$$C = \int_\sigma V \times n\, d\sigma.$$

Der Autor hat diesen Begriff in der Absicht eingeführt, das bekannte Theorem über die Auftriebskraft, das von Kutta und Joukowsky für den Fall einer ebenen Strömung gefunden wurde, auf den Raum zu übertragen. —

Bemerkenswerte Fortschritte kann man auf dem Gebiete der zweidimensionalen Probleme feststellen, die den Gegenstand der ebenen Hydrodynamik bilden.

Sie haben ihren Ursprung in einer grundlegenden Arbeit von Levi-Civita: „Scie e leggi di resistenza", die in den Rendiconti del Circolo Matematico di Palermo erschienen ist. In dieser Abhandlung behandelt der Autor das ebene Problem der gleichförmigen Translation eines beliebigen in eine unendlich ausgedehnte Flüssigkeit getauchten Körpers mit Berücksichtigung des Kielwassers.

Schon vorher hat Levi-Civita gelegentlich der Behandlung des räumlichen (sowie auch des ebenen) Problems hervorgehoben, daß, wenn man Kielwasser zuläßt, der Widerstand, welchen der Körper durch die umgebende Flüssigkeit erfährt, dem Quadrate der Geschwindigkeit proportional ist. Wohlverstanden, wenn es sich um Flüssigkeiten im eigentlichen Sinne handelt; für eine zusammendrückbare Flüssigkeit drückt sich der Widerstand durch eine nach geraden Potenzen der Geschwindigkeit fortschreitende Reihe aus.

In der genannten Arbeit stellt sich der Verfasser die Aufgabe, darzulegen, in welcher Weise der Widerstand von der Form des starren Profils abhängt. Die elegante mathematische Behandlung, die auf die Theorie der analytischen Funktionen einer komplexen Variabeln gegründet ist, deren sich schon Helmholtz, Kirchhoff, Réthy, Bobyleff, Joukowsky, Michell, Love, Greenhill, Tumlirz u. a. für besondere Probleme bedient haben, wird von Levi-Civita meisterhaft auf das allgemeine Problem der Strömung mit Kielwasser angewendet und so weit entwickelt, daß die Anwendbarkeit der Methode sich in ihrer ganzen Bedeutung offenbart, wie durch zahlreiche Anwendungen auf eine Reihe von Einzelproblemen erwiesen wurde.

Es ist mir hier unmöglich, bei deren Aufzählung vollständig zu sein. Die vollständige Bibliographie findet man in meinem Bändchen über „Ebene Hydromechanik" (s. Literaturverzeichnis), worin ich versucht habe, ziemlich ausführlich alles zu sammeln und zusammenzustellen, was auf diesem Gebiet bisher geschaffen wurde. Hier möge eine kurze Angabe von einigen Gegenständen genügen: die Theorie der Flüssigkeitsstrahlen, die Bewegung eines starren Körpers mit Kielwasser in einem Kanal, verzweigte oder durch Hindernisse abgelenkte Strömung, Stoß und Mischung von Flüssigkeitsstrahlen mit punktförmigen oder ausgedehnten Wasserscheiden; Ableitung von Kanälen, Ausfluß aus doppelt durchbrochenen Wänden, Strömung durch einen Kanal mit schwach gewellter Sohle; Bewegung eines Wirbels in einem beliebig gestalteten Kanal usw. Es ist eine reiche Kette von eleganten Ausführungen über Aufgaben — manche von Bedeutung für die Technik — welche der grundlegenden Arbeit von Levi-Civita eine würdige Krönung verleihen. Sie knüpfen sich an die Namen der Italiener Boggio, Caldonazzo, Cisotti, Colonnetti, Palatini und einiger hervorragender Ausländer wie **Brillouin, Greenhill, Leatham, Thiry, Valcovici, Villat**[1]).

Weitere bemerkenswerte Fortschritte sind in der ebenen Hydromechanik in der Theorie der Wellenbewegungen erzielt worden.

Unter den Wellen, die sich in einem Kanal ohne Änderung ihrer Form fortpflanzen, sind bisher nur die **Gerstner**schen Wellen in der Form von Trochoiden als solche bekannt, die allen dynamischen Bedingungen strenge genügen. Sie beziehen sich auf einen unendlich tiefen Kanal, und da sie nicht wirbelfrei sind, können sie unter der Wirkung von konservativen Kräften (wie der Schwere) nicht entstehen; um sie hervorrufen zu können, muß man sich — wie schon **Stokes** bemerkt hat — zum Beispiel eine besondere Wirkung des Windes auf den freien Spiegel denken. Hingegen ist die typische Erscheinung der Wellenfortpflanzung ohne Hinzutreten besonderer äußerer Wirkungen **wirbelfrei**.

Man kennt bisher keine strenge Lösung, die zu diesem Typus gehört. Unter den angenäherten Lösungen sind klassisch: die einfachen **Airy**schen Wellen, und die weiteren Annäherungen von **Stokes, Rayleigh, Green, Helmholtz, Boussinesq, Mac Cowan** und anderen; ihre Lösungen beziehen sich auf periodische Wellen.

Levi-Civita stellt sich das Problem in strenger Form und führt es auf eine Gleichung zurück, welche Differentialquotienten und endliche Differenzen einer in einem Streifen definierten holomorphen Funktion enthält. Für periodische Wellen transformiert sich die Gleichung in eine andere Differential- und Funktionalgleichung für eine holomorphe Funktion in einem Kreisring.

Im Falle des sehr tiefen Kanals führt die strenge mathematische Behandlung auf eine nichtlineare Integralgleichung, die kürzlich von **Levi-Civita** selbst mittels der Methode der sukzessiven Approximationen untersucht worden ist. Der hier anwesende berühmte Autor wird mir die kleine Indiskretion verzeihen, die ich begehe, wenn ich den Anwesenden diese freundliche private Mitteilung weitergebe. **Levi-Civita** hat die charakteristische Gleichung integriert und ist zu einer klaren Einsicht bezüglich der Konvergenz des Verfahrens gelangt, so daß man behaupten kann, daß in tiefen Kanälen wirbelfreie periodische Wellen existieren, welche die dynamischen Bedingungen streng erfüllen. Die Existenz einer solchen Wellenform schien selbst **Lord Rayleigh** lange Zeit zweifelhaft, er hat sich erst in jüngster Zeit — mit wahrhaft genialer Intuition — der Schlußfolgerung zugewendet, die jetzt von **Levi-Civita** auf feste analytische Grundlagen gestellt wurde.

---

[1]) Bei der Diskussion erbittet Herr v. **Kármán** bezüglich der ebenen Probleme nähere Angaben über den Fall eines Stromes zwischen zwei geradlinigen Wänden, der durch ein Loch in einer der Wände ausfließt. Ich habe darauf hingewiesen, daß dieses Problem schon behandelt worden ist, nämlich durch **Michell** (Phil. Trans. 1890, S. 416—421) und zwar nach der Methode von **Kirchhoff**.

Die charakteristische Gleichung von Levi-Civita führt in der einfachsten und unmittelbarsten Weise zu den einfachen Airyschen Wellen und ist durch Crudeli zur Berechnung der sukzessiven Annäherungen benutzt worden.

Durch Erweiterung der Betrachtungen von Levi-Civita über die stationäre Bewegung auf das allgemeine Problem der veränderlichen Bewegung, habe ich eine gemischte Gleichung abgeleitet, die natürlich für die stationäre Bewegung mit der von Levi-Civita direkt aufgestellten übereinstimmt. Für die kleinen Wellenbewegungen transformiert sie sich in eine lineare Gleichung zweiten Grades vom parabolischen Typus, die charakteristisch ist für die Untersuchung der Fortpflanzung kleiner wellenförmiger Störungen in einem Kanal von beliebiger Tiefe. Wir finden dadurch in einfacher und direkter Weise wieder: die klassische Lösung von Lagrange bezüglich der Wellen in einem Kanal von geringer Tiefe; jene von Poisson und Cauchy für unendlich tiefe Kanäle, und außerdem Resultate, die sich auf den Fall von sehr tiefen, aber nicht unendlich tiefen Kanälen beziehen, ein Problem, das vorher schon auf direktem Wege von Palatini untersucht wurde. Man erhält überdies eine Abschätzung des Einflusses, den der Grund des Kanales auf veränderliche Wellen ausübt, die besser annähert, als die aus einer klassischen Formel von Lord Rayleigh abgeleitete.

Die Methode hat sich auch als anwendbar gezeigt auf die Untersuchung der kleinen Bewegungen einer Flüssigkeitsmasse, die in Gefäßen von verschiedenen Formen enthalten ist (Sandra Bruni).

Zu bemerkenswerten Schlußfolgerungen von allgemeinem Charakter gelangt Levi-Civita bei der Betrachtung der Wellen von permanentem (auch nicht periodischem) Typus in Kanälen von beliebig gegebener Tiefe. Es erscheint mir nicht angemessen, hier mehr darüber zu sagen, da auf diesen Gegenstand der berühmte Autor in einem besonderen Vortrage selbst eingehen wird.

Bezüglich der angenäherten Berechnung mit Wirbel behafteter Wellen habe ich nachgewiesen, daß es unendlich viele Formen fortschreitender, nicht wirbelfreier Sinuswellen geben kann. Für diese gelten die für einfache Wellen gewonnenen Resultate und insbesondere die klassische Relation von Airy, welche die Fortpflanzungsgeschwindigkeit der Welle mit ihrer Länge und mit der Tiefe des Kanals verbindet, wofern man für diese letztere einen bestimmten, von der (von vornherein willkürlichen) Verteilung der Wirbel auf der freien Oberfläche abhängigen Wert einsetzt.

Ich habe überdies auf einen neuen Typus von periodischen und mit Wirbel behafteten Wellen hingewiesen, bei dem die Differentialgleichung der freien Oberfläche sich in dem Vorzeichen einer Konstanten von jener Gleichung unterscheidet, welche das Profil der

kegelförmigen Wellen vom wirbelfreien Typus kennzeichnet, die von
Kortweg und de Vries angegeben wurden[1]).

In Anlehnung an Lord Rayleighs analytische Behandlung der
Erscheinung der Einzelwelle, konnte ich den Sprung im Verlauf der
stationären Strömung eines Wildbachs in einen Kanal mit geneigter
Sohle nachweisen. Ich gab eine theoretische Darstellung des Ver-
haltens rasch herabströmender Flüssigkeitsmassen.

Ich bedaure, daß das Programm, hier nur von dem zu sprechen,
was die klassische Hydromechanik angeht, mir nicht erlaubt (ich
fühle mich auch wenig kompetent dazu), diesen Bericht mit der
Aufzählung dessen zu beschließen, was in Italien auf hydrau-
lischem Gebiete geschaffen wurde. Es sei mir wenigstens gestattet,
auf die vortrefflichen Forscher hinzuweisen, die sich auf diesem Gebiete verdient gemacht haben: Alibrandi, Allievi (der sehr bekannte Autor der Theorie des Widerstoßes), Giulio De Marchi,
Luigi De Marchi, da Rios, Fantòli, Masoni, Paladini, Puppini, Spataro, Turazza.

Dies genüge, als Zusammenfassung der Tätigkeit der Italiener auf
hydrodynamischem Gebiete während der letzten 15 Jahre. Ich schließe,
indem ich ein Loblied anstimme auf die wissenschaftliche Verbrüderung,
die ein unerläßliches Vorspiel für die Verbrüderung der Völker ist,
und den Wunsch ausspreche, daß diese Versammlung eine fruchtbare Anregung sein soll für eine weitere Initiative zum Wohle der
Wissenschaft und der Menschheit.

Literaturverzeichnis.

Alibrandi, Pietro: „Sugli attriti dei liquidi in movimento". Ann. della
Società degl' Ing.e degli Arch. Italiani, 1907. — „Sopra alcune questioni idrodinamiche." Nuovo Cimento, Serie VI, Vol. VI, pag. 223—248, 1913.

Allievi, Lorenzo: „Teoria del colpo d' ariete". Atti del Collegio
degl' Ing. ed Arch., Milano, anno XLVI, 1911; anno XLVII, 1912, oppure la
traduzione francese „Théorie du coup de bélier" traduit par Daniel Gaden Ing.,
preface de René Neeser Prof. (Paris, Dunod, 1921).

Almansi, Emilio: „Azione esercitata da una massa liquida in moto
sopra un corpo fisso". Rendiconti della R. Acc. dei Lincei, Vol. XVIII,
pag. 587—594 (nota I°), 1909; Vol. XIX, pag. 56—63 (nota II°), 1910;
pag. 116—118 (nota III°). — „Azione esercitata da una massa liquida in moto
sopra un corpo rigido". Rendiconti della R. Acc. dei Lincei, Vol. XIX,
pag. 244—250 (nota IV), pag. 437—443 (nota V), 1910. — „Sopra le azioni le
quali si esercitano fra corpi che si muovono o si deformano entro una massa
liquida". Rendiconti della R. Acc. del Lincei, Vol. XXII, pag. 533—544, 1913. —
„Sulle attrazioni newtoniane di origine idrodinamica". Rendiconti della R. Acc.
dei Lincei, Vol. XXIII, pag. 287—291, 1914. — „Sopra le azioni a cui è soggetto
un corpo entro una massa liquida in movimento". Rendiconti della R. Acc.
dei Lincei, Vol. XXIII, pag. 570—580, 1914. — Un' osservazione sulle figure

---

[1]) Herr Forchheimer lenkt die Aufmerksamkeit auf eine Arbeit von
Exner, die die Gestalt der Dünen betrifft („Zur Physik der Dünen", Sitzungs-
berichte der Akad. der Wissenschaften in Wien, Math. u. naturw. Klasse 9,
Heft 10, 129, 1920.)

d'equilibrio dei fluidi rotanti". Rendiconti della R. Acc. dei Lincei, Vol. XXIII, pag. 651—654, 1914.

Banzi, Giuseppina: „Sopra la derivazione dei canali". Annali di Mat. pura ed appl., Milano, Tomo XXVIII, pag. 95—108, 1919.

Baroni, Mario: „Sulla definizione $\int v\,dp$ nella formola della velocità di efflusso dei gas". Rendiconti del R. Ist. Lomb. di Scienze e Lettere, Vol. XLV, pag. 758—764, 1912. — „Vene fluenti nelle macchine idrauliche". Rendiconti del R. Ist. Lomb. di Scienze e Lettere, Vol. XLVII, pag. 817—843, 1914. — „Sui metodi d'approssimazione nel calcolo di vene fluenti con moto permanente". Rendiconti della R. Acc. dei Lincei, Vol. XXIII, pag. 545—549, 1914.

Boggio, Tommaso: „Sul moto stazionario lento di una sfera in un liquido viscoso". Rendiconti del Circ. Mat. di Palermo, Tomo XXX (2° sem.), pag. 65—81, 1910. — „Sul moto stazionario lento di un liquido viscoso". Rendiconti della R. Acc. dei Lincei, Vol. XIX, pag. 75—81, 1910. — „Dimostrazione assoluta delle equa zioni classiche dell' idrodinamica". Atti della R. Acc. delle Scienze di Torino, Vol. XLV, pag. 241—253, 1910. — „Sul moto permanente di un solido in un fluido indefinito." Atti del R. Ist. Ven. di Scienze, Lettere ed Arti, Tomo LXIX, pag. 883—891, 1910. — „Calcolo delle azioni dinamiche esercitate da correnti fluide sopra pareti rigide". Rendiconti della R. Acc. dei Lincei, Vol. XX, nota Iª, pag. 634—641, nota IIª, pag. 901—908, 1911. — „Sul moto di una corrente libera deviata da una parete rigida". Atti della R. Acc. delle Scienze di Torino, Vol. XLVI, pag. 1024—1047, 1911. — „Sul moto di una massa liquida che conserva la forma ellissoidale". Rendiconti della R. Acc. dei Lincei, Vol. XXI, pag. 263—270, 1912. — „Sulla trasformazione di alcuni integrali che si presentano nell' idrodinamica". Rendiconti della R. Acc. dei Lincei, Vol. XXIII, pag. 920—926, 1914. — „Sul problema delle vene confluenti." Atti della R. Acc. delle Scienze di Torino, Vol. L, pag. 1103—1119, 1915.

Broverio, Ernesto: „Sopra la derivazione dei canali". Atti della R. Acc. delle Scienze di Torino, Vol. LIII, pag. 124—134, 1917.

Bruni, Sandra: „Equazioni caratteristiche dei piccoli moti trasversali nei canali rettilinei". Rendiconti del R. Ist. Lomb. di Scienze e Lettere, Vol. LIII, pag. 550—560, 1920.

Burgatti, Pietro: „Sulla resistenza che provano le superficie piane mobili nell' aria". Rendiconti della R. Acc. dei Lincei, Vol. XIX, pag. 367—373, 1910. — „Il principio d'Archimede nei mezzi solidi". Rendiconto delle Sessioni della R. Acc. delle Scienze dell' Ist. di Bologna, Vol. XX, pag. 120—124, 1916; Vol. XXIV, pag. 85—90, 1920. — „Sopra un paradosso nella teoria del moto uniforme di un solido immerso in un fluido perfetto" Rendiconto delle Sessioni della R. Acc. delle Scienze dell' Ist. di Bologna, Vol. XXI, pag. 115—119, 1917. — „Sopra un teorema di Joukowski relativo alla forza sostentatrice nei corpi in moto traslatorio uniforme entro un fluido". — Rendiconto delle Sessioni della R. Acc. delle Scienze dell' Ist. di Bologna, Vol. XXII, pag. 55—64, 1918.

Caldonazzo, Bruto: „Vene fluenti tra pareti interrotte". Annali di Mat. pura ed applicata, Tomo XXV, pag. 33—98, 1916. — „Sulla confluenza di vene libere". Annali di Mat. pura ed applicata, Tomo XXVI, pag. 35—75, 1916. — „Sulla fusione di vene liquide". Rendiconti del R. Ist. Lomb. di Scienze e Lettere, Vol. LI, pag. 317—328, 1918. — „Sulla contrazione di vene liquide che si fondono". Rendiconti del R. Ist. Lomb. di Scienze e Lettere, Vol. LI, pag. 350—359, 1918. — „Vene confluenti con una regione spartiacque". Rendiconti del R. Ist. Lomb. di Scienze e Lettere, Vol. LII, pag. 149—156, 1919. — „Sul moto di un vortice puntiforme". Rendiconti della R. Acc. dei Lincei, Vol. XXVIII, nota Iª, pag. 191—195; nota IIª, pag. 301—303, nota IIIª, pag. 325—329, 1919.

Cisotti, Umberto: „Vene fluenti". Rendiconti del Circ. Mat. di Palermo, Tomo XXV, pag. 145—179, 1908. — „Sull' impiego di funzioni ellittiche in una questione idrodinamica." Atti del R. Ist. Veneto, Tomo LXVII, pag. 293—321, 1907—1908. — Esempio di efflusso da un recipiente a sezione non rettilinea". Rendiconti del Circ. Mat. di Palermo, Tomo XXVI, pag. 378—382, 1908. —

„Sul moto di un solido in un canale". Rendiconti del Circ. Mat. di Palermo, Tomo XXVIII, pag. 307—352, 1909. — „Sul moto permanente di un solido in un fluido indefinito". Atti del R. Ist. Veneto, Tomo LXIX, pag. 427—445, 1909—1910. — „Sopra le correnti liquide spontanee." Rendiconti della R. Acc. dei Lincei, Vol. XIX, nota Iᵃ, pag. 10—14; nota IIᵃ, pag. 81—83, 1910. — „Moti di un liquido che lasciano inalterata la distribuzione locale delle pressioni". Rendiconti della R. Acc. dei Lincei, Vol. XIX pag. 373—376, 1910. — „Sopra la derivazione dei canali". Z. Math. u. Phys., Bd. 59, pag. 137—151, 1911. — „Integrale generale dei piccoli moti ondosi di tipo permanente in canali molto profondi." Atti del R. Ist. Veneto, Tomo LXX, pag. 33—47, 1910—1911. — „Sur la réaction dynamique d'un jet liquide". Comptes Rendus, Tome CLII, pag. 180—183, 1911. — „Sulla biforcazione di una vena liquida." Rendiconti della R. Acc. dei Lincei, Vol. XX, nota Iᵃ, pag. 314—322; nota IIᵃ, pag. 494—502, 1911. — „Osservazione sul moto permanente di una sfera in un liquido indefinito". Atti del R. Ist. Veneto, Tomo LXXI, pag. 167—174, 1911—1912. — „Sopra il regime permanente nei canali a rapido corso". Rendiconti della R. Acc. dei Lincei, Vol. XX, pag. 633—637, 1911; più diffusamente in Z. Math. u. Phys., Bd. 61, pag. 76—84, 1912. — „Sopra l'efflusso a stramazzo". Rendiconti della R. Acc. dei Lincei, Vol. XXI, pag. 97—102, 1912. — „Sull' intumescenza del pelo libero nei canali a fondo accidentato". Rendiconti della R. Acc. dei Lincei, Vol. XXI, pag. 588—593, 1912. — „Sopra la traslazione uniforme di un solido in un liquido indefinito". Annali di Mat. pura ed applicata, Tomo XIX, pag. 83—106, 1912. — „Sulle onde superficiali dovute a particolare conformazione del fondo". Rendiconti della R. Acc. dei Lincei, Vol. XXI, pag. 704—708, 1912. — „Onde brevi causate da accidentalità periodiche del fondo". Rendiconti della R. Acc. dei Lincei, Vol. XXI, pag. 760—764, 1912. — „Remarques énergétiques sur le mouvement d'un solide dans un liquide visqueux". Comptes Rendus, Tome CLV, pag. 641—644, 1912. — „Sur les mouvements rigides d'une surface de tourbillon". Comptes Rendus, Tome CLVI, pag. 539—542, 1913. — „Intumescenze e depressioni che dislivelli del letto determinano in un canale scoverto." Rendiconti della R. Acc. dei Lincei, Vol. XXII, pag. 417—422, 1913. — „Corrente rapida con brusco salto sul fondo". Rendiconti della R. Acc. dei Lincei, Vol. XXII, pag. 580—584, 1913. — „Su alcune recenti ricerche di idrodinamica". Atti della Società Italiana per il Progresso delle Scienze, VI Riunione, Genova, ottobre 1912, pag. 491—511. — „Sulle onde semplici di tipo permanente e rotazionale". Rendiconti del R. Ist. Lomb., Vol. XLVI, pag. 917—925, 1913, ristampata nel Nuovo Cimento, Vol. VII, pag. 251—259, 1914. — „Efflusso da un recipiente forato sul fondo". Rendiconti della R. Acc. dei Lincei, Vol. XXII, pag. 473—478, 1913. — „Efflusso da un recipiente forato lateralmente". Rendiconti della R. Acc. dei Lincei, Vol. XXIII, pag. 73—79, 1914. — „Sui moti turbolenti provocati da solidi immersi". Rendiconti della R. Acc. dei Lincei, Vol. XXIII, pag. 588—592, 1914. — „Sull' efflusso di un liquido pesante da un orificio circolare". Rendiconti della R. Acc. dei Lincei, Vol. XXIII, pag. 324—328, 1914. — „Vene confluenti". Annali di Mat. pura e applicata. Tomo XXIII, pag. 285—340, 1914, ristampata nel Nuovo Cimento, Vol. X, pag. 256—316, 1915. — „Nuovi tipi di onde periodiche permanenti e rotazionali. Note Iᵃ e IIᵃ." Rendiconti della R. Acc. del Lincei, Vol. XXIII, pag. 556—561, 1914; Vol. XXIV, pag. 129—133, 1915. — „Sulla contrazione delle vene liquide". Atti del R. Ist. Veneto, Tomo LXXIV, pag. 1499—1509, 1915, ristampata nel Nuovo Cimento, Vol. X, pag. 317—328, 1915. — „Profili di pelo libero in canali di profondità finita. Note Iᵃ e IIᵃ". Rendiconti della R. Acc. dei Lincei, Vol. XXIV, pag. 503—507, 599—603, 1915. — „Sui moti rigidi di una massa fluida limitata". Rendiconti della R. Acc. dei Lincei, Vol. XXV, pag. 635—639, 1916. — „Sul moto di uno sferoide in un liquido indefinito". Rendiconti del R. Ist. Lomb., Vol. XLIX, pag. 603—612, 1916. — Sul limite superiore della velocità di regime di corpi solidi entro mezzi fluidi scorrenti entro tubi o canali". Il Politecnico, Vol. VIII, pag. 737—756, 1616. — „Sulle azioni dinamiche di masse fluide continue". Rendiconti del R. Ist. Lomb., Vol. L pag. 502—515, 1917. — „Sulle onde superficiali progressive di tipo permanente". Rendiconti del R. Ist. Lomb., Vol. LI, pag. 85—94, 1918. — „Una formola per la determinazione di dislivelli dei corsi d' acqua mediante misure di velocità". Rendiconti della R. Acc. dei Lincei, Vol. XXVII, pag. 96—98, 1918. — „Una formola generale relativa a moti permanenti di liquidi pesanti e sue applicazioni". Rendiconti del R. Ist. Lomb., Vol. LI, pag. 360—366, 1918. — „Equazione caratteristica dei piccoli moti ondosi in un canale di qualunque profondità. Note I^a e II^a." Rendiconti della R. Acc. dei Lincei, Vol. XXVII. pag. 255—257, 312—316, 1918. — „Sul moto variabile nei canali a fondo orizzontale". Rendiconti della R. Acc. dei Lincei, Vol. XXVIII, pag. 196—199, 1919. — „Questioni idrodinamiche nel piano." Serie di articoli nell' Industria, rivista tecnico-scientifica ed economica, Milano 1919, pag. 236, 297, 423 e 613. — „Sui piccoli moti vorticosi in un canale a fondo rettilineo". Rendiconti del R. Ist. Lomb., Vol. LIII, pag. 670—679, 1920. — „Sull' integrazione dell' equazione caratteristica dei piccoli moti ondosi in un canale di qualunque profondità." Rendiconti della R. Acc. dei Lincei, Vol. XXIX, nota I^a, pag. 131—133; nota II^a, pag. 175—180; nota III°. pag. 261—264, 1920. — „Idromeccanica piana". Milano, Libreria Editrice Politecnica, parte I^a, pag. XII—152, 1921; parte II^a, pag. 153—373, 1922.

Colonnetti, Gustavo: „Sul moto di un liquido in un canale". Rendiconti del Circ. Mat. di Palermo; Tomo XXXII (2° semestre), pag. 51.—87, 1911. — „Sopra un caso di emisimmetria che si presenta in certe questioni di idrodinamica". Rendiconti della R. Acc. dei Lincei, Vol. XX, pag. 322—324, 1911. — „Sull' efflusso dei liquidi fra pareti che presentano una interruzione". Rendiconti della R. Acc. dei Lincei, Vol. XX, nota I^a, pag. 649—655, nota II^a, pag. 789—797, 1911.

Crudeli, Umberto: „Nuovo limite superiore delle velocità angolari dei fluidi omogenei". Rendiconti della R. Acc. dei Lincei, Vol. XIX. pag. 666, 1910. — „Sulle onde progressive di tipo permanente oscillatorie". Rendiconti della R. Acc. dei Lincei, Vol. XXVIII, pag. 174—178, 1919; Vol. XXIX, pag. 174—178, 1920; Vol. XXIX, pag. 265—269, 1920. — „Sul moto dei solidi nei fluidi viscosi". Nuovo Cimento, Vol. III, pag. 449—456, 1912. — „Sul moto rettilineo, non vorticoso, dei gas". Nuovo Cimento, Vol. VI, pag. 105—110, 1913.

Da Rios, Luigi Sante: „Sul moto dei filetti vorticosi di forma qualunque". Rendiconti della R. Acc. dei Lincei, Vol. XVIII, pag. 75—79, 1909. — „Sul moto dei filetti vorticosi di forma qualunque". Rendiconti del Circ. Mat. di Palermo, Tomo XXIX, pag. 354—368, 1910. — „Sezioni trasversali stabili dei filetti verticosi". Atti del R. Ist. Veneto di Scienze, Lettere ed Arti; Tomo LXXV, pag. 299—308, 1916. — „Sui tubi vorticosi rettilinei posti a raffronto con filetti di forma qualunque". Atti della R. Acc. di Padova, Vol. XXXII, pag. 343—350, 1916. — „Vortici ad elica". Nuovo Cimento; serie VI, Vol. XI, pag. 419—431, 1916. — „Sulla trazione di natanti aerei e subacquei". Atti del R. Ist. Veneto, Tomo LXXVI, pag. 855—865, 1917. — „Interpretazione dinamica dei movimenti indotti in un liquido da un campo vorticoso". Atti del R. Ist. Veneto Tomo LXXVIII, pag. 331—336, 1919. — „Sulla dinamica dei fluidi comprimibili". Rendiconti del R. Istituto Lombardo, Vol. LII, pag. 98—103, 1919. — „Sulle conclusioni di Weingarten intorno ai vortici". Atti del R. Ist. Veneto, Tomo LXXIX, pag. 93—98, 1919.

De Faccio, Anita: „Sulle lamine vorticose in seno a un liquido perfetto". Atti del R. Istituto Veneto di Scienze, Lettere ed Arti, Tomo LXXII, pag. 971—988, 1913.

De Marchi, Giulio: „Teorie e realtà di alcuni fenomeni idraulici e in particolare dei movimenti turbolenti". Nuovo Cimento, Serie VI, Vol. XII, pag. 267—283, 1916; Vol. XIII, pag. 108—141, 1917. — „Nuove esperienze intorno al cambiamento di regime sul movimento dell' acqua entro condotti circolari. Influenza della rugosità delle pareti". Rendiconti delle esperienze e degli studi eseguiti nell' Istituto Idrotecnico di Stra, Vol. I, Fas. 3°, pag. 19—87, 1917.

De Marchi, Luigi: „Sulla propagazione della marea in una rete di canali". Rivista geografica italiana, pag. 488—490, 1907. — „La propagation des ondes dans les glaciers". Zeitschr. für Gletscherkunde, Bd. V, pag. 5, 1911. — „Teoria degli scandagli d'alto mare". R. Comitato Talassografico italiano, Mem. XXXI, Venezia, pag. 41, 1913. — „Oude interne e propagazione di marea nell'alto Adriatico". Atti del R. Istituto Veneto, Vol. LXXV, Venezia 1916.

Laura, Ernesto: „Sopra le vibrazioni normali di un corpo elastico immerso in un fluido". Rendiconti della R. Acc. dei Lincei, Vol. XXI, nota I°, pag. 754—759, giugno 1912, nota II°, pag. 20—25, luglio 1912. — „Sopra le vibrazioni armoniche smorzate di un corpo elastico immerso in un fluido". Rendiconti della R. Acc. dei Lincei, Vol. XXI, nota Iª pag. 756—761, nota IIª pag. 811—815, dicembre 1912. — „Sopra la propagazione di onde in un mezzo indefinito". Scritti Matematici offerti ad Enrico d'Ovidio, Torino, Bocca, pag. 253—278, 1918. — „Sopra i moti quasi liberi di un fluido elastico". Atti della R. Acc. delle Scienze di Torino, Vol. LIII, pag. 1018—1024, 1918. — „Sulla durata delle oscillazioni di una sfera vibrante radialmente in un fluido". Rendiconti della R. Acc. dei Lincei, Vol. XXXI, pag. 310—312, 1922.

Levi-Civita, Tullio: „Scie e leggi di resistenza". Rendiconti del Circ. Mat. di Palermo, Tomo XXIII, pag. 1—37, 1906. — „Sulle onde progressive di tipo permanente". Rendiconti della R. Acc. dei Lincei, Serie V, Vol. XVI, pag. 776—790, 1907. — „Sulle onde di canale". Rendiconti della R. Acc. dei Lincei, Vol. XXI, pag. 3—14, 1912. — „Théorème de Torricelli et début de l'écoulement". Comptes Rendus des séances de l'Ac. des Sciences, Tome 157, pag. 481—484, 1913. — „Les ones en els liquids, propagacio en els canals". Institut d'estudis catalans, Barcelona, „Questions de Mecánica classica i relativista", conferéncies donades el gener de 1921. — „Risoluzione dell' equazione funzionale che caratterizza le onde periodiche in un canale molto profondo". Math. Ann., Bd. 85, pag. 256—279, 1922.

Palatini, Attilio: „Sulla influenza del fondo nella propagazione delle onde dovute a perturbazioni locali". Rendiconti del Circ. Mat. di Palermo, Tomo XXXIX, pag. 362—384, I° sem. 1915. — „Sulla influenza del fondo nella propagazione delle onde dovute a perturbazioni locali. Studio asintotico del pelo libero". Rendiconti del Circ. Mat. di Palermo, Tomo XL, pag. 169—184, II° sem. 1915. — „Sulla confluenza di due vene". Atti del R. Ist. Veneto, Tomo LXXV, pag. 451—463, 1916.

Palomby, Armando: „Sulla funzione di dissipazione nel moto dei fluidi viscosi". Rendiconti della R. Acc. delle Sc. Fis. e Nat. di Napoli, Vol. XVIII, pag. 186—197, 1912. — „Sull' idrodinamica dei fluidi viscosi". Giornale di Matematiche di Battaglini, Napoli, Vol. L, 1912.

Pascal, Mario: „Forze di pressione su un montante di aeroplano". Rendiconti della R. Acc. dei Lincei, Vol. XXIX, nota I°, pag. 448—452, I° sem. 1920; nota IIª, II° sem., pag. 26—30. — „Circuitazione superficiale". Rendiconti della R. Acc. dei Lincei, nota Iª, Vol. XXIX, pag. 353—356, II° sem. 1920; nota IIª, Vol. XXX, pag. 117—119, I° sem. 1921; nota IIIª, pag. 249—251. — „Circuitazione superficiale". Giornale di Matematiche di Battaglini, Milano, Vol. LIX, 1921.

Puppini, Umberto: „Sui fondamenti scientifici dell' idraulica". Bologna, Cooperativa Tipografica Azzoguidi 1912, Vol. di pag. 127.

Ricci, Carlo Luigi: „Sull' azione dinamica di una corrente fluida sopra pareti rigide". Rendiconti della R. Acc. dei Lincei, Vol. XXIV, pag. 1099—1101, I° sem. 1915.

Segre, Vittorina: „Sul moto di una corrente fluida in un canale a cielo in parte scoperto". Giornale di Matematiche di Battaglini, Vol. LV, pag. 1—30, 1917.

Signorini, Antonio: „Sull' inizio dell' efflusso dei liquidi". Rendiconti del Circ. Mat. di Palermo, Tomo XLI, pag. 207—237, 1916.

Somigliana, Carlo: „Sulla profondità dei ghiacciai". Rendiconti della R. Acc. dei Lincei, nota Iª, Vol. XXX, pag. 291—296, I° sem. 1921; nota IIª, idem, pag. 323—327; nota IIIª, idem, pag. 360—364; nota IVª, Vol. XXXI, pag. 3—7, II° sem. 1921.

Spataro, D.: „Analogie idrodinamiche". Annali di Ingegneria e d'Architettura, Anno 1919.

Tonolo, Angelo: „Nuova risoluzione del problema delle onde di Poisson-Cauchy". Atti del R. Ist. Veneto, Tomo LXXIII, pag. 545—571, 1914.

Über die Entstehung von Wirbeln in der idealen Flüssigkeit, mit Anwendung auf die Tragflügeltheorie und andere Aufgaben.

Von L. Prandtl in Göttingen.

I.

Die Zähigkeit der wirklichen Flüssigkeiten ist in vielen Fällen so klein, daß ihre Wirkung im Innern der Flüssigkeit vernachlässigt werden kann. Dies führt bekanntlich dazu, in den Rechnungen die Zähigkeit ganz außer acht zu lassen und statt der wirklichen Flüssigkeit eine ideale Flüssigkeit zu betrachten, die dann meist auch als homogen und unzusammendrückbar angenommen wird. Man beweist, daß im Innern einer solchen idealen Flüssigkeit Rotation nicht entstehen oder, wenn sie besteht, nicht vergehen kann. Die Bewegungen von Wirbeln sind durch die Arbeiten von Helmholtz, Lord Kelvin u. a. weitgehend aufgeklärt. Die Entstehungsweise solcher Gebilde bleibt dabei aber völlig dunkel; die Beobachtung, daß wir sie durch einfache Vorrichtungen erzeugen können, scheint vielmehr in offenem Widerspruch zu obigem Satze zu stehen.

In meiner auf dem Heidelberger Mathematikerkongreß vorgetragenen Arbeit habe ich darauf hingewiesen, daß in einer Flüssigkeit mit beliebig kleiner, aber doch von Null verschiedener Reibung eine dünne Schicht an den festen Begrenzungsflächen der Flüssigkeit vorhanden ist, in der die Geschwindigkeit um endliche Beträge von derjenigen in der „freien Flüssigkeit" verschieden ist. An der Begrenzungsfläche selbst „haftet" die Flüssigkeit, d. h. die Geschwindigkeit stimmt dort mit der des begrenzenden festen Körpers überein. In der dünnen Schicht, die wir „Grenzschicht" nennen, ist also jedenfalls Rotation vorhanden. Freie Wirbel d. h. Stellen mit Rotation im Innern der Flüssigkeit, werden nun offenbar dann vorkommen, wenn Flüssigkeit aus der Grenzschicht ins Innere gelangt.

Von den verschiedenen Möglichkeiten, wie Material aus der Grenzschicht ins Innere gelangen kann, sei hier hauptsächlich eine näher betrachtet, der „Zusammenfluß von zwei getrennt gewesenen Flüssigkeitsströmen an einer scharfen Kante"[1]. Die

---

[1] Eine andere Art von „Zusammenfluß" ist von F. Klein in seiner Abhandlung: „Über die Bildung von Wirbeln in reibungslosen Flüssigkeiten" besprochen worden, Z. f. Math. u. Phys. 58, 259, 1910.

beiden Ströme können longitudinale und transversale Geschwindigkeitsunterschiede haben. Es wird also, wenn wir wieder zur reibungslosen Flüssigkeit übergehen, wobei die Grenzschicht die Dicke Null erhält, eine Trennungsfläche mit einem Geschwindigkeitssprung resultieren.

Wir erkennen also, daß wir in der idealen Flüssigkeit, die ja nicht um ihrer selbst willen, sondern nur als vereinfachtes Gedankenbild der wirklichen Flüssigkeiten erdacht worden ist, derartige durch Zusammenfluß entstandene Trennungsflächen zulassen müssen. Wir können auch noch die Feststellung verwerten, daß an scharfen, in die Flüssigkeit hineinspringenden Kanten in Wirklichkeit nicht die von der Potentialtheorie geforderten unendlich großen Geschwindigkeiten auftreten, sondern daß sich statt dessen immer Trennungsschichten ausbilden, und zwar von einem solchen Betrage des Geschwindigkeitssprungs, daß dadurch die Geschwindigkeit an der Kante endlich bleibt. Die Trennungsschichten treten also hinter scharfen Kanten regelmäßig auf, wenn ohne sie dort die Geschwindigkeit unendlich groß würde[1]. Auch dies kann, wie ich hier ohne Beweis erwähne, zunächst für die zähe Flüssigkeit eingesehen werden und bleibt beim Übergang zur idealen Flüssigkeit erhalten.

Die Grenzschichtentheorie lehrt, daß auch an gerundeten Flächen Trennungsschichten auftreten, und zwar an solchen Stellen, wo ohne sie der Flüssigkeitsstrom längs der Wand eine starke Verzögerung erfahren würde. Da hierbei aber Zähigkeitswirkungen innerhalb der Grenzschicht für den Ort der Ablösung der Strömung bestimmend sind, und ich hier von der Zähigkeit nicht reden will, mag dieser Fall hier außer Betracht bleiben.

II.

Bei den an Kanten ansetzenden Trennungsflächen lassen sich verschiedene Einzelfälle unterscheiden. Handelt es sich z. B. um die stationäre Strömung um einen endlichen Tragflügel, so führt die Forderung der Stetigkeit des Druckes an der Trennungsfläche zu dem Ergebnis, daß über und unter ihr der Betrag der Geschwindigkeit derselbe sein muß. Es folgt dies einfach aus dem Satz von Bernoulli. Der Geschwindigkeitssprung ist hier also rein transversal. Wenn die Tragfläche Auftrieb liefert, so muß ein Druckgefälle von der Unterseite über die Seitenränder weg nach der Oberseite bestehen, vgl. Abb. 1. Man erkennt leicht, daß durch die Wirkung dieses Druckgefälles die Stromlinien hinter der Tragfläche unten divergieren, oben konvergieren. An die Hinterkante wird sich also eine Trennungsfläche mit entgegengesetztem Drehsinn auf beiden Seiten anschließen. Der Geschwindigkeitssprung entspricht dabei völlig den Pfeilen von Abb. 1.

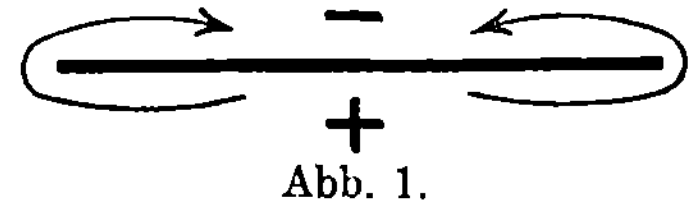

Abb. 1.

[1] Vgl. auch die Formulierung, die ich diesen Sätzen in meiner Tragflügeltheorie gegeben habe (Ziffer 4 der I. Mitteilung, Gött. Nachr. 1918, S. 457 u. f.).

Der Drehsinn und der Betrag der Zirkulation in der Wirbelschicht ist in vollständigem Einklang damit, daß das Zustandekommen des Auftriebs an eine Zirkulation der Strömung um den Flügel geknüpft ist, die nach der Joukowskischen Formel gleich Auftrieb pro Längeneinheit / Dichte $\times$ Geschwindigkeit ist:

$$\Gamma = \frac{a}{\varrho V}.$$

Die „Zirkulation" ist dabei das Linienintegral der Geschwindigkeit längs einer geschlossenen Linie, oder anders ausgedrückt, der Potentialsprung in der Trennungsfläche. Da die Trennungsfläche den Raum einfach zusammenhängend läßt, besteht bei der Bewegung im ganzen Raum außerhalb des Flügels ein eindeutiges Potential mit unstetigem Verlauf auf der Trennungsfläche.

Die Gestalt der Trennungsfläche ist, da sie sich von der seitlichen Kante her spiralisch aufwickelt, sehr verwickelt (vgl. Abb. 2).

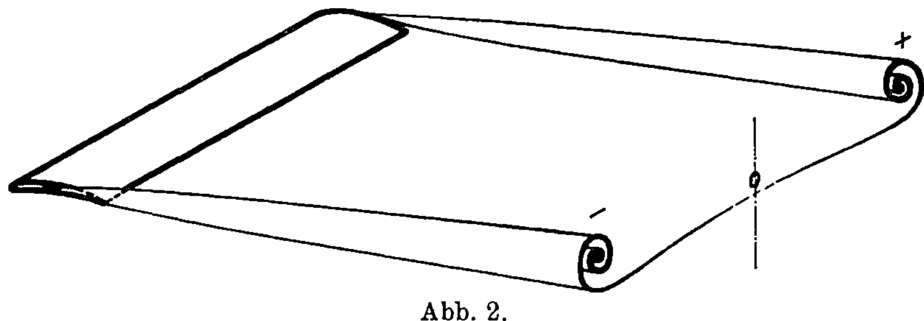

Abb. 2.

Man gelangt jedoch in der Tragflügeltheorie dadurch zu Näherungsausdrücken für das Geschwindigkeitsfeld, daß man die Deformation der Trennungsfläche fürs erste vernachlässigt. Das bedeutet so viel, daß man nach dem Geschwindigkeitsfeld für den Fall eines sehr kleinen Auftriebs fragt, wobei dann der Geschwindigkeitssprung in der Trennungsfläche ebenfalls sehr klein (gegen die Flügelgeschwindigkeit) wird. Die Änderung des Geschwindigkeitsfeldes infolge der durch das Geschwindigkeitsfeld hervorgerufenen Deformation der Trennungsfläche ist dann — wenigstens in der Nähe des Tragflügels — eine kleine Größe zweiter Ordnung, also im Bereich einer Theorie erster Ordnung vernachlässigbar. Meist wird in dieser Theorie noch angenommen, daß der Tragflügel in der Flugrichtung so schmal ist, daß er ohne Fehler wie eine „tragende Linie" behandelt werden kann. Über die mathematische Gestalt dieser Theorie der ersten Ordnung wird Herr Trefftz das Nähere berichten.

III.

Auf andere Probleme wird man geführt, wenn man nichtstationäre Strömungen studiert. Wir wollen uns hier der Vereinfachung wegen auf zweidimensionale Strömungen beschränken.

Die stationäre zweidimensionale Flügelströmung liefert, wie bekannt, eine Potentialbewegung mit im allgemeinen mehrdeutigem Potential, aber ohne Unstetigkeiten in der Geschwindigkeitsverteilung. Nicht so die beschleunigte Strömung. Die Druckgleichheit zu beiden Seiten der Trennungsfläche verlangt, daß

$$\frac{\partial \Phi}{\partial t} + \frac{1}{2} v^2$$

auf beiden Seiten der Trennungsfläche in entsprechenden Punkten denselben Wert annimmt. Dem Potentialsprung an der Trennungsfläche entspricht im allgemeinen auch ein Sprung von $\frac{\partial \Phi}{\partial t}$, somit auch einer im Betrag von v. Es ergeben sich also hier Trennungsflächen mit longitudinalem Geschwindigkeitssprung.

Ein Beispiel, das verhältnismäßig einfach zu übersehen ist, mag zur Erläuterung dienen. Ein Tragflügel führe neben der gleichförmigen Vorwärtsbewegung eine periodische Auf- und Abbewegung aus, wobei gleichzeitig der Anstellwinkel verändert werden mag. Wenn der Auftrieb schwankt, so müssen Wirbel von solchem Betrag abgehen, als es der Änderung der Zirkulation entspricht. Denn für jede die Tragfläche umschließende geschlossene „flüssige Linie" muß nach dem Thomsonschen Satz die Zirkulation unveränderlich bleiben. In erster Näherung wird, wenn Γ die Zirkulation und V die mittlere Geschwindigkeit ist, der Geschwindigkeitssprung an der Hinterkante

$$v_I - v_{II} = \sigma = \frac{1}{V} \frac{d\Gamma}{dt}.$$

Es ergibt sich eine wellenförmige Trennungsschicht von abwechselnd positivem und negativem Drehsinn. Je nach der Phase, in der die Auf- und Abbewegung mit dem durch den Anstellwinkel beherrschten Auftrieb steht, kann Vortrieb oder Rücktrieb entstehen. Dem Vortrieb am Flügel entspricht eine Arbeitsleistung beim Schlagen des Flügels und ein nach rückwärts gerichteter Impuls der Strömung. Es ist leicht zu erkennen, daß die nebenstehende Wirbelkonfiguration (die natürlich allmählich in eine Wirbelstraße von der von Herrn v. Kármán studierten Art übergehen wird), diesen Rückwärtsimpuls aufweist (Abb. 3).

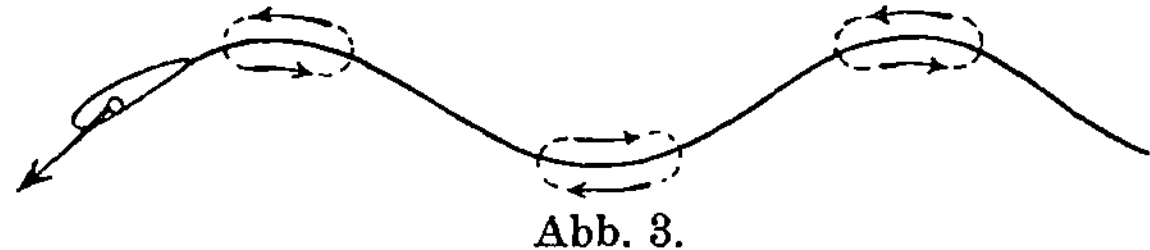

Abb. 3.

Die strenge mathematische Lösung solcher Aufgaben erscheint hoffnungslos schwierig. Dagegen läßt sich auch hier im Bereich einer Theorie der ersten Ordnung wohl viel erreichen. Man muß dazu wieder die Auftriebe als klein annehmen. Die Eigenbewegung der Trennungsfläche wird vernachlässigt, es ergibt sich also eine vorgegebene Trennungsfläche mit vorgegebener Verteilung des Geschwindigkeitssprungs, aus der das Geschwindigkeitsfeld durch Quadraturen hergeleitet werden kann. Die Vereinfachung der Tragfläche zur tragenden Linie liefert hier keine vernünftigen Ergebnisse, da logarithmisch unendliche Terme auftreten. Man muß also endlich ausgedehnte Flügelprofile in Betracht ziehen.

Nach einem Vorschlag von Betz kann man so verfahren, daß man (im ebenen Problem) durch konforme Abbildung zu der Ebene übergeht, in der das Flügelprofil durch einen Kreis abgebildet wird, während das Unendliche unverändert bleibt. Man braucht nun nur das mit abgebildete Wirbelsystem der Trennungsfläche in bekannter Weise im Innern des Kreises zu spiegeln, um dafür zu sorgen, daß der Kreis Stromlinie bleibt. Die Trennungsfläche muß dabei immer in dem Punkt des Kreises ansetzen, der der Hinterkante des Flügels entspricht, in dem gleichen Punkt muß die Stromlinie $\Psi = 0$ sich verzweigen. Die (veränderliche) Geschwindigkeit, die in Wirklichkeit der Flügel hat, wird mit entgegengesetztem Vorzeichen der Flüssigkeit im Unendlichen vorgeschrieben; die jeweilige Änderung der Zirkulation muß mit der austretenden Wirbelstärke übereinstimmen.

Eine andere Methode ist die folgende: Der Flügel wird als unendlich dünn angenommen und dadurch selbst als eine Trennungsfläche angesehen, aber natürlich eine, die den Helmholtzschen Sätzen nicht folgt, da sie ja Drücke auf die Flüssigkeit ausübt. Um zu einer mathematischen Formulierung zu gelangen, kann man eine dichte Folge von tragenden Linien von der Zirkulation $d\Gamma = \gamma\,dx$ annehmen, der ein Auftrieb pro Längeneinheit $da = \varrho V \gamma\,dx$ entspricht. Der Einfachheit halber seien die tragenden Linien alle in einer zur Flugrichtung parallelen Ebene angenommen. Die Größe γ bedeutet offenbar einen Geschwindigkeitssprung. Durch die zeitliche Änderung von γ entsteht ein weiterer Geschwindigkeitssprung σ, der nun aber den Helmholtzschen Gesetzen gehorcht, d. h. von der Strömung fortgeführt wird. Es gilt deshalb im Bereich der Theorie der I. Ordnung innerhalb des Flügelprofils die Beziehung

$$\frac{d\gamma}{dt} + \frac{\partial\sigma}{\partial t} + V\frac{\partial\sigma}{\partial x} = 0 \,^{1}),$$

außerhalb

$$\frac{\partial\sigma}{\partial t} + V\frac{\partial\sigma}{\partial x} = 0;$$

durch Integration ergibt sich hieraus:

$$\sigma(x,t) = \int_{x_0}^{x_1} \frac{d\gamma}{dt}\left(x', t - \frac{x - x'}{V}\right)\frac{dx'}{V},$$

wobei innerhalb des Profils $x_1 = x$, hinter dem Flügel von der Tiefe l aber $x_1 = x_0 + l$ zu setzen ist.

---

^{1}) Vgl. Anhang 1.

Es ist nun das von dem gesamten Geschwindigkeitssprung $\gamma + \sigma$ herrührende Geschwindigkeitsfeld zu berechnen und hinterher die Verteilung $\gamma(x, t)$ so zu bestimmen, daß die durch die vorgeschriebene Profilgestalt und Bewegung gegebenen Geschwindigkeiten in den vom Flügel eingenommenen Raumpunkten durch das Geschwindigkeitsfeld wirklich geliefert werden. Diese Rechnung ist in einer zur Zeit in der Fertigstellung befindlichen Dissertation durchgeführt[1]. Sie ist dadurch möglich geworden, daß die Funktion γ nach passenden Normalfunktionen entwickelt ist[2]), und daß man sich begnügt hat, die Bedingung für die Geschwindigkeit nur an einer Anzahl diskreter Punkte zu befriedigen. Die Entwicklungen konvergieren leider nur für langsame Schlagbewegungen gut. Was die Betzsche Methode leistet, ist noch nicht erprobt. Sie wird in den Händen eines geschickten Rechners wohl auch zu numerischen Resultaten führen.

IV.

Eine andere nicht unwichtige Aufgabe ist die Klärung des Bewegungsbeginnes einer Tragfläche. Der Übergang von der Ruhe zur Potentialbewegung mit Zirkulation vollzieht sich natürlich durch Abspaltung eines Wirbels von entgegengesetzt gleicher Zirkulation. Daß der Wirbel im Idealfall aus einer Trennungsfläche besteht, ist klar. Wie sieht diese aber aus? Der Versuch gibt die Antwort, daß ihr Querschnitt eine sich immer mehr zusammenrollende Spirale ist.

Es gibt ein Beschleunigungsgesetz, bei dem Strömungen mit Trennungsflächen möglich sind, die sich dauernd kongruent bleiben, wo also nur die Intensität der Geschwindigkeit zeitlich anwächst. Setzt man nämlich die Geschwindigkeit des Körpers

$$V = \frac{c}{t_1 - t} \quad \text{(und } t < t_1\text{), so wird das Potential der Relativströmung}$$

$$\Phi = \frac{c\varphi}{t_1 - t} \quad \text{(wo } \varphi \text{ eine Länge ist). Der Ausdruck } \frac{\partial \Phi}{\partial t} + \frac{1}{2} v^2, \text{ der}$$

für den Druck bestimmend ist, wird dann $= \dfrac{c}{(t_1 - t)^2}\left(\varphi + \dfrac{c}{2}(\operatorname{grad}\varphi)^2\right).$

Es genügt also, ein Potential φ so aufzustellen, daß die Grenzbedingungen in gewöhnlicher Weise erfüllt werden, und daß zu beiden

Seiten der Trennungsfläche der Ausdruck $\varphi + \dfrac{c}{2}(\operatorname{grad}\varphi)^2$ den gleichen

Wert annimmt. Die exakte Lösung irgendeiner praktischen Aufgabe ist bisher nicht gelungen, doch konnte ich bereits 1912 zeigen, daß eine Trennungsfläche von der Gestalt einer logarithmischen Spirale mit 30° Steigung eine Lösung darstellt[3]. Die Trennungsfläche ist

---

[1]) W. Birnbaum, Das ebene Problem des schlagenden Flügels (wird voraussichtlich in der Z. angew. Math. Mech. erscheinen).
[2]) Vgl. Anhang 1.   [3]) Vgl. Anhang 3.

hier zugleich Stromlinie. Das komplexe Potential lautet

$$\varphi + i\psi = C\left(\frac{z}{a}\right)^{\frac{1}{2}(1+i\sqrt{3})}.$$

Außer dieser „kongruent veränderlichen Strömung" habe ich damals auch die „ähnlich veränderte" Strömung behandelt, d. h. eine Strömung mit einer Trennungsfläche von wachsender Ausdehnung, die während des Wachsens sich dauernd geometrisch ähnlich bleibt[1]). Natürlich müssen auch die Grenzbedingungen dieselbe Ähnlichkeitstransformation befriedigen. Als Beispiel erwähne ich die Strömung um eine Ecke, vgl. Abb. 4.

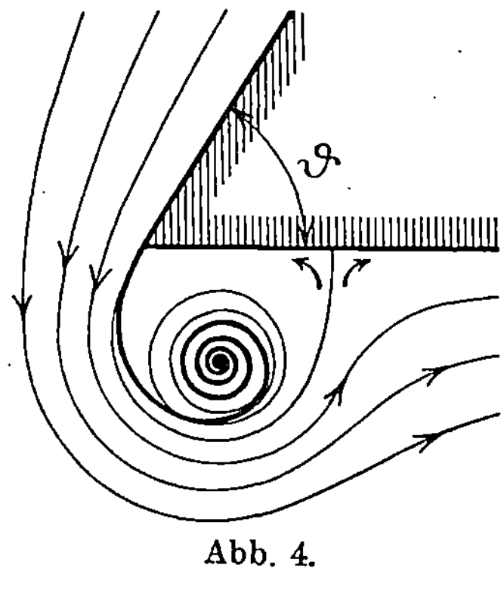

Abb. 4.

Der allgemeine Ansatz ist offenbar

$$\Phi = c\, t^n \varphi\,(\xi,\, \eta),$$

wo $\quad \xi = \dfrac{x}{t^m} \quad$ und $\quad \eta = \dfrac{y}{t^m}$

ist. Es ist

$$\frac{\partial \Phi}{\partial t} + \frac{1}{2}\, v^2 = c\, t^{n-1}\left\{ n\varphi - m\left(\xi\frac{\partial\varphi}{\partial\xi} + \eta\frac{\partial\varphi}{\partial\eta}\right)\right\}$$
$$- \frac{1}{2}\, c^2\, t^{2(n-m)]}\left\{\left(\frac{\partial\varphi}{\partial\xi}\right)^2 + \left(\frac{\partial\varphi}{\partial\eta}\right)^2\right\}.$$

Damit $\varphi\,(\xi,\, \eta)$ von der Zeit unabhängig wird, muß $n - 1 = 2\,(n - m)$ sein, also $n = 2\,m - 1$.

Setzt man bei der Strömung um die Ecke mit dem Winkel ϑ fest, daß im Unendlichen $\Phi + i\,\Psi = a\,t^\lambda z^\mu$ sein soll, wobei $\dfrac{1}{\mu} = 2 - \dfrac{\vartheta}{\pi}$ zu setzen ist, dann ergibt sich durch Vergleichung der Exponenten $m = \dfrac{1+\lambda}{2-\mu}$, also z. B. für gleichförmige Beschleunigung ($\lambda = 1$) und eine dünne Platte ($\mu = \frac{1}{2}$): $m = \frac{4}{3}$, $n = \frac{5}{3}$.

Auch hier ist wieder die logarithmische Spirale eine mögliche Gestalt der Trennungsfläche. Für diese gilt offenbar neben der dynamischen Bedingung der Druckgleichheit noch die kinematische Beziehung: $\psi_1 = \psi_2$ auf beiden Seiten der Trennungslinie. Mit Rücksicht auf die Helmholtzschen Sätze ist weiter noch zu verlangen, daß die Geschwindigkeit, mit der sich der geometrische Ort $\psi_1 = \psi_2$ normal zur Trennungsfläche verschiebt, mit der Normalgeschwindigkeit der Flüssigkeit übereinstimmt. Hierdurch wird jedem Wert von m eindeutig eine bestimmte Steigung der Spirale zugeordnet[2]). Dem obigen Fall entspricht eine solche von nicht ganz 2^0.

---

[1]) Vgl. Jahresber. d. deutsch. Math.-Vereinigung 22 (1913) Abt. 2 S. 69.
[2]) Vgl. Anhang 4.

Auffallend ist, daß den Werten von m zwischen 0 und 1 keine vernünftige Lösung dieser Art entspricht. Hier scheinen anders geartete Spiralen aufzutreten, die in der Nähe des Zentrums den Charakter von $r = \dfrac{a}{\vartheta^m}$ haben, wo ϑ der Zentriwinkel ist.

Die sich aufrollenden Trennungsschichten lassen uns auch die Entstehung des Totwassers bei der Kirchhoffschen Strömung um die Platte verstehen. Man erkennt unschwer, daß sich das aus der Trennungsschicht gebildete Wirbelpaar im Laufe der Zeit ins Unendliche entfernt, wodurch dann das zwischen den Trennungsschichten befindliche Wasser zur Ruhe kommt.

Allerdings sind, wie schon Helmholtz nachgewiesen hat, alle Trennungsschichten hochgradig labil, so daß in Wirklichkeit bei der geringsten Störung turbulente Vorgänge auftreten, die der Strömung dann einen ganz anderen Charakter verleihen können.

Ich habe im vorstehenden viele noch unfertige Dinge berührt. Meine Absicht war auch weniger, über gesicherte Endergebnisse zu berichten, als vielmehr Anregungen zu weiteren Forschungen zu geben. In solchem Sinne bitte ich meinen Vortrag bewerten zu wollen.

Anhang.

(Nicht vorgetragen.)

1. Die Gleichung für den Geschwindigkeitssprung beim nicht stationären ebenen Tragflügelproblem

$$\frac{\partial \gamma}{\partial t} + \frac{\partial \sigma}{\partial t} + V \frac{\partial \sigma}{\partial x} = 0, \quad \dotsb \quad (1)$$

für die im Vortrag eine aus den Anschauungen der Tragflügeltheorie entwickelte Herleitung gegeben ist, läßt sich auch unmittelbar aus der Eulerschen Gleichung ableiten.

Es sei ein flaches Flügelprofil angenommen, das außer der geradlinigen Grundbewegung V noch irgendwelche willkürlich gegebenen Bewegungen ausführen möge, deren Geschwindigkeiten u und w (in Richtung von V und senkrecht dazu) überall klein gegen V sein mögen. Die X-Komponente der Eulerschen Gleichung lautet dann für ein mit der Grundgeschwindigkeit V fortschreitendes Bezugssystem:

$$\frac{\partial u}{\partial t} + (V + u)\frac{\partial u}{\partial x} + w \frac{\partial u}{\partial z} + \frac{1}{\varrho}\frac{\partial p}{\partial x} = 0,$$

oder, wenn man sich im Sinne der Ansätze der Tragflügeltheorie auf Glieder erster Ordnung beschränkt,

$$\frac{\partial u}{\partial t} + V \frac{\partial u}{\partial x} + \frac{1}{\varrho}\frac{\partial p}{\partial x} = 0 \quad \dotsb \quad (2)$$

Der Auftrieb für den Streifen von der Breite dx und der Länge 1 senkrecht zur XZ-Ebene ist offenbar $da = (p_u - p_o)\,dx,$

wobei der Zeiger u den Zustand unter der Fläche, der Zeiger o den über der Fläche bedeuten soll. Nun ist aber in Anwendung des Joukowskischen Satzes auf 1. Ordnung genau

$$da = \varrho V \gamma \, dx,$$

woraus für den tragenden Geschwindigkeitssprung γ die Gleichung folgt

$$\gamma = \frac{1}{\varrho V} (p_u - p_o) \cdot \ldots \ldots \ldots \quad (3)$$

Andrerseits ist der gesamte Geschwindigkeitssprung im Flügel

$$\gamma + \sigma = u_o - u_u \ldots \ldots \ldots \ldots \quad (4)$$

Schreibt man Gl. (2) einmal für die Oberseite des Flügels an und einmal für die Unterseite und bildet die Differenz, so erhält man unter Berücksichtigung von Gl. (3) und (4)

$$\frac{\partial}{\partial t} (\gamma + \sigma) + V \frac{\partial (\gamma + \sigma)}{\partial x} - V \frac{\partial \gamma}{\partial x} = 0 \, ,$$

was sich sofort zu Gl. (1) vereinfachen läßt.

2. Die in der zweidimensionalen Tragflächentheorie verwendeten Normalfunktionen für den tragenden Geschwindigkeitssprung γ lauten für einen von $x = -1$ bis $x = +1$ reichenden Flügel:

$$\text{a) } \sqrt{\frac{1-x}{1+x}} \qquad \text{b) } \sqrt{1-x^2} \qquad \text{c) } x\sqrt{1-x^2}$$

usw. mit steigenden Potenzen von x. Für den stationären Fall, wo keine freien Geschwindigkeitssprünge σ hinzutreten, liefert die Funktion a) mit einem passenden kleinen Dimensionsfaktor multipliziert die Umströmung einer unter einem kleinen Winkel geneigten ebenen Platte ($x = -1$ ist dabei der angeblasene Rand, an dem $\gamma = \infty$ wird); die Funktion b) liefert einen Parabelbogen mit wagerechter Sehne (was bei den Grundannahmen der Aufgabe natürlich dasselbe ist wie ein Kreisbogen); der Fall c) liefert eine S-Kurve, d. h. eine Funktion dritten Grades als Profil. Wegen der Linearität der Aufgabe sind irgendwelche linearen Kombinationen der Normalfunktionen ohne weiteres verwendbar und liefern als Profil die entsprechenden linearen Kombinationen der Einzelprofile. $\varrho V \int \gamma \, dx$ liefert dabei den Auftrieb, $\varrho V \int \gamma \, x \, dx$ das Moment.

Das Feld der Normalverteilungen in der Umgebung des Flügels läßt sich in eine Reihe nach fallenden Potenzen von r entwickeln, in denen als Koeffizienten $\int \gamma \, dx$, $\int x \gamma \, dx$ und die höheren Momente auftreten. Die Reihen konvergieren außerhalb eines Kreises, dessen Durchmesser die Flügelsehne ist. Mittels dieser Reihe hat sich eine zweidimensionale Mehrdeckertheorie entwickeln lassen, die an Hand des mit komplexen Funktionen aufgeklärten Falles zweier paralleler ebenen Platten nachgeprüft und als brauchbar erwiesen werden konnte. Dabei haben wir uns damit begnügt, die Geschwindigkeit der Strömung an drei Punkten des Profils in Übereinstimmung mit der durch das Profil gegebenen Richtung zu bringen, wodurch sich die Beiwerte der drei ersten Normalfunktionen der beiden Tragflügel ermitteln lassen. Diese von Herrn Ackermann durchgeführte Arbeit hat bei Kriegsende abgebrochen werden müssen und ist seither unvollendet geblieben.

In der Schlagflügelrechnung von Birnbaum zeigte sich, daß bei Beschränkung auf die ersten drei Normalfunktionen und auf die niedrigsten Potenzen der Schlagflügelfrequenz die Geschwindigkeiten, wenn sie an drei Punkten des oben angenommenen Profils zur Übereinstimmung gebracht werden, dann auch identisch über den ganzen Flügelquerschnitt stimmen. Birnbaum rechnet für den schlagenden und dabei mit der gleichen Periode, aber beliebiger Phase seinen Anstellwinkel verändernden Flügel einmal die Auftriebsverteilung $\varrho V \gamma$ und hieraus Auftrieb und Moment, dann den Widerstand bzw. Vortrieb $\int \varrho w \gamma \, dx$ ($w =$ Vertikalgeschwindigkeit), die Schlagarbeit, die Vortriebsarbeit und die in den Wirbeln verbleibende Energie; daraus ergeben sich auch Beziehungen für den Wirkungsgrad, mit dem Schlagarbeit in Vortriebsarbeit verwandelt werden kann. Durch die abgehenden Wirbel erleidet der Auftrieb eine Verminderung und eine Phasennacheilung gegen die in elementarer Weise errechneten Werte.

Der Fall von Eigenschwingungen des elastisch gelagerten Flügels, wobei Widerstandsarbeit in Schwingungsenergie übergehen kann und so der Flügel in immer heftigere Schwingungen gerät, ist auch behandelt.

Die dreidimensionale Schlagflügeltheorie dürfte der strengen Behandlung nach den Ansätzen der Tragflügeltheorie ziemliche Schwierigkeiten entgegenstellen. Eine angenäherte Behandlung scheint aber durchaus möglich, und auch notwendig, da die zweidimensionale Theorie bei dem Fehlen der Randwirbel viel zu günstige Ergebnisse liefert. Hier wird zu dem induzierten Widerstand des stationären Flügels noch ein Widerstand durch die abgehenden Querwirbel entsprechend der zweidimensionalen Theorie und ein weiterer durch die der Auftriebsschwankung entsprechenden veränderlichen Randwirbel kommen. Die beiden letzten Wirbelarten werden dabei in der Weise zusammenwirken, daß die Abschwächung und Phasennacheilung der Auftriebskräfte gegenüber dem zweidimensionalen Fall noch vermehrt wird.

3. Die Rechnung für die Spiralwirbel sei hier kurz angegeben. Zunächst in dem Fall der kongruent-veränderlichen Strömung: Wir setzen den stationären Faktor des komplexen Potentials

$$f = \varphi + i \psi = C \left(\frac{z}{a} \right)^{a + i \beta} \quad \cdot \; \cdot \; \cdot \; \cdot \; \cdot \; \cdot \; \cdot \quad (1)$$

Mit $z = r e^{i \vartheta}$ wird

$$f = C \left(\frac{r}{a} \right)^{a} e^{-\beta \vartheta} \; e^{i \left(a \vartheta + \beta \ln \frac{r}{a} \right)},$$

also mit reellem C und mit der Abkürzung

$$\alpha\vartheta + \beta \ln\frac{r}{a} = \lambda \quad \ldots \ldots \ldots \ldots \quad (2)$$

$$\varphi = C\left(\frac{a}{r}\right)^{\alpha} e^{-\beta\vartheta}\cos\lambda \quad \ldots \ldots \ldots \quad (3)$$

$$\psi = C\left(\frac{r}{a}\right)^{\alpha} e^{-\beta\vartheta}\sin\lambda \quad \ldots \ldots \ldots \quad (4)$$

An der Trennungsfläche, die räumlich festliegt, muß die Strömung beiderseits tangential verlaufen, als $\psi = \text{const.}$ sein. Es handelt sich also darum, eine Linie $\psi = \text{const.}$ zu finden, die mit einer anderen für $\vartheta_2 = \vartheta_1 + 2\pi$ identisch ist. Das ist offenbar nur der Fall bei der Stromlinie $\psi = 0$, für die $\sin\lambda = 0$ ist. Wenn in der Spirale, wie wir annehmen, nur eine einzige Trennungsschicht vorhanden ist, dann darf eine weitere Stromlinie $\psi = 0$ nicht mehr vorhanden sein, es muß also $\lambda_2 = \lambda_1 \pm \pi$ mit $\vartheta_2 = \vartheta_1 + 2\pi$ zusammenfallen, woraus sich aus Gl. (2) $\alpha = \pm\frac{1}{2}$ ergibt.

Setzt man $\lambda_1 = 0$, so erhält man für die Trennungsschicht aus (2) die Gleichung

$$r = a\, e^{-\frac{\alpha}{\beta}\vartheta} \quad \ldots \ldots \ldots \ldots \ldots \quad (5)$$

Die Steigung dieser logarithmischen Spirale ist $\operatorname{tg}\gamma = \frac{\alpha}{\beta}$. Die Spirale öffnet sich bei positivem $\operatorname{tg}\gamma$ im Uhrzeigersinne, wenn ϑ im Gegenzeigersinn wächst.

Es gilt jetzt noch die im Vortrag erwähnte dynamische Bedingung

$$\varphi_1 + \frac{c}{2}(\operatorname{grad}\varphi_1)^2 = \varphi_2 + \frac{c}{2}(\operatorname{grad}\varphi_2)^2 \quad \ldots \ldots \quad (6)$$

für die beiden Seiten der Trennungsschicht zu erfüllen. Es ist dabei

$$\vartheta_2 = \vartheta_1 + 2\pi,$$

$$r_2 = r_1 = a\, e^{-\frac{\alpha}{\beta}\vartheta}.$$

Nun ist

$$(\operatorname{grad}\varphi)^2 = \left|\frac{\partial f}{\partial z}\right|^2.$$

Aus (1) ergibt sich

$$\left|\frac{\partial f}{\partial z}\right| = \left|(\alpha + i\beta)\frac{f}{z}\right| = \sqrt{\alpha^2 + \beta^2}\,\frac{C}{a}\left(\frac{r}{a}\right)^{\alpha-1} e^{-2\beta\vartheta}.$$

Dies in Gl. (6) eingeführt und r aus Gl. (5) in ϑ ausgedrückt, gibt nur dann einen von ϑ unabhängigen Wert von C, wenn ϑ in allen Exponenten mit demselben Faktor vorkommt. Dies gibt die Beziehung

$$\alpha^2 + \beta^2 = 2\alpha \quad \ldots \ldots \ldots \ldots \ldots \quad (7)$$

Aus dieser folgt, da α und β reell sein müssen, einerseits, daß α positiv sein muß; mit $\alpha = \frac{1}{2}$ (siehe oben) wird dann $\beta = \frac{1}{2}\sqrt{3}$, der Winkel γ also 30^0.

Für die Länge C liefert Gl. (6) die Beziehung

$$C = \frac{2\,a^2}{c} \cdot \frac{1 + e^{-\pi\sqrt{3}}}{e^{2\pi\sqrt{3}} - 1} \ . \ . \ . \ . \ . \ . \ . \ . \tag{8}$$

4. Bei „ähnlich veränderter" Spiralbewegung wird folgendermaßen verfahren. Es sei mit

$$\zeta = \xi + i\eta = \frac{z}{a} \cdot \left(\frac{t}{T}\right)^{-m},$$

$$F = \Phi + i\Psi = C\left(\frac{t}{T}\right)^{2m-1}\zeta^{\alpha+i\beta} \ . \ . \ . \ . \ . \ . \tag{9}$$

Wird wie mit Gl. (1) verfahren und

$$\alpha\vartheta + \beta\ln r - m\beta\ln\frac{t}{T} = \lambda \ . \ . \ . \ . \ . \ . \tag{10}$$

gesetzt, so ergibt sich für reelles C:

$$\Phi = C\left(\frac{t}{T}\right)^{2m-\alpha m-1}\left(\frac{r}{a}\right)^{\alpha} e^{-\beta\vartheta}\cos\lambda \ . \ . \ . \ . \ . \tag{11}$$

$$\Psi = C\left(\frac{t}{T}\right)^{2m-\alpha m-1}\left(\frac{r}{a}\right)^{\alpha} e^{-\beta\vartheta}\sin\lambda \ . \ . \ . \ . \ . \tag{12}$$

Die Trennungsfläche ist hier nicht stationär. Auf ihr müssen, wie erwähnt, folgende zwei kinematischen Bedingungen erfüllt werden, vgl. Abb. 5:

1. Die Geschwindigkeitskomponenten normal zur Trennungsfläche müssen beiderseits gleich sein.

2. Die Geschwindigkeit, mit der sich die Trennungsschicht in der normalen Richtung verschiebt, muß den gleichen Betrag wie die normale Geschwindigkeitskomponente der Flüssigkeit haben.

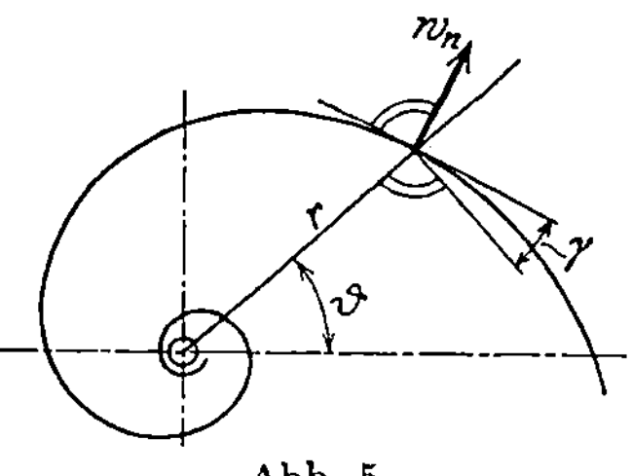

Abb. 5.

Die erstere Bedingung kommt beim Spiralwirbel einfach darauf hinaus, daß die Stromlinien geschlossen sein müssen, daß also beiderseits der Trennungsschicht der Wert der Stromfunktion übereinstimmt.

Für $r_2 = r_1$, $\vartheta_2 = \vartheta_1 + 2\pi$ ist also $\Psi_2 = \Psi_1$ zu befriedigen. Dem wird offenbar genügt durch $\sin\lambda_1 = e^{-2\pi\beta}\sin\lambda_2$, wobei nach (10): $\lambda_2 = \lambda_1 + 2\pi\alpha$ ist. Hiermit ergibt sich

$$\sin\lambda_1 = \pm\frac{\sin 2\pi\alpha}{\sqrt{(e^{2\pi\beta} - \cos 2\pi\alpha)^2 + \sin^2 2\pi\alpha}} \ . \ . \ . \tag{13}$$

Hieraus wird mit (10) für die Trennungsschicht die Gleichung gefunden:

$$r = a\, e^{\frac{\lambda_1}{\beta}}\, e^{-\frac{\alpha}{\beta}\vartheta} \left(\frac{t}{T}\right)^{m} \qquad\qquad (14)$$

Die zweite Bedingung ist der Ausdruck des Helmholtzschen Satzes, daß die Wirbel beständig von denselben Flüssigkeitsteilchen gebildet werden. Ist wieder $\gamma = \operatorname{arctg}\dfrac{\alpha}{\beta}$ der Neigungswinkel der logarithmischen Spirale, so ist die Normalgeschwindigkeit v_n' der Trennungsfläche $v_n' = \left(\dfrac{\partial r}{\partial t}\right)_{\vartheta} \cos\gamma$, also mit Gl. (14):

$$v_n' = \frac{m\,\beta\,a}{T\sqrt{\alpha^2 + \beta^2}}\, e^{\frac{\lambda_1 - \alpha\vartheta}{\beta}} \left(\frac{t}{T}\right)^{m-1}, \qquad\qquad (15)$$

Die Strömungsgeschwindigkeit v_n wird

$$v_n = \frac{\partial\Phi}{\partial r}\cos\gamma + \frac{1}{r}\frac{\partial\Phi}{\partial\vartheta}\sin\gamma$$

$$= -\frac{C}{a}\left(\frac{t}{T}\right)^{2m-\alpha m-1}\left(\frac{r}{a}\right)^{\alpha-1} e^{-\beta\vartheta}\sin\lambda\cdot\sqrt{\alpha^2+\beta^2} \qquad (16)$$

Führt man hierin $\dfrac{r}{a}$ gemäß (14) ein, ferner $\vartheta = \vartheta_1$, $\lambda = \lambda_1$, so ergibt zunächst die erforderliche Übereinstimmung der Exponenten von (15) und (16) wieder die Beziehung (7), also wird

$$\beta = \pm\sqrt{\alpha\,(2-\alpha)}.$$

Die Gleichsetzung von (15) und (16) gibt jetzt die Gleichung

$$m\,\beta + 2\,\alpha\,e^{-\frac{\beta}{\alpha}\lambda_1}\frac{C\,T}{a^2}\sin\lambda_1 = 0. \qquad\qquad (17)$$

Nun ist noch die dynamische Bedingung, daß $\dfrac{\partial\Phi}{\partial t} + \frac{1}{2}\left|\dfrac{\partial F}{\partial z}\right|^2$ auf beiden Seiten der Trennungsschicht dieselben Beträge liefert, zu befriedigen. Die Rechnung zeigt, daß mit Berücksichtigung von (7) die Exponenten sämtlich stimmen, wenn $\dfrac{r}{a}$ nach (14) eingeführt wird. Die Ausrechnung ergibt:

$$(2-\alpha)\,m + \alpha\frac{C\,T}{a^2}e^{-\frac{\beta}{\alpha}\lambda_1}\frac{1-e^{-2\pi\beta}}{\cos\lambda_1 - e^{-2\pi\beta}\cos(\lambda_1 + 2\pi\alpha)} = 1 \qquad (18)$$

Gl. (17) und (18) sind zwei Gleichungen mit den Unbekannten C und m. Die Auflösung nach m gibt nach einer Rechnung von E. Pohlhausen (1914):

$$\frac{1}{m} = 2 - \alpha - \frac{\beta}{2\sin 2\pi\alpha}\left(e^{2\pi\beta} - 1\right) \qquad\qquad (19)$$

Im allgemeinen wird (vgl. die Ausführungen im Vortrag) die Größe m gegeben sein. Man wird also zweckmäßig die Funktion m $\left(\text{oder } \dfrac{1}{m}\right)$ tabulieren, abhängig von α oder β, die miteinander durch (7) verknüpft sind. Die Tabelle auf S. 32 u. 33 gibt einen Überblick über den funktionellen Zusammenhang. Es zeigt sich, daß die Werte von m zwischen 0 und 1 fehlen, obwohl hierfür gerade Lösungen gesucht werden. $\Big($Die plötzlich beginnende gleichförmige Bewegung z. B. gibt $\lambda = 0$ und daher $m = \dfrac{1}{2 - \mu}$, wobei μ immer kleiner als 1 ist$\Big)$. Diese Fälle werden also von der bisherigen Theorie nicht gefaßt.

Einen interessanten Aufschluß gibt noch die Berechnung der Zirkulation $\Gamma = \Phi_2 - \Phi_1$, vgl. Gl. (11). Drückt man nach (14) einmal r durch ϑ, das anderemal ϑ durch r aus, so ergibt sich die Zirkulation der spiraligen Trennungsschicht bis zu einer festgehaltenen Richtung ϑ zu:

$$\Gamma_\vartheta = -\,C\left(\frac{t}{T}\right)^{2m-1} e^{\frac{\alpha}{\beta}\lambda_1}\, e^{-\frac{2\alpha}{\beta}\vartheta}\,(\cos\lambda_1 - e^{-2\pi\beta}\cos\lambda_2), \quad . \quad . \quad (20)$$

andererseits wird die Zirkulation innerhalb eines Kreises vom Radius r:

$$\Gamma_r = -\,C\left(\frac{r}{a}\right)^2 \left(\frac{T}{t}\right) e^{-\frac{\beta}{\alpha}\lambda_1}\,(\cos\lambda_1 - e^{-2\pi\beta}\cos\lambda_2). \quad . \quad . \quad (21)$$

Demnach ist:

$$\frac{1}{\Gamma_\vartheta}\left(\frac{\partial\Gamma}{\partial t}\right)_\vartheta = \frac{2m-1}{t} \quad . \quad . \quad . \quad . \quad . \quad . \quad . \quad (22)$$

und

$$\frac{1}{\Gamma_r}\left(\frac{\partial\Gamma}{\partial t}\right)_r = -\frac{1}{t} \quad . \quad . \quad . \quad . \quad . \quad . \quad . \quad (23)$$

Diese letzteren Beziehungen sind besonders übersichtlich, sind dabei auch zur Feststellung der wesentlichen Vorzeichen sehr geeignet. Doppelte Vorzeichen ergeben sich für β und $\sin\lambda_1$; ferner ist für negatives $\dfrac{t}{T}$ das Vorzeichen der gebrochenen Potenzen unbestimmt. Die Nachprüfung zeigt, daß der Vorzeichenwechsel von β die Strömungsbilder in ihre Spiegelbilder verwandelt. Das Vorzeichen von $\sin\lambda_1$ bleibt unbestimmt und hat nur Einfluß auf dasjenige von C; auch das Vorzeichen der Potenzen von $\dfrac{t}{T}$ wirkt nur auf das von C. (Für die Rechnung waren alle Vorzeichen positiv genommen, sonst hätte in Gl. (17) und (18) vor C doppeltes Vorzeichen stehen müssen). Die Bestimmung von m dagegen ist eindeutig.

Nun beschränkt sich offenbar das hydrodynamische Interesse auf solche Wirbel, deren Strömungsumlauf mit dem Umlaufssinne eines auf der Spirale nach innen wandernden Punktes übereinstimmt. Damit hängt zusammen, daß die Zirkulation für festes ϑ nur zunehmen, nicht abnehmen darf. (Die Abnahme würde ein Verschwinden der Wirbelschicht in der scharfen Kante der Abb. 4 bedeuten, während wir nur eine Neuerzeugung von Wirbelschichten dort zulassen dürfen.)

Die Gl. (22) ist von allen Vorzeichenunbestimmtheiten frei; aus ihr entnehmen wir, da $\dfrac{2\,m-1}{t}$ immer positiv sein muß, daß für $m > 1$ die positiven t, für $m < 0$ die negativen t eine physikalisch zulässige Strömung liefern.

In all diesen Fällen weist aber die wirbelerzeugende Grundströmung zeitlich anwachsende Geschwindigkeiten auf. Damit die logarithmischen Spiralen auftreten (die Bedingung dafür kann auch $\dfrac{1}{m} < 1$ geschrieben werden), muß der Zeitexponent λ von S. 24 der Bedingung

$$\lambda > 1 - \mu$$

genügen.

Aus Gl. (23) entnehmen wir, daß für positive m (positive t, flache Spiralen) die Zirkulation in einem gegebenen Kreise abnimmt. Für negative m (negative t, steilere Spiralen) dagegen nimmt die Zirkulation zu. In Übereinstimmung damit hat die Geschwindigkeit der Wirbelfäden (nach Helmholtz das Mittel der Geschwindigkeit zu beiden Seiten) im ersteren Falle eine nach außen gerichtete Radialkomponente, im zweiten Falle eine nach innen gerichtete.

Die folgende Tabelle enthält die Neigung der Spiralen $\operatorname{tg}\gamma$, sowie die Exponenten α und β, ferner noch die Hilfswinkel λ_1 und λ_2 in Abhängigkeit von m. Des besseren Interpolierens wegen schreitet der erste Teil der Tabelle nach gleichförmigen Stufen von $1/m$ fort. Die Tabelle ist so erhalten, daß zunächst für eine Reihe von Werten von β die vorkommenden Größen und das daraus sich ergebende m berechnet wurde, und dann durch zeichnerische Interpolation zu runden Werten von $1/m$ bzw. m übergangen wurde. Die Zahlenangaben haben daher nur graphische Genauigkeit.

Tabelle.

	$\operatorname{tg}\gamma$	α	β	λ_1	λ_2
$1/m =$ 1,0	0	0	0	0	0
„ 0,8	0,0280	0,00157	0,0560	0,0232	0,0330
„ 0,6	0,0507	0,00512	0,1010	0,0362	0,0480
„ 0,4	0,0697	0,00965	0,1385	0,0433	0,1030
„ 0,2	0,0863	0,01476	0,1710	0,0475	0,1393
„ 0,0	0,1005	0,02007	0,1995	0,0500	0,176
„ — 0,2	0,1137	0,02545	0,2240	0,0513	0,213
„ — 0,4	0,1255	0,03093	0,2465	0,0521	0,245
„ — 0,6	0,1355	0,03605	0,2660	0,0522	0,275
„ — 0,8	0,1448	0,04115	0,2840	0,0520	0,310

	$\operatorname{tg} \gamma$	α	β	λ_1	λ_2
$m = \ -1,0$	0,1535	0,04615	0,3005	0,0515	0,337
$„ \quad -0,8$	0,1647	0,0528	0,3205	0,0503	0,378
$„ \quad -0,6$	0,1803	0,0628	0,3485	0,0487	0,440
$„ \quad -0,4$	0,204	0,0804	0,3945	0,0443	0,553
$„ \quad -0,3$	0,225	0,0962	0,4275	0,0408	0,642
$„ \quad -0,2$	0,256	0,1230	0,480	0,0352	0,800
$„ \quad -0,15$	0,282	0,1477	0,523	0,0304	0,967
$„ \quad -0,10$	0,320	0,1860	0,581	0,0240	1,200
$„ \quad -0,05$	0,379	0,2510	0,662	0,0157	1,590
$„ \quad -0,02$	0,453	0,332	0,750	0,0075	2,13
$„ \quad -0$	0,577	0,500	0,866	0	3,14

In dem von dieser Theorie nicht gedeckten Falle $\dfrac{1}{m} \geqq 1$ dürfte
die Zirkulation innerhalb eines gegebenen Kreises sich wahrscheinlich
einem endlichen Grenzwert nähern. In diesem Falle sind dann auch
die Spiralen nicht logarithmischer Art. Eine Theorie steht hier noch
aus. Die im Vortrag angegebene Formel beruht auf der vereinfachenden Voraussetzung, daß bereits eine genähert zentrisch-sym-
metrische Strömung herrscht, die Spirale also schon weitgehend auf-
gewickelt ist und die Zirkulation bereits ihren stationären Wert hat.
Ist δ der Winkel der Spirale mit dem Radius (also das Komplement
von γ), so wird

$$\frac{\partial}{\partial t}(\operatorname{tg} \delta) = \frac{du}{dr} - \frac{u}{r},$$

wenn $u\,(r)$ die Tangentialgeschwindigkeit ist. Setzt man $u = b\,r^s$
so wird

$$\frac{\partial}{\partial t}(\operatorname{tg} \delta) = (s - 1)\,b\,r^{s-1},$$

was integriert

$$\operatorname{tg} \delta = (s - 1)\,b\,r^{s-1}\,t + \varphi\,(r). \quad \ldots \ldots \quad (24)$$

gibt. Die angenommene Ähnlichkeit verlangt aber:

$$\operatorname{tg} \delta = f\!\left(\frac{r}{t^m}\right);$$

der Vergleich liefert:

$$s - 1 = -\frac{1}{m}; \quad \varphi\,(r) = \text{const},$$

also mit etwas geänderter Bezeichnung

$$\operatorname{tg} \delta = c\,t\,r^{-\frac{1}{m}} + c'.$$

Mit $\operatorname{tg} \delta = \dfrac{r\,d\vartheta}{dr}$ ergibt sich hieraus die Spiralengleichung

$$\vartheta = -\,m\,c\,t\,r^{-\frac{1}{m}} + c'\ln\frac{r}{a}.$$

Prandtlsche Tragflächen- und Propellertheorie[1]).

Von E. Trefftz in Dresden.

Der Widerstand, den eine Tragfläche bei der Bewegung durch die Luft erfährt, ist bis auf den kleinen Betrag, der unmittelbar von der „Hautreibung" der über die Tragfläche streichenden Luftteilchen herrührt, eigentlich dynamischer Natur; seine Entstehung erklärt sich folgendermaßen: Erfährt die Tragfläche im Luftstrom einen Auftrieb, so erzeugt die Druckdifferenz zwischen der oberen (Saug-)Seite und der unteren (Druck-)Seite eine Strömung quer zur Flugbahn, die von der Unterseite um die Enden der Tragfläche zur Oberseite geht. Verlassen die Luftteilchen vermöge ihrer Hauptbewegung die Tragfläche über die Hinterkante, so behalten sie die Querströmung bei, und es entsteht zwischen den von der Ober- und der Unterseite kommenden Luftteilchen eine Differenz in der Horizontalgeschwindigkeit, indem die unteren sich nach außen, die oberen nach innen bewegen. Es geht also von der Hinterkante eine „Unstetigkeitsfläche der Geschwindigkeit" im Helmholtzschen Sinne aus. Daß damit ein Widerstand verbunden sein muß, folgt aus dem Energiesatze, denn es muß offenbar Arbeit geleistet werden, um den Luftteilchen, die über die Tragfläche hinweggegangen sind, außer ihrer gleichförmigen Zuströmgeschwindigkeit noch diese Zusatzbewegung zu erteilen, die in den Ebenen senkrecht zur Grundströmung erfolgt.

Wir wissen, daß die Theorie der reibungslosen Flüssigkeiten über die Entstehung einer solchen Trennungsfläche keinen Aufschluß gibt; ist eine solche aber einmal vorhanden, so reicht die Theorie zur Berechnung des Bewegungsvorganges und der dadurch hervorgerufenen Widerstands- und Auftriebskräfte aus. Diese Berechnung leistet die Prandtlsche Theorie, deren Grundgedanken und wesentliche Resultate im folgenden dargestellt werden sollen.

1. Grundlagen der Theorie. Um den Zusammenhang zwischen den Strömungsverhältnissen, wie sie eben dargelegt wurden, und den auf die Tragfläche ausgeübten Kräften anschaulich zu machen, gehen wir von dem bekannten Fall der ebenen Potentialströmung aus.

---

[1]) Von Literaturhinweisen im einzelnen ist abgesehen. Siehe das Literatur-Verzeichnis am Schlusse der Arbeit.

Wir wissen, daß eine ebene Potentialströmung um eine beiderseits ins Unendliche sich erstreckende Tragfläche nur dann einen Auftrieb erzeugt, wenn wir in die Tragfläche einen Wirbelfaden legen oder — mathematisch ausgedrückt — eine Mehrdeutigkeit des Potentials in dem die Tragfläche umgebenden Raume zulassen. Die Zirkulation F des Wirbelfadens, gemessen durch das um die Tragfläche zu erstreckende Integral $\int v_s\,ds$, bestimmt sich nach der Kutta-Joukowskischen Theorie aus der Bedingung glatten Abströmens an der Hinterkante. Rechnet man den Anstellwinkel α^* von der Lage aus, in der die Tragfläche keinen Auftrieb erfährt, so ergibt sich der Auftrieb auf ein Flügelelement von der Breite dx

$$dA = \varrho\, V\, \Gamma\, dx \quad\ldots\ldots\ldots\ldots \quad (1)$$

und

$$\Gamma = \pi\, V t \sin \alpha^* \sim \pi\, V t\, \alpha^*, \quad\ldots\ldots \quad (2)$$

also

$$dA = \pi\varrho\, V^2 t\, \alpha^*\, dx. \quad\ldots\ldots\ldots \quad (3)$$

Darin ist V die Geschwindigkeit der Grundströmung (Anblasegeschwindigkeit), ϱ die Dichte der Luft, t eine für das Flügelprofil charakteristische Länge, die für ebene Flügel gleich der Flügeltiefe ist und sich auch für normale Profile nur sehr wenig von der Flügeltiefe unterscheidet. Die Richtung des Auftriebes ist stets senkrecht zur Anblaserichtung.

Denken wir uns nun die unendlich breite Tragfläche zu beiden Seiten abgeschnitten, so dürfen wir den in ihr liegenden Wirbelfaden nicht mit abschneiden, denn nur geschlossenen oder sich beiderseits ins Unendliche erstreckenden Wirbelfäden kommt eine physikalische Bedeutung zu. Das einfachste wäre nun, anzunehmen, daß der an den Enden austretende Wirbelfaden nach rückwärts abgebogen wird. Für manche Zwecke, z. B. um beim Doppeldecker den Einfluß der beiden Tragdecks aufeinander zu berechnen, reicht diese Annahme auch aus (Betzsche Formeln). Zur Berechnung des Widerstandes genügt sie aber deswegen nicht, weil ein Wirbelfaden endlicher Stärke in der ihn umgebenden Flüssigkeit eine Strömung von unendlicher Energie erzeugt, so daß sich nach dem Energiesatze ein unendlicher Widerstand ergeben würde. In Wirklichkeit gehen nicht nur von den Enden, sondern von jedem Punkte der Hinterkante (unendlich schwache) Wirbelfäden nach rückwärts ab; infolgedessen ist die Zirkulation nicht mehr längs der Tragfläche konstant, sondern nimmt nach den Enden zu ab. Die Gesamtheit der nach hinten ablaufenden Wirbelfäden ist identisch mit der in der Einleitung genannten Unstetigkeitsfläche. Da die Normalkomponente der Geschwindigkeit am Wirbelbande stetig sein muß, besteht dasselbe einfach aus einer Unstetigkeitsfläche für das Potential. Die Wirbellinien sind die Linien gleichen Potentialsprunges. Nach der Definition von Γ ist die Zirkulation um ein Element der Tragfläche gleich dem Potentialsprung längs der von dort ausgehenden Wirbellinie.

D. h. es ist, wenn wir die Potentialwerte an der oberen und unteren Seite des Wirbelbandes durch die Indizes o und u unterscheiden,

$$\Gamma = \varphi_0 - \varphi_u. \qquad \ldots \ldots \ldots \ldots \quad (4)$$

Die exakte Berechnung von Auftrieb und Widerstand würde nun zur Voraussetzung haben, daß man die Gleichgewichtslage oder die Bewegung des Wirbelbandes nach den Helmholtzschen Wirbelsätzen berechnete. Um den unüberwindlichen mathematischen Schwierigkeiten zu begegnen, die die Lösung der Aufgabe auf dieser strengen Grundlage bietet, geht die Prandtlsche Theorie von der Tatsache aus, daß wir es bei den Tragflächen zunächst mit den Fällen schwacher Belastung zu tun haben, d. h. mit solchen Strömungsvorgängen, wo die von den Tragflächen hervorgerufenen Störungsgeschwindigkeiten klein sind gegenüber der Geschwindigkeit V der Grundströmung; demgemäß wird von der Eigenbewegung der Wirbelfäden abgesehen, und man macht die folgende

Hilfsannahme 1. Man nimmt an, daß die Wirbelelemente von der geradlinigen Grundströmung einfach nach hinten fortgetragen werden, so daß sich die Wirbelfäden geradlinig von der Tragfläche nach hinten in der Richtung der Grundströmung V erstrecken.

Setzt man auf Grund dieser Hilfsannahme die Lage der Wirbelfäden als bekannt voraus, so ist es eine Randwertaufgabe der Potentialtheorie, bei gegebener Zirkulationsverteilung die Strömung um die Tragfläche zu berechnen. Um auch diese bei gegebenen Tragflächen praktisch unlösbare Aufgabe noch zu vereinfachen, wird eine weitere Hilfsannahme hinzugefügt, welche der Tatsache Rechnung trägt, daß bei den Tragflächen Tiefe und Dicke klein gegen die Spannweite sind. Dies benutzt man in der

Hilfsannahme 2. Die Tragfläche wird als „tragende Linie" aufgefaßt, d. h. als eine Folge von infinitesimalen Tragflächenelementen, deren jedem aber eine Tiefe und ein bestimmter Anstellwinkel zukommt. Es wird zugleich angenommen, daß die Strömung um das einzelne Flächenelement so weit als eben betrachtet werden kann, daß die Formeln (1), (2) und (3) für den Auftrieb und die Zirkulation gelten, sowie die Tatsache, daß die auf das Element wirkende Kraft senkrecht steht auf der Anblaserichtung an der betreffenden Stelle.

2. Die Berechnung von Auftrieb und Widerstand gegebener Tragflächen. Zur weiteren Rechnung legen wir folgendes Koordinatensystem: die z-Achse von der Mitte der tragenden Linie in Richtung der Grundströmung V nach hinten, die y-Achse nach oben und die x-Achse von hinten gesehen nach rechts.

Die auf ein Element der Tragfläche wirkenden Kräfte erhalten wir nun nach Prandtl durch folgende einfache Überlegung. Die Kraft, die ein Element von der Breite dx erfährt, steht senkrecht zu der Richtung, in der der Streifen angeblasen wird, also senkrecht zur Grundströmung, wenn kein Wirbelband da ist. Ist aber ein solches vorhanden, so erzeugt es an der tragenden Linie eine

Abwärtsgeschwindigkeit w, die sich zu der Grundströmung V geometrisch addiert, so daß die resultierende Geschwindigkeit nicht mehr horizontal, sondern unter einem Winkel

$$\varepsilon = \frac{w}{V} \quad \cdots \cdots \cdots \cdots \quad (5)$$

nach unten geneigt ist (Abb. 1). Auf dieser effektiven Anblaserichtung steht nun die auf das Flächenelement wirkende Kraft senkrecht, d. h. der ohne Wirbelband vertikale Auftrieb ist um den Winkel ε nach hinten gekippt, hat also eine Widerstandskomponente

$$dW = \varepsilon\, dA. \quad (6)$$

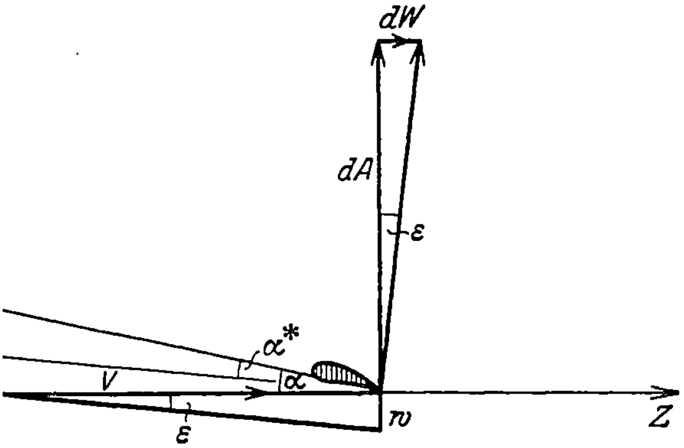

Führen wir die Verringerung ε des effektiven Anstellwinkels α^* gegen den gemessenen α in die Formel (2) für die Zirkulationsstärke ein, so erhalten wir die Gleichung

Abb. 1.

$$\Gamma = \pi V t (\alpha - \varepsilon) \quad \text{oder} \quad \Gamma = \pi V t \left(\alpha - \frac{w}{V}\right), \quad \cdots \quad (7)$$

welche die Grundlage der Auftriebs- und Widerstandsberechnung bildet, denn sie ermöglicht die Ermittelung der Zirkulationsverteilung Γ, aus der sich dann Auftrieb und Widerstand ergeben.

Der nächstliegende Weg, aus dieser Gleichung die Verteilung der Zirkulation zu bestimmen, ist der folgende: Man drückt die Abwärtsgeschwindigkeit w durch Γ aus; das geschieht nach Analogie des Biot-Savartschen Gesetzes der Elektrodynamik: ein Element ds eines Wirbelfadens, der in der Stärke $d\Gamma$ von einem Punkte der tragenden Linie ausgeht, erzeugt an irgendeinem Punkte des Raumes eine Geschwindigkeit

$$\frac{1}{4\pi} \frac{d\Gamma \cdot ds \cdot \sin \vartheta}{r^2}, \quad \cdots \cdots \cdots \cdots \quad (8)$$

wo r die Entfernung vom Wirbelelement zu dem betrachteten Punkte und ϑ der Winkel zwischen den Richtungen von ds und r ist. Die Richtung der erzeugten Geschwindigkeit ist normal zu r und ds. Ermittelt man auf diese Weise die von dem gesamten Wirbelbande erzeugte Geschwindigkeit, so erhält man die Abwärtsgeschwindigkeit w ausgedrückt durch ein bestimmtes Integral, das im Integranden die Ableitung $\dfrac{d\Gamma}{dx}$ enthält. Z. B. erhält man für die gerade tragende

Linie auf diese Weise

$$\Gamma(x) = \pi\,Vt\,\alpha + \frac{Vt}{4} \int\limits_{-s/2}^{+s/2} \frac{d\Gamma}{d\xi}\,\frac{1}{\xi - x}\,d\xi \quad\ldots\ldots\quad (9)$$

Diese Gleichung ist zuerst von Betz behandelt worden, und zwar für den Spezialfall des rechteckigen Flügels von der Spannweite s und überall gleicher Tiefe t und gleichem Anstellwinkel α. Betz setzt für die unbekannte Zirkulationsverteilung Γ eine Reihe

$$\Gamma(x) = \Gamma_m \sqrt{1 - \left(\frac{2x}{s}\right)^2} \cdot \sum a_{2n} \left(\frac{2x}{s}\right)^{2n} \quad\ldots\ldots\quad (10)$$

an; geht man mit derselben in die Gleichung (9) ein, so erhält man für die Koeffizienten a_{2n} unendlich viele lineare Gleichungen mit unendlich vielen Unbekannten, die sich näherungsweise auflösen lassen, indem man sich auf eine Annäherung durch endlich viele Glieder beschränkt. Das Verfahren leidet daran, daß die Konvergenz ziemlich unbefriedigend ist, infolgedessen ist die erforderliche Rechenarbeit erheblich. Die Resultate sind die gleichen wie nach den Methoden von Fuchs und von dem Referenten. Fuchs behandelt die gleiche Aufgabe in der Weise, daß er ebenfalls für Γ eine Reihe von der Form (10) ansetzt, daraus die Abwärtsgeschwindigkeit w berechnet und die Koeffizienten so bestimmt, daß der Anstellwinkel α, welcher mit dieser Verteilung der Gleichung (7) genügen würde:

$$\alpha = \frac{\Gamma}{\pi\,Vt} + \frac{w}{V} \quad\ldots\ldots\ldots\quad (11)$$

möglichst konstant wird; ein einfaches Korrektionsverfahren gestattet, die Rechnungen auf ein geringes Maß zu beschränken.

Die Methode des Referenten geht von der Betrachtung der Strömung in unendlicher Entfernung hinter der Tragfläche aus; wir haben dort außer der Grundströmung nur die von dem Wirbelbande hervorgerufene Strömung, welche genügend weit hinten einfach eine ebene Potentialströmung in den Ebenen senkrecht zur Grundströmung ist. Der Sprung des Potentials an dem Schnitt des Wirbelbandes mit diesen Ebenen ist, wie bereits bemerkt wurde, einfach die Zirkulation. Durch folgende Betrachtung können wir auch die Abwärtsgeschwindigkeit w an der tragenden Linie durch die Vertikalgeschwindigkeit der Potentialströmung am Wirbelband ausdrücken. Wenn wir die von der tragenden Linie ausgehenden Wirbelfäden an der Ebene $z = 0$ (Vertikalebene durch die tragende Linie) spiegeln, so werden sämtliche in dieser Ebene liegenden Geschwindigkeitskomponenten, also auch w verdoppelt, denn zu der Wirkung der Wirbelfäden tritt die ihr gleiche Wirkung der Spiegelbilder hinzu. Nun haben wir aber nach der Spiegelung ein System von geradlinigen parallelen Wirbelfäden, die sich nach beiden Seiten ins Unendliche erstrecken, und infolgedessen in allen Ebenen $z = $ konst. die ebene Potentialströmung erzeugen, welche vorher nur im Unendlichen hinter der Tragfläche herrschte. Es folgt, daß die verdoppelte Abwärtsgeschwindigkeit $2w$ gleich der Abwärtsgeschwindigkeit $-\dfrac{\partial \varphi}{\partial y}$ am Wirbelbande ist. (φ ist das Potential der ebenen Strömung.) Setzen wir hiernach

$$\Gamma = \varphi_0 - \varphi_u \quad \text{und} \quad w = -\frac{1}{2}\frac{\partial \varphi}{\partial y}$$

in die Gleichung (7) ein, so erhalten wir am Wirbelbandschnitt im Unendlichen

$$\varphi_0 - \varphi_u = \pi V t \left(\alpha + \frac{1}{2V}\frac{\partial \varphi}{\partial y}\right); \quad \ldots \ldots \quad (12)$$

das ist eine gemischte Randwertaufgabe für das Potential. Eine Näherungslösung für diese Aufgabe erhält man, indem man die von

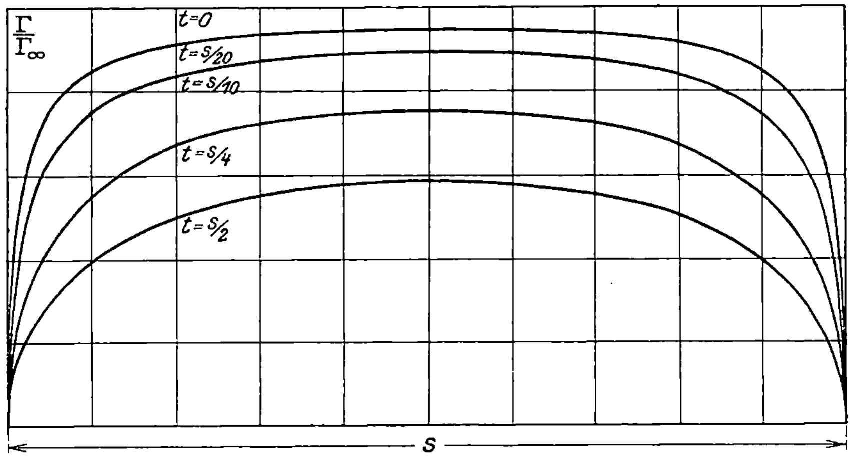

Abb. 2.

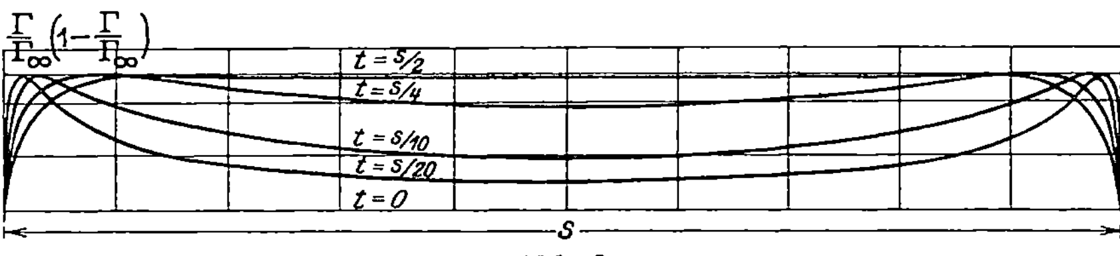

Abb. 3.

dem Wirbelbandschnitt begrenzte Ebene auf die Ebene außerhalb des Einheitskreises abbildet. Sind ϱ und ϑ die Polarkoordinaten in der Ebene des Einheitskreises, so macht man nun den Ansatz

$$\varphi = \sum \left(a_\nu \varrho^{-\nu} \cos \nu\vartheta + b_\nu \varrho^{-\nu} \sin \nu\vartheta\right), \quad \ldots \ldots \quad (13)$$

wobei man die Reihe nach dem n-ten Gliede abbricht. Die Koeffizienten a_ν und b_ν bestimmt man dann in der Weise, daß die Randbedingung (12) (umgerechnet auf die neuen Koordinaten) wenn auch nicht, wie es sein sollte, an allen Punkten, so doch wenigstens an $2\,n$ äquidistanten Punkten erfüllt ist. Nach dieser Methode wurden der rechteckige und der nach einer Seite sich ins Unendliche erstreckende Flügel von überall gleicher Tiefe und gleichem Anstellwinkel gerechnet. Die Resultate sind in den Abb. 2 bis 5 dargestellt. Um eine übersichtliche Darstellung zu bekommen, schreiben wir die Formeln für die Auftriebs- und Widerstandsdichte in der Form

$$\frac{dA}{dx} = \varrho \, \Gamma \, V = \pi \varrho \, V^2 t \alpha \, \frac{\Gamma}{\Gamma_\infty} \qquad \ldots \ldots \ldots \quad (14)$$

und

$$\frac{dW}{dx} = \varrho \, \Gamma \, w = \pi \varrho \, V^2 t \alpha^2 \, \frac{\Gamma}{\Gamma_\infty}\left(1 - \frac{\Gamma}{\Gamma_\infty}\right), \quad \ldots \ldots \quad (15)$$

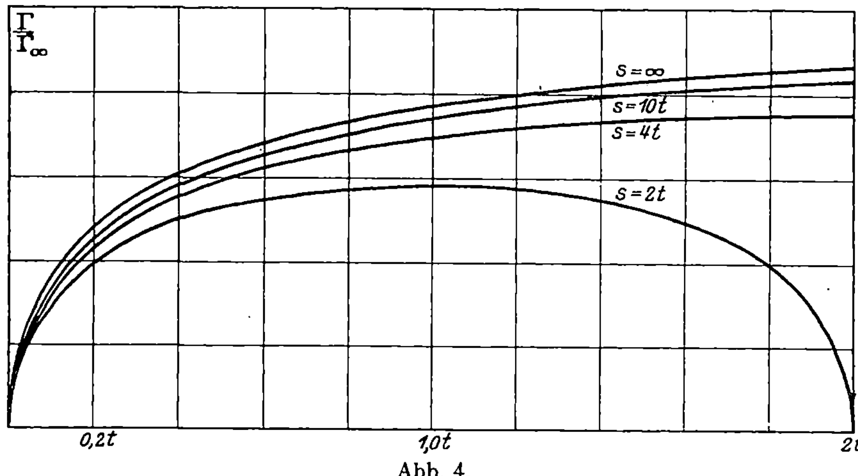

Abb. 4.

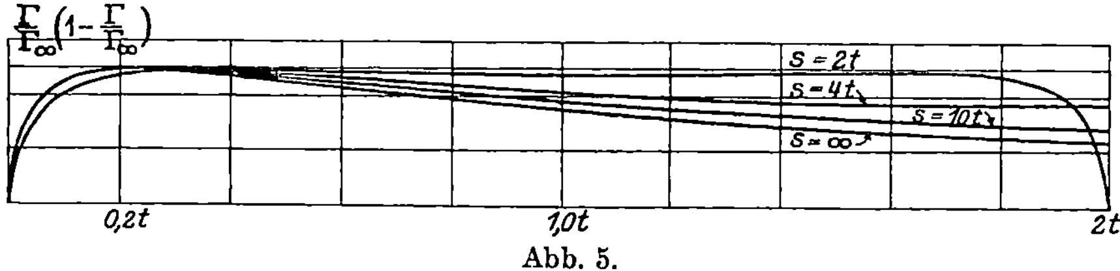

Abb. 5.

wobei mit $\Gamma_\infty = \pi V t \alpha$ derjenige konstante Wert der Zirkulationsstärke bezeichnet ist, der für die Tragfläche von unendlicher Spannweite gelten würde. In den Abbildungen sind zur Darstellung der Verteilung von Auftrieb und Widerstand die Größen $\dfrac{\Gamma}{\Gamma_\infty}$ und

$\dfrac{\Gamma}{\Gamma_\infty}\left(1 - \dfrac{\Gamma}{\Gamma_\infty}\right)$ über die Spannweite aufgetragen, und zwar in Abb. 2

und 3 bei festgehaltener Spannweite für verschiedene Tiefen, in Abb. 4 und 5 bei festgehaltener Tiefe für verschiedene Spannweiten.

3. Tragflächen, die bei gegebenem Auftriebe kleinsten Widerstand haben. Unsere erste Hilfsannahme, daß die Wirbelfäden von der Tragfläche geradlinig nach hinten laufen, gestattet die Beantwortung der wichtigen Frage, welches der geringste Widerstand ist, der bei einem gegebenen Auftrieb mindestens eintreten muß. Wir stellen zu diesem Zwecke eine Energie und eine Impulsbetrachtung an, wozu wir die Flüssigkeit in sehr großer (unendlicher) Entfernung vor und hinter der Tragfläche durch zwei Ebenen E_1 und E_2 senkrecht zur Grundströmung abgrenzen. Nach einer Sekunde sind diese Ebenen um die Strecke V in die Lage E_1' und E_2' vorgerückt (Abb. 6), und wir erhalten, da der Zustand stationär ist, den sekundlichen Gesamtgewinn der eingeschlossenen Flüssigkeit an Impuls und Energie in dem Überschuß an Impuls und Energie, den die Flüssigkeit zwischen E_2 und E_2' gegen

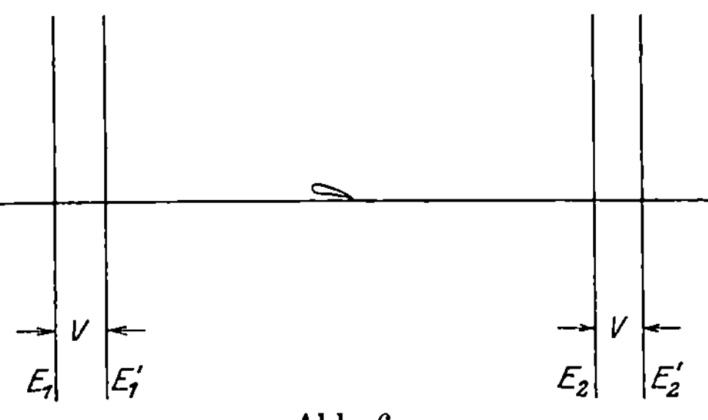

Abb. 6.

die Flüssigkeit zwischen E_1 und E_1' hat. Nun ist der von der Grundströmung V herrührende Anteil vorn und hinten der gleiche; der Impuls und Energiegewinn ist also einfach gleich dem Impuls und der Energie der vom Wirbelbande zwischen E_2 und E_2' hervorgerufenen Strömung. Der Auftrieb ist entgegengesetzt gleich der vertikalen Impulskomponente und die sekundliche Widerstandsleistung gleich der Energie dieser Strömung. Bezeichnet also φ das Potential der Wirbelströmung in den Ebenen E_2, so ist

$$A = -\varrho \int \int \frac{\partial \varphi}{\partial y} \cdot V\, dx\, dy \quad \ldots \ldots \ldots \quad (16)$$

und

$$W \cdot V = \frac{\varrho}{2} \int \int \operatorname{grad}^2 \varphi\, V\, dx\, dy,$$

also

$$W = \frac{\varrho}{2} \int \int \operatorname{grad}^2 \varphi\, dx\, dy, \quad \ldots \ldots \ldots \quad (17)$$

wo $V\, dx\, dy$ das Raumelement ist und die Integrale über die xy-Ebene zu erstrecken sind, die wir uns in der üblichen Weise durch den Schnitt des hindurchtretenden Wirbelbandes begrenzt denken.

Führen wir in dem ersten Integrale die Integration nach y aus, so ergibt sich

$$A = \varrho\, V \int_L^R (\varphi_0 - \varphi_u)\, dx, \quad \ldots \ldots \ldots \quad (18)$$

wo φ_0 und φ_u die Potentielwerte am oberen und unteren Rande des Wirbelbandes sind (das Unendliche trägt nichts bei) und das Integral von links (L) bis rechts (R) über den Schnitt des Wirbelbandes zu nehmen ist. Nun ist aber am Wirbelband der Sprung des Potentials $\varphi_0 - \varphi_u = \Gamma$, also

$$A = \varrho V \int_L^R \Gamma \, dx \, . \quad \ldots \ldots \ldots \quad (19)$$

Bezeichnen wir mit ν die äußere Normale an das vom Schnitt des Wirbelbandes begrenzte Gebiet, die an der Oberseite des Bandes nach unten, an der Unterseite nach oben weist, so ist nach einer bekannten Umformung der Potentialtheorie

$$\int\int \operatorname{grad}^2 \varphi \, dx \, dy = \int \varphi \frac{\partial \varphi}{\partial \nu} \, ds \, , \quad \ldots \ldots \quad (20)$$

also

$$W = \frac{\varrho}{2} \int \varphi \frac{\partial \varphi}{\partial \nu} \, ds \, . \quad \ldots \ldots \ldots \quad (21)$$

Fassen wir je die zwei Beiträge zusammen, die längs des Linienelementes ds von oben und unten herrühren, indem wir die von oben nach unten weisende Normale mit n bezeichnen, so haben wir oben $\dfrac{\partial \varphi}{\partial \nu} = \dfrac{\partial \varphi}{\partial n}$, unten $\dfrac{\partial \varphi}{\partial \nu} = - \dfrac{\partial \varphi}{\partial n}$ zu setzen, wobei wir benutzen, daß die Normalkomponente der Geschwindigkeit beim Durchtritt durch das Wirbelband stetig ist. Es wird somit

$$\int \varphi \frac{\partial \varphi}{\partial \nu} \, ds = \int_L^R (\varphi_0 - \varphi_u) \frac{\partial \varphi}{\partial n} \, ds \, , \quad \ldots \ldots \quad (22)$$

also

$$W = \frac{\varrho}{2} \int_L^R \Gamma \frac{\partial \varphi}{\partial n} \, ds \, . \quad \ldots \ldots \ldots \quad (23)$$

Fragen wir nun nach derjenigen Zirkulationsverteilung, welche bei gegebenem Auftrieb A einen kleinsten Widerstand W liefert, so muß für irgendeine Variation der Zirkulationsverteilung

$$\delta W - \lambda \delta A = 0 \quad \ldots \ldots \ldots \ldots \quad (24)$$

sein. Nun ist

$$\delta W = \varrho \int\int \operatorname{grad} \varphi \operatorname{grad} \delta \varphi \, dx \, dy \quad \ldots \ldots \quad (25)$$

($\operatorname{grad} \varphi \operatorname{grad} \delta \varphi$ ist das skalare Produkt der Vektoren $\operatorname{grad} \varphi$ und $\operatorname{grad} \delta \varphi$) oder nach der gleichen Umformung wie oben:

$$\delta W = \varrho \int_L^R \delta \Gamma \frac{\partial \varphi}{\partial n} \, ds \, , \quad \ldots \ldots \ldots \quad (26)$$

ferner ist die Variation des Auftriebes:

$$\delta A = \varrho\, V \int_L^R \delta \Gamma \frac{dx}{ds}\, ds \ . \ . \ . \ . \ . \ . \ . \ . \quad (27)$$

Soll hiernach

$$\delta W = \lambda\, \delta A$$

sein, bei beliebigem $\delta \Gamma$, so muß am Wirbelband

$$\frac{\partial \varphi}{\partial n} = \lambda\, V \frac{dx}{ds} \quad (\text{oder mit } \lambda\, V = c) \quad \frac{\partial \varphi}{\partial n} = c \frac{dx}{ds} \ . \ . \ . \quad (28)$$

werden. Dies ist die **Munk**sche Minimalbedingung. Für den Fall, daß die tragende Linie ein Geradenstück ist, können wir die Lösung sofort angeben. Führen wir nämlich die zu dem Potential φ gehörige Stromfunktion ψ ein, so schreibt sich die Minimalbedingung

$$\frac{\partial \psi}{\partial s} = c \frac{dx}{ds}$$

oder integriert

$$\psi = c\, x \ . \ . \ . \ . \ . \ . \ . \ . \ . \ . \ . \quad (29)$$

Diejenige analytische Funktion $\varphi + i\, \psi$, deren Imaginärteil diese Gleichung erfüllt, ist

$$\varphi + i\, \psi = i\, c \left\{ x + i\, y - \sqrt{(x + i\, y)^2 - l^2} \right\} \ . \ . \ . \ . \quad (30)$$

($l = s/2$ ist die halbe Spannweite). Wir erhalten daraus am Wirbelband (d. h. für $y = 0$)

$$\varphi = \pm\, c \sqrt{l^2 - x^2}, \ . \ . \ . \ . \ . \ . \ . \ . \quad (31)$$

wo das negative Vorzeichen am unteren Rande, das positive am oberen gilt, also

$$\Gamma = \varphi_0 - \varphi_u = 2\, c \sqrt{l^2 - x^2} \ . \ . \ . \ . \ . \ . \quad (32)$$

oder, wenn Γ_m die Zirkulation bei $x = 0$ ist:

$$\Gamma = \Gamma_m \sqrt{1 - x^2/l^2} . \ . \ . \ . \ . \ . \ . \ . \quad (33)$$

Berechnen wir nach Gleichung (32) Auftrieb und Widerstand aus Gl. (19) und (23), so ergibt sich

$$\left. \begin{aligned} A &= \tfrac{1}{4}\, \pi\, \varrho\, s^2\, V c \\ W &= \tfrac{1}{8}\, \pi\, \varrho\, s^2\, c^2 \end{aligned} \right\} \ . \ . \ . \ . \ . \ . \ . \quad (34)$$

oder nach Elimination von c

$$W = \frac{2\, A^2}{\pi\, \varrho\, V^2\, s^2} . \ . \ . \ . \ . \ . \ . \ . \ . \quad (35)$$

Diese Formel liefert uns also den gesuchten Mindestwiderstand W bei gegebenem Auftrieb A. Trägt man W als Funktion von A auf, oder, was dasselbe ist, den Widerstandsbeiwert c_w als Funktion des Auftriebsbeiwertes c_a, so erhält man eine Parabel. Abb. 7 gibt ein solches Diagramm mit den experimentell ermittelten Werten.

Für eine nicht geradlinige tragende Linie — z. B. bei V-Stellung der Flügel — d. h. für nicht ebenes Wirbelband —, sowie für Mehrdecker ist die Bedingung (28) für den kleinsten Widerstand dieselbe, die Lösung ist aber nicht mehr so einfach wie in dem eben behandelten Fall. Zu der Lösung gelangt man am einfachsten mit Hilfe der folgenden anschaulichen Deutung der Minimalbedingung. Bewegt man das starr zu denkende Wirbelband mit der Geschwindigkeit c nach abwärts, so entsteht in der Flüssigkeit (d. h. in der $x\,y$-Ebene) eine Potentialströmung, die, auf ein nicht mitbewegtes Koordinatensystem bezogen, gerade die Bedingung (28) erfüllt. Diese Strömung gewinnen wir, indem wir zuerst die Bewegung suchen, bei welcher die Flüssigkeit im Unendlichen eine vertikale Geschwindig-

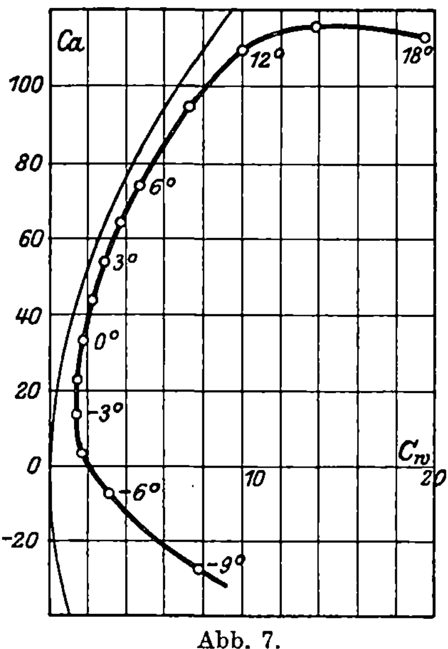

Abb. 7.

keit c hat, und um das Wirbelband wie um ein festes Hindernis herumfließt; dann überlagern wir eine konstante Abwärtsgeschwindigkeit c und erhalten damit die gesuchte Strömung. Auf Grund dieser Vorstellung ist von Grammel der Doppeldecker gerechnet worden.

Aus unserer Betrachtungsweise, die die Minimalaufgabe auf die Betrachtung für die Potentialströmung im Unendlichen hinter der Tragfläche zurückführt, folgt ohne weiteres ein Satz, der von Prandtl und Munk auch direkt bewiesen worden ist. Haben wir ein Tragwerk, dessen einzelne Tragflächen gegeneinander gestaffelt sind, und fragen nach dem günstigsten Falle kleinsten Widerstandes bei gegebenem Auftriebe, so folgt, daß dieser Mindestwiderstand unabhängig ist von der Art der Staffelung. Dabei ist zu bemerken, daß bei einer Änderung der Staffelung durch geeignete Veränderung der Tiefe oder des Anstellwinkels dafür zu sorgen ist, daß die Auftriebsverteilung die gleiche — dem günstigsten Falle entsprechende — bleibt.

4. Schraubenpropeller mit geringstem Energieverlust. In der gleichen Weise, wie wir eben die Bedingung für den geringsten Widerstand einer Tragfläche bei gegebenem Auftriebe gefunden haben, läßt sich auch die Aufgabe behandeln, wann ein Propeller bei gegebenem Schub mit geringstem Energieverlust arbeitet. Wir machen die analogen Hilfsannahmen wie für die Tragfläche, insbesondere, daß wir die Eigenbewegung der von dem Propeller sich loslösenden Wirbelfäden vernachlässigen. Bewegt sich der Propeller dann mit einer Geschwindigkeit V vorwärts und dreht sich mit der Winkelgeschwindigkeit ω, so erfüllen die Wirbelfäden hinter dem Propeller

die Schraubenflächen, die die einzelnen Propellerelemente durchlaufen
haben. Da die Relativgeschwindigkeit der Luft gegen ein Propeller-
element im Abstande r von der Achse die radiale Komponente $\omega\,r$
hat, ist der Schub, d. h. die axiale Komponente der auf das Pro-
pellerelement von der Breite $d\,r$ wirkenden Luftkraft:

$$dS = \varrho\,\Gamma\,\omega\,r\,dr. \qquad \ldots \ldots \ldots \quad (36)$$

Um den Energieverbrauch des Propellers zu berechnen, stellen
wir die gleiche Betrachtung an wie oben für die Tragfläche. Wir
betrachten wieder die Luft zwischen zwei Kontrollebenen E_1 und E_2
in sehr großer Entfernung vor und hinter dem Propeller. Nach
einer Sekunde sind diese um die Strecke V fortgerückt nach E_1'
und E_2'. Dabei hat sich die Energie der betrachteten Luftmasse um
die Energie derjenigen Strömung vergrößert, die zwischen E_2 und E_2'
von den Wirbelfäden herrührt. Diese Energiemenge, die als Wirbel-
energie ungenutzt in der Wirbelschleppe stecken bleibt, stellt den
Energieverlust dar, der vom Schraubenantrieb zu decken ist, und
den zu einem Minimum zu machen unsere Aufgabe ist. Ist $\varphi\,(x, y, z)$
das Potential der von den Wirbelfäden herrührenden Bewegung, so
ist die Verlustenergie

$$H = \frac{\varrho}{2} \int\!\!\int \operatorname{grad}^2 \varphi\,d\tau, \qquad \ldots \ldots \ldots \quad (37)$$

wo $d\tau$ das Raumelement ist, und die Integration über den von den
Kontrollebenen E_2 und E_2' begrenzten Raum zu erstrecken ist. Die
Variation von H, wenn sich das Potential um $\delta\varphi$ ändert,

$$\delta H = \varrho \int\!\!\int \operatorname{grad} \varphi \cdot \operatorname{grad} \delta\,\varphi\,d\tau$$

formen wir genau wie bei der Tragfläche um und erhalten das gleiche
Resultat

$$\delta H = \varrho \int\!\!\int \delta\Gamma \frac{\partial \varphi}{\partial n}\,do, \qquad \ldots \ldots \ldots \quad (38)$$

wo n die von vorn nach hinten durch das Wirbelband weisende
Normale und do das Oberflächenelement auf dem Wirbelband ist.
Die Integration erstreckt sich nur auf den zwischen den Kontrollebenen liegenden Teil der Oberfläche des Wirbelbandes, da das unendlich ferne keinen Beitrag liefert und die von den Kontrollebenen
herrührenden Teile sich gegenseitig fortheben. Nun ist Γ längs der
Wirbellinien, d. h. längs der die Schraubenfläche erzeugenden Schrauben-
linien konstant. Wir können deshalb in der Integration als Oberflächenelement einen Streifen der Schraubenfläche von der Breite dr
nehmen, dessen Fläche zwischen den beiden Kontrollebenen

$$do = \frac{V\,dr}{\sin \varepsilon\,(r)} \qquad \ldots \ldots \ldots \ldots \quad (39)$$

ist, wo $\varepsilon\,(r)$ der Steigungswinkel des Wirbelfadens in der Entfernung
r von der Achse ist. Es wird also

$$\delta H = \varrho\,V \sum \int_0^R \delta\Gamma \frac{\partial \varphi}{\partial n} \frac{dr}{\sin \varepsilon}, \qquad \ldots \ldots \ldots \quad (40)$$

wobei das beigefügte Summenzeichen die Summierung über sämtliche Propellerflügel andeutet. Soll nun bei gegebenem Schub die Verlustenergie ein Minimum werden, so muß für beliebiges $\delta\Gamma$

$$\delta S = \lambda\,\delta H \quad \ldots \ldots \ldots \ldots \quad (41)$$

sein, also

$$\varrho \sum \int_0^R \delta\Gamma \left\{ \omega r - \frac{\lambda V \frac{\partial\varphi}{\partial n}}{\sin\varepsilon} \right\} dr = 0, \quad \ldots \ldots \quad (42)$$

was bei beliebigem $\delta\Gamma$

$$\frac{\partial\varphi}{\partial n} = C\omega r \sin\varepsilon \quad \left(C = \frac{1}{\lambda V} \right) \quad \ldots \ldots \quad (43)$$

erfordert.

Das ist die Betzsche Minimalbedingung für den Schraubenpropeller mit geringstem Energieverlust. Man kann ihr eine ähnliche Deutung geben wie der Munkschen Minimalbedingung für die Tragfläche. Denken wir uns nämlich die von dem Propeller ausgehenden Schraubenflächen starr, etwa aus Blech ausgeführt, und würden wir diese Schraubenflächen mit konstanter Geschwindigkeit rückwärts bewegen, so würde die entstehende Potentialströmung gerade eine solche sein, wie sie die Betzsche Bedingung verlangt. Auf Grund dieser Vorstellung hat Prandtl die der Minimalbedingung entsprechende Zirkulationsverteilung näherungsweise bestimmt, wie sie in Abb. 8 für den zweiflügeligen und den vierflügeligen Propeller wiedergegeben ist.

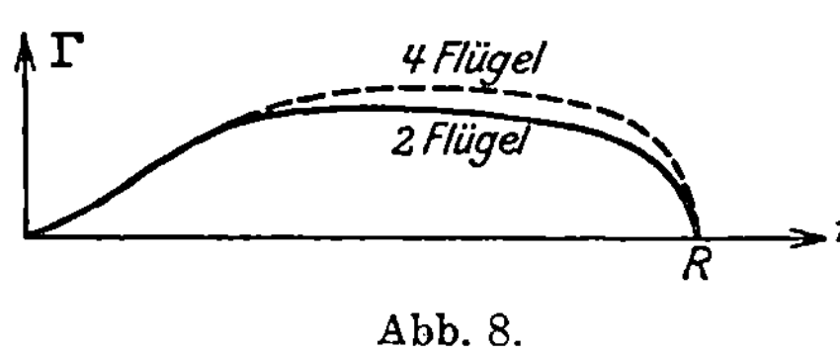

Abb. 8.

Literaturverzeichnis.

1. Betz: Die gegenseitige Beeinflussung zweier Tragflächen. Z. f. Flugtechn. 5, 253, 1914.

2. Prandtl: Tragflügeltheorie. Erste Mitteilung. Gött. Nachr. 1918, S. 451; Zweite Mitteilung. Gött. Nachr. 1919, S. 107.

3. Derselbe: Der induzierte Widerstand von Mehrdeckern. Techn. Berichte III, H. 7, S. 309.

4. Derselbe: Tragflächenauftrieb und Widerstand. Jahrb. d. W. G. L. 1920, S. 37.

5. Munck: Isoperimetrische Probleme aus der Theorie des Fluges. Diss. Göttingen 1918.

6. Betz: Schraubenpropeller mit geringstem Energieverlust. Gött. Nachr. 1919, S. 193.

7. Derselbe: Beiträge zur Tragflügeltheorie, mit besonderer Berücksichtigung des einfachen rechteckigen Flügels. München: Oldenbourg 1919 (Diss. Göttingen).

8. Trefftz: Zur Prandtlschen Tragflächentheor. Math.Ann. 82, H. 3/4, 1921.

9. Fuchs: Beiträge zur Prandtlschen Tragflügeltheorie. Z. ang. Math. Mech. 1, 106, 1921 und Fuchs-Hopf: Aerodynamik (R. C. Schmidt & Co., Berlin).

10. Trefftz: Prandtlsche Tragflächen- und Propeller-Theorie. Z. ang. Math. Mech. 1, 206, 1921.

Die wichtigsten Ergebnisse der Tragflügeltheorie und ihre Prüfung durch den Versuch.

Von C. Wieselsberger in Göttingen.

M. H. Ich möchte Ihnen eine kurze Übersicht geben über die wichtigsten Ergebnisse der Tragflügeltheorie, besonders im Hinblick auf die praktischen Anwendungen in der Flugtechnik, und möchte Ihnen hierbei zeigen, inwieweit die Ergebnisse dieser Theorie mit der Wirklichkeit in Einklang stehen. Wir unterscheiden gemäß der zeitlichen Entwicklung zwei Abschnitte. Im ersten beschäftigen wir uns mit dem Tragflächenauftrieb, im zweiten Abschnitt werden wir uns der Betrachtung des Tragflächenwiderstandes zu.

I.

Den theoretischen Untersuchungen über den Auftrieb liegt stets eine ebene Strömung oder, was dasselbe ist, ein Flügel mit unendlich großer Spannweite zugrunde. Kutta und Joukowsky haben gezeigt, daß, wenn um den Flügel eine Zirkulationsströmung von der Stärke Γ besteht, der Flügel eine zur Strömung im Unendlichen senkrecht stehende Auftriebskraft A erfährt, die pro Längeneinheit den Betrag

$$A = \varrho\, v\, \Gamma$$

hat, wobei ϱ die Luftdichte und v die Strömungsgeschwindigkeit im Unendlichen bedeutet. Kutta hat den Auftrieb für ein kreisbogenförmiges Profil von verschwindender Dicke berechnet. Joukowsky ist es gelungen, das Verfahren auch auf solche Flügelquerschnitte auszudehnen, die den in der Flugtechnik verwendeten sehr nahe kommen. Eine solche Fläche mit Joukowskyschem Profile wurde bereits vor längerer Zeit von A. Betz[1] hinsichtlich des Auftriebes, des Widerstandes und der Druckverteilung in der ebenen Strömung experimentell eingehend untersucht. In Abb. 1 ist die Auftriebszahl c_a und die Widerstandszahl c_w[2] abhängig vom An-

---

[1] Betz, A.: Untersuchung einer Joukowsky'schen Fläche. Z. f. Flugtechn. 1915, S. 173.

[2] c_a und c_w sind definiert durch die Formeln für den Auftrieb und Widerstand $A = c_a q F$ und $W = c_w q F$, wo F die größte Projektionsfläche des Flügels und $q = \frac{1}{2}\varrho v^2$ der Staudruck ist.

stellwinkel der Fläche aufgetragen. Gestrichelt eingezeichnet ist der auf theoretischem Wege bestimmte Auftrieb. Ein Widerstand ist im theoretischen Falle, dem eine reibungslose Flüssigkeit zugrunde gelegt ist, bekanntlich nicht vorhanden. Man bemerkt auf Abb. 1, daß der wirkliche Auftrieb kleiner ist als der von der Theorie gelieferte. Die Ursache dieser Abweichung liegt in der Reibung der Flüssigkeit an der Oberfläche des Flügels, durch welche die Zirkulation um den Flügel geschwächt wird. Wir werden hierauf sofort noch näher zurückkommen. Vorerst betrachten wir noch Abb. 2, die die gemessene und die theoretische Druckverteilung für einen bestimmten Anstellwinkel zeigt. Auch hier sind die wirklichen Drücke auf die Oberfläche des Flügels kleiner als die gerechneten. Eine bessere Übereinstimmung erhält man, wenn man der Zirkulation nicht denjenigen Wert gibt, wie er durch die Forderung eines glatten Abflusses der Strömung von der Hinterkante festgelegt ist, sondern einen Wert, der dem gemessenen Auftriebe entspricht. In diesem Falle erfolgt theoretisch, da der hintere Staupunkt nicht in der Hinterkante liegt, sondern etwas davor auf der Saugseite, eine Umströmung der scharfen Hinterkante. In Wirklichkeit findet jedoch diese Umströmung nicht statt, sondern es tritt hier Ablösung der Strömung ein. Die

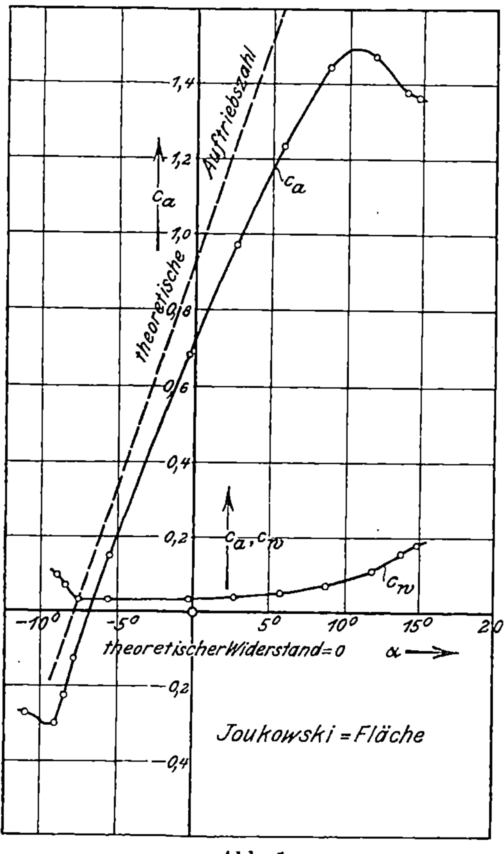

Abb. 1.

Übereinstimmung mit der gemessenen Druckverteilung ist im übrigen aber, wie Abb. 3 zeigt, eine außerordentlich befriedigende.

Daß die Schwächung der Zirkulation durch den Reibungswiderstand verursacht ist, wie oben angedeutet, läßt sich sehr gut durch den Versuch zeigen. Wir haben in der Göttinger Anstalt einen Tragflügel bei verschiedenem Rauhigkeitsgrad der Oberfläche untersucht. Der Flügel wurde mit Stoff überzogen und nun die Rauhigkeit durch Zellonanstriche schrittweise verringert. Es wurden auf diese Weise 4 Messungen ausgeführt, und zwar die erste bei unpräparierter, die letzte bei möglichst glatter Oberfläche.   Die Versuche wurden mit einem Flügel vom Seitenverhältnis 1 : 5 ausgeführt, die Polarkurven[1] wurden aber mit Hilfe der im 2. Abschnitt noch zu erwäbnenden Umrechnungsformeln auf unendlich große Spannweite umgerechnet. Das Ergebnis dieser Versuchsreihe ist in Abb. 4 veranschaulicht. Durch diejenigen Punkte, welche auf den verschiedenen Polaren gleichem Anstellwinkel entsprechen, sind gerade Linien hindurchgelegt.

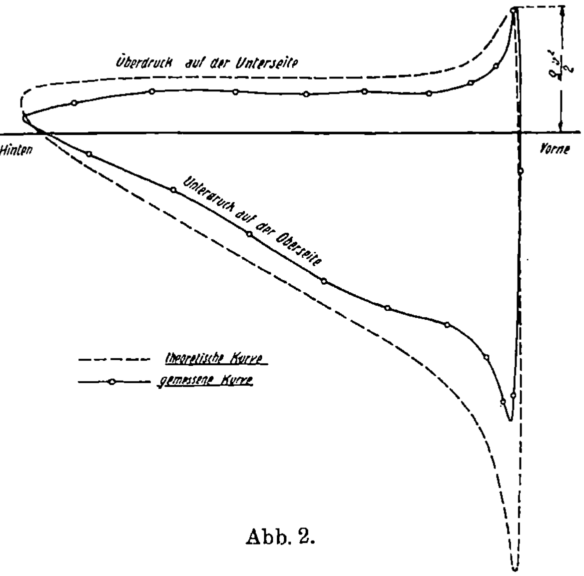

Abb. 2.

Man kann nun versuchen, durch Extrapolation auf den Widerstand Null den Auftrieb der reibungslosen Strömung zu bestimmen. Dazu verlängert man einfach die Geraden gleichen Anstellwinkels bis zur Ordinatenachse. Diese Geraden. schneiden dann auf der Ordinatenachse den theoretischen Auftrieb ab. Hierbei ist allerdings angenommen, daß die Linien gleichen Anstellwinkels bis zur Ordinatenachse geradlinig verlaufen. Diese Extrapolation zeigt sehr deutlich, daß bei widerstandsloser Strömung ein wesentlich höherer Auftrieb erreicht werden würde. Machen wir noch die weitere Annahme, daß die Neigungen der

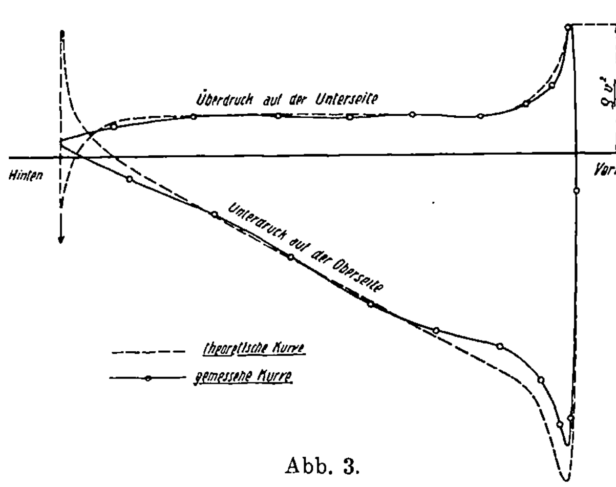

Abb. 3.

---

[1] So nennt man nach dem Vorgang des Eiffelschen Laboratoriums die Auftragung von c_a senkrecht zu c_w. Es ist bei dieser Auftragung üblich, den Maßstab von c_w fünfmal so groß zu wählen, wie den von c_a, da die Beträge sonst zu klein würden.

Linien gleichen Anstellwinkels, die für die Extrapolation wesentlich ist, für Flügelprofile vom gleichen Typus dieselben sind, also bis zu einem gewissen Grade einen universellen Charakter haben, so können wir auch für das schon erwähnte Joukowskysche Profil die Extrapolation von dem gemessenen Auftrieb auf den theoretischen Auftrieb durchführen. Daß die beiden Profile von angenähert gleichem Typus sind, sieht man aus den Abb. 4 und 5. Das Ergebnis der Extrapolation ist in Abb. 5 dargestellt, auf der die extrapolierten Punkte durch durchkreuzte Ringe gekennzeichnet sind. Man sieht, daß diese Punkte in außerordentlicher Nähe der Kurve des

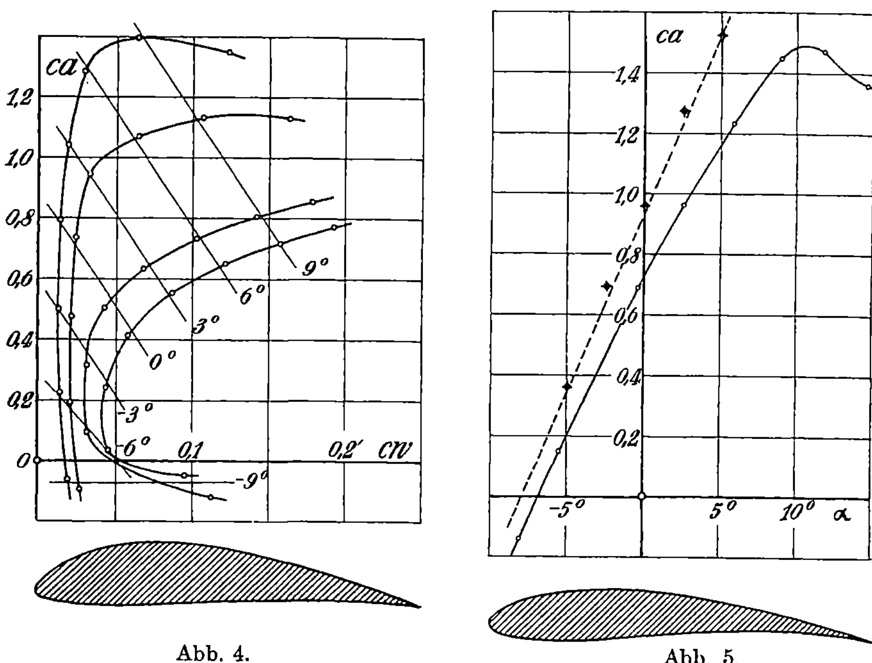

Abb. 4. Abb. 5.

theoretischen Auftriebes liegen, so daß dadurch gezeigt ist, daß die Schwächung der Zirkulation bei der wirklichen Flüssigkeit durch die vorhandene Flüssigkeitsreibung verursacht ist. Für die Praxis wäre indessen die Umkehrung dieses Verfahrens von größerer Wichtigkeit, nämlich die Bestimmung des wirklichen Auftriebes aus dem theoretischen Auftriebe und aus dem vorhandenen Widerstande.

Der theoretische Auftrieb läßt sich nach dem v. Kármán und Trefftz, v. Mises und Geckeler gemachten Erweiterungen des Kutta-Joukowskyschen Abbildungsverfahrens für eine große Mannigfaltigkeit von Profilen bestimmen. Für die Größe des Profilwiderstandes im Gebiete der kleinen Anstellwinkel liegen andererseits Versuchsergebnisse vor (vgl. Abschnitt II, S. 51), so daß es nicht ausgeschlossen erscheint, die Größe des wirklichen Auftriebes durch ein Verfahren, das teils theoretische, teils Versuchsergebnisse benützt, aus dem theoretischen Auftriebe herzuleiten. Hierzu wäre vor allem eine genaue experimentelle Untersuchung über die beiden Annahmen, die der Extrapolation zugrunde gelegt wurden, nötig, insbesondere ob die Neigungen der Linien gleichen Anstellwinkels für ähnliche Profile universellen Charakter haben.

II.

Wir gehen nun zur Betrachtung des endlichen Flügels über. Die von L. Prandtl[1]) begründete Theorie zeigt, daß ein endlicher Flügel auch unter Zugrundelegung einer reibungslosen Flüssigkeit einen Widerstand W_i erfährt, den sog. „induzierten Widerstand", der für den Fall, daß der Auftrieb nach der Form einer Halbellipse über die Spannweite verteilt ist, die folgende Größe hat:

$$W_i = \frac{A^2}{\pi q b^2}$$

oder in den dimensionslosen Beiwerten[2]) ausgedrückt:

$$c_{w_i} = \frac{c_a^2}{\pi} \cdot \frac{F}{b^2}$$

($b =$ Spannweite). Die elliptische Verteilung des Auftriebes liefert, wie die näheren Untersuchungen gezeigt haben, den geringsten induzierten Widerstand. Die wirklichen Auftriebsverteilungen unterscheiden sich zwar etwas von der elliptischen, die Widerstände werden aber davon nur wenig beeinflußt. In der Polarkurve stellt sich der Zusammenhang zwischen c_a und c_{w_i} durch eine Parabel dar. Neben dem induzierten Widerstand besitzt jeder Flügel noch einen „Profilwiderstand" W_0. Es hat sich gezeigt, daß bei guten Profilen und in dem praktisch hauptsächlich verwendeten Anstellwinkelbereich der Profilwiderstand im wesentlichen aus dem Oberflächenreibungswiderstand W_f besteht. Bei bekanntem Auftriebe läßt sich daher der Gesamtwiderstand W eines Flügels mit guter Annäherung als Summe aus induziertem Widerstand und Oberflächenreibungswiderstand schreiben, also:

$$W = W_i + W_f.$$

Die Größe des Oberflächenreibungswiderstandes ist durch Versuche ermittelt worden. Nach Messungen der Göttinger Anstalt ist für einen stoffbespannten, gut zellonierten Flügel die Reibungszahl

$$c_f = 0{,}0375 \left(\frac{1}{R}\right)^{0{,}15}$$

($R =$ Reynoldssche Zahl $= vt/\nu$, wo t die Flügeltiefe und ν die kine-

---

[1]) Prandtl, L.: Tragflügeltheorie, I. und II. Mitteil. Nachr. d. M. Gesellsch. d. Wiss. zu Göttingen, 1918/19.

[2]) Vgl. Fußnote 2, S. 47.

matische Zähigkeit ist), c_f ist dabei durch die folgende Beziehung
definiert:

$$W_f = c_f\, O\, q$$

($O =$ gesamte vom Luftstrom bestrichene Oberfläche des Flügels).
Daß auf diese Weise der wirkliche Flügelwiderstand gut angenähert
bestimmt werden kann, zeigt Abb. 6. Auf dieser Abbildung ist der
auf die oben beschriebene Weise ermittelte Gesamtwiderstand eines
Flügels mit gutem Profile gestrichelt neben dem gemessenen Widerstand eingezeichnet. (Der induzierte Widerstand ist hier um $4\,^0/_0$
größer eingetragen gemäß den Untersuchungen von A. Betz über
den induzierten Widerstand des
rechteckig umrissenen Flügels. Auf
einen solchen mit dem Seitenverhältnis $1:5$ bezieht sich der vorliegende Versuch.) Man sieht, daß
innerhalb eines ziemlichen Anstell-
winkelbereichs die Übereinstimmung eine sehr gute und für
viele praktische Zwecke ausreichend ist. Diese Möglichkeit, den
Gesamtwiderstand eines Flügels
annähernd zu bestimmen, ist ein
erstes wichtiges Ergebnis der
Theorie des endlichen Tragflügels.

Eine zweite sehr wichtige Anwendung dieser Theorie bezieht
sich auf die Umrechnung der für
ein bestimmtes Seitenverhältnis
eines Flügels experimentell fest-
gestellten Polarkurve auf ein beliebiges anderes Seitenverhältnis.
Bezeichnen wir mit c_{w_1}, F_1 und b_1
die Widerstandszahl, die Fläche
und die Spannweite eines Flügels,

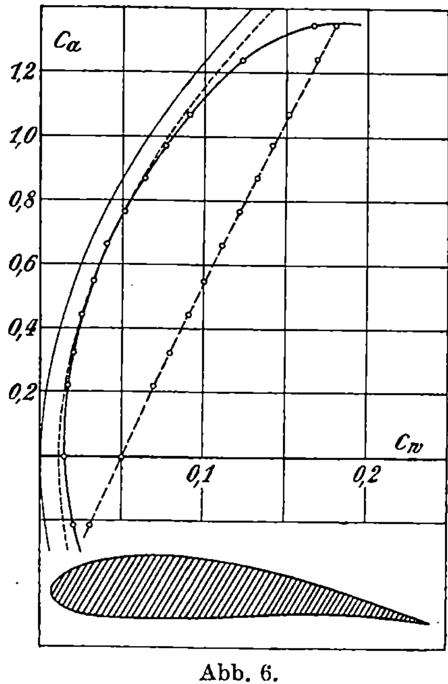

Abb. 6.

für den die Polarkurve bekannt ist und mit c_{w_2}, F_2 und b_2 die entsprechenden Größen eines zweiten Flügels mit gleichem Profil, aber
mit anderem Seitenverhältnis, dessen Polarkurve bestimmt werden
soll, so drückt sich die Widerstandszahl c_{w_2} des zweiten Flügels bei
konstant gehaltener Auftriebszahl c_a durch die Widerstandszahl des
ersten Flügels, da nur der induzierte Widerstand sich ändert, in der
folgenden Form aus:

$$c_{w_2} = c_{w_1} - \frac{c_a{}^2}{\pi}\left(\frac{F_1}{b_1{}^2} - \frac{F_2}{b_2{}^2}\right).$$

Es läßt sich daher auf sehr einfache Weise die Polarkurve des zweiten
Flügels aus der des ersten ableiten. Es ergibt sich ferner aus der
Theorie, daß bei verschiedenem Seitenverhältnis gleichen Auftriebs-
zahlen verschiedene Anstellwinkel zugeordnet sind, die durch die

folgende Beziehung miteinander verknüpft sind:

$$\alpha_2 = \alpha_1 - \frac{c_a}{\pi}\left(\frac{F_1}{b_1^{\,2}} - \frac{F_2}{b_2^{\,2}}\right).$$

Die Abb. 7—10 zeigen das Ergebnis der experimentellen Prüfung der beiden vorstehenden Formeln. Abb. 7 stellt die Polarkurven von 7 Flügeln dar, deren Seitenverhältnis zwischen 1:1 und 1:7 liegt. In Abb. 8 sind diese Polarkurven auf das Seitenverhältnis 1:5 umgerechnet und man sieht, daß mit Ausnahme der Flächen vom Seitenverhältnis 1:1 und 1:2, alle umgerechneten Punkte praktisch auf eine Kurve zu liegen kommen. Die angegebenen Formeln sind daher zur Umrechnung sehr brauchbar. Die weniger gute Übereinstimmung

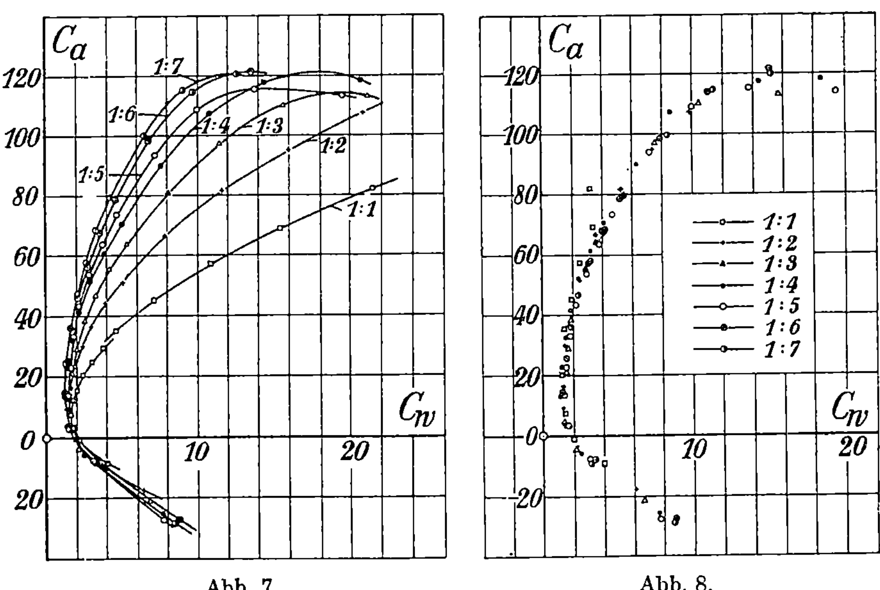

Abb. 7.Abb. 8.

bei den erwähnten beiden Flächen rührt davon her, daß man sich hier zu sehr von den der Theorie zugrunde liegenden Annahmen, vor allem der, daß der Auftrieb längs einer „tragenden Linie" wirkt, entfernt. Für praktische Zwecke kommen aber Seitenverhältnisse von 1:1 oder 1:2 wenig in Betracht. Ein ebenso befriedigendes Ergebnis liefert die Umrechnung des Anstellwinkels, die in den Abb. 9 und 10 graphisch veranschaulicht ist. Hier ist c_a als Funktion des Anstellwinkels aufgetragen.

Ist die Größe des Auftriebes und dessen Verteilung über die Spannweite des Flügels bekannt, so läßt sich auch das Strömungsfeld in der Umgebung des Flügels berechnen. Die Kenntnis dieser Strömung ist z. B. bei Doppeldeckern von Wichtigkeit, weil sich hier stets der eine Flügel im Strömungsfeld des anderen befindet und so eine gegenseitige Beeinflussung entsteht. Diese läßt sich angeben, wenn die Strömungsgeschwindigkeiten am Orte der beiden Flügel bekannt sind und auf diese Weise läßt sich die Polarkurve eines

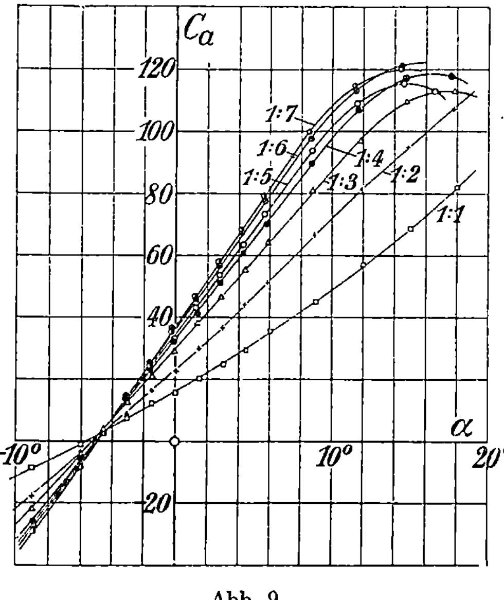

Abb. 9.

Doppeldeckers aus der des Eindeckers berechnen. Bisher wurden die von einem Flügel mit elliptischer Verteilung herrührenden vertikalen Komponenten der Störungsgeschwindigkeit in einer durch die tragende Linie gelegten lotrechten Ebene numerisch ermittelt. So ist es möglich, die Polarkurve eines ungestaffelten Doppeldeckers aus der des Eindeckers zu bestimmen. Jeder Flügel erzeugt am Orte des anderen eine vertikale Störungsgeschwindigkeit und somit einen induzierten Widerstand

$$W_{12} = \sigma \frac{A_1 A_2}{\pi q b_1 b_2},$$

wo A_1 und A_2 die beiden Auftriebe sind und σ eine durch Quadraturen ermittelbare Zahl ist. Die Untersuchungen haben gezeigt, daß für einen Doppeldecker mit zwei gleich breiten Flügeln der induzierte Widerstand ein Minimum ist, wenn die beiden Flügel gleich viel tragen, und zwar ist dann

$$W_{\min} = \frac{A^2}{\pi q b^2} \frac{1 + \sigma}{2}.$$

σ ist hier eine Funktion des Verhältnisses: Flügelabstand zu Spannweite. Die Untersuchungen sind auch für den Fall ungleicher Spannweite durchgeführt. Dann hängt σ auch noch von dem Verhältnis der Spannweiten ab. σ ist eine reine Zahl und stets kleiner als 1; sein Wert kann aus vorhandenen Tabellen entnommen

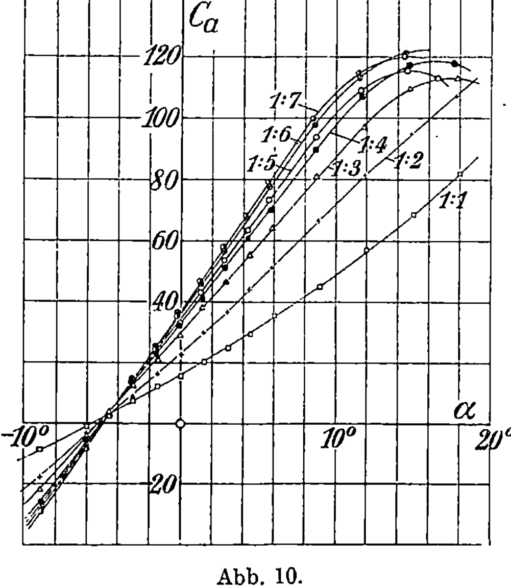

Abb. 10.

werden[1]). Auch diese Theorie wurde durch Versuche geprüft, von denen hier einige mitgeteilt werden sollen. Es wurden mehrere Doppeldeckeranordnungen gemessen und die gemessenen Polarkurven mit den durch Umrechnung aus der Eindeckermessung erhaltenen verglichen. Diese letzteren sind in den Abb. 11—13 gestrichelt eingezeichnet.

Die Spannweiten und Flügelabstände in mm sind in die Abbildungen eingetragen, die Flügeltiefe war 160 mm mit Ausnahme des Unterflügels bei Abb. 13. Die Übereinstimmung zwischen gemessener und umgerechneter Polarkurve ist in Abb. 11, die sich auf einen Doppeldecker mit zwei gleich breiten Flächen bezieht, außerordentlich gut. Etwas größere Abweichungen zeigen sich im Falle der Abb. 12, wo zwei ungleich breite Flügel mit geringerem Flügelabstand untersucht wurden. Diese Anordnung ergab aus einer Serie von 9 Messungen die größten Differenzen. Die schlechtere Übereinstimmung in diesem Falle war vermutlich darauf zurückzuführen, daß hier die Auftriebsverteilung zu sehr von der elliptischen Form abweicht, die der Theorie zugrunde gelegt wurde. Es wurde nun ein anderer Doppeldecker von denselben Abmessungen hergestellt, die

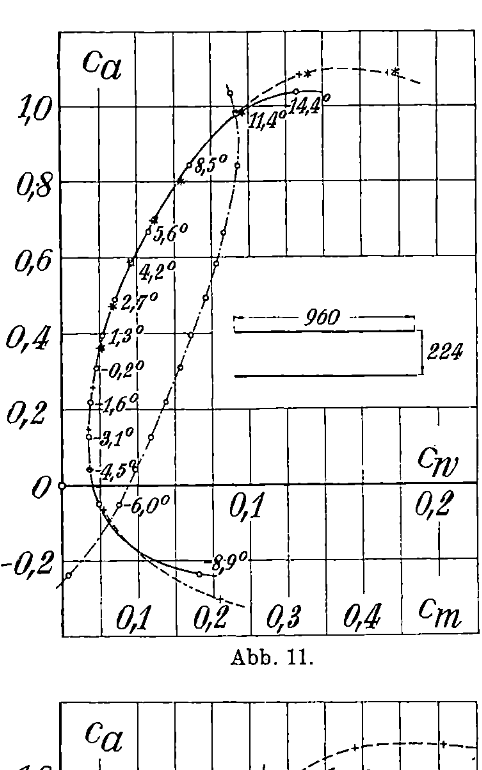

Abb. 11.

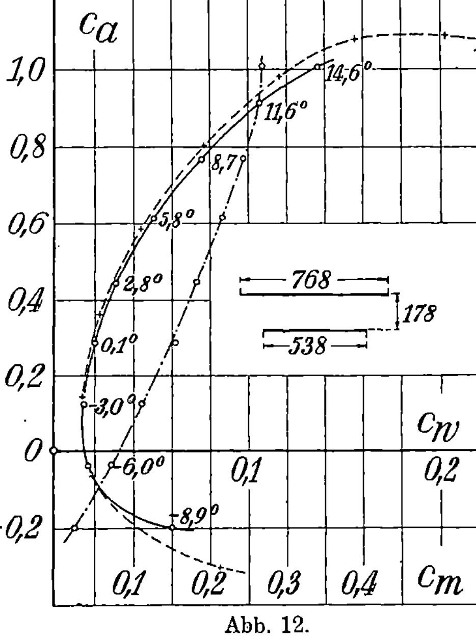

Abb. 12.

____
[1]) Vgl. L. Prandtl: Der induzierte Widerstand von Mehrdeckertheorie, T.B.III, S.309, oder auch Tragflügelth. II. Mitteilung, Gött. Nachr. 1919, S. 113.

beiden Flügel aber so verwunden, daß (bei $c_a = 0{,}8$) die Auftriebsverteilung elliptisch sein mußte. Es ergibt sich in der Tat, wie man aus Abb. 13 sieht, eine merkliche bessere Annäherung der Rechnung an den Versuch, wenn man die theoretischen Voraussetzungen möglichst weitgehend erfüllt.

Eine weitere Anwendung der Tragflügeltheorie bezieht sich auf den Fall eines Tragflügels in der Nähe des Erdbodens. Hier handelt es sich um die Frage, in welchem Grade der Flügelwiderstand in der Nähe des Bodens verändert wird. Diese Aufgabe ist mit der eben behandelten eng verwandt. Benützt man die in der Hydrodynamik häufig zur Anwendung kommende Methode der Spiegelung und spiegelt man den Flügel am Boden, so bilden der wirkliche Flügel und dessen Spiegelbild zusammen einen Doppeldecker, jedoch von der Art, daß der Gesamtauftrieb desselben jederzeit Null ist. Der gespiegelte Flügel erzeugt am Orte des wirklichen Flügels eine vertikale Aufkomponente und somit eine Verminderung des induzierten Widerstandes. Die Verminderung der Widerstandszahl c_w' ist vom Betrage:

$$c_w' = \sigma\, \frac{c_a{}^2}{\pi}\, \frac{F}{b^2}\,.$$

σ hat dieselben Werte wie im vorher behandelten Falle, wenn man als Tragflächenabstand die Entfernung des wirklichen Flügels von seinem Spiegelbilde versteht[1]). Der Versuch bestätigt auch

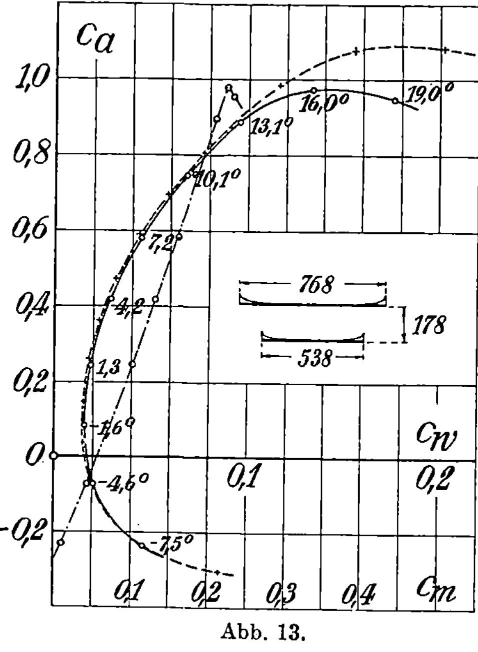

Abb. 13.

hier sehr gut die Theorie. Ein vollständiges Flugzeugmodell wurde erst in der allseitig unbegrenzten Strömung und hierauf in der Nähe eines in den Luftstrom gebrachten „Bodens" gemessen. Die erstere Messung wurde dann für Bodennähe umgerechnet und die Übereinstimmung mit dem Versuch ist, wie Abb. 14 zeigt, auch hier sehr gut.

Schließlich wurde die Flügeltheorie auch noch für den Fall angewendet, daß ein Flügel sich nicht geradlinig, sondern auf einer kreisförmigen Bahn bewegt, ein Fall, der für das Studium des Kurvenfluges einiges Interesse hat. In erster Linie ist hier die Größe des

---

[1]) Näheres hierüber vgl. C. Wieselsberger: Der Flügelwiderstand in der Nähe des Bodens. ZFM 1921, S. 145.

Quermomentes (= Moment um die Längsachse) von Wichtigkeit. Das wesentliche Ergebnis dieser Untersuchung ist folgendes: die elementare Auffassung des Vorganges, wobei eine Verteilung der Zirkulation längs der Spannweite gemäß dem nachstehenden Ansatz angenommen wird:

$$\Gamma = \Gamma_0 \sqrt{1 - x^2}\left(1 + \frac{x}{R}\right).$$

($\Gamma_0 =$ Zirkulation in der Mitte des Flügels, $\Gamma =$ Zirkulation in der Entfernung x aus der Mitte, $R =$ Radius der Kreisbahn. Die halbe Spannweite ist hier $= 1$ gesetzt und für den geradlinigen Flug $[R = \infty]$ elliptische Verteilung der Zirkulation angenommen), und bei der die Wirkung des von der Flügelhinterkante ausgehenden kreisbogenförmigen Wirbelbandes außer acht gelassen wird, liefert ein zu großes Quermoment. Die strengere Theorie unter Berücksichtigung des abgehenden Wirbelbandes zeigt, daß der obige Ansatz in folgender Weise abgeändert werden muß:

$$\Gamma = \Gamma_0 \sqrt{1 - x^2}\left(1 + \frac{\beta x}{R}\right),$$

wobei β eine Zahl kleiner als 1 ist. Durch den Faktor β wird die Rückwirkung des Wirbelbandes auf den Flügel zum Ausdruck gebracht. Das Wirbelband wirkt demnach im Sinne einer Abschwächung; die Verteilung der Zirkulation über die Spannweite weicht von der symmetrischen (halbelliptischen) Form weniger ab, als es nach der elementaren Auffassung zu erwarten wäre[1]). Für das Quermoment M_y erhält man den Ausdruck

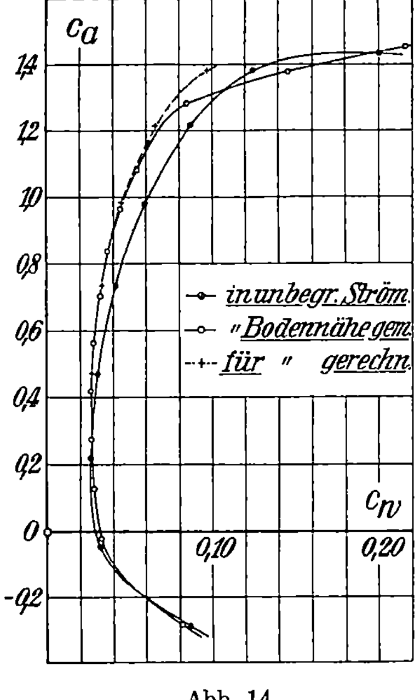

Abb. 14.

$$M_y = \frac{A\,b^2\,(\beta + 1)}{16\,R}.$$

Der Wert von β, der im wesentlichen vom Seitenverhältnis abhängt, liegt zwischen 0,25 und 1. Versuche, die in dieser Richtung angestellt wurden, bestätigen dieses Ergebnis vollauf. Ein Tragflügel von 1 m Spannweite wurde an einem besonders dazu gebauten Rundlauf auf

---

[1]) Näheres hierüber vgl. C. Wieselsberger: Zur Theorie des Tragflügels bei gekrümmter Flugbahn. Z. f. ang. Math. Mech. 1922, S. 325.

einer Kreisbahn von rd. 6 m Durchmesser herumgeführt und die Größe des Quermomentes gemessen. Aus dem Quermoment läßt rückwärts β leicht rechnen. Die Tragflügeltheorie lieferte für den verwendeten Flügel einen Wert von $\beta + 1 = 1{,}71$, während der Versuch den Wert $\beta + 1 = 1{,}64$ ergab. Nach der elementaren Auffassung müßte $\beta + 1$ der Wert 2 beigelegt werden. Auch hier sind demnach, wenn man die Schwierigkeiten der Quermomentsmessung am Rundlauf und die dadurch bedingte geringere Meßgenauigkeit in Betracht zieht, Theorie und Versuch in gutem Einklang.

Zur Berechnung der auf Tragflächen wirkenden Kräfte.

Von **V. Bjerknes** in Bergen (Norwegen).

Alles, was ich auf der Hydrodynamikertagung in Innsbruck über die theoretische Behandlung der Flugprobleme hörte, war mir neu, da ich die technisch-hydrodynamische Literatur nicht verfolgt habe. Um so größer war die Überraschung, die mir erst die Vorträge zu diesem Gegenstande und dann das Durchblättern der Literatur bereitete. In den Kräften, die die Tragflächen eines Flugzeuges angreifen, mußte ich gleich alte Bekannte wiedererkennen: sie gehören der Gruppe der hydrodynamischen Fernkräfte an, deren Theorie erst meinen Vater und dann mich so viele Jahre beschäftigt hat. Besonders in den späteren Prandtlschen Arbeiten[1] tritt diese Verwandtschaft mit den hydrodynamischen Kraftfelderscheinungen hervor. Die vollständige Theorie dieser Erscheinungen scheint aber im allgemeinen den technischen Hydrodynamikern ebenso fremd zu sein, wie mir die technischen Theorien waren. Deshalb werden vielleicht die folgenden allgemeinen Erläuterungen nicht ohne Interesse sein.

1. Es stelle v die Geschwindigkeit eines materiellen Kontinuums dar. curl v (oder rot v) sei dann die Wirbeldichte oder kürzer das Wirbeln (englisch vorticity) genannt. Das Wort Wirbel (vortex) benutzen wir für das endliche Gebilde einer vollständigen Wirbelröhre. Die Stärke eines Wirbels wird durch das Flächenintegral der Wirbeldichte über den Querschnitt eines Wirbels gemessen. Zwischen Geschwindigkeit, Wirbeldichte und Wirbelstärke bestehen dann dieselben formalen Beziehungen wie zwischen magnetischer Feldstärke, elektrischer Stromdichte und Stromstärke. Zwar wird der Parallelismus etwas verschleiert durch den numerischen Faktor 4π, der in die Relation zwischen magnetischer Feldstärke und elektrischem Strom oder Stromdichte hineinkommt, solange man das traditionelle elektromagnetische Einheitssystem benutzt. Dieser Unterschied ist aber ein rein äußerlicher. Er rührt von der bekannten, sehr bedauerlichen Irrationalität dieses Einheitssystems her.

---

[1] Vgl. besonders L. Prandtl: Tragflügeltheorie I, Gött. Nachr. 1918. — Tragflächen-Auftrieb und -Widerstand: Jahrb. d. wiss. Gesellschaft für Luftfahrt, V, 1920.

Wenn man dagegen das Heavisidesche rationelle Einheitssystem anwendet (auch von anderen Verfassern, wie z. B. Lorentz, Enzyklopädie der math. Wiss., angenommen), fällt dieser Unterschied fort. Der numerische Faktor, der π enthält, tritt dann nur auf, wo er aus geometrischen Gründen hingehört, d. h. in Verbindung mit dem Abstandsausdruck r in Formeln, die sich auf die kreisförmige oder die kugelförmige Ausbreitung einer Wirkung von einer Achse, beziehungsweise von einem Zentrum aus beziehen. Denken wir uns deshalb im folgenden durchweg das Heavisidesche rationelle Einheitssystem angewendet, so wird der magnetischen Feldstärke v eine elektrische Stromdichte curl v entsprechen. Wir haben dann rein formal die folgende Korrespondenz:

$$(I) \quad \begin{cases} \text{Geschwindigkeit} & - \text{ magnetische Feldstärke} \\ \text{Wirbeldichte} & - \text{ elektrische Stromdichte} \\ \text{Wirbelstärke} & - \text{ elektrische Stromstärke.} \end{cases}$$

Nach diesem Schema kann man eindeutig von einem Geschwindigkeitsfeld zu einem Magnetfelde oder umgekehrt übergehen.

2. Das bewegte materielle Kontinuum, welches Träger de Geschwindigkeitsfeldes ist, sei nun eine homogene, inkompressible reibungslose Flüssigkeit, und es sollen entweder keine äußeren Kräfte die Flüssigkeitspartikelchen angreifen oder nur solche, die von einem Potential abhängen. Die Flüssigkeit bewegt sich dann unter Erhaltung ihrer Wirbel, im Helmholtzschen Sinne dieses Wortes: jeder Wirbel besteht immer aus denselben materiellen Trägern und behält seine Wirbelstärke unverändert bei. Ersetzt man diese bewegten, unveränderlichen Wirbel durch die entsprechenden bewegten, unveränderlichen elektrischen Ströme (Induktionswirkungen müssen also künstlich ausgeschlossen werden!), so wird das zugehörige magnetische Feld zu jeder Zeit die geometrische Struktur des betrachteten Geschwindigkeitsfeldes haben.

3. Die somit hervorgehobene Analogie ist eine rein formalgeometrische. Einen tieferen physikalischen Inhalt hat sie nicht, wie das Ausfallen der Induktionserscheinungen zeigt.

Wir können aber jetzt das hydrodynamische Problem modifizieren: statt mit Helmholtz äußere Kräfte von einem bestimmten Typus vorauszusetzen und die dann erfolgende Bewegung zu untersuchen, können wir eine bestimmte Bewegung verlangen und die Kräfte bestimmen, die zur Aufrechterhaltung dieser Bewegung erforderlich sind.

Wir verlangen dann: die Bewegung soll stationär sein. Die frühere Härte der Analogie, daß den elektrodynamischen Induktionswirkungen künstlich entgegengewirkt werden müßte, fällt dann von selbst fort. Und gleichzeitig ergänzt sich die Analogie in der folgenden eigentümlichen Weise:

Die äußeren Kräfte, die das hydrodynamische Bewegungsfeld stationär halten, greifen nur die wirbelnden Volumelemente an und sind Element für Element denjenigen äußeren Kräften **entgegengesetzt gleich**, welche die stromführenden Volumelemente angreifen müssen, um das elektrische Stromsystem räumlich stationär zu halten, d. h. um die Bewegungen aufzuheben, die sonst die ponderomotorischen Kräfte des Magnetfeldes erzeugen würden.

Wenn wir diesen Satz in eine Formel fassen, haben wir es sowohl im magnetischen wie im hydrodynamischen Fall mit zwei Kräften zu tun, f' und f, die nach dem Prinzip von der gleichen Wirkung und Gegenwirkung einander das Gleichgewicht halten. Wenn ϱ in einem Fall die Dichte und im anderen Fall die magnetische Permeabilität bedeutet, so sind die auf die Einheit des Volumens bezogenen Kräfte:

$$\mathbf{f}' = \varrho\,(\operatorname{curl}\mathbf{v})\times\mathbf{v} \;\; \ldots\; \ldots\; \ldots\; \ldots \quad (1)$$

und

$$\mathbf{f} = \varrho\,\mathbf{v}\times\operatorname{curl}\mathbf{v}. \;\; \ldots\; \ldots\; \ldots\; \ldots \quad (2)$$

Bei magnetischer Deutung stellt dann f' die Kraft dar, die ein stromführendes Element in einem Magnetfeld angreift und f die entgegengesetzt gleiche äußere Kraft, die eingreifen muß, um die Bewegung aufzuheben, die sonst f' erzeugen würde. **Bei der hydrodynamischen Deutung** haben f' und f ihre Rollen vertauscht: f' ist die äußere Kraft, die eingreifen muß, um das Wirbeln räumlich und zeitlich stationär zu halten; und f ist die Kraft hydrodynamischen Ursprunges, die Anziehungen oder Abstoßungen unter den wirbelnden Elementen erzeugen würde, wenn nicht die äußere Kraft f' es verhinderte. Diese Kräfte hängen nicht so wie die im Helmholtzschen Fall vorausgesetzten Kräfte von einem Potential ab. Denn während die letzteren alle Partikelchen der Flüssigkeit angreifen, wirken die Kräfte (1) oder (2) nur auf die ausgewählten Partikelchen, welche Wirbelbewegung haben[1]).

Einige einfache Beispiele werden den fundamentalen Unterschied klar machen zwischen den Wirbeln, die nach Helmholtz sozusagen willenlos mit dem sie umgebenden Strome treiben, und den stationären Wirbeln, die dank dieser äußeren Kräfte ihre Lage im Raum behaupten.

Ein einziger geradliniger unbegrenzter Wirbel erhält sich ohne Hilfe äußerer Kräfte stationär relativ zu den unendlich fernen ruhenden Teilen der Flüssigkeit. Zwei solche Wirbel mit parallelen Achsen können das dagegen nicht, sondern führen bekanntlich eine Umlaufsbewegung um eine Achse aus, die in der Ebene der beiden Wirbel-

---

[1]) Zur Ableitung dieser Formeln vergleiche: V. Bjerknes: Die Kraftfelder, Braunschweig 1909. („Die Wissenschaft" Nr. 28.) Sie sind Spezialfälle einerseits der Formeln (i) und (1), S. 126 dieses Buches, wenn man div $\mathbf{A} = 0$, $\mathbf{A}_c = 0$, $\nabla\alpha = 0$ voraussetzt, andererseits der Formeln (g), p. 149, und (o), S. 151, wenn man mit der geänderten Bedeutung der Buchstaben div $\mathbf{A} = 0$, $\mathbf{A}_c = 0$, $\nabla\alpha = 0$ einführt. Die Formeln (1) und (2) beziehen sich auf einen Spezialfall, der gewissermaßen mit gleichem Recht in die eine und die andere der beiden wesentlich verschiedenen hydrodynamischen Analogien zu den elektromagnetischen Erscheinungen hineingepaßt werden kann.

achsen liegt, dieser parallel verläuft und bei gleichem Drehsinn zwischen ihnen, bei entgegengesetztem Drehsinn außerhalb, zur Seite des stärkeren Wirbels liegt. Sind die entgegengesetzt drehenden Wirbel gleich stark, so rückt die gemeinschaftliche Drehachse ins unendlich Ferne, und die Umlaufsbewegung geht in eine gemeinschaftliche Translation senkrecht zur Ebene der beiden Wirbelachsen über. Bei diesen Umlaufs- oder Translationsbewegungen ändert sich der gegenseitige Abstand zwischen den Wirbeln nicht: man kann dies alles an freien Wasserwirbeln beobachten, deren Bewegung man durch suspendierte Teilchen sichtbar macht.

Ganz anders verhalten sich dagegen Wirbel, die einen festen rotierenden Zylinder als Kern haben. Diese Zylinder kann man stationär im Raum halten, und mit ihnen durch einfache Anordnungen folgendes verifizieren[1]): gleich rotierende Zylinder stoßen einander ab — das entspricht der Anziehung gleichgerichteter elektrischer Ströme; und entgegengesetzt rotierende Zylinder ziehen einander an — das entspricht der Abstoßung entgegengesetzt gerichteter Ströme. Die Theorie dieser Versuche wurde von meinem Vater in den Jahren 1881—1882 ausgearbeitet, sowohl für kontinuierlich rotierende Zylinder in schwach reibenden Flüssigkeiten, wie für oszillatorisch rotierende Zylinder in stark reibenden Flüssigkeiten. In unmittelbarem Anschluß an die theoretischen Resultate wurden die Versuche von meinem Vater und mir ausgeführt, mit oszillatorischen Rotationen in stark oder relativ stark reibenden Medien, wie Glyzerin oder Luft, und mit kontinuierlichen Rotationen in einer schwach reibenden Flüssigkeit wie Wasser. Nur die Versuche mit den oszillatorischen Rotationen wurden in den damaligen Veröffentlichungen beschrieben, weil sie einen unmittelbaren Anschluß an die Versuche mit pulsierenden und oszillierenden Kugeln gaben[2]).

Denkt man sich den einen Zylinder unendlich weit entfernt, aber mit unendlicher Drehgeschwindigkeit rotierend, so behält man in der Endlichkeit nur einen einzigen rotierenden Zylinder, der sich in einem Strome befindet. Dieser Zylinder wird dann quer zum Strome getrieben mit einer Kraft entgegengesetzt gleich derjenigen, die einen elektrischen Strom quer zu einem Magnetfeld treibt: durch die Analogie der hydrodynamischen Erscheinungen mit den elektromagnetischen gelangt man also zu dem Kutta-Joukowskischen Satze.

4. Man denke sich nun eine Tragfläche, die sich in Ruhe befindet, in einem stationären Strome. Zu dem Bewegungsfeld gehört eine eindeutig bestimmte Wirbelverteilung, teils Gleitwirbel an der Grenze zwischen Tragfläche und Luft, teils flächenhafte oder räumliche Fortsetzungen dieser Gleitwirbel in der freien Luft. Diese

---

[1]) Die Kraftfelder, S. 147.

[2]) Vgl. V. Bjerknes: Nyere hydrodynamiske Undersögelser, „Naturen“, Zeitschr. f. populäre Naturw., Kristiania 1882. Auch referiert in „La Lumière Electrique“, Paris.

Wirbel in Verbindung mit dem Wert v_∞ der Geschwindigkeit im unendlich Fernen bestimmen umgekehrt das ganze Bewegungsfeld eindeutig, — die absolute Ruhe im Raume innerhalb der Tragfläche einbegriffen. Ob dann dieser Raum von einem festen Körper eingenommen oder mit ruhender Luft gefüllt ist, bleibt gleichgültig. Die Erhaltung dieses stationären Bewegungszustandes ist gesichert, sofern überall da, wo ein Wirbel curl v auftritt, eine äußere Kraft (1) angreift. Hört diese äußere Kraft auf zu wirken, so wird eine durch die Kraft (2) bestimmte Bewegungstendenz zum Vorschein kommen. · Wo Gleitwirbel auftreten, kann man entweder eine äquivalente räumliche Wirbelschicht endlicher Dicke einführen, oder die auf die Volumeinheit bezogene Kraft (1) oder (2) durch die entsprechende Kraft pro Flächeneinheit ersetzen, alles wie es in den entsprechenden elektromagnetischen Problemen geläufig ist. Wir werden uns aber hier nicht mit diesen Umformungen beschäftigen, sondern als Beispiel solche Verhältnisse voraussetzen, wo man alle Resultate gleich von Spezialproblemen, die in dem Elektromagnetismus schon durchgerechnet sind, übernehmen kann.

Über die Wirbelverteilung machen wir dann die folgende Voraussetzung: Um die Tragfläche, die die Breite (Spannweite) b hat, hat sich eine Zirkulation Γ ausgebildet. In der freien Luft setzt sich diese Zirkulation fort um zwei gerade Linien der Länge a, die von den Enden der Tragfläche nach rückwärts führen, und um eine Linie b', die die hinteren Enden der Linien a verbindet. Die Achse des Wirbels bildet also ein Rechteck mit den Seiten b und a. Das entsprechende elektromagnetische System besteht dann in einem elektrischen Strom der Stärke Γ (Heavisidesche rationale Einheiten), der in dem entsprechenden rechteckigen Leiter läuft und sich in einem durch die Feldstärke v_∞ bestimmten homogenen Magnetfeld befindet. Die hydrodynamische Kraft, die zu berechnen unsere Aufgabe ist, ist entgegengesetzt gleich der Kraft, die im Magnetfeld die Seite b der Leitung angreift.

Ein Hauptglied dieser Kraft, welches schon durch diese summarischen Daten bestimmt und von allen weiteren Einzelheiten unabhängig ist, läßt sich gleich hinschreiben. Das ist die Wirkung des äußeren magnetischen Feldes auf die Leitung b, nämlich die abwärts gerichtete Kraft $-\varrho\,\Gamma v_\infty\,b$. Die entsprechend vertikal nach oben wirkende hydrodynamische Kraft F_v wird dann

$$F_v = \varrho\,\Gamma v_\infty\,b; \quad \ldots \ldots \ldots \ldots \quad (3)$$

es ist dies die tragende Kraft oder wenigstens das Hauptglied derselben.

Auf das Stück b der Leitung wirkt aber nun noch die Fernkraft von den Teilen a, b', a der Leitung, die von demselben Strom Γ durchflossen sind. Bekanntlich sucht diese Kraft die von der Leitung umschlossene Fläche zu vergrößern. Die entsprechende hydrodynamische Kraft wird diese Fläche zu verkleinern suchen, d. h. die

Tragfläche in der Richtung des Stromes mitzuführen: dies ist der sogenannte **induzierte Widerstand**.

Für den Betrag dieser Kraft im magnetischen Fall ist der Querschnitt der stromführenden Leitung und die Stromverteilung im Querschnitte von wesentlicher Bedeutung. Der Einfachheit halber nehmen wir an, daß die Leitung zylindrisch mit dem Radius c ist. Weiter nehmen wir an, daß der Strom entweder ganz gleichmäßig in der Leitung oder auch ganz oberflächlich auf der Leitung verteilt ist. Unter der Voraussetzung, daß der Radius c der Leitung klein ist im Vergleich zu den Seitenlängen a und b, findet man nach **Mascart**[1]) den folgenden Ausdruck des Selbstinduktionskoeffizienten dieser Leitung

$$L = \frac{1}{\pi}\left[2\left(\sqrt{a^2+b^2} - a - b\right) + a\,\log\mathrm{nat}\,\frac{2\,ab}{c\left(\sqrt{a^2+b^2}+a\right)}\right.$$
$$\left. + b\,\log\mathrm{nat}\,\frac{2\,ab}{c\left(\sqrt{a^2+b^2}+b\right)}\right] + \frac{1}{4\pi}(a+b)\ \ .\ \ .\ \ .\ \ .\ (4)$$

Der vollständige Ausdruck wird benutzt, wenn der Strom gleichmäßig im ganzen Innern der Leitung fließt. Ist der Strom rein oberflächlich, wird das letzte Glied $\dfrac{1}{4\pi}(a+b)$ weggelassen. Die elektromagnetische Energie des Stromes in dieser Leitung ist dann $\frac{1}{2}\varrho L \varGamma^2$, und die Kraft, die die Leitung b angreift, wird die negative Ableitung dieses Ausdruckes nach a. Die gesuchte hydrodynamische, horizontal rückwärts gerichtete Kraft F_h wird durch die entsprechende positive Ableitung

$$F_h = \frac{1}{2}\varrho\varGamma^2\frac{\partial L}{\partial a}\ \ .\ \ .\ \ .\ \ .\ \ .\ \ .\ \ .\ \ .\ \ .\ (5)$$

dargestellt. Wenn man die Rechnung ausführt, ergibt sich

$$F_v = \frac{\varGamma^2}{2\pi}\varrho\left[\frac{a}{\sqrt{a^2+b^2}+b} - \frac{a-b}{a} + \log\mathrm{nat}\,\frac{2\,ab}{c\left(\sqrt{a^2+b^2}+a\right)}\right] + \frac{\varGamma^2}{8\pi}\ \ (6)$$

als Ausdruck des induzierten Widerstandes. Das letzte additive Glied $\dfrac{\varGamma^2}{8\pi}$ ist wegzulassen, wenn man annimmt, daß die Wirbel nicht nur an der Tragfläche selbst, sondern auch in der freien Luft Gleitwirbel auf einem zylindrischen Kern des Radius c sind.

5. Die genaue Form des Wirbelsystems, das sich hinter der Tragfläche ausbildet, kennt man nicht. Mit einer gewissen Annäherung wird man aber die vorausgesetzte viereckige Form als die anfängliche annehmen, kurz nach Einleitung der Bewegung. Dabei

---

[1]) **Mascart**, Comptes Rendus 1894, I, p. 278. Die **Mascart**sche Formel ist mit 4π dividiert, um zu den rationellen Einheiten zu gelangen.

nehmen die Seiten a mit der Geschwindigkeit v_∞ an Länge zu. Solange sich das Wirbelsystem nach hinten noch verlängert oder deformiert, ist der vollkommen stationäre Zustand noch nicht erreicht, bei dem die Analogie mit einem stationären Magnetfeld vollständig wird. In der unmittelbaren Umgebung des Flugzeuges stellt sich aber der stationäre Zustand bald ein. Dies hat zur Folge, daß man die Formel (6) mit einer gewissen Annäherung schon von Anfang an zur Berechnung der auf die Tragfläche wirkenden Kraft anwenden kann. Man findet dann eine anfänglich rasch und allmählich langsam abnehmende Kraft, bis sich bei unendlichem a der Grenzwert

$$F_h = \frac{\Gamma^2}{2\,\pi}\varrho\left[\log \mathrm{nat}\,\frac{b}{c} + \frac{1}{4}\right] \quad \ldots \ldots \ldots \quad (7)$$

einstellt. Das Glied $\frac{1}{4}$ in der Klammer ist wegzulassen, wenn alle Wirbel als Gleitwirbel auf einem zylindrischen Kern betrachtet werden. Die Diskussion der allgemeineren Formel (6) wie der spezielleren (7) zeigt, daß der induzierte Widerstand pro Längeneinheit immer abnimmt mit wachsender Spannweite b der Tragfläche. Weiter geht aus der Formel hervor, daß der induzierte Widerstand sowohl von dem Radius c des Wirbels wie von der Verteilung der Wirbeldichte innerhalb desselben abhängt. Das letztere zeigt sich durch die verschiedenen Werte der Kraft F_h, je nachdem man mit lauter Gleitwirbeln rechnet, entsprechend den Verhältnissen an der Tragfläche selbst — oder mit lauter räumlichen Wirbeln, entsprechend den Verhältnissen in der freien Luft. Mit zunehmendem Radius c des zylindrischen Wirbels nimmt der Widerstand ab. Es wird deshalb vorteilhaft sein, wenn sich der Wirbel an den Enden der Tragfläche mit großem Querschnitte und kleiner Wirbeldichte ablöst, unvorteilhaft, wenn es mit kleinem Querschnitte und großer Wirbeldichte geschieht.

Offenbar ist der induzierte Widerstand vor allem an den Enden der Tragfläche lokalisiert. Denn hier macht sich die Fernwirkung zwischen den an die Tragfläche gebundenen Wirbeln und den in der freien Luft existierenden Wirbeln am stärksten geltend. Die Form der Tragflügelenden ist deshalb sicher von großer Bedeutung. Sind sie nach rückwärts gebogen, so muß der induzierte Widerstand unter sonst gleichen Umständen kleiner ausfallen.

6. Ist die Luftbewegung und somit die Wirbelverteilung gefunden oder versuchsweise gewählt, so kann man, wie durch das gegebene Beispiel gezeigt, das Tragflügelproblem auf lösbare und in vielen Fällen schon durchgerechnete Probleme des Elektromagnetismus zurückführen. Und zwar wird man auch die Behandlung des Problems in verschiedener Richtung vertiefen können. So hindert nichts, daß man auf diesem Wege auch die auf der Zusammendrückbarkeit der Luft beruhenden Dichtigkeitsänderungen mit in Betracht zieht. Wenn diese bei dem Tragflügelproblem vielleicht nur wenig ausmachen, so sind sie bei dem entsprechenden Problem der Dampf-

turbinen sicher nicht zu vernachlässigen. Dabei wird man aber nicht bei der hydrodynamischen Analogie in der rudimentären Form (I) stehen bleiben können, sondern muß zu der einen oder der anderen der beiden voll entwickelten Formen dieser Analogie gehen, die man in meinem Buche „Die Kraftfelder" entwickelt findet.

Zusatz: Man kann fragen, welche Wirkung die Kraft (2) auf die beiden freien Wirbel hat, die von den Enden der Tragflügel nach rückwärts führen. Die Antwort ist einfach: da der schließliche Zustand stationär sein soll, müssen sich diese Wirbel so einstellen, daß die sie angreifende Kraft (2) Null wird. D. h. die Wirbelachsen müssen der Geschwindigkeit $\mathbf{v}$ parallel sich einstellen. Dieses $\mathbf{v}$ hat aber eine nach rückwärts gerichtete Horizontalkomponete $\mathbf{v}_\infty$ und eine abwärts gerichtete Vertikalkomponente $\mathbf{v}_\nu$, herrührend von der gesamten Wirbelverteilung. Dies gibt für die Wirbelachsen eine Neigung nach abwärts, so daß sie mit der Horizontale den Winkel $\operatorname{tg} \Theta = \dfrac{\mathbf{v}_\nu}{\mathbf{v}_\infty}$ bilden.

Neue Ansätze und Ausführungen zur Theorie der Luftschrauben[1].

Von E. Pistolesi in Rom.

In einem am 25. Januar 1921 in der Associazione Italiana di Aerotecnica gehaltenen Vortrage habe ich kurz die Hauptpunkte einer Theorie der Luftschraube beleuchtet, für welche der Weg durch die Erfolge der Tragflügeltheorie Prandtls und seiner Mitarbeiter in der Göttinger Schule gewiesen war. Ich wiederhole ganz kurz die wichtigsten Punkte:

1. Die Luftschraube erzeugt ein Wirbelfeld, innerhalb dessen man gebundene und freie Wirbel unterscheiden muß. Die ersteren bilden ein System von Wirbeln, durch welche wir die Blätter der Luftschraube ersetzen können, da sie die Luftschraubenblätter begleiten und umkleiden; sie entstehen durch die Zirkulation der Flüssigkeit um das Schraubenblatt. Wenn das Blatt schmal ist, kann das System der gebundenen Wirbel durch einen einzigen gebundenen Wirbel ersetzt werden.

Die freien Wirbel andererseits sind diejenigen, welche sich frei in der Flüssigkeit bewegen. Diese müssen nach einem bekannten Theorem der stationären Bewegung den Stromlinien der Bewegung folgen, welche auf ein mit der Schraube starr verbundenes Achsenkreuz bezogen stationär ist.

Sie haben daher annähernd die Gestalt einer Schraubenlinie mit der Steigung, welche dem Fortschrittsgrad der Luftschraube entspricht.

Die freien Wirbel entstehen dort, wo die Zirkulation sich längs des Blattes ändert. Wenn beim Übergang vom Radius r zum Radius $r + dr$ die Zirkulation sich um $d\Gamma$ ändert, löst sich an dem Element dr ein Wirbelfaden von der Intensität $d\Gamma$ ab.

2. Die freien Wirbel und die gebundenen Wirbel erzeugen ein induziertes Geschwindigkeitsfeld, welches sich auf die ursprünglich gleichmäßige Geschwindigkeit V_0 des Luftstromes überlagert. Die Zusatzgeschwindigkeit hat im allgemeinen eine radiale, eine axiale und eine Umfangskomponente.

---

[1] S. auch Atti della Società Italiana di Aerotecnica II. 1. 1922. Übersetzt von W. Klemperer.

5*

Wenn man nur das durch die freien Wirbel induzierte Geschwindigkeitsfeld betrachtet, so zeigt sich, daß die Zusatzgeschwindigkeit beim Durchtritt durch die Propellerkreisfläche halb so groß ist, als die entsprechende Zusatzgeschwindigkeit in unendlicher Entfernung hinter der Schraube. Dadurch wird das bekannte Theorem von Froude bestätigt, namentlich wenn als kontrahierte Querschnittsfläche, auf welche im Theorem von Froude gewöhnlich Bezug genommen wird, die Querschnittsfläche stromabwärts in unendlicher Entfernung von der Schraube genommen wird.

3. Die durch die freien Wirbel induzierten Zusatzgeschwindigkeiten erzeugen an jedem Schraubenschnitt eine Änderung in der Relativgeschwindigkeit zwischen Luft und Profil, welche ihrerseits den Wert der Luftkraft beeinflußt.

Ein solcher Einfluß ist vollständig analog demjenigen der Randwirbel auf die aerodynamische Charakteristik eines tragenden Profils. In diesem Fall ist der Einfluß bekanntlich eine Funktion des Seitenverhältnisses und verschwindet für unendliche Spannweite.

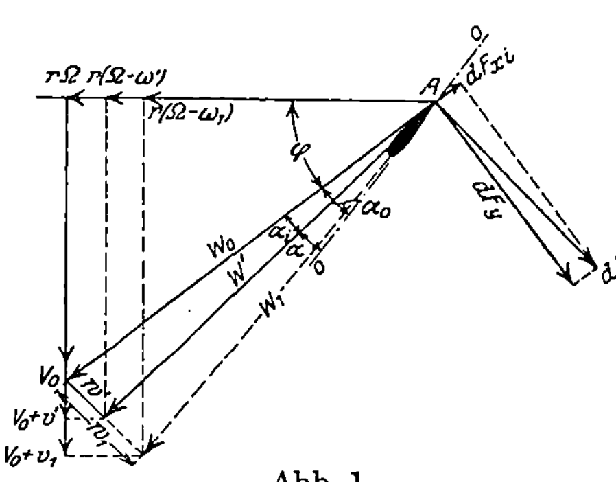

Abb. 1.

Abb. 1 wird die Verhältnisse erklären.

Wenn man die Zusatzgeschwindigkeit nicht in Betracht zieht, ist die Relativgeschwindigkeit zwischen Blattschnitt und Luft W_0 (scheinbare Relativgeschwindigkeit), mit den Komponenten V_0 und $r\Omega$ (r = Radius des Flügelschnittes, Ω = Winkelgeschwindigkeit der Schraube); berücksichtigt man aber die Zusatzgeschwindigkeiten und zwar v' in axialer und $u' = r\omega'$ in der Umfangsrichtung[1]), so wird die Relativgeschwindigkeit W' (effektive Relativgeschwindigkeit).

Wenn die Zusätze klein sind (was man wenigstens in erster Annäherung annehmen kann), so wird man die Differenz in der Größe von W_0 und W' vernachlässigen können, jedoch sicher nicht die Anstellwinkeländerung von α_0 in α; diese Differenz, welche durch den Winkel α_i dargestellt wird, nennen wir den induzierten Anstellwinkel.

4. Wenn kein induzierter Anstellwinkel vorhanden wäre, so wäre Schubkraft und Widerstand an allen Blattelementen durch die ursprüngliche Relativgeschwindigkeit W_0 und durch die reine Profilcharakteristik des betreffenden Profils bestimmt, d. h. durch die Charakteristik eines unendlich langen Flügels mit dem betreffenden Profil. Der Einfluß der Induktion kann nun auf zweierlei Weise berücksichtigt werden:

---

[1]) Die radiale Komponente ist im allgemeinen zu vernachlässigen.

a) indem man weiter die reine Profilcharakteristik ohne Berücksichtigung der endlichen Spannweite beibehält, aber die effektive Relativgeschwindigkeit W' in Rechnung setzt;

b) indem man bei der ursprünglichen Relativgeschwindigkeit W_0 bleibt, aber jedem Profil längs des Flügels ein virtuelles Seitenverhältnis zuordnet, und zwar genau jenes Seitenverhältnis, bei welchem, einen Flügel gleichen Profils vorausgesetzt, bei gleicher scheinbarer Anstellung eine Winkeländerung gerade gleich α_i induziert wird

Schon in meinem vorerwähnten Vortrag habe ich angedeutet wie dieser doppelte Standpunkt gestattet, die alte Streitfrage in der Berücksichtigung der Zusatzgeschwindigkeiten zu erledigen (l'état dynamique préalable von Soreau), die insbesondere zwischen der Schule von Drzewiecki und der englischen Schule (Riach, Fage usw.), zu welcher neuerdings noch de Bothezat hinzugekommen ist, besteht.

Die eine vertritt den Standpunkt, daß die Zusatzgeschwindigkeit, welche die Luft beim Durchgang durch die Blätter (durch die Schraubenkreisfläche, wie man gewöhnlich sagt) erhält, bei der Berechnung der Relativgeschwindigkeit und des Anstellwinkels nicht berücksichtigt werden darf; die andere vertritt den entgegengesetzten Standpunkt.

Wie der Leser nach obigen Andeutungen beurteilen mag, hatten beide Schulen, wie man wohl sagen kann, teilweise recht und teilweise unrecht. Erst nachdem die Untersuchungen der Göttinger Schule über die tragenden Systeme den Einfluß des Seitenverhältnisses klargestellt haben, ist der Schlüssel zur Lösung des Problems gegeben. Das, was in der Tat beiden Standpunkten fehlte, war eine exakte Kenntnis des Seitenverhältnisses, das den einzelnen Blattschnitten beizulegen sei (virtuelles Seitenverhältnis). In Ermangelung eines vernünftigen Anhaltspunktes nahm man dafür gänzlich empirische Werte an (z. B. das Verhältnis des Schraubenradius zu der Blattschnittlänge oder des Radius zu der mittleren Blattbreite); aber die strenge Prüfung der Frage hat gezeigt, daß diese Methode ganz trügerisch ist. Wir werden gleich sehen, welcher Weg der richtige ist.

Für die Berechnung der Zusatzgeschwindigkeit und damit der α_i dienen die Sätze von der Bewegungsgröße und vom Drall; diese können ersetzt werden durch das Theorem von Kutta-Joukowski, welches sich als anwendbar auf den Fall der Luftschraube erwiesen hat, wiewohl die durch die Luftschraube verursachte Flüssigkeitsbewegung kein stationärer Bewegungszustand ist[1]).

Natürlich sind vereinfachte Annahmen erforderlich, von denen die folgenden als besonders wichtig hervorzuheben sind:

---

[1]) E. Pistolesi: Le equazioni differenziali del moto dei fluidi applicate al campo di velocità prodotto dall' elica. — R. Accademia Nazionale dei Lincei Vol. XXXI, serie 5ª, fasc 1º—2º, luglio 1922.

a) Die wirkliche Schraube von endlicher Blattzahl n wird ersetzt durch eine Schraube mit unendlich vielen infinitesimalen, gleichmäßig über die ganze Scheibe verteilten Blättern, deren Gesamtwirkung gleich derjenigen der wirklichen Blätter sein soll.

b) Es wird angenommen, daß die Geschwindigkeitsänderungen klein sind gegen die ursprünglichen Werte der Geschwindigkeit (insbesondere v klein gegen V_0), damit man in den Rechnungen die höheren Potenzen der betreffenden Verhältnisse neben den linearen Gliedern vernachlässigen und den Strahl unter Vernachlässigung der Kontraktion als zylindrisch betrachten kann.

c) Es wird der Unterdruck vernachlässigt, welcher im Innern des Strahles unter der Wirkung der dort herrschenden Umfangsgeschwindigkeit entsteht (ich meine die bekannte Erscheinung des Unterdruckes im Innern eines Wirbels).

Mit diesen Annahmen, die beim Aufsuchen der ersten Annäherung erlaubt sein werden, und unerläßlich sind, um einen solchen Versuch zu praktischer Lösung zu führen, kommt man zu interessanten Schlußfolgerungen.

Man kann die Zusatzgeschwindigkeit w' senkrecht zu W' ermitteln (welche in Anbetracht der Kleinheit des Winkels zwischen W_0 und W' auch angenähert senkrecht zu W_0 gerichtet ist), und wenn wir mit W_1 (Abb. 1) die vermehrte Endgeschwindigkeit bezeichnen, wie sie in einem Schnitt stromabwärts unendlich weit von der Schraube vorhanden ist und berücksichtigen, daß der Totalzuwachs w_1 doppelt so groß ist, als der an der Schraubenkreisfläche entstehende Zuwachs w', so ergibt sich offenbar $W_1 = W_0$ und die Richtung von W' fällt in die der Winkelhalbierenden zwischen W_0 und W_1. Man gelangt zu einer Schlußfolgerung, welche, wie wohl zu beachten ist, schon implizite enthalten war in der klassischen Arbeit von Crocco[1]), wenn — so wie wir es nun auch tun — die durch den ursprünglichen Profilwiderstand verursachten Verluste, die bekanntlich durch Reibung und durch den Kármánschen Effekt entstehen, vernachlässigt werden. Diese Schlußfolgerung kann in den Worten ausgesprochen werden: die Luft, welche die Schraubenblätter durchstreicht, wird abgelenkt, aber nicht verlangsamt.

Diese Schlußfolgerung gilt, wie man nicht zu betonen braucht, nur in erster Annäherung.

Wenn wir weitergehen, finden wir den Ausdruck für das virtuelle Seitenverhältnis Λ

$$\Lambda = \frac{8\,r\sin\varphi}{l},$$

wobei die Bedeutung des Symbols φ aus der Abb. 1 hervorgeht,

---

[1]) Cap. G. A. Crocco: „Sulla teoria analitica della eliche e su alcuni metodi sperimentali", Rendiconti delle esperienze e degli studi eseguiti nello Stabilimento di esperienze e construzioni Aeronautiche del Genio. Roma 1912. Vgl. § 14 dieser Arbeit (Relazioni geometriche). Interessant ist auch § 13, wo eine interessante elektromagnetische Analogie abgeleitet wird, welche durch die neuen Untersuchungen über die aerodynamische Induktion eine vortreffliche Bestätigung erhält.

und l die gesamte Blattbreite der Schraube angibt (also die Summe der Breiten aller Blätter, welche zusammen die Schraube bilden) und zwar entsprechend dem jeweiligen Radius r.

Es muß bemerkt werden, daß nach diesem Verfahren das virtuelle Seitenverhältnis nicht von der Breite eines einzelnen Blattes, sondern von der Gesamtbreite aller Blätter bestimmt wird.

Ferner (und das ist eine offenbare Folge der gewählten Methode) ist eine Vermehrung der Blattzahl gleichwertig einer Vermehrung der Breite der vorhandenen Blätter, welche zur selben Gesamtblattbreite führt.

Diese Resultate, die für die erste Annäherung insofern gelten, als es erlaubt ist, die Schraube von endlicher Blattzahl (von Meridian zu Meridian veränderliches Geschwindigkeitsfeld) durch eine Schraube mit unendlich vielen Blättern (die Geschwindigkeit über jeden konzentrischen Kreisumfang gleichmäßig verteilt) zu ersetzen, diese Resultate werfen ein scharfes Licht auf das Problem der gegenseitigen Beeinflussung der Blätter, um welches sich die Forscher so sehr bemüht haben, und nicht minder auf das ebenso wichtige und bisher ungeklärte Problem des Einflusses der Blattbreite.

Beide Probleme erscheinen nun unter demselben Lichte, und wir erhalten durch Einführung des virtuellen Seitenverhältnisses die richtige Lösung.

Es würde hier interessant sein, zu verfolgen, welche Irrtümer begangen werden, wenn das virtuelle Seitenverhältnis nach den empirischen Kriterien festgesetzt wird, welche ich vorhin erwähnt habe; aber die Kürze dieser Mitteilung gestattet es nicht, dies länger auszuführen, und ich überlasse die kleine Mühe dem Leser, der sich dafür interessiert.

Ein Problem von bemerkenswertem theoretischen Interesse, das in analoger Weise wie die entsprechende Fragestellung der Flügeltheorie sich behandeln läßt, ist die Bestimmung derjenigen Verteilung der Zusatzgeschwindigkeiten, welche unter allen möglichen Verteilungen die Bedingung des kleinsten Energieverlustes erfüllt, ausschließlich, wohl bemerkt, des Verlustes durch schädlichen Widerstand (Reibungsverlust und Kármán-Effekt), indem man also nur den Verlusten Rechnung trägt, welche von der Zunahme der lebendigen Kraft der durch die Schraubenfläche durchtretenden Luft herrühren.

Nun ist dieses Problem bereits gelöst worden von Betz[1]), der hierfür die Bedingung gefunden hat, daß die Gegenprojektion von w' (welche senkrecht zu W_0 angenommen wird) in der Richtung von V_0 konstant sein soll über die ganze Schraube, so daß w' die Entfernung zwischen zwei gleichen Schraubenflächen darstellt, welche relativ zueinander in der Axialrichtung mit V_0 verschoben sind. Wer in

---

[1]) Schraubenpropeller mit geringstem Energieverlust, Nachrichten der Gesellschaft der Wissenschaften, Göttingen 1919.

der Theorie der Tragflügel nach der Göttinger Schule auf dem Laufenden ist, wird die Analogie zwischen diesem und dem entsprechenden Satz der genannten Theorie erkennen.

Daraus folgt die Verteilung der Komponenten v' und $u' = r\omega'$ (welche dann auch bis auf einen Faktor $^1/_2$ für v_1 und $u_1 = r\omega_1$ gültig ist) längs des Radius r. Sie ist in Abb. 2 (ausgezogene Linie) dargestellt.

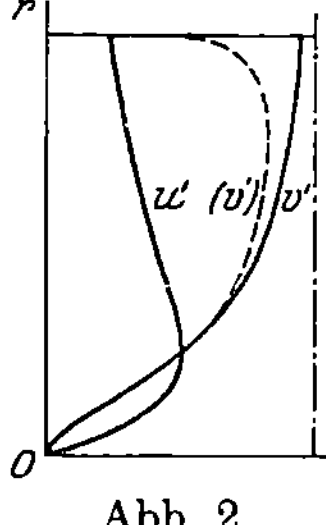

Abb. 2.

Das Diagramm für u' stellt in geeignetem Maßstabe auch das Diagramm der induzierten Anstellwinkel α_i dar. In der Tat ergibt sich aus der Betrachtung der ähnlichen Dreiecke in der Abb. 1, deren erstes durch die Seiten $r\Omega$, V_0 und W_0, das zweite durch die entsprechenden Seiten v', $r\omega'$ und w' gebildet wird:

$$w'/W_0 = \alpha_i = r\omega'/V_0,$$

was die Behauptung beweist[1]).

Dies gilt für die Schraube mit unendlich vielen Flügeln. Betz hat überdies sein Theorem allgemein bewiesen mit Hilfe eleganter synthetischer Betrachtungen, welche die analogen von Prandtl für die tragenden Systeme ersonnenen Betrachtungen auf den Fall der Schraube ausdehnen. Das Resultat ist folgendes: Bei endlicher Zahl der Blätter kann man das Feld der induzierten Geschwindigkeiten entstanden denken durch eine in der Achsenrichtung erfolgende Verschiebung jener unendlich ausgedehnten Schraubenwirbelflächen, welche die Flügel bei ihrer Bewegung beschreiben und sozusagen als festgewordene Spuren hinterlassen. Von diesem Ergebnis ausgehend hat Prandtl in einem Zusatz zu der erwähnten Arbeit von Betz auf dem Wege der Annäherung die mittleren Geschwindigkeiten (v') in verschiedenen Abständen von der Mitte bestimmt; diese Geschwindigkeiten sind dann proportional dem mittleren Schub pro Flächeneinheit.

Das Diagramm für endlich viele Flügel ist zum Vergleich mit dem Fall der unendlichen Blattzahl (ausgezogene Linie) in Abb. 2 punktiert eingezeichnet.

Außer dem Fall des kleinsten Energieverlustes sind noch andere Fälle recht interessant. Namentlich die folgenden:

1. Der Fall, in welchem v' konstant und somit die Schubkraft über die ganze Schraubenkreisfläche gleichmäßig verteilt ist.

Die Betrachtung der ähnlichen Dreiecke in der Abb. 1 zeigt, daß u' umgekehrt proportional zu r ist. Die Verteilung der Umfangsgeschwindigkeit ist also wie im Falle eines einzigen zentralen Wirbels. Es läßt sich zeigen, daß in diesem Falle die Zirkulation Γ der gebundenen Wirbel längs des ganzen Radius konstant ist. Die Ver-

---

[1]) Die Kurve v verläuft asymptotisch zu der in der Figur gezeichneten strichpunktierten Geraden.

teilung der v', u' ist in Abb. 3 dargestellt. Wie schon bemerkt wurde, stellt das Diagramm u' in geeignetem Maßstabe auch α_i dar.

2. Der Fall, in dem ω' konstant und daher u' proportional dem Radius ist. In diesem Fall sieht man an den erwähnten ähnlichen Dreiecken, daß v' proportional r^2 ist, also der Einheitsschub proportional dem Quadrat des Radius anwächst. Die Verteilung der Zusatzgeschwindigkeiten ist in Abb. 4 dargestellt. Der induzierte Anstellwinkel wächst linear mit dem Radius.

3. Der Fall, in dem der induzierte Anstellwinkel konstant ist, $\alpha_i =$ konst. und daher $u' =$ konst. Es folgt dann, daß v' proportional dem Radius ist. Die Verteilung der Zusatzgeschwindigkeiten ist in Abb. 5 dargestellt.

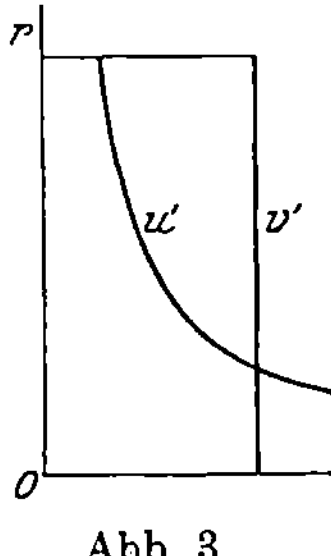

Abb. 3.

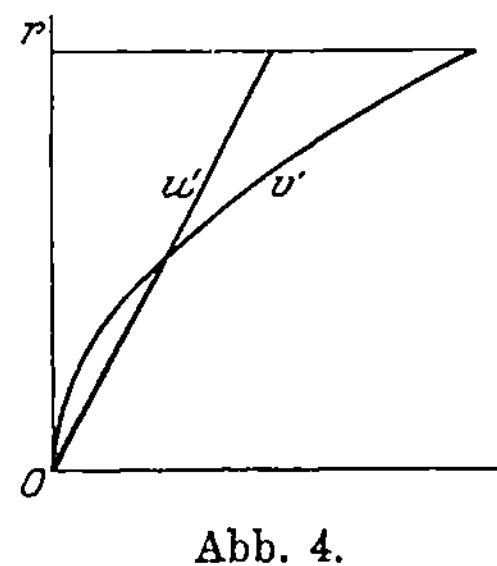

Abb. 4.

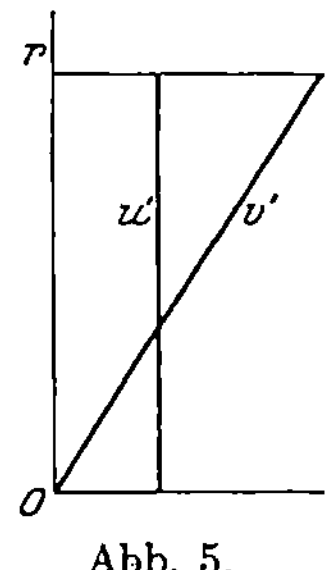

Abb. 5.

In diesen drei einfachen Fällen drücken sich Schubkraft und Drehmoment in Abhängigkeit von derjenigen Größe, welche in jedem der drei Fälle konstant gehalten ist, durch sehr einfache Formeln aus. In der Tat, wenn wir mit T die Schubkraft und mit C das Drehmoment bezeichnen und die Abkürzungen einführen ($a =$ Dichte):

$$\tau = \frac{T}{a R^4 \Omega^2}; \quad \varkappa = \frac{C}{a R^5 \Omega^2}; \quad \gamma = \frac{V}{R\,\Omega},$$

so erhalten wir in den drei Fällen:

$$\text{1. Fall:} \qquad \tau = \frac{\varkappa}{\gamma} = \pi \gamma^2 \frac{v_1}{V_0} = 2\pi\gamma \frac{v'}{V_0} \quad \cdots \cdots \quad (1)$$

$$\text{2. Fall:} \qquad \tau = \frac{\varkappa}{\gamma} = \frac{\pi}{2} \frac{\omega_1}{\Omega} = \pi \frac{\omega'}{\Omega} \quad \cdots \cdots \quad (2)$$

$$\text{3. Fall:} \qquad \tau = \frac{\varkappa}{\gamma} = \frac{2}{3}\pi \frac{u_1}{R\Omega} = \frac{4}{3}\pi \frac{u'}{R\Omega} = \frac{4}{3}\pi\gamma\alpha_i \quad \cdots \quad (3)$$

Der Wirkungsgrad $\varrho = \tau\gamma/\varkappa$ ergibt sich in den drei Fällen gleich 1. Dies ist die Folge nicht nur der Vernachlässigung des schädlichen Widerstandes des Profils, sondern auch des Näherungsverfahrens, mit dessen Hilfe die Formeln erhalten sind; ein Verfahren, welches in

letzter Linie auf der Betrachtung der auf das Blattelement wirkenden und senkrecht zu W_0 gerichteten Kraft fußt. Wir haben gesehen, daß dies richtig wäre, wenn nicht der Effekt der Induktion
vorhanden würde. Dieser Effekt bewirkt indessen eine Neigung
der Kraft dF, so daß sie statt senkrecht zu W_0 (scheinbare Relativgeschwindigkeit) senkrecht zu W' (effektive Relativgeschwindigkeit)
gerichtet, also um α_i gegen die normale zu W_0 geneigt ist. Ausgehend von dieser Betrachtung wird der Leser leicht erkennen
(Abb. 1), daß man, um Schubkraft und Drehmoment zu erhalten,
den oben angegebenen Ausdrücken, welche in den drei Fällen den
Betrag der zu W_0 senkrechten Komponenten dF darstellen, noch eine
Komponente dF_{xi} (induzierter Widerstand des Elementes) — parallel
zur Richtung von W_0 und der Größe nach gleich dem Produkt
$\alpha_i dF_y$ — hinzufügen muß.

Die Berechnung bereitet keine Schwierigkeiten. Um kurz zu
sein, beschränken wir uns hier auf den 3. Fall, in welchem man die
folgenden Beiträge findet, welche wir mit dem Index 2 bezeichnen:

$$\tau_2 = - 2\,\pi\,\gamma^2\,\alpha_i^2 = - \frac{9}{8\,\pi}\,\tau_1^2$$

$$\varkappa_2 = \pi\,\gamma\,\alpha_i^2 = \frac{9}{16\,\pi}\,\frac{\tau_1^2}{\gamma}\,;$$

τ_1 und $\varkappa_1$ bezeichnen darin die Werte der Koeffizienten für T und C, so
wie sie mit Vernachlässigung des induzierten Widerstandes dF_{xi} sich
ergeben.

Die vorangehenden Betrachtungen und Formeln bilden den
Ausgangspunkt für die Lösung des Grundproblems der analytischen
Theorie der Schraube: die Kennlinien einer geometrisch gegebenen Schraube zu bestimmen.

Als Kennlinien können wir die Diagramme für τ und $\varkappa$ in Abhängigkeit vom Fortschrittsgrade γ bezeichnen, wobei τ und $\varkappa$ sich
auf die gesamte Schubkraft und das gesamte Drehmoment beziehen,
unter Berücksichtigung von Induktion, Reibung usw.

Der erste Weg, welcher sich darbietet, beginnt damit, daß man
das virtuelle Seitenverhältnis für jeden Schnitt berechnet. Alsdann
können wir, wenn die Betriebsbedingungen, also γ, gegeben sind, die
Koeffizienten der Schubkraft und des Drehmomentes, τ und $\varkappa$, durch
numerische oder graphische Integration bestimmen, wie in der gewöhnlichen analytischen Theorie, wobei für die Koeffizienten C_w und
C_a der einzelnen Profile die dem jeweiligen virtuellen Seitenverhältnis
entsprechenden Werte einzusetzen sind. Diese können in bekannter
Weise aus den bei einem beliebigen Seitenverhältnis gewonnenen
experimentellen Werte umgerechnet werden.

Allerdings hat die Methode den nicht geringen Nachteil, langwierig und mit vielen Rechnungen belastet zu sein. Daraus ergibt sich unwillkürlich das Bedürfnis nach Näherungsmethoden, welche das Ziel schneller zu erreichen gestatten. Aber die Schwierigkeiten, die selbst bei Verwendung vereinfachender Annahmen auf diesem Weg sich darbieten, können praktisch nur überwunden werden, wenn man sich besonderer Kunstgriffe bedient.

Einer derselben ist der folgende:

Man ersetzt die tatsächliche Verteilung der induzierten Anstellwinkel durch eine in plausibler Weise angenommene Verteilung z. B. eine solche, wie sie zu einem der vorhin betrachteten einfachen Fälle gehört. Dieser speziellen Verteilung der induzierten Anstellwinkel bedient man sich, um den effektiven Anstellwinkel jedes Blattschnittes zu berechnen. Dieser Anstellwinkel ist also zunächst mit einer gewissen Willkür behaftet. Immerhin ist zu erwarten, daß das Schlußresultat nicht sehr stark von demjenigen abweicht, welches sich bei Zugrundelegung der wirklichen Anstellwinkelverteilung ergeben würde.

Diesen Weg habe ich in einer Vorlesung an der flugtechnischen Schule des Königl. Polytechnikums in Turin im Jahre 1921 eingeschlagen und in einer Arbeit vervollständigt, die in den Rendiconti dell' Istituto Sperimentale Aeronautico erschienen ist. Die angenommene Verteilung der induzierten Anstellwinkel war die einfachste: konstant längs des Radius. In der Arbeit, welche gerade im Druck ist[1]), habe ich überdies den Fall entwickelt, in welchem die Verteilung des induzierten Anstellwinkels dem kleinsten Energieverlust entspricht. Der Vergleich mit der exakten Berechnung zeigt, daß die Ergebnisse identisch sind; hierdurch ist die Berechtigung dieser Methode erwiesen.

Sicher wird es nicht ohne Interesse sein, hier die Ergebnisse wenigstens anzudeuten, zu denen man so gelangt, und welche eine sehr rasche Gewinnung der Kennlinien einer Luftschraube oder eine Analyse der experimentell gegebenen Diagramme gestatten, z. B. die Beurteilung ermöglichen, welchen Einfluß die geometrischen und aerodynamischen Bestimmungsgrößen und Eigenschaften der Luftschraube auf diese Diagramme, insbesondere auf die Wirkungsgradkurve ausüben, z. B. die Blattbreite, die Dicke, Form und aerodynamische Güte des Profils usw. Die Ergebnisse sind in wirklich bemerkenswerter Weise durch die systematischen z. B. amerikanischen Versuche an Modellluftschrauben bestätigt worden.

Aber die Notwendigkeit, mich kurz zu fassen und nicht abzuschweifen, zwingt mich, den interessierten Leser, der sich in die Einzelheiten der Methode vertiefen und die Resultate kennen lernen will, auf die ursprüngliche Veröffentlichung zu verweisen.

Hier möchte ich vielmehr einen anderen, wenn man will, grö-

---

[1]) Zusatz bei der Korrektur: Indessen erschienen: I propulsori elicoidali e i recenti progressi dell' Aerodinamica (Saggio di una teoria delle eliche) Anno X, serie 2ᵃ, No. 3, 1922.

beren Kunstgriff kurz erwähnen, welcher eine vereinfachte und in gewisser Hinsicht anschaulichere Theorie auszubilden gestattet.

Um die Vorstellungen zu fixieren, betrachten wir eine Schraube von der konstanten Blattbreite l und bezeichnen mit λ die relative Blattbreite $\dfrac{l}{R}$. Wenn keine induzierten Zustandsgeschwindigkeiten da wären, würden die zu zwei vollständig ähnlichen Schrauben mit verschiedenen Blattbreiten gehörigen Koeffizienten τ und $\varkappa$ bei gleichem γ einfach proportional λ sein. Somit würden die Verhältnisse $\dfrac{\tau}{\lambda}$ und $\dfrac{\varkappa}{\lambda}$ konstant sein und gleich den Koeffizienten τ und $\varkappa$ einer Schraube von der relativen Breite $\lambda = 1$[1]).

Die τ und $\varkappa$ können mit Leichtigkeit berechnet werden auf Grund der scheinbaren Relativgeschwindigkeit W_0 und des scheinbaren Anstellwinkels α_0 unter der Annahme eines virtuellen unendlichen Seitenverhältnisses für jeden Flügelschnitt. Sie können aber ebensogut betrachtet werden als die Grenzwerte der Verhältnisse $\dfrac{\tau}{\lambda}$, $\dfrac{\varkappa}{\lambda}$ für $\lambda = 0$, also für eine Schraube von der relativen Blattbreite Null.

Wir wählen Symbole für die Verhältnisse $\dfrac{\tau}{\lambda}$, $\dfrac{\varkappa}{\lambda}$ und setzen demgemäß:

$$\zeta_t = \frac{\tau}{\lambda} \qquad \text{und} \qquad \zeta_c = \frac{\varkappa}{\lambda}.$$

Die Werte von ζ_t und ζ_c für $\lambda = 0$, also diejenigen, welche man bei Vernachlässigung der Induktion erhielte, seien mit ζ_{t0} und ζ_{c0} bezeichnet. Wie öfters erwähnt wurde, ist in Wirklichkeit ein Zuwachs v' vorhanden, der im allgemeinen eine Funktion von r ist. Wir ersetzen die veränderlichen Zuwächse durch einen mittleren konstanten Zuwachs, der nach den Formeln (1) erhalten wird. Diese liefern:

$$\frac{v'}{V_0} = \frac{\tau}{2\,\pi\,\gamma^2} = \frac{\lambda\,\zeta_t}{2\,\pi\,\gamma^2}.$$

Analog ist ein tangentieller Zuwachs $r\,\omega'$ vorhanden, wobei ω' eine Funktion von r ist. Wir setzen an Stelle des veränderlichen ω' einen Mittelwert auf Grund der Formeln (2) und erhalten:

$$\frac{\omega'}{\Omega} = \frac{\tau}{\pi} = \frac{\lambda\,\zeta_1}{\pi}.$$

Nun können die Vermehrung v' der Fortschrittsgeschwindigkeit V_0 und die Verminderung ω' der Winkelgeschwindigkeit aufgefaßt werden als Änderungen der Betriebsbedingungen einer von der Induktion freien Schraube. Mit anderen Worten, wir können die Wirkung der

---

[1]) Es versteht sich, daß die Schraube von der relativen Blattbreite $= 1$ nur als Rechnungsgröße gedacht ist.

Induktion außer acht lassen und dafür annehmen, daß die Schraube mit der Geschwindigkeit $V_0 + v'$ fortschreitet und mit der Winkelgeschwindigkeit $\Omega - \omega'$ rotiert.

Diese Veränderung der Geschwindigkeit hat zweierlei Folgen:

a) eine Änderung von γ. Die ideale Schraube ohne Induktion würde dann bei einem γ_0 arbeiten, das ausgedrückt wird durch:

$$\gamma_0 = \frac{V_0 + v'}{R(\Omega - \omega')} = \gamma \frac{1 + \dfrac{\zeta_t}{2\pi\gamma^2}\lambda}{1 - \dfrac{\zeta_t}{\pi}\lambda};$$

b) eine Änderung der Koeffizienten ζ_t und ζ_c, welche gleich sind den auf den Fortschrittsgrad γ_0 bezogenen Koeffizienten ζ_{t0} und ζ_{c0} der induktionsfreien Schraube, multipliziert mit dem Quadrat des Verhältnisses $\dfrac{\Omega - \omega'}{\Omega}$, also mit

$$\left(1 - \frac{\zeta_t}{\pi}\lambda\right)^2.$$

Die Formeln für den Übergang von der relativen Blattbreite Null (unendliches Seitenverhältnis) zur relativen Blattbreite λ sind daher die folgenden:

$$\left.\begin{aligned}
\gamma &= \gamma_0 \frac{1 - \dfrac{\zeta_t}{\pi}\lambda}{1 + \dfrac{\zeta_t\lambda}{2\pi\gamma^2}} \\[2ex]
\zeta_t &= \zeta_{t0}\left(1 - \frac{\zeta_t}{\pi}\lambda\right)^2 \\[2ex]
\zeta_c &= \zeta_{c0}\left(1 - \frac{\zeta_t}{\pi}\lambda\right)^2
\end{aligned}\right\} \quad \cdots \cdots \cdots \cdots \quad (4)$$

Ausgehend von dem Diagramm ζ_{t0} und ζ_{c0}, bezogen auf un endliches Seitenverhältnis, gestatten diese Formeln den Übergang zu irgendeinem beliebigen Seitenverhältnis. Die erste derselben liefert für die Bestimmung von γ eine quadratische Gleichung. Eine einfache Diskussion zeigt, daß von beiden Wurzeln die größere in Betracht zu ziehen ist, welche unter Vernachlässigung der höheren Potenzen von $\dfrac{\zeta_t}{\pi}\lambda$ ausgedrückt wird durch:

$$\gamma = \gamma_0 - \frac{\zeta_t\lambda}{\pi}\left(\gamma_0 + \frac{1}{\gamma_0}\right) \cdot \quad \cdots \cdots \cdots \quad (5)$$

Gl. (5) ist nur für kleine Werte von λ anwendbar.

Die zweite und dritte der Gleichungen (4), soweit man (in der Praxis ist dies fast immer der Fall) die höheren Potenzen von $\dfrac{\zeta_t}{\pi}\lambda$

neben der ersten vernachlässigen kann, ergeben:

$$\left.\begin{array}{l} \zeta_t = \zeta_{t_0} - \dfrac{2}{\pi}\,\lambda\,\zeta_t\,\zeta_{t\,0} \\[2ex] \zeta_c = \zeta_{c_0} - \dfrac{2}{\pi}\,\lambda\,\zeta_t\,\zeta_{c\,0} \end{array}\right\} \quad \cdots \cdots \quad (5\,\mathrm{a})$$

Wir heben die Analogie dieser höchst einfachen Formeln mit denjenigen hervor, durch welche sich der Übergang von unendlichem zu endlichem Seitenverhältnis in der Theorie der Tragflügel ausdrückt.

Nach diesem Ansatz ist der weitere Vorgang einfach. Nach Festlegung eines Wertes ζ_t bestimmt sich mit (4) oder (5 a) der Wert von $\zeta_{t\,0}$ und damit γ_0. Auf Grund von γ_0 bestimmt sich der Wert γ, der dem anfangs festgesetzten Wert von ζ_t beim Seitenverhältnis λ entspricht. Ebenso gelangt man von γ_0 zur Bestimmung von $\zeta_{c\,0}$ und von diesem zu ζ_c. Die Wiederholung des Verfahrens für verschiedene Werte von ζ_t führt schließlich zur Aufzeichnung der gesuchten Kennlinien.

Es ist aber offenbar notwendig, die Diagramme $\zeta_{t\,0}$ und $\zeta_{c\,0}$ für die Schraube von unendlichem Seitenverhältnis zu kennen. Diese Aufgabe bietet bei geeigneten Vereinfachungen keine Schwierigkeiten.

Wir beginnen mit einem besonders günstigen Fall, nämlich mit demjenigen, bei welchem alle Flügelschnitte gleiche aerodynamische Steigung haben, wobei unter aerodynamischer Steigung eines Flügelschnittes die Steigung derjenigen Schraubenlinie zu verstehen ist, welche die zum verschwindenden Auftrieb gehörende Richtung dieses Schnittes berührt. Wenn die Schraube gleichmäßige aerodynamische Steigung hat und man den schädlichen Widerstand (Reibungswiderstand usw.) vernachlässigt, so ist klar, daß für einen Fortschrittsgrad, welcher der aerodynamischen Steigung entspricht, die Schraube weder eine Schubkraft liefert, noch ein Drehmoment aufnimmt, weil die Wirkungen auf jeden Blattschnitt verschwinden. Es sei γ^* der Wert von γ, welcher einem Fortschrittsgrad gleich der aerodynamischen Steigung entspricht. Ferner sei A der Wert der Ableitung $\dfrac{d\,c_a}{d\,\alpha}$ des Auftriebskoeffizienten in Abhängigkeit vom Anstellwinkel; dieser Wert kann bekanntlich konstant gesetzt werden. Im allgemeinen wird A von Blattschnitt zu Blattschnitt veränderlich sein, aber nichts spricht dagegen, einen Mittelwert anzunehmen, um so mehr, als sich A nur wenig mit der Veränderung der Profilform ändert, wie die theoretischen Untersuchungen von R. v. Mises[1]) und anderen bewiesen haben. Theoretisch sollte $A = \pi$ sein oder ein wenig größer. Praktisch kann jedoch $A = 2{,}3$ bis 2,7 je nach dem Profiltyp angenommen werden.

Auf Grund dieser Voraussetzungen findet sich durch einfache Entwicklungen, die wir der Kürze halber weglassen, daß bei Ver-

---

[1]) Zur Theorie des Tragflächenauftriebes. Z. f. Flugtechn. 1917 und 1920.

nachlässigung des Einflusses des schädlichen Widerstandes der Wert von ζ_{t0}, den wir dann mit ζ'_{t0} bezeichnen wollen, durch den sehr einfachen Ausdruck gegeben ist:

$$\zeta'_{t0} = A\,\psi_2\,(\gamma^*)\,(\gamma^* - \gamma),$$

worin ψ_2 eine Funktion von γ^* ist, gegeben durch das Integral $\displaystyle\int_0^1 \frac{\xi^2}{\sqrt{\gamma^{*2} + \xi^2}}\,d\xi$

mit $\xi = \dfrac{r}{R}$ (relativer Radius). Im ganzen ist also ζ'_{t0} eine gerade

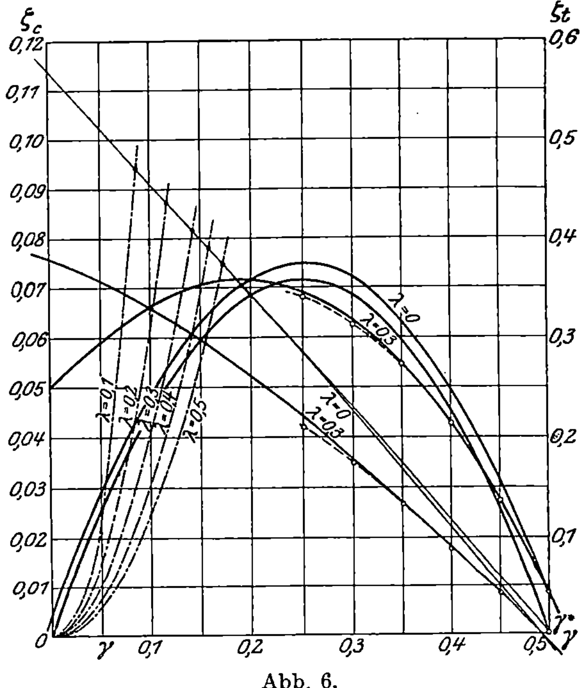

Abb. 6.

Linie mit der Neigung $-A\,\psi_2$, welche durch den Punkt γ^* der Abszissenachse geht (Abb. 6). Immer noch mit Vernachlässigung des Profilwiderstandes erhält man ζ'_{c0} durch Multiplikation von γ mit dem Wert von ζ'_{t0}, und sein Verlauf (Abb. 6) ist eine Parabel mit dem Scheitel in der Mitte zwischen den Punkten 0 und γ^*. Um dem Profilwiderstand Rechnung zu tragen, genügt es, denselben durch seinen Mittelwert zu ersetzen.

Für unendliches Seitenverhältnis ist c_w von einem gewissen Anstellwinkel ab nahezu konstant, und jedenfalls ist es nicht schwierig, auch noch einer Veränderlichkeit von c_w mit dem Anstellwinkel Rechnung zu tragen. Wenn wir der Kürze halber voraussetzen, daß diese Abhängigkeit bekannt sei, so sind die Werte ζ''_{t0} und ζ''_{c0}, welche zu ζ'_{t0} und ζ'_{c0} hinzugefügt werden müssen, um ζ_{t0} und ζ_{c0} zu erhalten, gegeben durch:

$$\gamma\,\varphi_0\,(\gamma)\,c_w \qquad \left(\varphi_0 = \int_0^1 \sqrt{\gamma^2 + \xi^2}\;d\xi\right) \left.\vphantom{\int_0^1}\right\}$$

$$\varphi_2\,(\gamma)\,c_w \qquad \left(\varphi_2 = \int_0^1 \xi^2\,\sqrt{\gamma^2 + \xi^2}\;d\xi\right) \left.\vphantom{\int_0^1}\right\} \quad \cdots \cdots \quad (6)$$

In Abb. 6 sieht man den Verlauf der endgültigen Diagramme.

Diese einfachen Ergebnisse lassen sich ohne Schwierigkeit auf die Fälle ausdehnen, wo die aerodynamische Steigung nicht gleichförmig ist, indem man in geeigneter Weise auf Grund der Steigung der einzelnen Flügelschnitte eine aerodynamische Gesamtsteigung definiert.

Mit Einführung der Koeffizienten ζ_t und ζ_c nehmen die unter dem Namen Renardsche Formeln bekannten Ähnlichkeitsgesetze folgende interessante Form an:

$$T = a\,\zeta_t \cdot S\,U^2 \left.\vphantom{\dfrac{C}{R}}\right\}$$

$$\frac{C}{R} = a\,\zeta_c \cdot S\,U^2, \left.\vphantom{\dfrac{C}{R}}\right\} \quad \cdots \cdots \cdots \quad (7)$$

wobei S der gesamte Inhalt der Schraubenblätter und $U = R\,\Omega$ die Umfangsgeschwindigkeit ist. Wenn l (die Blattbreite) nicht konstant ist, so definiert man die relative Blattbreite λ als das Verhältnis des Flächeninhaltes eines Blattes S zu dem Quadrat des Radius R.

Die vorstehenden Ausführungen sind gültig, solange v' klein ist gegenüber V_0; wenn die Größenordnung der Zusatzgeschwindigkeit v' sich derjenigen von V_0 nähert, nimmt die Genauigkeit der gefundenen Form immer mehr ab, bis diese Formeln vollständig unrichtig werden, wenn V_0 klein gegenüber v' und schließlich Null wird.

Das letztere ist der Fall bei der Schraube am Stand.

Aber die oben dargelegte Methode kann trotzdem auch auf diesen Fall erweitert werden. Wir wollen kurz darlegen, in welcher Weise. Wenn man v' gegen V_0 nicht mehr vernachlässigen darf, so muß man offenbar schreiben:

$$T = 2\,a\,\pi\,R^2\,(V_0 + v')\,v',$$

und daraus

$$\tau = 2\,\pi\,\gamma^2\left(1 + \frac{v'}{V_0}\right)\frac{v'}{V_0}. \quad \cdots \cdots \cdots \quad (8)$$

Durch Auflösung dieser Gleichung findet man

$$\frac{v'}{V_0} = f\left(\frac{\tau}{\gamma^2}\right) = f\left(\frac{\zeta_t\,\lambda}{\gamma^2}\right). \quad \cdots \cdots \cdots \quad (9)$$

Indessen gilt auch in diesem Fall noch Gl. (2), weil ω' immer noch gegen Ω vernachlässigt werden kann.

Die Formel für den Übergang von γ zu γ_0 erhält man aus der ersten Zeile von Gl. (4), wobei im Nenner die zur Einheit hinzutretenden Glieder gerade gleich der Funktion $f\left(\dfrac{\zeta_t \lambda}{\gamma^2}\right)$ werden.

Nun ist der Ausdruck für diese Funktion, den man durch Auflösung von Gl. (8) erhält, der folgende:

$$\frac{1}{2}\left(-1+\sqrt{1+\frac{2\,\zeta_t \lambda}{\pi\,\gamma^2}}\right) \quad\ldots\ldots\ldots \quad (10)$$

So erhält man zur Bestimmung von γ als Funktion von γ_0 eine lineare Gleichung, während bei Vernachlässigung von v' neben V die Gleichung quadratisch wurde. Es ist dies einer der häufigen Fälle, bei welchen größere Strenge zu einfacheren Resultaten führt.

Die sich ergebende Gleichung liefert die folgende Formel:

$$\gamma = \gamma_0\left(1-\frac{\zeta_t \lambda}{\pi}\right) - \frac{\dfrac{\zeta_t \lambda}{2\pi}}{\gamma_0\left(1-\dfrac{\zeta_t \lambda}{\pi}\right)} \quad\ldots\ldots \quad (11)$$

Dem Wert $\gamma = 0$ entspricht ein Wert von γ_0, welcher mit Berücksichtigung der zweiten Zeile von (4) der folgenden Gleichung genügt:

$$\zeta_{t_0} = \frac{2\pi}{\gamma}\gamma_0{}^2 \, .$$

Dies ist die Gleichung einer aufrecht stehenden Parabel mit dem Scheitel im Koordinatenursprung und dem Parameter $\dfrac{\pi}{\gamma}$. Der Schnittpunkt dieser Parabel mit der Kurve ζ_{t_0} gibt denjenigen Punkt des Diagramms, welcher beim Seitenverhältnis λ dem Wert $\gamma = 0$ entspricht.

In Abb. 6 sind die Parabeln für verschiedene Werte von λ dargestellt und zwar für $\lambda = 0{,}1$, $0{,}2$, $0{,}3$, $0{,}4$ und $0{,}5$ (strichpunktierte Linie). Die Rechnung kann natürlich noch weiter ausgedehnt werden und führt zu einer vollständigen Behandlung der Schraube am Stand.

Ich glaube, daß dieser kurze Hinweis genügt.

Abb. 6 zeigt einerseits den Vergleich zwischen den Ergebnissen der ursprünglichen und der vereinfachten Näherungsmethode, andererseits den Vergleich dieser mit der vereinfachten Methode, die wir in dem Sinne die strenge nennen wollen, daß v' neben V_0 nicht vernachlässigt worden ist. Die kleinen Kreise veranschaulichen die Ergebnisse der ursprünglichen Methode, die gestrichelten Punkte diejenigen der vereinfachten Näherungsmethode, die ausgezogenen Linien diejenigen der vereinfachten, strengen Methode. Der Vergleich beweist die für die Praxis ausreichende Gleichwertigkeit der beiden ersten Methoden und stellt die Abweichung klar, welche für kleine Werte von γ zwischen der Näherungsmethode und der von uns streng genannten auftreten.

Bevor wir diesen kurzen Überblick über das Gebiet, welches die neue Auffassung von der Wirkungsweise der Schrauben erschlossen hat, beenden, möchten wir nicht versäumen, auf eine interessante Erweiterung dieser Untersuchungen auf das Problem des gegenseitigen Einflusses zweier oder mehrerer Schrauben hinzuweisen.

Eine solche Erweiterung kann man entweder auf Grund des ursprünglichen vollständigeren Verfahrens oder auf Grund des vereinfachten Verfahrens vornehmen. Wir benutzen das letztere und beschränken uns, um die Voraussetzungen zu fixieren, auf den Fall zweier koaxialer Schrauben mit gleichem Radius. Zunächst machen wir die Annahme, daß beide ziemlich weit voneinander entfernt sind, um annehmen zu können, daß der gesamte Geschwindigkeitszuwachs, den die erste Schraube der durch sie hindurchströmenden Luft erteilt, in dem axialen Zuwachs v_{12} infolge der Induktion der vorderen Schraube auf die hintere besteht, und daß die Geschwindigkeitsänderung v_{21}, welche die Schraube 2 auf die Schraube 1 induziert, Null sei. Theoretisch müßte die Entfernung der beiden Schrauben unendlich sein, damit diese Annahme verwirklicht wird; praktisch genügt eine nicht sehr große Entfernung, weil die Zuwächse stromabwärts und stromaufwärts von der Schraube rasch ihrem Grenzwert zustreben. Was die Zusatzgeschwindigkeit in der Umfangsrichtung $r\,\omega_{12}$ anbelangt, so ist bekannt, daß dieser hinter der ersten Schraube konstant ist, während $r\,\omega_{21}$ vor der zweiten Schraube gleich Null ist. Man erhält daher zu (1) und (2) analoge Formeln, nämlich:

$$\frac{v_{12}}{V_0} = \frac{\tau_1}{\pi\,\gamma_1{}^2} \qquad\qquad \frac{\omega_{12}}{\Omega_1} = \frac{2\,\tau_1}{\pi}.$$

Die Schraube 2· hat bei einem Wert $\bar{\gamma}_2$ zu arbeiten, welcher von demjenigen $\gamma_2 = \dfrac{V_0}{R\,\Omega_2}$, den man hätte, wenn der Einfluß der vorderen Schraube fehlte, sich unterscheidet und ausgedrückt wird durch:

$$\bar{\gamma}_2 = \frac{V_0\left(1 + \dfrac{\tau_1}{\pi\,\gamma_1{}^2}\right)}{R\,\Omega_2\left(1 \mp \dfrac{\Omega_1}{\Omega_2}\dfrac{2\,\tau_1}{\pi}\right)} = \gamma_2\,\frac{1 + \dfrac{\tau_1}{\pi\,\gamma_1{}^2}}{1 \mp \dfrac{\Omega_1}{\Omega_2}\dfrac{2\,\tau_1}{\pi}}, \quad \cdots \quad (12)$$

wobei das Minuszeichen für Schrauben gilt, die im gleichen, das Pluszeichen für solche, die im entgegengesetzten Sinne rotieren.

Ferner erhält man für die veränderte Winkelgeschwindigkeit neue Koeffizienten $\bar{\tau}_2$ und $\bar{\varkappa}_2$, welche sich aus den ursprünglichen Werten τ_2 und $\varkappa_2$ mittels folgender Formel berechnen lassen:

$$\left.\begin{aligned} \bar{\tau}_2 &= \tau_2\left(1 \mp \frac{\Omega_1}{\Omega_2}\frac{2\,\tau_1}{\pi}\right)^2, \\[2mm] \bar{\varkappa}_2 &= \varkappa_2\left(1 \mp \frac{\Omega_1}{\Omega_2}\frac{2\,\tau_1}{\pi}\right)^2. \end{aligned}\right\} \quad \cdots \cdots \quad (13)$$

Aus diesen Formeln folgt nun:

a) Bei gleichem Drehsinn beider Schrauben ist sicher

$$\bar{\gamma}_2 > \gamma_2 \, .$$

Nun ist der veränderte Wirkungsgrad gegeben durch

$$\bar{\varrho}_2 = \frac{\bar{\tau}_2 \gamma_2}{\bar{\varkappa}_2} = \frac{\varrho_2(\bar{\gamma}_2)}{\varrho_2(\gamma_2)} \cdot \frac{\gamma_2}{\bar{\gamma}_2} \cdot \varrho_2(\gamma_2) \, ,$$

und da das Verhältnis $\dfrac{\varrho}{\gamma}$ mit zunehmendem γ stets abnimmt, folgt

$$\bar{\varrho}_2 < \varrho_2 \, ,$$

d. h. es findet eine Verminderung des Wirkungsgrades statt.

Dies leuchtet ein, wenn man bedenkt, daß die beiden Schrauben in Tandemanordnung den Verlust an lebendiger Kraft vermehren müssen sowohl infolge der axialen als auch der tangentialen Zusatzgeschwindigkeiten.

b) Bei entgegengesetztem Drehsinn beider Schrauben wird $\bar{\gamma}_2$ größer, gleich oder kleiner als γ_2, je nachdem

$$\gamma_1{}^2 \lesseqgtr \frac{1}{2} \frac{\Omega_2}{\Omega_1} \, .$$

Wenn, um bestimmte Voraussetzungen zu machen, $\Omega_2 = \Omega_1$ ist, so lautet das Kriterium, ob γ_1 kleiner, gleich oder größer ist als 0,707. Nach den Überlegungen des Falles a) werden wir dementsprechend Vergrößerung, Gleichheit oder Verminderung des Wirkungsgrades finden. Bei einer wirklichen Schraube ist der vorstehende Wert von γ_1 bei weitem nicht erreicht. Wir haben daher immer den Fall einer Verminderung des Wirkungsgrades.

In gleicher Weise ist der Fall zu behandeln, in welchem beide Schrauben so benachbart sind, daß man V_{21} gleich der Hälfte des totalen Geschwindigkeitszuwachses, den die Schraube 1 der Luft erteilt, setzen kann und V_{21} gleich der Hälfte des Zuwachses ist, den die Schraube 2 der Luft erteilt. Beide Schrauben müßten hierfür in derselben Ebene rotieren. Praktisch mögen sie in nahe aneinander gelegenen Ebenen rotieren. Bezüglich der Zusatzgeschwindigkeiten in der Umfangsrichtung ändert sich nichts. Es folgt:

$$\frac{v_{12}}{V_0} = \frac{\bar{\tau}_1}{2\pi\gamma_1{}^2} \, , \qquad \frac{\omega_{12}}{\Omega_1} = \frac{2\bar{\tau}_1}{\pi} \, ;$$

$$\frac{v_{21}}{V_0} = \frac{\bar{\tau}_2}{2\pi\gamma_2{}^2} \, , \qquad \omega_{21} = 0 \, ;$$

und daher

$$\left.\begin{aligned}
\bar{\gamma}_1 &= \gamma_1\left(1 + \frac{\bar{\tau}_2}{2\pi\gamma_2{}^2}\right), \\[2ex]
\bar{\gamma}_2 &= \gamma_2 \, \frac{1 + \dfrac{\bar{\tau}_1}{2\pi\gamma_1{}^2}}{1 \mp \dfrac{\Omega_1}{\Omega_2}\dfrac{2\bar{\tau}_1}{\pi}} \, ;
\end{aligned}\right\} \quad \cdots \cdots \cdots \quad (14)$$

und endlich

$$\left.\begin{aligned}
\bar{\tau}_1 &= \tau_1(\bar{\gamma}_1), \qquad \bar{\varkappa}_1 = \bar{\varkappa}_1(\bar{\gamma}_1), \\
\bar{\tau}_2 &= \tau_2\left(1 \mp \frac{\Omega_1}{\Omega_2}\cdot\frac{2\bar{\tau}_1}{\pi}\right)^2, \\
\bar{\varkappa}_2 &= \varkappa_2\left(1 \mp \frac{\Omega_1}{\Omega_2}\cdot\frac{2\bar{\tau}_1}{\pi}\right)^2.
\end{aligned}\right\} \qquad \ldots \ldots (15)$$

Übrigens kann in dem vorliegenden Fall die Lösung des Gleichungssystems (14) und (15) nur durch sukzessive Approximation erhalten werden.

Man kann das Problem des gegenseitigen Einflusses auch unter Zurückführung auf die induktionsfreie Schraube betrachten, wie es im Falle des Problems der Selbstinduktion geschehen ist. Man bekommt dann Formeln analog den Gleichungen (4) für die Beziehungen zwischen γ_{20} und γ_2, zwischen γ_{10} und γ_1, zwischen ζ_{t_1} und $\zeta_{t_{10}}$ und zwischen ζ_{t_2} und $\zeta_{t_{20}}$.

Ich glaube, daß das bisher Dargelegte genügen wird, um eine Vorstellung zu geben von dem, was im Titel der vorliegenden Mitteilung als neue Ansätze und Ausführungen zur Theorie der Luftschraube bezeichnet wurde. Ich hoffe, nicht zu irren, wenn ich sage, daß nur auf Grund dieser neuen Auffassung in die Theorie der Luftschraube eine vernünftige Ordnung gekommen ist, welche bisher gefehlt hat. Viel Arbeit ist noch zu leisten, insbesondere, um die theoretischen Untersuchungen mit den Versuchsergebnissen zu verbinden, zu deren Beurteilung die neueren Methoden ein wertvolles Hilfsmittel bilden. So werden wir interessante Probleme zu lösen bekommen, wie dasjenige der Deformation, welche die Luftschraube unter der Wirkung der Luftkraft erleidet, und das Hauptproblem der Anpassung der Schraube an die Verhältnisse des Flugzeuges, was in letzter Linie das Endziel aller Forschungen über Propeller bildet.

Ich glaube, daß die Untersuchung des gegenseitigen Einflusses von Luftschrauben auch den Weg ebnet, ebenso für die Bewertung gewisser neuerer Anordnungen von Triebwerken (Motor-. Propelleraggregate), welche das Interesse der Ingenieure erwecken, wie auch für die Auswertung von Versuchsergebnissen an Modelluftschrauben im Windkanal. Vielleicht wird bei dieser Untersuchung die Spiegelungsmethode von Nutzen sein, welche bei den analogen Problemen der Tragflügelmodelle gute Ergebnisse gezeitigt hat.

Endlich wird man noch das Problem endlicher Blattzahl näher fassen und das Problem des Verhältnisses zwischen der Geschwindigkeitserhöhung in der Schraubenebene und der gesamten Erhöhung bei starker Strahlkontraktion (wie bei der Schraube am Stand) und verschiedene andere Probleme. Solche Probleme bieten im allgemeinen viele Schwierigkeiten dar, aber der Weg ist gezeigt, und er braucht nur mit System und Beharrlichkeit weiter verfolgt zu werden.

Über die Transportgeschwindigkeit in einer stationären Wellenbewegung.

Von T. Levi-Civita in Rom.

1. Kinematische Kennzeichnung der Bewegung. — Wir betrachten einen Kanal mit rechtwinkligem Querschnitt, mit horizontalem Boden und vertikalen Wänden. Wir beschränken uns auf den typischen Fall, in welchem die Bewegung des Wassers parallel zu den Seitenwänden erfolgt, und zwar in allen längs des Kanals gelegten longitudinalen Schnitten in gleicher Weise. Alsdann ist das Problem auf eine zweidimensionale Aufgabe zurückgeführt, indem es genügt, die Bewegung in einem der vertikalen Schnitte zu untersuchen (Abb. 1).

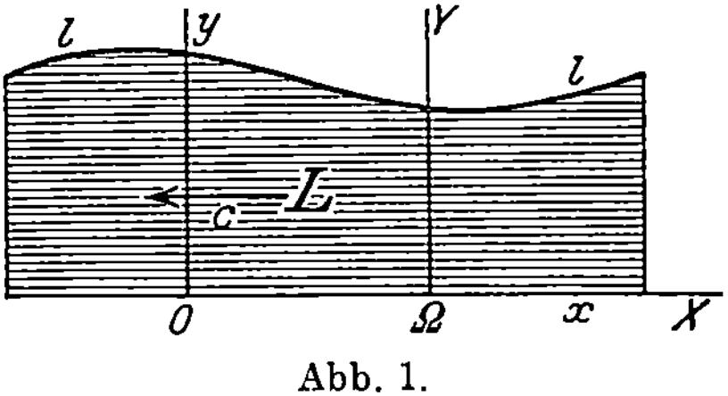

Abb. 1.

Die horizontale x-Achse stelle den Boden dar; die Linie l bilde die freie Oberfläche, sie sei mehr oder weniger gewellt, im allgemeinen veränderlich mit der Zeit.

Wir definieren eine stationäre Wellenbewegung wie folgt:

a) während die freie Oberfläche l in bezug auf einen festen Beobachter scheinbar ohne Gestaltsänderung sich längs des Kanals fortbewegt, und zwar mit einer erheblichen Geschwindigkeit c,

b) sollen die Flüssigkeitsteilchen tatsächlich — statt an dieser Translationsbewegung teilzunehmen — kleine und im Verhältnis zu c langsame Schwingungsbewegungen vollführen.

2. Einschränkende Voraussetzungen. — Die Strömung soll außer den spezifischen Bedingungen a) und b) die allgemeinen Forderungen erfüllen, welche die Hydrodynamik vorschreibt, insbesondere auch die Bedingung der Wirbellosigkeit. In der Tat, wenn Wirbel vorhanden wären, wie es namentlich bei den *Gerstner*schen Wellen der Fall ist, so könnten diese nur unter der Wirkung von nicht konservativen Kräften ganz bestimmter Art zustande kommen und man kann vernünftigerweise nicht annehmen, daß in der Natur gerade diese vorkommen. Wenn wir zu unseren Voraussetzungen die Wirbellosigkeit hinzufügen, so können wir die allgemeinen kinematischen Bedingungen wie folgt zusammenfassen:

$$\text{(c)} \quad \begin{cases} c_1) & \text{Differentialbedingungen, (Inkompressibilität und Wirbellosigkeit),} \\ c_2) & \text{Randbedingungen (am Boden und an der freien Oberfläche).} \end{cases}$$

Die Bedingungen haben zur Folge[1]), daß die Bewegung für einen Beobachter, der sich mit der freien Oberfläche l mitbewegt, stationären Charakter hat. Infolgedessen ist es zweckmäßig, neben den festen Achsen ΩXY (wobei ΩX längs des Bodens und ΩY vertikal nach oben gerichtet ist) ein bewegtes Achsenkreuz Oxy einzuführen, welches in einem bestimmten Augenblick, z. B. $t = 0$, mit dem festen Achsenkreuz zusammenfällt und dann mit l sich mitbewegt, so daß die Achse Ox mit der Geschwindigkeit c längs des Bodens gleitet. Angenommen, daß die beiden Achsen ΩX und Ox in dem entgegengesetztem Sinne positiv gerechnet werden, als die Fortschreitungsgeschwindigkeit c der freien Oberfläche, so haben wir folgende Transformationsformeln:

$$\begin{aligned} x &= X - ct \\ y &= Y. \end{aligned} \qquad\qquad \dots \dots \dots \quad (1)$$

In dem Oxy-System erfüllt die strömende Flüssigkeit einen mit der Zeit unveränderlichen Streifen, welcher unten von der x-Achse, oben von der Linie l begrenzt wird. Diese letztere ist — wie wir gesagt haben — mehr oder weniger gewellt, sie braucht zwar nicht periodisch zu sein, soll jedoch dem allgemeinen Verlauf nach in der Nähe einer horizontalen Geraden bleiben.

Da nach a), c_1), c_2) die Bewegung im System Oxy stationär ist, so sind die Komponenten u, v der Relativgeschwindigkeit der einzelnen Teilchen nur Funktionen von x und y. Die Absolutgeschwindigkeit hat folglich die Komponenten $u - c$ und v, und aus der Bedingung b) folgt, daß das Verhältnis $\dfrac{\sqrt{(u - c)^2 + v^2}}{c}$ ein echter Bruch ist und zwar in allen praktisch interessanten Fällen klein gegen Eins.

Aus c_1) folgt, daß, wenn wir die komplexe Variable

$$z = x + iy \qquad \dots \dots \dots \dots \quad (2)$$

und den Vektor

$$w = u - iv \qquad \dots \dots \dots \dots \quad (3)$$

einführen, w eine monogene Funktion von z ist. Ebenfalls nach c_1) können wir das Geschwindigkeitspotential $\varphi(x, y)$ und die Stromfunktion $\psi(x, y)$ einführen und setzen:

$$f = \varphi + i\psi, \qquad \dots \dots \dots \dots \quad (4)$$

---

[1]) Vgl. Questions de mécanica clásica i relativista (Barcelona, Institut d'estudis catalans, 1922, p. 42—44).

wobei f ebenfalls eine monogene Funktion von z ist, und zwar so, daß

$$w = \frac{df}{dz}. \quad \ldots \ldots \ldots \ldots (5)$$

Während die Funktion w durch ihre Bedeutung als Geschwindigkeitsvektor bei einer regulären Bewegung notwendigerweise in dem ganzen Bereich L endlich ist[1]), können wir dies nicht ohne weiteres behaupten von ihrem Integral $f(z)$. Es ist vielmehr leicht zu sehen, daß während ψ auch im ∞ endlich bleibt, φ mit x ins Unendliche wächst, und zwar gegen $+\infty$ bzw. $-\infty$, je nachdem wir mit x im positiven oder negativen Sinne ins Unendliche gehen.

3. Der Flüssigkeitstransport. — Wir haben bereits die Absolutbewegung des Wassers in qualitativer Weise gekennzeichnet, indem wir angenommen haben, daß die Absolutgeschwindigkeiten klein sind gegen die Fortschreitungsgeschwindigkeit c der Welle.

Wir wollen nun nachweisen, daß in Schichten, welche unterhalb der freien Oberfläche liegen, der Transport an Materie im Mittelwert verschwindet. Man wäre geneigt anzunehmen, daß die Fortschreitung der Welle überhaupt nur eine Scheinbewegung ist und daß die Flüssigkeitsteilchen um eine feste mittlere Lage oszillieren, ohne daß eine Translation im ganzen überhaupt erfolgt. Eine solche Annahme wäre jedoch zu eng gefaßt und — wie bereits Lord Rayleigh durch eine zwar anschauliche, aber nicht ganz exakte Beweisführung gezeigt hat — im Widerspruch mit der angenommenen Wirbellosigkeit der Strömung.

Wir wollen indessen verlangen, daß ein eventueller (kleiner) materieller Transport, welcher mit Fortschreitung der Störung verbunden ist, nur durch die Ungleichheit der Oberfläche verursacht sei; die tieferen Schichten sollen hierzu keinen Beitrag leisten. Wir betrachten also als charakteristisches Merkmal der Bewegung das Verschwinden des Massentransportes für die tieferen Schichten und zeigen, daß die Wellenbewegung nichtsdestoweniger von einem Massentransport in der Richtung der Fortschreitungsgeschwindigkeit begleitet ist. Unsere Aufgabe besteht darin, diesen (geringfügigen) Transport quantitativ zu bestimmen, indem wir die mittlere Durchflußgeschwindigkeit abschätzen.

Zunächst wollen wir die Bedingung aufstellen, daß in tiefen Schichten der Transport verschwindet, d. h. die Wassermenge, welche durch ein festes Flächenelement im Kanal im Zeitintervall $\varDelta t$ hindurchfließt, endlich bleibt, wie auch die Zeitdauer $\varDelta t$ zunimmt. Es genügt ein Linienelement dY der festen vertikalen Achse $Y = $ konst. zu betrachten. Bezeichnen wir die Komponenten der Absolutgeschwin-

---

1) Es genügt, wenn man sich überlegt, daß die Absolutgeschwindigkeit vektoriell durch die komplexe Zahl $w - c$ dargestellt wird, welche, da ihr Absolutwert — wie oben gesagt wurde — im ganzen Strömungsbereich kleiner ist als c, überall endlich bleibt. Dasselbe gilt folglich für w.

digkeit mit $u - c$ und v, so beträgt die in einem Zeitelement dt durch dY fließende Wassermenge[1]) $(u - c) dY dt$ (die Dichte gleich Eins gesetzt). Dabei haben wir die Durchflußmenge positiv in der positiven Richtung der x-Achse gerechnet; wollen wir die Durchflußmenge in Richtung der Fortpflanzungsgeschwindigkeit der Welle positiv rechnen, so müssen wir das Vorzeichen vertauschen und erhalten für die Durchflußmenge durch dY für die Zeitdauer zwischen zwei Zeitpunkten t_0 und $t_0 + \Delta t$

$$dY \int_{t_0}^{t_0 + \Delta t} (c - u)\, dt.$$

Nach (1) können wir dY durch dy ersetzen und, da X konstant bleibt, $dx = c\, dt$. Wenn wir daher die Abszissenwerte, welche einem bestimmten X zur Zeit t_0 und $t_0 + \Delta t$ entsprechen, mit x_0 und $x_0 + \Delta x$ bezeichnen, erhalten wir für die Durchflußmenge den Ausdruck:

$$dy\, \frac{1}{c} \int_{x_0}^{x_0 + \Delta x} (c - u)\, dx.$$

Damit kein Massentransport stattfindet, ist es notwendig und hinreichend, daß das Integral

$$\int_{x_0}^{x_0 + \Delta x} (c - u)\, dx$$

oder — da $u = \dfrac{\partial \varphi}{\partial x}$ ist und y in bezug auf die Integration als eine Konstante gilt —

$$c\, \Delta x - \{\varphi(x_0 + \Delta x, y) - \varphi(x_0, y)\}$$

bei unbegrenzt zunehmendem Δx endlich bleibt.

Dies bedeutet so viel, daß die Funktion $\varphi - cx$ endlich bleibt, wenn x unbegrenzt wächst.

Da — wie wir in dem vorangehenden Punkte gezeigt haben — ψ im ganzen Bereiche endlich bleibt, und dasselbe auch für die Ordinate y gilt, so können wir die Bedingung der Endlichkeit der Funktion $(f - cz)$ auferlegen.

So erhalten wir — während $f(z)$ selbst im allgemeinen nicht endlich bleibt — eine Bedingung für das asymptotische Verhalten dieser Funktion. Die Bedingung des fehlenden Massentransportes in Schichten unterhalb der Oberfläche ist äquivalent mit der analytischen Forderung, daß $F(z) = f - cz$ überall im Bereich (auch im Unendlichen) endlich bleibt.

---

[1]) Es sei bemerkt, daß, wenn wir die Durchflußmenge für alle Zeitelemente dt in dem betrachteten Zeitraum gleich $dY\,(c - u)\,dt$ setzen, dies gleichbedeutend ist damit, daß das Element dY zu einer „tiefen" Schicht gehört. Wenn in der Tat dY zeitweise oberhalb der freien Oberfläche liegt, so müssen wir für solche Zeitelemente $(c - u)\,dt$ durch Null ersetzen.

4. Die mittlere Durchflußmenge durch einen vertikalen Querschnitt. — Um die gesamte Durchflußmenge durch einen vertikalen Querschnitt für die Zeitdauer $\varDelta t$ zu ermitteln, kann man in zweierlei Weise vorgehen: einerseits kann man den bereits berechneten Beitrag für jedes Element dY ermitteln und diese Beiträge summieren, andererseits kann man für jedes Zeitelement die gesamte Durchflußmenge für den Querschnitt berechnen und nach der Zeit integrieren. Wir gehen nach der zweiten Methode vor und beziehen alles auf die bewegten Achsen, indem wir die Zeit mit Hilfe der Beziehung $x = X + ct$ durch x ausdrücken (X wird als konstant angesehen). Mit Rücksicht auf diese Beziehung entspricht einem bestimmten Werte von t ein bestimmter Wert von x, d. h. bezogen auf die bewegten Achsen, eine bestimmte Abszisse der freien Oberfläche l; ferner bedeutet eine Integration längs des entsprechenden vertikalen Querschnitts Integration von $y = 0$ bis $y = y_l(x)$, wobei y_l die der betreffenden Abszisse x entsprechende Ordinate der Linie l bezeichnet. Wir erhalten daher die Durchflußmenge für das Zeitelement dt

$$\frac{1}{c}\,dx \int\limits_{0}^{y_l} (c - u)\,dy$$

und die gesamte Durchflußmenge für die Zeitdauer $\varDelta t$

$$M = \int\limits_{x_0}^{x_0 + \varDelta x} dx \int\limits_{0}^{y_l} \left(1 - \frac{u}{c}\right) dy \;.\;.\;.\;.\;.\;.\;.\;.\;.\;(6)$$

Wenn wir jenen Teil des Strömungsfeldes L, welcher zwischen x_0 und $x_0 + \varDelta x$ liegt, mit L' bezeichnen, so ist die rechte Seite von (6) nichts Anderes als das Flächenintegral der Funktion $1 - \dfrac{u}{c}$, erstreckt über den Bereich L'. Wir können daher (6) in kürzer gefaßter Form schreiben:

$$M = \int\limits_{L'} \left(1 - \frac{u}{c}\right) dL \;.\;.\;.\;.\;.\;.\;.\;.\;.\;(6')$$

Es ist zu bemerken, daß die Durchflußmenge in der Relativbewegung infolge des stationären Charakters derselben, (für alle vertikalen Schnitte), gerechnet vom Boden bis zur freien Oberfläche den gleichen Wert hat. Wir bezeichnen diese konstante Größe q als relative Durchflußmenge; sie beträgt offenbar

$$q = \int\limits_{0}^{y_l} u\,dy \;,\;.\;.\;.\;.\;.\;.\;.\;.\;.\;(7)$$

und damit wird die Gleichung (6)

$$M = \int_{x_0}^{x_0+\Delta x} y_l\, dx - \frac{q}{c}\, \Delta x. \qquad \dots \dots \dots (6'')$$

Die mittlere absolute Durchflußmenge $\overline{Q}$ erhalten wir aus M mittels Division durch Δt oder durch $\dfrac{\Delta x}{c}$, so daß wir schreiben können:

$$\overline{Q} = \lim_{\Delta x = \infty} \frac{c\,M}{\Delta x}. \qquad \dots \dots \dots \dots (8)$$

Wenn wir uns nun dieselbe Flüssigkeitsmenge, welche in stationärer Wellenbewegung sich befindet, in Ruhe denken, so können wir die Niveauhöhe der in Ruhe befindlichen Flüssigkeit einführen, und diese beträgt nach der Bedingung der Inkompressibilität offenbar

$$h = \lim_{\Delta x = \infty} \frac{1}{\Delta x} \int_{x_0}^{x_0+\Delta x} y_l\, dx. \qquad \dots \dots \dots (9)$$

h stellt einen Mittelwert (ev. asymptotischen Wert) für die Ordinate der Oberfläche l dar. In dem besonderen Fall einer periodischen Welle liefert h den Mittelwert der periodischen Funktion $y_l(x)$, d. h. die mittlere Ordinate einer Welle. Für alle Fälle können wir h als mittlere Tiefe einführen und die Existenz des Grenzwertes auf der rechten Seite der Gl. (9) bildet vom physikalischen Standpunkt aus keine Einschränkung. Daraus folgt aber mit Berücksichtigung von (6'') und (8) unmittelbar die Existenz einer mittleren Durchflußmenge rein aus den allgemeinen Voraussetzungen, welche wir aufgestellt haben. Wenn wir in der Tat in Gl. (8) den Ansdruck (6'') einführen und die Definition von h nach (9) benutzen, so erhalten wir

$$\overline{Q} = ch - q. \qquad \dots \dots \dots \dots \dots (8')$$

5. Umformung des Ausdruckes für M. Asymptotische Näherung. — Das Verhältnis

$$\beta = \frac{|\,w - c\,|}{c}. \qquad \dots \dots \dots \dots (10)$$

der absoluten Geschwindigkeit zur Fortschreitungsgeschwindigkeit ist nach der Voraussetzung unter (6) ein echter Bruch. Berechnen wir das Quadrat des Absolutwertes von $c - w = c - u - iv$, so erhalten wir die Identität

$$\beta^2 = 1 - \frac{u}{c} + \left[\frac{|\,w\,|^2}{c^2} - \frac{u}{c} \right]. \qquad \dots \dots \dots (11)$$

Integrieren wir diesen Ausdruck über das Gebiet L' und setzen wir

$$N = -\int_{L'} \left(\frac{|\,w\,|^2}{c^2} - \frac{u}{c} \right) dL, \qquad \dots \dots \dots (12)$$

so folgt aus (6′)

$$M = \int_{L'} \beta^2 \, dL + N. \qquad \ldots \ldots \ldots \ldots \quad (6''')$$

Wir können nun zeigen, daß das zweite Glied der rechten Seite endlich bleibt, wie auch L' wächst, so daß das Verhältnis $\dfrac{N}{\Delta x}$ sich der Null nähert, wenn Δx unbegrenzt zunimmt. Um das Verhalten von N zu prüfen, ist es zweckmäßig, Gl. (12) umzuformen, indem wir von der Ebene $z = x + iy$ zur Ebene $f = \varphi + i\psi$ übergehen[1]), wobei dem Strömungsgebiet L ein Parallelstreifen zwischen den beiden Geraden $\psi = 0$ und $\psi = q$ entspricht (s. Abb. 2). Dem Bereich L' entspricht ein Gebiet S', begrenzt durch zwei

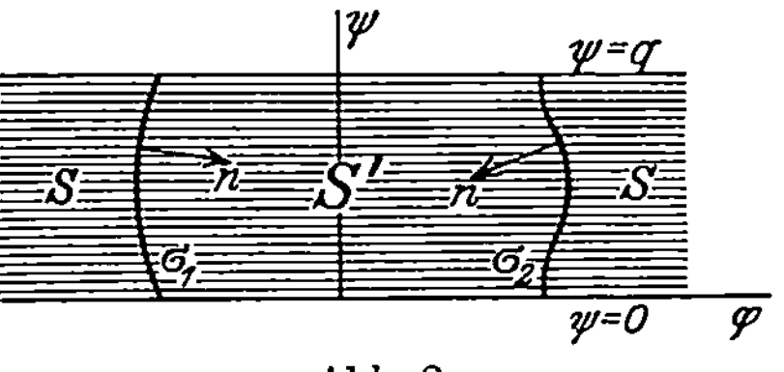

Abb. 2.

Transversallinien σ_1, σ_2, welche den zwei Querschnitten $x = x_0$ und $x = x_0 + \Delta x$ entsprechen.

Aus der konformen Abbildung zwischen den Ebenen z und f folgt

$$df = \frac{df}{dz} \, dz = w \, dz,$$

so daß das Verhältnis zweier entsprechender Strecken gleich $|w|$ ist und für zwei entsprechende Flächenelemente dS und dL gilt:

$$dS = |w|^2 \, dL. \qquad \ldots \ldots \ldots \ldots \quad (13)$$

Andererseits, wenn wir statt der Funktion f von z die inverse Funktion z von f betrachten, so gilt identisch

$$\frac{dz}{df} = \frac{1}{\dfrac{df}{dz}},$$

und aus der Gleichheit der Realteile folgt:

$$\frac{\partial x}{\partial \varphi} = \frac{1}{|w|^2} \frac{\partial \varphi}{\partial x} = \frac{1}{|w|^2} u,$$

oder durch gliedweise Multiplikation mit (13)

$$\frac{\partial x}{\partial \varphi} \, dS = u \, dL.$$

Durch diese letzte Beziehung wird aus der Gl. (12), wobei wir die Beziehung (13) nochmals berücksichtigen:

$$N = -\frac{1}{c^2} \int_{S'} \left(1 - c \, \frac{\partial x}{\partial \varphi} \right) dS.$$

---

[1]) Vgl. a.a.O. S. 48—50; oder auch Rend. della R. Acc. dei Lincei, Bd. 16 (2. Sem. 1907), S. 776—790.

Nun haben wir gezeigt (Nr. 3), daß aus der Bedingung des verschwindenden Transportes in tiefen Schichten folgt, daß die Funktion $F = f - cz$ im ganzen Bereich L (auch im Unendlichen) überall endlich bleibt. Diese Eigenschaft behält sie aber auch im Streifen S, wenn wir sie als Funktion von f betrachten (infolge der gegenseitig eindeutigen Abbildung zwischen f und z).

Es folgt daraus naturgemäß, daß auch der Realteil von F, d. h. $\Phi(\varphi, \psi) = \varphi - cx$, endlich bleibt, so daß wir schreiben können:

$$N = -\frac{1}{c^2} \int_{S'} \frac{\partial \Phi}{\partial \varphi} \, dS. \quad \ldots \ldots \ldots \quad (12')$$

Nun können wir leicht das Verhalten von N feststellen. Zunächst bezeichnen wir mit σ' die gesamte Begrenzung von S' und mit n die Richtung der nach innen gerichteten Normale; dann folgt aus (12')

$$N = \frac{1}{c^2} \int \Phi \cos \widehat{n\varphi} \, d\sigma'.$$

Längs der Geraden $\psi = 0$ und $\psi = q$, verschwindet $\cos(\widehat{n\varphi})$, so daß nur die Integrale über die Transversallinien σ_1 und σ_2 übrig bleiben. Jede dieser Linien ist das Abbild eines vertikalen Schnittes vom Boden bis zur freien Oberfläche, d. h. einer Linie, deren Länge unter einem bestimmten Maximum liegt; andererseits ist das Abbildungsverhältnis gleich $|w|$, und diese Größe bleibt endlich im ganzen Gebiet (Nr. 2.). Wenn wir daher das Produkt der größten Ordinate von l mit dem größten Wert des Absolutwertes von Φw mit P bezeichnen und berücksichtigen, daß

$$\left| \int_{\sigma_1 + \sigma_2} \Phi \cos \widehat{n\varphi} \, d\sigma' \right| = \int | \Phi w | \, | dz |,$$

wobei die Integration auf der rechten Seite längs der zwei Ordinaten zu erstrecken ist, welche L' begrenzen, so erhalten wir unmittelbar die Ungleichung

$$N \leqq \frac{2P}{c^2},$$

wodurch unsere Behauptung bewiesen ist.

6. Die Integralbeziehung. — Nachweis und Berechnung des Transportes. Wir greifen nun zurück auf Gl. (8) und ersetzen M durch den Wert aus (6'''), indem wir berücksichtigen, daß N bei beliebig zunehmenden Δx endlich bleibt, so daß $\lim\limits_{\Delta x = \infty} \dfrac{N}{\Delta x} = 0$ ist. Wir erhalten

$$\bar{Q} = c \lim_{\Delta x = \infty} \frac{1}{\Delta x} \int_{L'} \beta^2 \, dL.$$

Aus (8') folgt, daß die linke Seite einen bestimmten Wert hat. Dasselbe gilt nun auch für die rechte Seite, welcher wir eine anschaulichere Form geben werden, indem wir nach der Definition (9) die mittlere Tiefe einführen:

$$h = \lim_{\Delta x = \infty} \frac{1}{\Delta x} \int_{x_0}^{x_0 + \Delta x} y_l\, dx = \lim_{\Delta x = \infty} \frac{L'}{\Delta x}.$$

Nun folgt aus der Existenz des Grenzwertes

$$\frac{\bar{Q}}{c} = \lim_{\Delta x = \infty} \frac{1}{\Delta x} \int_{L'} \beta^2\, dL$$

die Existenz eines zweiten Grenzwertes, welchen wir erhalten, indem wir, durch gliedweise Division mit dem vorstehendem Ausdruck von h, statt Δx die Fläche L' einführen, und zwar muß der

Grenzwert gleich $\dfrac{\bar{Q}}{ch}$ werden. Dieser Grenzwert bedeutet jedoch offenbar den örtlichen Mittelwert von β^2; wir bezeichnen ihn mit β^{*2} und schreiben

$$\beta^{*2} = \lim_{\Delta x = 0} \frac{1}{L'} \int_{L'} \beta^2\, dL, \quad \ldots \ldots \ldots (14)$$

woraus folgt

$$\bar{Q} = ch\,\beta^{*2} \ldots \ldots \ldots \ldots \ldots (8'')$$

Nach (14) ist die rechte Seite offenbar ≥ 0. In dem besonders interessanten Falle einer periodischen Welle können wir das Gleichheitszeichen sicher ausschließen, weil dann β^{*2} den Mittelwert der positiven Größe β^2 darstellt, genommen über einen endlichen Bereich (über den Bereich einer Welle). Wenn wir zunächst von dem Fall, daß β^{*2} Null wird, absehen, so folgt aus (8''), daß ein materieller Transport in der Richtung der Wellenfortpflanzung stattfindet, und zwar hat $\bar{Q}$ die Bedeutung der Durchflußmenge in asymptotischem Sinne, so daß die durch einen Schnitt während der Zeit Δt fließende Wassermenge angenähert durch $ch\,\beta^{*2}\,\Delta t$ gegeben wird, wobei der relative Fehler mit wachsendem Δt immer kleiner wird.

7. Die Transportgeschwindigkeit. — Wenn wir statt der wirklichen Strömung, welche die Welle begleitet, und deren Existenz wir soeben nachgewiesen haben, die gesamte Durchflußmenge gleichmäßig über den Kanal von einer mittleren Höhe verteilt denken, so können wir von einer fiktiven Transportgeschwindigkeit γ sprechen, gegeben durch die Formel:

$$\gamma = \frac{\bar{Q}}{h}. \quad \ldots \ldots \ldots \ldots \ldots (15)$$

Die Geschwindigkeit stellt die mittlere Geschwindigkeit des materiellen Transportes dar, welchen die Welle mit sich führt.

Aus (15) und (8'') folgt die bemerkenswerte Beziehung

$$\frac{\gamma}{c} = \beta^{*2}. \quad \ldots \ldots \ldots \ldots \ldots (16)$$

8. Anwendungen auf die einfachen Airyschen Wellen. — Wir haben als ein charakteristisches Merkmal der Wellenbewegung vorausgesetzt, daß das Verhältnis β ein gegen Eins kleiner echter Bruch ist. Wir können als erste Annäherung annehmen, daß wir β als kleine Größe erster Ordnung behandeln dürfen, deren Quadrate vernachlässigt werden sollen. Alsdann sind die kinetischen Bedingungen a) b) c) und die dynamische Bedingung, daß längs der freien Oberfläche konstanter Druck herrscht, für die einfachen Airyschen Wellen erfüllt.

Andererseits folgt aus (16), daß der Flüssigkeitstransport ein Effekt zweiter Ordnung ist. Wir dürfen daher nicht sämtliche quadratischen Glieder streichen, weil wir dann den ganzen Effekt unterdrücken und $\gamma = 0$ erhalten. Wenn wir jedoch, wie im Falle der Airyschen Wellen, β als Funktion des Ortes tatsächlich ausrechnen können, indem wir die Größen zweiter Ordnung vernachlässigen und dann daraus β^{*2} ausrechnen, so liefert uns (16) offenbar γ genau bis zur zweiten Ordnung, in dem Sinne, daß die Glieder, welche wir vernachlässigen, sicher von höherer, als von der zweiten Ordnung sind (wenigstens von der dritten).

Im Falle der Airyschen Wellen ist die komplex genommen Geschwindigkeit, wenn wir mit λ die Wellenlänge bezeichnen, ge geben durch die Formel[1])

$$w = c\left(1 - \mu \cos\frac{2\pi z}{\lambda}\right), \quad \dots \dots \dots \quad (17)$$

wobei μ eine reine Zahl ist, welche wir zunächst beliebig, jedoch klein von der ersten Ordnung im Vergleich zu Eins ansetzen.

Setzen wir

$$\alpha = \frac{2\pi h}{\lambda}, \quad \dots \dots \dots \dots \dots \quad (18)$$

so gilt die Airysche Gleichung für die Fortpflanzungsgeschwindigkeit

$$\frac{c^2}{gh} = \mathfrak{Tg}\,\alpha \quad \dots \dots \dots \dots \dots \quad (19)$$

($g =$ Beschleunigung der Schwere).

Die Gleichung der freien Oberfläche l lautet mit demselben Grad der Annäherung

$$y_l = h\left[1 + \mu\,\frac{\mathfrak{Sin}\,\alpha}{\alpha}\,\sin\frac{2\pi x}{\lambda}\right]. \quad \dots \dots \dots \quad (20)$$

Die Höhe a der Welle (größte Erhöhung der Oberfläche über die mittlere Höhe $y = h$) ist offenbar durch den Koeffizienten von $\sin\dfrac{2\pi x}{l}$ bestimmt, und zwar gilt

$$\frac{a}{h} = \mu\,\frac{\mathfrak{Sin}\,\alpha}{\alpha} \cdot \quad \dots \dots \dots \dots \quad (21)$$

---

[1]) Vgl. a.a.O. (Questions etc.), S. 66—70.

Dies vorausgeschickt, können wir β^{*2} als den Mittelwert von β^2 über eine Wellenlänge leicht berechnen. Das Gebiet ist durch eine Wellenlinie begrenzt, welche von der Horizontalen $y = h$ durch Größen erster Ordnung sich unterscheidet. Da β^2 klein von zweiter Ordnung ist, und wir Glieder höherer Ordnung streichen wollen, so können wir als Integrationsbereich das Wellengebiet durch ein Viereck von der Länge λ und Höhe h ersetzen. Wir erhalten daher:

$$\beta^{*2} = \frac{1}{\lambda h} \int_0^h dy \int_0^\lambda \beta^2 \, dx.$$

Laut (17) haben wir

$$\beta^2 = \left| \frac{w - c}{c} \right|^2 = \mu^2 \cos \frac{2\,\pi\,(x + iy)}{\lambda} \cos \frac{2\,\pi\,(x - iy)}{\lambda}$$

$$= \mu^2 \left\{ \cos^2 \xi \, \mathfrak{Cof}^2 \eta + \sin^2 \xi \, \mathfrak{Sin}^2 \eta \right\},$$

wobei wir der Kürze halber

$$\xi = \frac{2\,\pi\,x}{\lambda}, \qquad \eta = \frac{2\,\pi\,y}{\lambda} \quad . \quad . \quad . \quad . \quad . \quad . \quad (22)$$

gesetzt haben.

Berücksichtigen wir, daß $\cos^2 \xi = \dfrac{1 + \cos 2\,\xi}{\lambda}$, $\sin^2 \xi = \dfrac{1 - \cos 2\,\xi}{\lambda}$ ist, so erhalten wir zunächst durch Integration in bezug auf x zwischen 0 und λ offenbar

$$\tfrac{1}{2} \mu^2 (\mathfrak{Cof}^2 \eta + \mathfrak{Sin}^2 \eta) = \tfrac{1}{2} \mu^2 \, \mathfrak{Cof}\, 2\,\eta,$$

so daß wir, wenn wir die Integration auch nach y ausführen und die Beziehungen (22) berücksichtigen, erhalten:

$$\beta^{*2} = \frac{\mu^2}{2\,\alpha} \int_0^\alpha \mathfrak{Cof}\, 2\,\eta \, d\eta = \frac{\mu^2}{4\,\alpha} \mathfrak{Sin}\, 2\,\alpha.$$

Aus der Identität

$$\frac{\mathfrak{Sin}\, 2\,\alpha}{\alpha} = 2 \, \frac{\mathfrak{Sin}^2 \alpha}{\alpha^2} \, \frac{\alpha}{\mathfrak{Tg}\,\alpha}$$

folgt

$$\beta^{*2} = \frac{1}{2} \mu^2 \frac{\mathfrak{Sin}^2 \alpha}{\alpha^2} \, \frac{\alpha}{\mathfrak{Tg}\,\alpha},$$

oder mit Benutzung der Relation (21) für die Wellenhöhe und der Airyschen Gleichung

$$\beta^{*2} = \frac{1}{2} \left(\frac{a}{h} \right)^2 \frac{g\,h}{c^2}.$$

In der Formel sind nur Größen enthalten, welche der Erfahrung unmittelbar zugänglich sind.

Für die Transportgeschwindigkeit folgt dann für den Fall der einfachen Welle schließlich der Ausdruck:

$$\frac{\gamma}{c} = \frac{1}{2}\left(\frac{a}{h}\right)^2 \frac{gh}{c^2}, \quad \ldots \ldots \ldots \quad (23)$$

so daß dieselbe in direktem Verhältnis mit dem Quadrat der Höhe und umgekehrt mit der Tiefe des Kanals und dem Quadrat der Wellengeschwindigkeit zunimmt.

Bei der nachfolgenden Diskussion wies Herr Prandtl auf die begriffliche Schwierigkeit hin, daß in den Ausführungen von H. Levi-Civita zwei Bezugssysteme: das ruhende (mit den Wänden verbundene) und das mit der Welle verbundene eine ausgezeichnete Rolle spielen. Wenn man der ganzen Anordnung eine konstante Geschwindigkeit erteilt, so wird die Transportmenge geändert, während die Gesetzmäßigkeiten der mechanischen Vorgänge nach dem Relativitätsprinzip (in der klassischen Galileischen Form) bei einer Translation unverändert bleiben müssen.

Herr Levi-Civita antwortete, daß bei einer Translation der gesamten Anordnung (daher auch der Wände) sowohl c als w unverändert bleiben, so daß dadurch seine Begriffsbestimmungen, Ableitungen und Ergebnisse nicht berührt werden.

Herr Prandtl erwiderte, daß man bei einer idealen Flüssigkeit den Wänden eine beliebige Translation erteilen kann, ohne Einfluß auf die Bewegung der Flüssigkeit. Dies ist aber gleichbedeutend damit, daß man zu c und w eine Konstante v_0 hinzufügt. Dadurch werden aber die Formeln und die aus ihnen gezogenen Folgerungen des Herrn Levi-Civita durchaus nicht unverändert gelassen.

Herr v. Kármán wies darauf hin, daß ein ausgezeichnetes Bezugssystem wohl definiert werden kann, weil gerade durch Levi-Civita gezeigt wurde, daß der Materialtransport in allen Höhenschichten, welche stets unterhalb der freien Oberfläche liegen, in bezug auf ein ganz bestimmtes Bezugssystem verschwindet. Dieses Koordinatensystem bezeichnet Herr Levi-Civita als festes. Die erwähnte Eigenschaft dieses Bezugssystems ist nicht invariant für eine Translation mit der Geschwindigkeit v_0, so daß die von Herrn Prandtl aufgeworfene begriffliche Schwierigkeit behoben wird.

Herr Prandtl gibt zu, daß es ein in mathematischem Sinne ausgezeichnetes Bezugssystem gibt; er hält es aber für wünschenswert, die Frage zu klären, welche physikalische Bedeutung diesem System zukommt, wie es sich z. B. zu jenem System verhält, in welchem die Flüssigkeit anfangs ruht, falls man die Wellenbewegung durch erregende Kräfte aus der Ruhe entstanden denkt.

Dynamische Gesetze der Meeresströmungen.

Von **V. W. Ekman** in Lund.

Zuerst eine Bemerkung über den Gegenstand des Vortrages: Unter Meeresströmungen sollen im folgenden nicht Gezeitenströmungen, sondern ausschließlich die nicht-periodischen Strömungen verstanden werden, die den Wassertransport sozusagen im Ferntrafik besorgen.

Wegen der Schwierigkeiten, die mit ihrer empirischen Erforschung verbunden sind, haben theoretische Spekulationen immer eine bedeutende Rolle gespielt; und auch heute ist die Theorie auf diesem Forschungsgebiete unentbehrlich. Unsere empirische Kenntnis beschränkt sich in der Hauptsache teils auf die Ergebnisse von hundert- oder tausendmeiligen Fahrten von Triftkörpern (Flaschenposten), teils auf ein großes Material von nautischen Bestechdifferenzen, die aber nur statistisch verwertet werden können und selbst in dieser Weise keine sehr genauen Schlußfolgerungen gestatten. Wir haben also eine ungefähre Kenntnis der Oberflächenströme in ihren großen Zügen, müssen aber, was die Einzelheiten betrifft, überall auf Überraschungen gefaßt sein. Von der Bewegung in der Tiefe kennen wir fast nichts, wenn man für einige kleinere Gebiete wie die Nordsee und die Floridastraße eine Ausnahme macht.

Für eine dynamische Theorie ist wiederum die Erscheinung eine sehr verwickelte, und vereinfachende Annahmen werden daher in großem Umfange notwendig. Die Turbulenzbewegungen können nicht selber berechnet werden, haben aber auf die Restbewegung — den „Strom" — eine eingreifende Wirkung. Gewissermaßen kann diese Wirkung einer sehr gesteigerten inneren Reibung gleichgesetzt werden. In der Aufklärung der Gesetze dieser Turbulenzreibung ist man aber, trotz bemerkenswerter Arbeiten von W. Schmidt, Taylor, Richardson und anderen, nicht weit gekommen. Im folgenden soll angenommen werden, daß die Strombewegung — von den Turbulenzbewegungen immer abgesehen — einfach wie nach den Navierschen Gleichungen vor sich geht, nur daß der Reibungskoeffizient μ wegen der Turbulenz sehr vergrößert ist und auch eventuell örtlich und zeitlich veränderlich sein kann. Näheren Aufschluß über die Größe und Veränderlichkeit von μ bekommen wir

nur durch Diskussion direkter Beobachtungen über die Meeresströmungen selbst.

Die relative Flachheit der Meeresräume berechtigt uns zu noch
zwei vereinfachenden Annahmen: Erstens können die vertikalen
Komponenten von Geschwindigkeit und Beschleunigung neben den
horizontalen vernachlässigt werden. Den Druck in der Tiefe können
wir daher statisch, aus dem Gewicht der darüberliegenden Wasserschichten berechnen. Zweitens können wir die Reibung vernachlässigen, die zwischen nebeneinander gleitenden Wassermassen auftritt, und berücksichtigen also nur die Reibung zwischen über-
einander liegenden Schichten.

Eine vierte, sehr wichtige Annahme soll gleich im Zusammen-
hange mit dem Einflusse der Erdrotation erwähnt werden. Dieser
Einfluß ist mit einer zur Geschwindigkeit des Wassers senkrechten
Kraft gleichwertig, von der wir nur die horizontale Komponente,
die sogenannte „Ablenkungskraft" zu berücksichtigen brauchen.

Wenn ein Körper sich kräftelos in der Horizontalebene bewegt,
zeigt sich die Erdrotation darin, daß der Körper eine (annähernd)
kreisförmige Bahn beschreibt. Die Zeit eines vollen Umlaufs ist
gleich der halben Umlaufszeit der Schwingungsebene eines Foucault-
schen Pendels und ist daher ein halber Pendeltag oder 12 Pendel-
stunden genannt worden. Der Durchmesser der Bahnkurve, also
die größtmögliche Versetzung, ist

$$2\,r = \frac{V}{\omega \sin \varphi}$$

wo V die Geschwindigkeit des Körpers, $\omega = 0{,}000\,0729 \cdot \dfrac{1}{\text{sec}}$ die Winkelgeschwindigkeit der Erde und φ die geographische Breite bezeichnen.
Eine geradlinige, gleichförmige Bewegung ist nur unter Voraussetzung einer konstanten Kraft möglich, die der „Ablenkungskraft"
das Gleichgewicht halten muß, und die daher zur Geschwindigkeit
des Körpers senkrecht sein und pro Masseneinheit die Größe
$2\,V\omega \sin \varphi$ haben muß. Wenn nun ein Körper unter dem Einflusse
einer konstanten Kraft P eine willkürliche Anfangsgeschwindigkeit V
hat, so erhält er eine Zykloidenbewegung, bestehend aus einer
geradlinigen Bewegung mit der der Kraft entsprechenden, gleichförmigen Geschwindigkeit V_0 und einer kreisförmigen Bewegung mit
einer Umlaufszeit von 12 Pendelstunden und Geschwindigkeit $|\,V - V_0\,|$.

Die vierte Annahme, die ich eben angedeutet habe, lautet nun,
daß diese kreisförmigen Bewegungen keine beträchtlichen Strom-
versetzungen bewirken und daher vernachlässigt werden können. In
der Tat, bei einer Kreislaufgeschwindigkeit $V - V_0$ gleich 50 cm/sek
(was schon eine große Geschwindigkeit im Meere ist) beträgt die
größte dadurch bewirkte Versetzung auf $10^{\,0}$ Breite nur 40 km und
auf $2^{\,0}$ Breite noch nicht 200 km. Solche Strecken sind aber vom
geographischen Gesichtspunkte ganz unbedeutend oder wenigstens
ziemlich klein. In unmittelbarer Nähe des Äquators werden aller-

dings Pendeltag und Durchmesser der Trägheitskurven unendlich. Unsere Annahme zwingt uns daher, ein schmales — vielleicht nur ein sehr schmales — Gebiet auf beiden Seiten des Äquators auszuschalten; für die hier sich abspielenden, in eigentlichem Sinne „äquatorialen" Ströme ist bis jetzt keine Theorie entwickelt worden. Wenn für diese Strömungen eine Ausnahme gemacht wird, so gilt, daß die wirkenden Kräfte nicht die Beschleunigung des Wassers (die gleich Null ist), aber seine Geschwindigkeit bestimmen.

Die Geschwindigkeit des Wassers ist auf der nördlichen Halbkugel nach rechts, auf der südlichen nach links von der Kraftresultante abgelenkt. Die so bestimmte Drehungsrichtung können wir nach der scheinbaren Bewegung der Sonne mit den Worten cum sole bezeichnen. Umgekehrt wollen wir die Drehungsrichtung nach links auf der nördlichen und nach rechts auf der südlichen Halbkugel als contra solem bezeichnen.

Im folgenden sollen x und y horizontale Koordinatenachsen bedeuten, die y-Achse senkrecht contra solem von der x-Achse gerichtet, und z eine vertikal nach unten gerichtete Achse mit dem Nullpunkt in der Oberfläche[1]). Wenn ϱ die Dichte, p den Druck, μ den Reibungskoeffizienten und u, v die Geschwindigkeitskomponenten längs x und y bezeichnen, so erhalten wir dann als Bedingung für das Gleichgewicht zwischen der „Ablenkungskraft" und den wirklichen horizontalen Kraftkomponenten:

$$\left.\begin{aligned} -\,2\,\varrho\,v\,\omega\,\sin\varphi &= -\,\frac{\partial p}{\partial x} + \mu\,\frac{\partial^2 u}{\partial z^2}\\[2ex] 2\,\varrho\,u\,\omega\,\sin\varphi &= -\,\frac{\partial p}{\partial y} + \mu\,\frac{\partial^2 v}{\partial z^2} \end{aligned}\right\} \quad \cdots\cdots \quad (1)$$

Diese Gleichungen können als die dynamischen Gleichungen der Meeresströmungen betrachtet werden. Formal sind sie linear. In Wirklichkeit sind sie es nicht, weil μ mit der Intensität der Gleitgeschwindigkeiten wächst, mithin von der Bewegung selbst abhängt. Wir werden aber später sehen, daß es trotzdem in einem wichtigen Fall erlaubt ist, partikuläre Integrale derselben zu summieren.

Ehe wir die Analyse weiterführen, muß ich noch zwei Begriffe einführen, nämlich die Strommenge und die Reibungstiefe. Für den totalen Wassertransport sind die Integrale

$$S_x = \int_0^d u\,dz \qquad\qquad S_y = \int_0^d v\,dz$$

bestimmend, wo d die Meerestiefe bedeutet. Diese Integrale nennen wir die Komponenten der Strommenge. Die Strommenge S selbst ist dann gleich der Geschwindigkeit des Schwerpunktes einer

---

[1]) Sämtliche Abbildungen sind wie für die nördliche Hemisphäre gezeichnet.

vom Boden bis zur Oberfläche reichenden, vertikalen Wassersäule, mit der Meerestiefe multipliziert.

Wenn (1) nach u und v aufgelöst wird, tritt μ nur in der Verbindung $\mu/\varrho\,\omega\sin\varphi$ auf und kann mithin durch eine andere Größe

$$D = \pi \sqrt{\frac{\mu}{\varrho\,\omega\sin\varphi}}$$

ersetzt werden. Diese Größe hat die Dimension einer Länge; sie wird die Reibungstiefe genannt und spielt in der Theorie eine fundamentale Rolle. Ebenso wie u ist sie eigentlich keine Konstante, wird vielmehr von der Intensität der Bewegung abhängen. Es mag gleich vorausgeschickt werden, daß sie in den oberen Wasserschichten und mit Ausnahme der niedrigsten Breiten den Wert 200 m kaum übersteigt. Von den tiefen Schichten in der Nähe des Meeresbodens wissen wir eigentlich nichts, wir wollen aber annehmen, daß auch hier D keine beträchtlich größeren Werte annimmt.

Im folgenden will ich hauptsächlich die Ströme in homogenem Wasser besprechen, deren einzige Energiequelle also der Wind ist. Aber ich kann doch die Wirkung der Temperatur- und Salzgehaltsunterschiede nicht ganz übergehen, um so mehr, als es eine verbreitete Vorstellung ist, daß diese die wesentliche Ursache der Meeresströmungen sei.

Das Wichtigste, was zu diesem Punkte gemacht ist, ist der bekannte Bjerknessche Fundamentalsatz über die Wirbelbildung in einer nicht-homogenen, reibungslosen Flüssigkeit. Die Zeit erlaubt leider nicht, diesen Satz näher zu besprechen; ich erinnere nur daran, daß er als Zirkulationssatz formuliert, die Zirkulationsbeschleunigung längs einer geschlossenen Kurve bestimmt, wenn die Druckverteilung und die Verteilung des spezifischen Volumens auf einer von der Kurve begrenzten Fläche gegeben sind. Für Bewegungen relativ zur Erde bleibt der Satz in veränderter Form gültig, indem auch die Geschwindigkeit berücksichtigt werden muß, mit der die Kurve selbst durch die Bewegung deformiert wird[1]). Besonders interessiert uns die Bedingung für das Fehlen jeder Zirkulationsbeschleunigung relativ zur Erde. Es sei hier nur erwähnt, daß wenn die geschlossene Kurve ein Rechteck ist mit zwei vertikalen und zwei horizontalen Seiten, man aus der Verteilung von Druck und spez. Volumen innerhalb des Rechteckes den Unterschied zwischen den mittleren Geschwindigkeitskomponenten senkrecht durch die obere und die untere horizontale Seite berechnen kann. Dabei wird angenommen, daß die Reibung belanglos ist; was unter der Voraussetzung im allgemeinen der Fall sein wird, daß der vertikale Umfang der inhomogenen Schicht (des Gebietes der wirbelerzeugenden Kräfte) größer ist als die Reibungstiefe.

---

[1]) Bjerknes, V.: Zirkulation relativ zur Erde, Öfvers. K. Sv. Vet. Akad. förkandl, 1901.

So ist es z. B. in der Atlantischen Nordostpassattrift der Fall. Ein Querschnitt dieses Stromes ist von G. Schott (im Valdiviawerk) gezeichnet und von J. W. Sandström dynamisch bearbeitet worden. Es läßt sich aus dieser Bearbeitung schließen, daß die Dichteunterschiede hier eine Oberflächengeschwindigkeit von höchstens 12 cm/sek erklären können. Die wirkliche Geschwindigkeit ist aber nach direkten Beobachtungen etwa 35 cm/sek, wozu also die Dichteunterschiede mit höchstens ein Drittel beigetragen haben, obwohl sie hier verhältnismäßig stark sind. In den meisten Meeresgegenden darf daher der Wind entschieden als die bedeutendste bewegende Ursache der Strömungen betrachtet werden. Damit will ich nicht gesagt haben, daß nicht die Dichteunterschiede in gewissen Meeresteilen von wesentlicher Bedeutung sind und ausnahmsweise sogar die Hauptrolle spielen. Jedenfalls werden wir uns im folgenden zur einfacheren Theorie der Meeresströmungen in homogenem Wasser wenden.

Es zeigt sich dann, daß der Strom auf jedem Orte des Meeres als aus zwei einfachen Elementen zusammengesetzt betrachtet werden kann, die ich jetzt beschreiben werde.

Das eine wird ein reiner Triftstrom genannt und entsteht, wenn ein konstanter, gleichförmiger Wind über eine horizontale Wasseroberfläche weht. In Gl. (1) verschwinden dann die Glieder $\dfrac{\partial p}{\partial x}$ und $\dfrac{\partial p}{\partial y}$. Falls außerdem μ und mithin D von z unabhängig ist, so erhält man dann ein Integral, das bei passender Lage der Koordinatenachsen in der Form:

$$u = V_0 e^{-\frac{\pi z}{D}} \cos \frac{\pi z}{D}$$

$$v = - V_0 e^{-\frac{\pi z}{D}} \sin \frac{\pi z}{D}$$

geschrieben werden kann.

Die entsprechende Bewegung wird in Abb. 1 veranschaulicht; die an einem Stative befestigten Pfeile, die auch auf die Fußplatte projiziiert sind, sollen teils die Windrichtung, teils die Stromgeschwindigkeiten in der Oberfläche und in äquidistanten Tiefen 0,1 D, 0,2 D

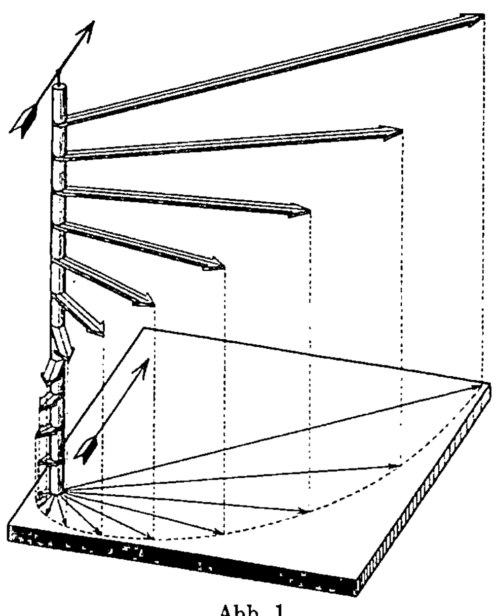

Abb. 1.

vorstellen. Die Geschwindigkeit ist an der Oberfläche gleich V_0, nimmt aber von oben nach unten schnell ab und dreht sich gleichzeitig wendeltreppenförmig cum sole. In der Tiefe D hat sich die Stromrichtung um 180° gedreht, und die Geschwindigkeit ist auf etwa $^{1}/_{23}$ der Oberflächengeschwindigkeit verringert. Die Reibungstiefe ist also ein wenn auch gewissermaßen willkürliches Maß, um anzugeben, wie weit eine Bewegung durch Reibung in eine horizontale Wasserschicht hineindringen kann.

Man findet, daß die Geschwindigkeit in der Oberfläche um genau 45° cum sole von der Windrichtung (d. h. von der Richtung des vom Winde auf die Meeresoberfläche ausgeübten Tangentialdruckes T) abgelenkt ist; und weiter, daß sie mit T in der Relation

$$V_0 = \frac{\pi T}{\sqrt{2}\,\varrho\,D\omega\,\sin\varphi}$$

steht. Weil die Geschwindigkeit am Boden Null sein muß, so fordert die genannte Lösung eigentlich eine unendliche Meerestiefe. Bei endlicher Tiefe treten statt der Exponentialfunktion $e^{-\frac{\pi z}{D}}$ hyperbolische Funktionen auf. Der Unterschied wird aber ganz winzig und kann vernachlässigt werden, sobald nur die Meerestiefe die Reibungstiefe übersteigt.

Die Lösung ruht weiter auf der voraussichtlich falschen Voraussetzung, daß μ eine Konstante, die Reibung also den Gleitgeschwindigkeiten proportional sei. Auch diese Ungenauigkeit scheint aber die Anwendbarkeit der Resultate nicht sehr zu gefährden. Die Bewegung läßt sich nämlich auch unter der Voraussetzung exakt berechnen, daß die Reibung dem Quadrat der Gleitgeschwindigkeiten proportional ist, und sie weicht dann nicht viel von der oben beschriebenen Bewegung ab. Nur wird die Ablenkung der Oberflächengeschwindigkeit von der Windrichtung 49° statt 45°, und jede Bewegung verschwindet schon in einer endlichen Tiefe, die wir mit 1.25 D_1 bezeichnen. In Abb. 2 sind nach den beiden Voraussetzungen die Geschwindigkeiten in den angedeuteten äquidistanten Tiefen gezeichnet, und

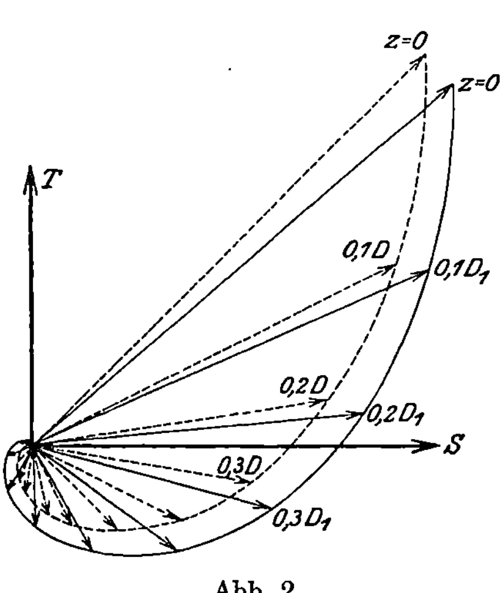

Abb. 2.

zwar gilt das punktierte Diagramm für $\mu = $ konstans, das ausgezogene Diagramm dagegen für das quadratische Gesetz. Man sieht, daß die Geschwindigkeitskomponenten nach beiden Voraussetzungen in ungefähr derselben Weise von der Tiefe abhängen. Besonders ist hervorzuheben, daß die Strommenge, ganz unabhängig von dem einen oder anderen Gesetze für die Reibung, nur vom Tangentialdrucke T abhängt. Sie ist zu ihm senkrecht cum sole gerichtet und hat, wenn die Komponenten des Tangentialdruckes mit T_x und T_y bezeichnet werden, die Komponenten:

$$S'_x = c\,T_y \qquad S'_y = -\,c\,T_x, \quad \ldots \ldots \ldots \quad (2)$$

wo

$$c = \frac{1}{2\,\varrho\,\omega\,\sin\varphi}. \quad \ldots \ldots \ldots \ldots \quad (3)$$

Das zweite Stromelement wird ohne Wind erregt, wenn die Meeresoberfläche einen Winkel γ mit der Horizontalebene bildet. Es entsteht dann ein horizontaler Druckgradient $\varrho\,g\,\sin\gamma$ — oder schlechthin $\varrho\,g\,\gamma$, weil ja γ ein sehr kleiner Winkel sein muß — und wir nennen den Strom einen Gradientstrom. Er wird in Abb. 3 — in ähnlicher Weise wie der reine Triftstrom in Abb. 1 — veranschaulicht, wieder unter der Voraussetzung, daß μ und mithin D von z unabhängig sind und daß die Meerestiefe beträchtlich größer als D ist. Wir bemerken hier zwei Gebiete: oberhalb und unterhalb des Niveaus D über dem Meeresboden. Im ersteren herrscht eine praktisch genommen gleichförmige Geschwindigkeit G senkrecht cum sole vom Druckgradienten gerichtet, d. h. parallel zu den Niveaulinien der Meeresoberfläche. Dies ist der „gleichförmige Tiefenstrom" oder schlechthin der Tiefenstrom.

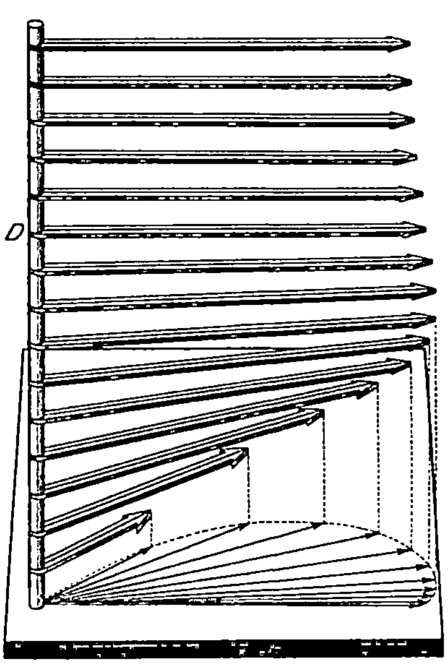

Abb. 3.

Seine Geschwindigkeit ist, von dem einen oder dem anderen Reibungsgesetze ganz unabhängig, gleich $k\gamma$, wo

$$k = \frac{g}{2\,\omega\,\sin\varphi} \quad \ldots \ldots \ldots \ldots \quad (4)$$

Wenn h die Höhe der Meeresoberfläche und γ_x,γ_y die Größen

$$\gamma_x = -\frac{\partial h}{\partial x} \qquad \gamma_y = -\frac{\partial h}{\partial y}, \quad \ldots \ldots \ldots \quad (5)$$

d. h. Komponenten eines in der Gradientenrichtung liegenden Vektors bedeuten, so sind die Geschwindigkeitskomponenten des Tiefenstromes

$$G_x = k\,\gamma_y \qquad G_y = -\,k\,\gamma_x \quad \ldots \ldots \ldots \quad (6)$$

In dem unteren Gebiete, der Bodenstrom genannt, nimmt die Geschwindigkeit gegen den Boden allmählich zu Null ab, hat aber überall eine größere oder kleinere Komponente in der Richtung des Druckgradienten. Falls D eine Konstante ist, liegen hier, wie auch in Abb. 1, die Projektionen der Pfeilspitzen auf einer logarithmischen Spirale, nur daß das Zentrum der Spirale dort der Stromstille, hier aber der Geschwindigkeit G entspricht.

Zu bemerken ist, daß, wenn wir auch im Gebiete eines reinen Triftstromes oder eines Bodenstromes mit einem konstanten Werte von D auskommen, doch in den beiden Fällen die Werte von D untereinander sehr verschieden sein können. Wir wollen daher die als konstant angenommenen Reibungstiefen innerhalb der Oberflächenschichten mit D' und innerhalb der Bodenschichten mit D'' bezeichnen. Ebenso können D' und D'' jedes für sich unter verschiedenen Verhältnissen sehr verschiedene Werte annehmen. D' wächst mit der Windstärke und D'' wahrscheinlich mit der Geschwindigkeit des Tiefenstromes.

Von besonderer Bedeutung wird im folgenden die Strommenge des Gradientstromes, die wir mit S'' bezeichnen. Leider kann sie nicht ohne spezielle Annahme über das Gesetz der Reibung genau berechnet werden. Falls wir μ als von z unabhängig annehmen dürfen, werden ihre Komponenten

$$\text{wo} \qquad S_x'' = B\,\gamma_x + b\,\gamma_y \qquad S_y'' = B\,\gamma_y - b\,\gamma_x, \quad \ldots \ldots \quad (7)$$

$$B = \frac{g\,D''}{4\,\pi\,\omega\,\sin\varphi} = \frac{k\,D''}{2\,\pi} \qquad b = B\left(\frac{2\,\pi\,d}{D''} - 1\right) = k\,d - B \quad . \quad (8)$$

Wenn die Meerestiefe d die Summe $D' + D''$ übersteigt, so daß der reine Triftstrom und der Bodenstrom voneinander räumlich getrennt sind — was im tiefen Meere sicher der Fall ist — so ist es gestattet, die Lösungen, die dem reinen Triftstrome und dem Gradientstrome entsprechen, zu addieren, ganz als wenn die Differentialgleichungen (1) linear wären. Auf jedem Orte des Meeres, wo das Wasser homogen ist, wird daher der Strom aus einem reinen Triftstrome und einem Gradientstrome bestehen; jener hängt nur vom Winde am Orte, dieser nur von der Neigung der Oberfläche am Orte ab.

Abb. 4 soll ein solches Strombild veranschaulichen, und zwar zeigt sie die Geschwindigkeiten in äquidistanten Tiefen, in die horizontal gelegte Bildebene projiziert. Wir können nun drei Gebiete unterscheiden, nämlich den Bodenstrom, den gleichförmigen Tiefenstrom (durch den starken Pfeil gekennzeichnet) und einen Oberflächenstrom, dessen Geschwindigkeit in jeder einzelnen Tiefe die Resultante des Tiefenstromes und des reinen Triftstromes ist. Das Bild ist unter der Annahme gezeichnet, daß etwa eine langgestreckte Küste jeden Wassertransport senkrecht zur Windrichtung verhindert,

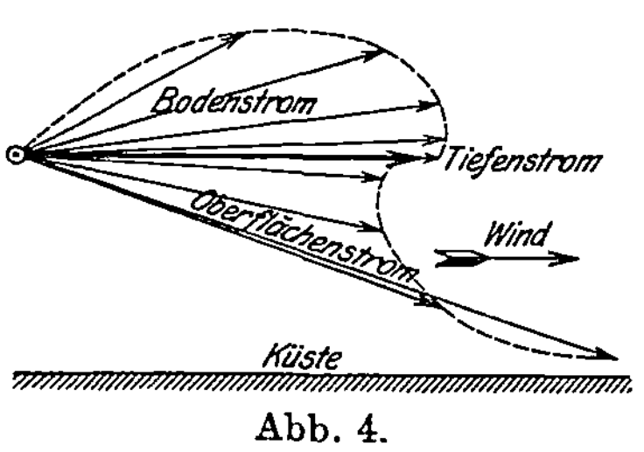

Abb. 4.

und ferner, daß eine Neigung der Oberfläche in der Küstenrichtung selbst ausgeschlossen ist. Der Tiefenstrom muß dann (wegen der letzteren Annahme) mit der Küste parallel laufen, und die zur Küste senkrechten Strommengenkomponenten des Bodenstromes und des Oberflächenstromes müssen gleich groß und entgegengesetzt gerichtet sein. Falls außerdem D' und D'' gleich sind, bekommt man auf Grund dieser Voraussetzungen das Diagramm in Abb. 4.

Das äußerste Ziel einer Theorie der Meeresströmungen ist natürlich, bei gegebenen äußeren Verhältnissen die Ströme berechnen zu können. Der reine Triftstrom ist, bei gegebenen Winden, bekannt; und die Aufgabe beschränkt sich daher — wenn wir fortwährend an der Voraussetzung von homogenem Wasser festhalten — auf die Berechnung des Gradientstromes an jedem Orte, oder, was auf dasselbe hinauskommt, der Form der Wasseroberfläche. Man kann dabei im allgemeinen von dem kurzdauernden Wechsel der Winde absehen und — mit Ausnahme für die Monsungebiete — mit mittleren Winden rechnen. Die Zeit erlaubt mir nicht, dies hier zu begründen, wir werden uns aber damit begnügen, die Winde als zeitlich konstant anzunehmen.

Offenbar wird unter dieser Voraussetzung die Meeresoberfläche allmählich eine unveränderliche Lage annehmen, so daß die Ströme stationär werden. Wenn dieser Zustand erreicht worden ist, müssen — falls wir ein beliebiges Meeresgebiet ins Auge fassen — immer gleiche Wassermengen ein- und ausströmen. Indem wir in der Ebene die Bezeichnungen div und curl in der Bedeutung

$$\operatorname{div} V = \frac{\partial V_x}{\partial x} + \frac{\partial V_y}{\partial y} \qquad \operatorname{curl} V = \frac{\partial V_y}{\partial x} - \frac{\partial V_x}{\partial y}$$

benutzen, wird diese kinematische Bedingung durch die Gleichung

$$\operatorname{div} S' + \operatorname{div} S'' = 0 \quad \ldots \ldots \ldots \quad (9)$$

und die längs der Küste zu fordernde Randbedingung

$$S_n' + S_n'' = 0 \quad \ldots \ldots \ldots \ldots \quad (10)$$

ausgedrückt; die ganze Strommenge muß divergenzfrei sein, und an der Küste muß die zur Küste senkrechte Komponente der Strommenge Null sein.

Wenn D'' eine bekannte Funktion von G und mithin von γ wäre, so würden die Gleichungen (9), (10), (2), (3), (7), (8) und (5) zu einer partiellen Differentialgleichung für h mit Randbedingung führen, womit die Aufgabe also mathematisch formuliert wäre. Diese mathematische Aufgabe wird aber so kompliziert, daß es, selbst unter sehr einfachen Voraussetzungen über Windverteilung und Form des Meeresbeckens, ganz vergeblich wäre, sie mathematisch lösen zu wollen. Dagegen kann man aus den Gleichungen einzelne bedeutungsvolle Schlußfolgerungen hinsichtlich des Tiefenstromes ziehen.

Zu diesem Zwecke nehmen wir vorläufig an, daß die Meerestiefe d konstant ist und daß von den Unterschieden der geographischen

Breite und des Reibungskoeffizienten μ, also auch der unteren Reibungstiefe D'' abgesehen werden kann. Die Größen c, k, B und b sind dann sämtlich konstant. Unter Berücksichtigung der evidenten Identität $\operatorname{curl}\gamma = 0$ finden wir daher

$$\operatorname{div} S' = c\operatorname{curl}T \qquad \operatorname{div} S'' = B\operatorname{div}\gamma \quad \ldots \ldots \quad (11)$$

$$\operatorname{div} G = 0 \qquad \operatorname{curl} G = -k\operatorname{div}\gamma. \quad . \quad (12,\ \mathrm{a},\ \mathrm{b})$$

Aus (9) in Verbindung mit den Gl. (11) folgt

$$\operatorname{div}\gamma = -\frac{c}{B}\operatorname{curl}T.$$

Beiläufig sei bemerkt, daß infolge dieser Gleichung und Gleichung (5) h einer Poissonschen Gleichung genügt. Ziehen wir (12 b) heran, so folgt

$$\operatorname{curl} G = \frac{kc}{B}\operatorname{curl}T, \quad \ldots \ldots \ldots \quad (13)$$

also eine einfache Proportionalität zwischen den Wirbeln des Winddruckes und des Stromes. Nach dem Stokesschen Theorem kann die Gl. (13) in einen entsprechenden Satz über Zirkulationen längs einer geschlossenen Kurve umgeformt werden, und es läßt sich zeigen, daß dieser letztere Satz selbst dann gültig bleibt, wenn das Meeresgebiet mehrfach zusammenhängend oder die Meerestiefe ungleichförmig ist, falls nur die geschlossene Kurve längs einer Niveaukurve des Meeresbodens gelegt wird.

In Wirklichkeit ist die geographische Breite, und im allgemeinen auch die Meerestiefe und die Reibungstiefe von Ort zu Ort veränderlich. Statt (13) bekommen wir daher die folgende viel kompliziertere Gleichung, die ich hier nicht ableiten, sondern nur aufschreiben will:

$$\left.\begin{array}{l}\operatorname{curl} G + \sqrt{2}\,|\operatorname{grad} G|\cos\left(\chi + \dfrac{\pi}{4}\right) \\[2ex] = \dfrac{kc}{B}\operatorname{curl}T + \dfrac{k^2}{B}\cdot\left(\gamma_y\dfrac{\partial d}{\partial x} - \gamma_x\dfrac{\partial d}{\partial y}\right) + \dfrac{k}{BR\operatorname{tg}\varphi}(b\,\gamma_x + c\,T_x)\end{array}\right\} \quad (14)$$

Es ist dabei unter anderem angenommen, daß die x-Achse nach Osten, die y-Achse polwärts gerichtet ist. Was die neu eingeführten Buchstaben bedeuten, soll im Laufe der Ausführungen erklärt werden.

Die ersten Glieder auf beiden Seiten bilden die einfachere Gl. (13). Das zweite Glied auf der linken Seite macht in sehr unangenehmer Weise die sonst viel übersichtlicheren Resultate kompliziert. Falls die untere Reibungstiefe D'' als örtlich konstant angesetzt werden dürfte oder doch von der Breite φ allein abhinge, so würde dieses Glied gar nicht existieren. In Wirklichkeit müssen wir aber voraussetzen, daß D'' nicht konstant ist und wenn wir seine Veränderlichkeit gesetzmäßig feststellen wollen, befinden wir uns auf unsicherem Boden. In der Gleichung oben ist das betreffende Glied unter der Annahme berechnet, daß D'' zur Geschwindigkeit G proportional ist, was allerdings, wie schon bemerkt, eine ziemlich plausible Annahme ist. Der Faktor $|\operatorname{grad} G|$ ist der Betrag von grad G, und χ ist der Winkel contra solem von der Bewegungsrichtung G nach der Richtung, in welcher der Betrag von G wächst (Abb. 5).

Falls $\chi = \pi/2$ oder $\chi = -\pi/2$, d. h. falls die Anwachsrichtung von G senkrecht zu den Stromlinien steht, so wird das betreffende Glied (in beiden Fällen) gleich curl G, die linke Seite der Gleichung mithin 2 curl G. Bei anderen Werten von χ ergibt sich kein so einfacher Zusammenhang. Jedenfalls deuten die Strömungsverhältnisse im Meere darauf hin, daß beträchtlichere Komponenten von grad G hauptsächlich nur in der zu G senkrechten Richtung vorkommen. Bis es gelingen wird, die vollständige Gleichung auszuwerten, dürfte es daher nicht ganz unberechtigt sein, bei einer vorläufigen Untersuchung das fragliche Glied zu vernachlässigen, was wir auch in der folgenden Erörterung tun wollen. Es ist möglich, daß wir dadurch einen zu großen — vielleicht etwa doppelt so großen — Wert von curl G bekommen, aber wenig wahrscheinlich, daß die Resultate noch

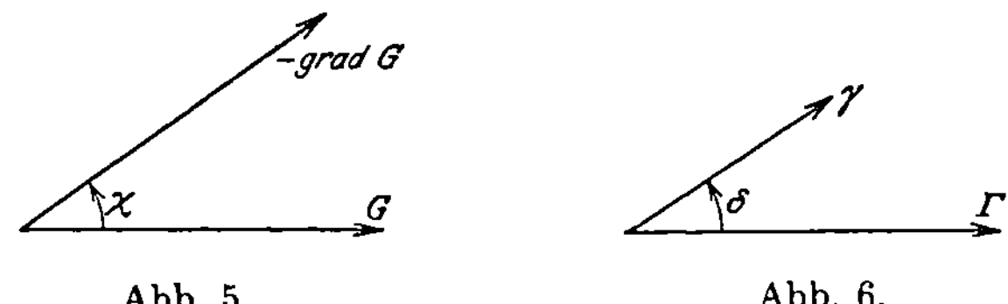

Abb. 5.   Abb. 6.

viel ungenauer, etwa mit falschem Vorzeichen von curl G, herauskommen.

Das zweite Glied auf der rechten Seite stellt die Wirkung der ungleichförmigen Tiefe dar. Es kann kürzer geschrieben werden, falls wir nebst γ auch den Neigungswinkel Γ des Meeresbodens und ferner den Winkel δ contra solem zwischen den Richtungen des Bodengefälles Γ und des Oberflächengefälles γ (Abb. 6) einführen. Das betreffende Glied wird dann:

$$\frac{k^2}{B}\,\Gamma\gamma\sin\delta.$$

Dies bedeutet, die übrigen Glieder auf der rechten Seite immer gleich Null vorausgesetzt, daß man einen Wirbel contra solem erwarten muß, da wo der Strom von kleineren gegen größere Tiefen strömt, dagegen einen Wirbel cum sole, wo er von größeren gegen kleinere Tiefen fließt.

Auch für die Größe dieser Wirkung kann man wegen der Proportionalität zwischen G und γ einen bemerkenswerten, einfachen Ausdruck ableiten. Wenn nämlich l die Weglänge bedeutet, die man in der Stromrichtung zurücklegen muß, um einen Zuwachs oder eine Abnahme der Meerestiefe um D'' zu beobachten, so wird

$$\frac{\operatorname{curl} G}{G} = \frac{2\,\pi}{l}.$$

Es läßt sich hieraus folgern, daß eine annähernde Übereinstimmung zwischen der wirklichen Bewegung und der Bewegung, die bei gleichförmiger Tiefe stattfinden würde, nur innerhalb eines Gebietes möglich ist, wo die Tiefenunterschiede längs einer Stromlinie viel kleiner als D'' sind.

Dieses letztere Resultat wird wahrscheinlich im ersten Moment befremdend wirken. Man würde nämlich erwarten, daß die verhältnismäßigen, nicht die absoluten Tiefenunterschiede für die Wirkung ausschlaggebend sein sollten. Man würde nicht erwarten, daß in einem Meere von mehreren Tausenden Metern Tiefe ein Bodenabfall von 100 oder 200 m die Ströme wesentlich umgestalten könnte. Das Paradoxon hängt damit zusammen, daß der Tiefenstrom genau divergenzfrei ist und daher nur eine Veränderung des Bodenstromes imstande ist, eine fehlende Befriedigung der Kontinuitätsbedingung wieder herzustellen.

Das dritte Glied endlich stellt die Einwirkung der Kugelgestalt der Erde, d. h. der veränderlichen Breite dar. Sie kann nicht in so einfacher Weise wie die Einwirkung der Bodentopographie allgemein dargestellt werden, und ich muß mich hier auf einige Andeutungen beschränken. R bezeichnet den Erdradius und γ_x das Gefälle der Oberfläche in östlicher Richtung. Die letztere Größe (γ_x) wird in großer Tiefe im allgemeinen für die Wirkung ausschlaggebend, weil sie mit b multipliziert ist.

Es sei z. B. $d = 2000$ m und $D'' = 100$ m, und der Tiefenstrom sei nördlich oder südlich gerichtet. Falls das besprochene Glied in (14) das einzige ist (curl T und grad d gleich Null), so wird dann im allgemeinen, wenigstens annähernd

$$\frac{\operatorname{curl} G}{G} = \frac{1}{50\,\operatorname{tg}\varphi\,\mathrm{km}}.$$

Ein homogenes Stromfeld mit Stromlinien in Nord und Süd würde daher unter den genannten Voraussetzungen nur innerhalb eines Gebietes vorkommen können, dessen Dimensionen klein im Verhältnis zu $50\,\operatorname{tg}\varphi\,\mathrm{km}$ sind. Tiefenströme mit nördlicher oder südlicher Stromrichtung werden also wegen der Kugelgestalt der Erde unterdrückt, östliche und westliche Ströme dagegen bevorzugt, n. b. in gleichförmiger Tiefe. Eine kritische Prüfung dieses Ergebnisses an der Hand empirischer Beobachtungen ist beim jetzigen Standpunkt der Untersuchung kaum möglich, obwohl es mir scheint, daß gewisse Tatsachen in bemerkenswerter Weise zugunsten der Theorie sprechen.

Dagegen ist es vielleicht möglich, den Einfluß der Bodentopographie zu bestätigen. Unter einfachen, idealen Voraussetzungen sind einige Bewegungsformen vollständig berechnet worden und Abb. 7 bis 9 geben hiervon Beispiele. Der Wind und die geographische Breite sind beide als örtlich konstant angenommen und auch Unterschiede in D'', falls solche vorkommen, sind vernachlässigt.

Abb. 7 zeigt unten den Querschnitt eines Meeresgebietes mit ebenem, von links nach rechts gleichmäßig abfallendem Boden. An der Vorderseite der Bildebene sei das Meer von einer zum Schnitte parallelen geraden Küste begrenzt; und der Wind sei zur Küste parallel oder anders, jedenfalls aber für einen Zuschauer am Ufer von links nach rechts gerichtet. Darüber wird, von oben gesehen, eine unter dieser Voraussetzung mögliche Anordnung des Tiefenstromes gezeigt. Der Strom fließt in geradlinigen Bahnen der Küste parallel: da aber curl G dabei positiv (d. h. contra solem gerichtet) sein soll, muß die Geschwindigkeit wie auf dem Bilde von der Küste

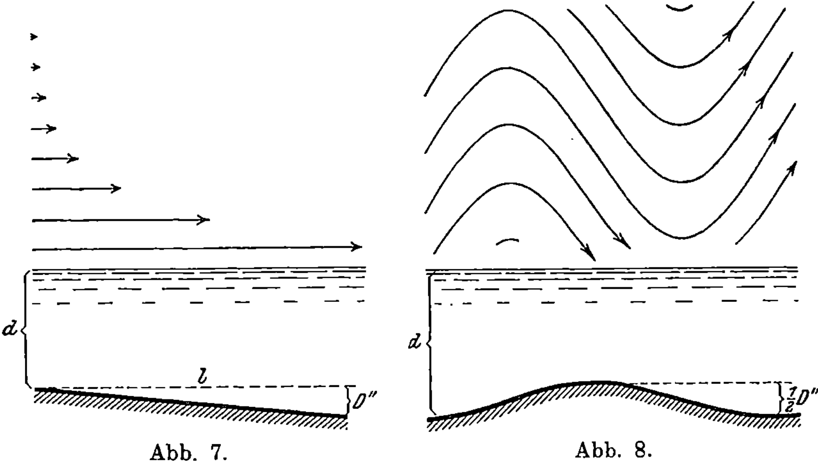

Abb. 7.Abb. 8.

aus exponentiell abnehmen. Wenn l die zur Küste parallele Wegstrecke bedeutet, längs welcher die Meerestiefe um D'' zunimmt, so nimmt die Geschwindigkeit G in einer Entfernung l von der Küste[1] im Verhältnisse $e^{-2\pi} = 1/535$ ab. Der Tiefenstrom wird also praktisch genommen auf ein Randgebiet längs der Küste beschränkt. Es sind bei veränderten Tiefenverhältnissen auch Bewegungsformen mit gekrümmten Stromlinien möglich, mit denen wir uns aber jetzt nicht beschäftigen wollen.

Der untere Teil von Abb. 8 zeigt den Querschnitt eines Meeresgebietes mit wellblechförmig (sinusoidal) korrugiertem Boden. Betreffs Küste und Windverhältnisse werden dieselben Annahmen wie im vorigen Falle gemacht. In genügender Entfernung von der Küste

---

[1] In der doppelten Entfernung, falls in Gl. (14) das zweite Glied auf der linken Seite berücksichtigt wird.

wird dann ein Tiefenstrom möglich, dessen Geschwindigkeitskomponente in der Küstenrichtung über dem ganzen Meeresgebiete konstant ist. Die Stromlinien sind Sinuskurven, und das Verhältnis zwischen ihrer Amplitude und Länge hängt nur von der absoluten Größe der Tiefenunterschiede ab. In Abb. 8 ist der größte Tiefenunterschied gleich $\frac{1}{2} D''$ vorausgesetzt, und die Stromlinien weichen dann bis 57° nach rechts und links von ihrer mittleren Richtung ab. Auch die Geschwindigkeit wird in bedeutendem Grade beeinflußt. Wo sie am größten ist (d. h. wo die Stromrichtung von der Küstenrichtung am meisten abweicht) ist sie schon (bei gegebener Windstärke) um 20 % geringer als in einem Meere von gleichmäßiger Tiefe, und die mittlere Geschwindigkeit in der Küstenrichtung beträgt nur etwa die Hälfte. Falls die Tiefenunterschiede die doppelte Reibungstiefe $2 D''$ erreichen, so wird die Maximalgeschwindigkeit auf ein Drittel, die Geschwindigkeit in der Küstenrichtung auf ein

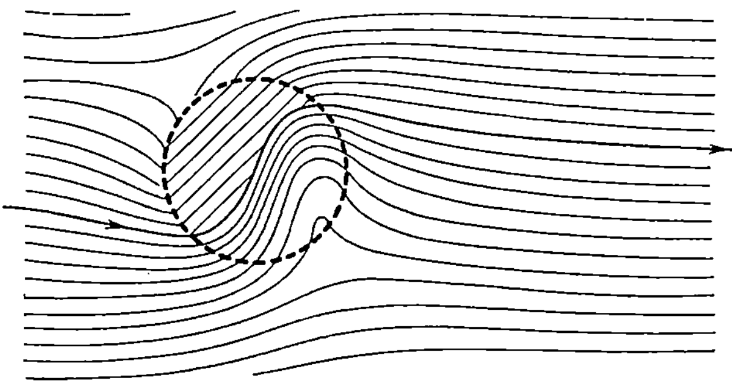

Abb. 9.

Zwanzigstel herabgesetzt, und die Stromlinien weichen bis 81° von ihrer mittleren Richtung ab.

Selbst sehr mäßige Unebenheiten am Meeresboden können also die Tiefenströme höchst wesentlich abschwächen oder fast aufheben. Wie ist dies nun möglich? Die Antwort ist in dem letzterwähnten Falle leicht zu geben. Der Gradientstrom wird dadurch bedingt, daß er ebensoviel Wasser von der Küste transportieren soll, wie vom reinen Triftstrome nach der Küste zu gefördert wird. Wenn die Tiefe konstant und der Tiefenstrom zur Küste parallel ist, so wird der Wassertransport senkrecht zur Küste nur vom Bodenstrome bewirkt. In Abb. 8 aber ist der Tiefenstrom von der Küste her gerichtet da, wo die Tiefe am größten, und nach der Küste hin da, wo die Tiefe am kleinsten ist, wodurch in der ersteren Richtung ein Überschuß entsteht. Der Tiefenstrom wird mithin zu dem erforderlichen Wassertransport beitragen, und die Intensität der ganzen Stromerscheinung kann entsprechend herabgesetzt werden.

Abb. 9 endlich soll eine Vorstellung davon geben, wie eine Mulde oder eine isolierte Untiefe im Meere ein sonst homogenes Stromfeld beeinflussen kann. Die Abbildung setzt eine kreisförmige (innerhalb der punktierten Kurve liegende) Mulde voraus, deren mittlere Tiefe die äußere Tiefe um D'' übersteigt. Über der Mulde gelten die geraden Stromlinien für eine Mulde von gleichförmiger Tiefe, die gekrümmten dagegen für eine konische, trichterförmige Vertiefung. Außerhalb der Mulde sind die Stromlinien in beiden Fällen gleich. Die Stromlinien über einer Untiefe entsprechender Form findet man einfach durch Umklappen des Bildes, so daß sein Spiegelbild herauskommt. Ich muß hinzufügen, daß die durch Abb. 9 dargestellte Bewegung nur angenähert berechnet ist, unter Voraussetzung, daß die Abweichungen vom homogenen Stromfelde klein sind. Diese Voraussetzung ist offenbar hier nicht erfüllt; das Bild soll nur eine Vorstellung davon geben, in welcher Richtung eine kleine, isolierte Unebenheit im Boden die Bewegung verändert.

Zum Schluß möchte ich gern in Bildern einige Beobachtungsergebnisse vorlegen. Um die theoretisch gefundene Einwirkung der Bodentopographie auf die Meeresströmungen bestätigt zu finden und wenn möglich nähere Auskunft über die Erscheinung zu bekommen, wandte ich mich an meinen Freund, den norwegischen Ozeanographen, Professor B. Helland-Hansen. Er hat publiziertes wie auch unpubliziertes Material vom Nordatlantischen Ozean zur Verfügung gestellt, alles für dynamische Verwertung schon primär bearbeitet. Die weiteren Schlußfolgen, die ich hier erwähnen werde, sind die Resultate der gemeinsamen Arbeit von Professor Helland-Hansen und mir.

Abb. 10—12 sind dynamische Karten für den Nordatlantischen Ozean zwischen den Breiten von Teneriffa und Island und östlich von Nova Scotia. Die punktierten Kurven sind Niveaulinien, die schwächeren für 1000 m und die stärkeren für 3000 m Tiefe. Sie zeigen mitten im Ozean eine in Nord-Süd-Richtung sich erstreckende Schwelle in weniger als 3000 m Tiefe und auf beiden Seiten derselben tiefere Mulden. Ferner sind Scharen von ausgezogenen Kurven eingezeichnet, deren genaue dynamische Bedeutung in der Bjerknesschen Theorie ich hier nicht auseinandersetzen will; ich erwähne nur die folgende Eigenschaft derselben. Der geometrische Unterschied zwischen den Geschwindigkeiten in der Oberfläche und in einer gewissen, für jede Karte annähernd konstanten Tiefe (etwa 198 m in Abb. 10, 594 m in Abb. 11 und 990 m in Abb. 12) ist — insofern die Reibung vernachlässigt werden kann —, überall längs der Tangente einer Kurve gerichtet; sein Betrag ist der Entfernung zweier benachbarter Kurven umgekehrt proportional. (In 48° n. Br. und 40° w. L., wo die Kurven ziemlich dicht zusammengedrängt sind, beträgt er zwischen Oberfläche und 198 m etwa 4 cm/sek und zwischen Oberfläche und 990 m 20 oder 25 cm/sek.)

Scheinbar hat dies alles mit dem Gegenstande der oben entwickelten Theorie nichts zu tun. Letztere bezieht sich nur auf homogenes Wasser; die Karten zeigen im Gegenteil eine starke Inhomogenität des Wassers, die sehr bedeutende Geschwindigkeits-

60 40 20 0
50 50
40 40
30 30
194·60
194·70
194·80
Dyn. Isobat.
p = 20 Bar.
50 40 30 20 10

Abb. 10.

60 40 20 0
50 50
40 40
30 30
583·10
583·50
583·40
583·70
583·60
Dyn. Isobat.
p = 60 Bar.
50 40 30 20 10

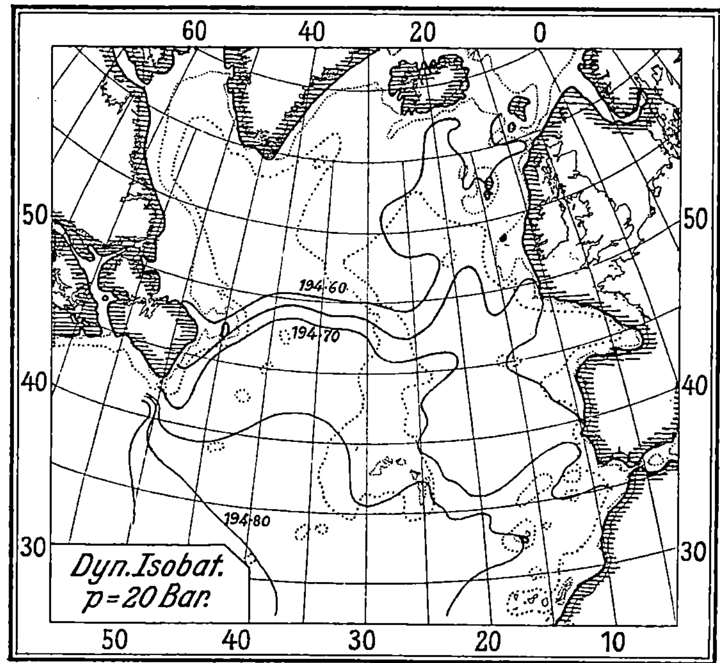

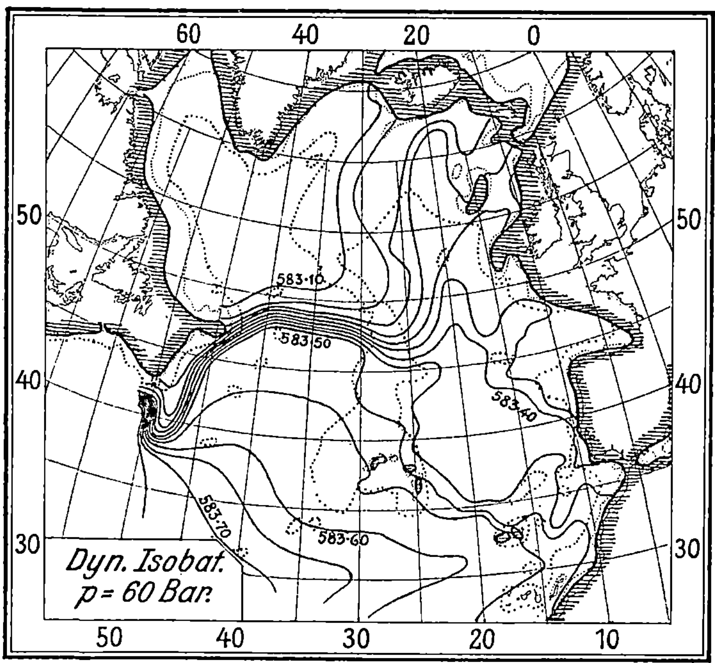

Abb. 11.

60
40
20
0
50
50
40
40
30
30
50
40
30
20
10
970·95
971·00
971·45
971·50
971·65
Dyn.Isobat.
p=100 Bar.

Abb. 12.

27
25
27
27
26
23 25
28
26 19 10
26
26
24
20
27
Dyn. Isobat.
p = 100 Bar.

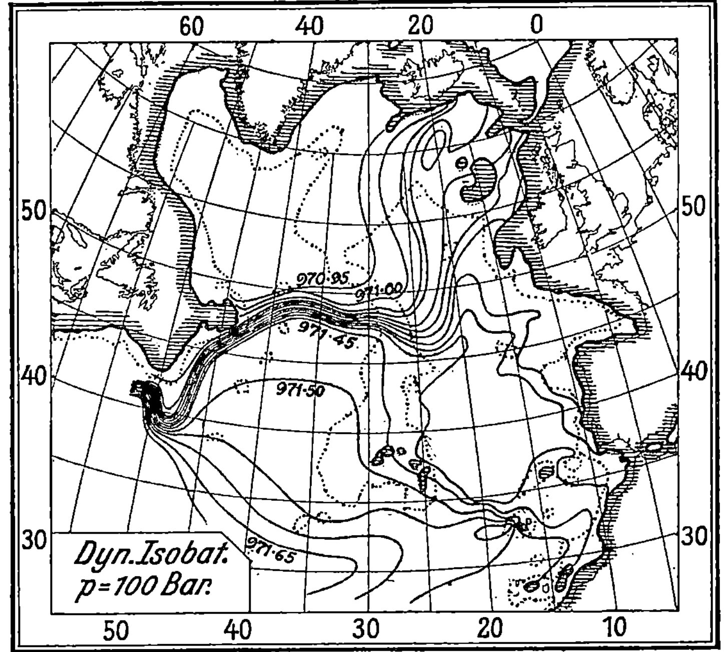

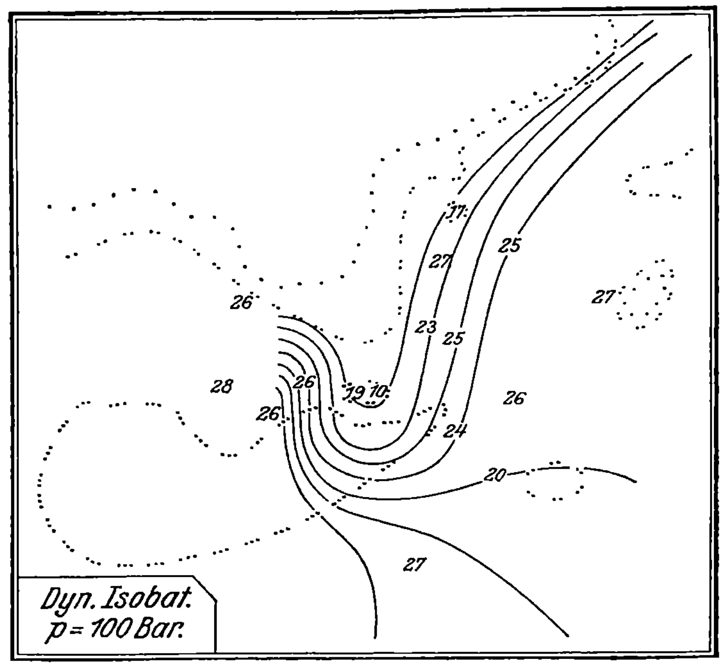

Abb. 13.

unterschiede verursacht. Die Theorie bezieht sich auf die gleich-
mäßigen, bis zum Gebiete des Bodenstromes sich erstreckenden
Tiefenströme; die Karten dagegen auf Unterschiede zwischen den
Geschwindigkeiten verschiedener darüberliegender Schichten. Die
Zeit erlaubt mir nicht, die Bewegungsgesetze in geschichtetem
Wasser auseinanderzusetzen, um diese Einwande zu entkräften. Ich
erwähne nur ganz kurz und ohne Beweis den folgenden allgemeinen
Satz, der uns die letztere Schwierigkeit beseitigt:

Insofern die Reibung vernachlässigt werden kann, und die
Dichte der individuellen Wassermassen nicht etwa durch Abkühlung
oder Erwärmung merklich verändert wird, muß in stabil geschichtetem Wasser die Stromrichtung in allen Tiefen annähernd gleich
sein (genau entgegengesetzte Richtungen als gleich betrachtet); falls
die oberen Schichten auf homogenes Tiefwasser überlagert sind, so
tritt im letzteren der gleichförmige Tiefenstrom wie in durchaus
homogenem Wasser auf und mit derselben Bewegungsrichtung wie
in den oberen Schichten.

Die Voraussetzungen für die Gültigkeit dieses Satzes sind in
dem vorliegenden Falle erfüllt, jedenfalls wenn wir von den Be-
wegungsvorgängen in den allerobersten Schichten absehen. Infolgedessen sollen sich daher die einzelnen Kurven verschiedener Karten
miteinander decken — was auch in bemerkenswertem Grade der
Fall ist, besonders für die größeren Tiefen — und können gleichzeitig als Stromlinien des Tiefenstromes betrachtet werden, falls
dieser nicht etwa verschwindet oder seine Geschwindigkeit sehr klein
ist. Infolgedessen sind die Karten, obgleich sie über die Größe der
Geschwindigkeit im Tiefenstrome und mithin über curl G keine
Auskunft geben, doch für unsere Aufgabe so weit von Interesse, als
wir nach der Theorie in der Mehrzahl von Fällen eine Krümmung
der Stromlinien cum sole erwarten müssen, da wo der Strom gegen
abnehmende Tiefen fließt, und umgekehrt, und diese Erwartung wird
tatsächlich auf den Karten erfüllt. Ich will mich in dieser Hinsicht nicht bei Einzelheiten aufhalten; es wäre dann eine kritische
Untersuchung anderer möglicherweise mitwirkender Faktoren notwendig, zu der ich jetzt nicht vorbereitet bin, selbst wenn es die
Zeit gestattete. Nur ein einziges Detail muß ich hervorheben, nämlich die auffallende Südwärtsbiegung der Strombahnen südöstlich
von New Foundland.

Diese anscheinend unmotivierte Biegung der Strombahnen mitten
im freien Ozean ist keine einmal auftretende Zufälligkeit, sondern,
wie es Helland-Hansen und Nansen mittels statistischen Materials
von Oberflächentemperaturen gezeigt haben, eine dauernde und stationäre, ganz großartige Erscheinung[1]). Abb. 13 stellt das bezügliche Tei-
gebiet von Abb. 12 in größerem Maßstabe dar, jedoch in Mercator-

---

[1]) Soviel ich weiß, ist sie zum erstenmal im Jahre 1912 von Helland-
Hansen nachgewiesen worden, obgleich damals unrichtig als eine Strom-
verzweigung gedeutet.

projektion, mit den Tiefenverhältnissen nach Murray und Hjort und mit Auslassung jeder zweiten Stromlinie. Die einfach, zweifach und dreifach punktierten Kurven sind Niveaulinien für 1000, 2000 und 3000 englische Faden Tiefe, und die Zahlen bedeuten Tiefen in Hunderten von Faden. Wenn man die Stromlinien in der Stromrichtung verfolgt, so findet man zuerst eine starke Ablenkung nach rechts bei ziemlich schnell abnehmender Tiefe und dann bei wachsender Tiefe eine starke Ablenkung nach links. (Wahrscheinlich ist im letzteren Falle die Geschwindigkeit an der linken Seite am größten und daher der curl nicht so stark contra solem, als es der Krümmung der Stromlinien entspricht.) Zum Schluß folgen die Stromlinien in schwacher Krümmung den Linien gleicher Tiefe. Dieser Vorgang stimmt mit der Theorie vollständig überein oder kann wenigstens in Übereinstimmung gebracht werden.

Der Einwand liegt nahe, daß dies dennoch keine Bestätigung der Theorie sei; die Südwärtsbiegung der Stromlinie sei einfach derart eine Wirkung der Bodentopographie, daß über den Untiefen der Strom sich nach den Seiten verbreitern und diese Verbreiterung wegen der Küste auf der linken Seite notwendigerweise nach rechts erfolgen müsse. Der Einwand ist aber hinfällig; denn für eine solche Erklärung ist, mit Rücksicht auf die relativen Tiefenunterschiede, die Seitwärtsbiegung der Stromlinien viel zu groß und außerdem ihre Form unverständlich. Es scheint mir daher zweifellos, daß wir hier wirklich eine Bestätigung der Theorie natürlich nicht in ihren Einzelheiten, aber in der Hauptsache haben.

Berechnung von Gezeitenwellen mit beträchtlicher Reibung.

Von J. Th. Thysse im Haag.

Bei Forschungen, welche mit der geplanten Trockenlegung der Zuidersee in Verbindung stehen, wurde die Aufgabe gestellt, vorauszusagen, welche Gezeiten im übrigbleibenden Teile auftreten werden.

In einer Proberechnung wurde versucht, den jetzigen Zustand in Formeln zum Ausdruck zu bringen, und dabei zeigte es sich, .daß die normalen Gleichungen, welche für widerstandsfreie Wellenbewegung gelten, zu von der Wirklichkeit abweichenden Resultaten führen. Man war also gezwungen, die Reibung zu berücksichtigen, was das Problem viel schwieriger machte.

Glücklicherweise kann man das Gebiet als ein Netz von Kanälen betrachten, so daß man an einer Stelle nur mit dem Strome in der Längsrichtung des „Kanales" zu rechnen hat, in welchem diese Stelle sich befindet. Strömungen, welche eine Komponente senkrecht zu dieser Richtung besitzen, kommen fast nicht vor.

Die Grundfrage umfaßt also das Verhalten einer Welle, welche mit Reibung durch einen Kanal schreitet.

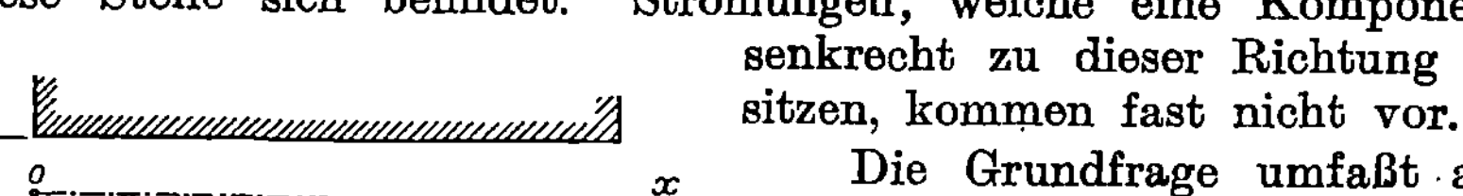

Abb. 1.

Der Kanal (s. Abb. 1) dehne sich in der Richtung der x-Achse in einer Länge l aus, er besitze einen rechteckigen Querschnitt (Breite b, Wassertiefe q). Die Wellenperiode sei $2\pi:n$; n ist also die Winkelgeschwindigkeit der Welle.

Der Wasserspiegel befindet sich im allgemeinen nicht in der Mittellage; er wird an einer Stelle x zur Zeit t um eine Höhe h davon entfernt sein (positiv nach oben). h ist also eine Funktion von x und t, ist abwechselnd positiv und negativ und hat die Periode $2\pi:n$ der Welle.

Ebenso steht es mit der mittleren Wassergeschwindigkeit in einem Querschnitt v und mit der in der Zeiteinheit durch einen Querschnitt strömenden Wassermenge $s = bqv$.

Die Bewegungsgleichung, die den Zusammenhang zwischen der Beschleunigung eines Wasserteilchens und der Kraft auf die Masseneinheit gibt, lautet:

$$\frac{\partial v}{\partial t} + v\frac{\partial v}{\partial x} = -g\frac{\partial h}{\partial x} - W,$$

wenn g die Beschleunigung der Schwere und W die Reibungskraft auf die Masseneinheit bedeutet.

Diese Gleichung bestimmt zusammen mit der Kontinuitätsbedingung:

$$q\frac{\partial v}{\partial x} = -\frac{\partial h}{\partial t}$$

die Bewegung vollständig.

Bevor diese Gleichungen sich integrieren lassen, müssen sie vereinfacht werden. Zuerst zeigt es sich, daß das Glied $v\dfrac{\partial v}{\partial x}$ in der Bewegungsgleichung immer klein ist gegen die anderen Glieder. Es kann also fortgelassen werden, was sehr glücklich ist, weil es der Integration im Wege steht.

Eine zweite Schwierigkeit liefert das Reibungsglied W. Aus den Beobachtungen kann man schließen, daß die Reibung etwa der zweiten Potenz der Geschwindigkeit v proportional ist, was bei einer turbulenten Bewegung auch nicht anders zu erwarten ist.

In Analogie mit einer bekannten Formel des Wasserbaues kann man schreiben:

$$W = \pm\frac{g\,v^2}{C^2 q}.$$

C ist die sogenannte Konstante von Eytelwein. Sie ist auch in der Zuidersee wiederholt gemessen worden.

In dieser Form sind die Gleichungen noch nicht zu integrieren. Das würde wohl der Fall sein, wenn die Reibung der Geschwindigkeit selber proportional wäre, also wenn:

$$W = k\,v.$$

Professor Lorentz hat nachgewiesen, daß mit diesem Widerstande gerechnet werden kann, ohne daß bedeutende Fehler gemacht werden, wenn nur k gut gewählt wird.

Er nimmt k in jedem Falle so groß, daß während einer halben Periode die (negative) Arbeit, die durch die fiktive Reibung $k\,v$ geleistet wird, ebenso groß ist wie die Arbeit des wirklichen Widerstandes $\pm\dfrac{g\,v^2}{C^2 q}$, also wenn

$$\int_{nt=-\frac{\pi}{2}}^{nt=+\frac{\pi}{2}} k\,v^2\,dt = \int_{nt=-\frac{\pi}{2}}^{nt=+\frac{\pi}{2}} \frac{g\,v^3}{C^2 q}\,dt,$$

das heißt, wenn:

$$k = \frac{8}{3\,\pi} \frac{g\,v_{max}}{C^2\,q}$$

(v_{max} ist die Amplitude der Wassergeschwindigkeit).

In einem Falle mit nur einem Freiheitsgrade ist das Problem auch mit der quadratischen Reibung zu lösen. Wird zum Beispiel in zwei durch ein enges Rohr verbundenen Behältern (vgl. Abb. 2) das Gleichgewicht gestört, dann geraten die Flüssigkeitsspiegel in

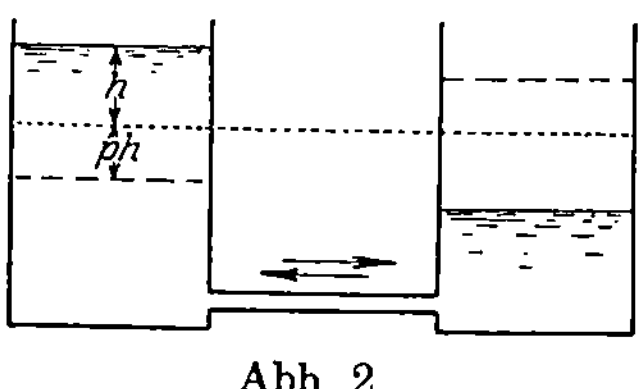

Abb. 2.

eine schwingende Bewegung. Die Reibung in dem Rohre dämpft die Schwingungen so, daß die äußersten Lagen sich allmählich der Gleichgewichtslage nähern. Das Verhältnis zweier aufeinanderfolgenden Ausschläge — einer positiv und einer negativ —, das man als Dämpfungsfaktor bezeichnen kann, sei p. Dieser Faktor läßt sich ebenso gut berechnen bei quadratischer wie bei linearer Reibung. Wenn k entsprechend der Bedingung der gleichen Arbeit gewählt wird, findet man in beiden Fällen gut übereinstimmende Werte von p. Ist nach der annähernden Rechnung (lineare Reibung)

$$p = 0{,}90; \quad 0{,}80; \quad 0{,}70; \quad 0{,}60; \quad 0{,}50; \quad 0{,}40,$$

dann ist der wirkliche Wert (quadratische Reibung)

$$p = 0{,}90; \quad 0{,}80; \quad 0{,}70; \quad 0{,}61; \quad 0{,}51; \quad 0{,}42.$$

Erst bei Widerständen, welche viele Male größer sind als die in der Gezeitenbewegung vorkommenden, gibt die Annäherungsrechnung von der Wirklichkeit abweichende Resultate, und es wird also erlaubt sein, in unserer Bewegungsgleichung das Reibungsglied zu schreiben:

$$W = k\,v.$$

Dabei tritt noch eine Komplikation auf. In der Formel von k kommt die unbekannte Amplitude der Wassergeschwindigkeit v_{max} vor. In jedem Kanale muß die Größe davon abgeschätzt werden, und erst nach Vollendung der ganzen Rechnung, wenn die Strömungen gefunden sind, ist es möglich, die Richtigkeit der Annahme zu prüfen.

Weicht der gebrauchte Wert von v_{max} bedeutend ab von dem gefundenen Resultate, so muß die ganze Rechnung wiederholt werden mit einem geänderten Werte von k.

Die Formeln werden wesentlich einfacher, wenn man schreibt:

$$\frac{k}{n} = \frac{8}{3\,\pi\,n} \frac{g\,v_{max}}{C^2\,q} = \operatorname{tg}\vartheta.$$

Der Hilfswinkel ϑ deutet den Charakter der Bewegung im Kanale an. Je größer die Reibung, um so größer wird auch ϑ.

Bei kurzen Wellen (n groß) von kleiner Höhe ($v_{\max}$ klein) in tiefem Wasser (q groß, $v_{\max}$ klein) tritt die Reibung fast ganz zurück und ϑ bleibt auch sehr klein. Langen starken Wellen in flachem Wasser dagegen, wo die Reibung den Trägheitswirkungen überlegen ist, entspricht ein großes ϑ.

Wenn man $\vartheta = 0$ setzt, findet man die bekannten Wellenformeln ohne Reibung, während das andere äußerste $\vartheta = 90^{\circ}$ zu den Formeln gleichförmiger Bewegung überleitet.

Schließlich wird die Bewegung also bestimmt durch die zwei folgenden Gleichungen:

$$\frac{\partial v}{\partial t} + g\frac{\partial h}{\partial x} + n\,v\,\mathrm{tg}\,\vartheta = 0 \quad \text{Bewegungsgleichung}$$

und

$$q\frac{\partial v}{\partial x} + \frac{\partial h}{\partial t} = 0 \quad \text{Kontinuitätsgleichung.}$$

Elimination von h führt zu einer linearen Gleichung in v, welche eine Lösung hat von der Form:

$$v = e^{i\,n\,t\,\pm\,(i\,r\,+\,\sigma)\,x} = e^{i\,(n\,t\,\pm\,r\,x)\,\pm\,\sigma\,x},$$

worin

$$r = n\cos\tfrac{1}{2}\vartheta : \sqrt{g\,q\cos\vartheta} \quad \text{und} \quad \sigma = n\sin\tfrac{1}{2}\vartheta : \sqrt{g\,q\cos\vartheta}\,.$$

Auch h kann in derselben Form geschrieben werden; die Kontinuitätsbedingung liefert das Verhältnis der Amplituden und den Phasenunterschied von h und v. Ersetzt man noch v durch $s = b\,q\,v$, so gibt sich für den allgemeinen Fall, wo von beiden Seiten eine Welle in den Kanal vorrückt:

$$h = A\,e^{i\,(n\,t\,+\,r\,x)\,+\,\sigma\,x} + B\,e^{i\,(n\,t\,-\,r\,x)\,-\,\sigma\,x},$$

$$s = A\frac{n\,b}{\sqrt{r^{2}+\sigma^{2}}}\,e^{i\left(n\,t\,+\frac{\vartheta}{2}\,+\,r\,x\right)\,+\,\sigma\,x} - B\frac{n\,b}{\sqrt{r^{2}+\sigma^{2}}}\,e^{i\left(n\,t\,+\frac{\vartheta}{2}\,-\,r\,x\right)\,-\,\sigma\,x}.$$

Die beiden Konstanten A und B werden bestimmt durch die Verhältnisse an den Enden des Kanales.

Offenbar ist die Fortpflanzungsgeschwindigkeit der Welle:

$$c = \frac{n}{r} = \frac{\sqrt{g\,q\cos\vartheta}}{\cos\tfrac{1}{2}\vartheta}\,.$$

Für reibungslose Wellen ($\vartheta = 0$) ist dieser Ausdruck gerade derselbe wie in der **Lagrange**schen Formel:

$$c = \sqrt{g\,q}$$

die Reibung verringert die Geschwindigkeit, da $\sqrt{\cos\vartheta}$ immer kleiner ist als $\cos\tfrac{1}{2}\vartheta$. Bei langperiodischen Wellen, z. B. eintägigen Gezeitenwellen, kann ϑ so groß werden, daß c bis auf die Hälfte des **Lagrange**schen Wertes herunterkommt.

Für Kanäle mit anderem als rechteckigem Querschnitt gelten mit unwesentlichen Änderungen dieselben Formeln.

Wenn an einem Ende der Rinne die Wasserbewegung vollständig gegeben ist (vertikale Bewegung h_0, Strom s_0), so sind die Koeffizienten A und B dadurch bestimmt und kann man die an einer beliebigen Stelle herrschende vertikale Bewegung h_x und Strömung s_x ausdrücken in h_0 und s_0:

$$h_x = (\alpha + \beta i)\, h_0 + (\gamma + \delta i)\, s_0 ,$$
$$s_x = (\alpha' + \beta' i)\, h_0 + (\gamma' + \delta' i)\, s_0 .$$

h_0, s_0, h_x und s_x sind periodische Größen von der Form

$$a\, e^{i(nt-k)},$$

die Koeffizienten $(\alpha + \beta i)$ usw. bestimmen die Phasendifferenzen und die Verhältnisse der Amplituden.

Auch am Ende der Rinne sind h_l und s_l als Funktionen von h_0 und s_0 zu schreiben, und damit wird es möglich, den Verlauf der Gezeiten in mehreren hintereinandergeschalteten Kanälen zu verfolgen; denn h_l und s_l, die aus der ersten Strecke berechnet sind, werden für den zweiten Kanal h_0 und s_0.

Auch Abzweigungen von Kanälen weisen keine besonderen Schwierigkeiten auf, so daß man mit diesen Formeln die Gezeitenbewegung durch ein ganzes Kanalnetz, wie die Zuidersee eines ist, verfolgen kann.

Die Gezeiten in der Zuidersee werden vollständig beherrscht durch die vertikale Wasserbewegung in der Nordsee vor den Gezeitentiefs zwischen den Watteninseln. Es muß also möglich sein, die Bewegung an jeder Stelle der Zuidersee anzugeben als Funktion von diesen Nordseegezeiten h_a, h_b, h_c und h_d. Das ist auch der Fall. Fängt man in der Nordsee an, dann hat man am Beginn der in die Zuidersee führenden Kanäle die Größen h_a und s_a bzw. h_b und s_b usw., in welchen die Bewegung im Innern der Zuidersee ausgedrückt werden kann. Es bleibt dann eine genügende Zahl von Gleichungen übrig um den Unbekannten s_a, s_b, s_c und s_d zu eliminieren.

In dieser Weise ist der jetzige Zustand in der Zuidersee mehrere Male berechnet, zuerst mit einem sehr einfachen Rinnensystem, später mit einem Netz, das der Wirklichkeit mehr entspricht. Die Übereinstimmung der Resultate mit den Beobachtungen war, sogar im ersten Falle, besser als man je gehofft hatte: die sehr verwickelte Gezeitenbewegung wurde durch die Berechnung ganz gut wiedergegeben.

Die Methode hatte damit ihre Brauchbarkeit bewiesen und konnte jetzt auch angewandt werden auf den Zustand, der entstehen wird, wenn der größte Teil der Zuidersee durch einen Sperrdamm abgeschlossen ist. Die Nordseegezeiten, welche den Ausgangspunkt bilden, bleiben dann dieselben wie vorher, aber das Kanalnetz ändert sich. Man findet dort dann auch andere Gezeiten als sie jetzt bei offener Zuidersee herrschen.

Schon früher hatte man vermutet, daß die Abschließung der Zuidersee eine Verstärkerung der Gezeiten im übrigbleibenden Teile verursachen wird. Diese Verstärkerung wurde als Resultat der Rechnung auch gefunden, nur viel größer als erwartet war: in der Zuidersee zwischen der Friesischen Küste und dem Abschlußdamme werden die Gezeiten etwa doppelt so stark sein wie jetzt.

Ein zweites Ergebnis war vollständig unerwartet: die Rechnung gibt für die Strömungen in den Gezeitentiefs zwischen den Watt-

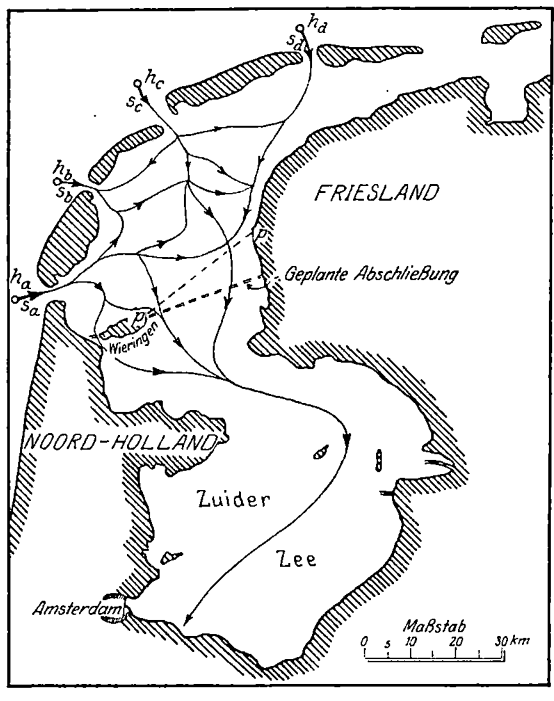

Abb. 3.

inseln nach Vollendung des Abschlußdeiches größere Werte als bei offener Zuidersee. Es scheint paradox, daß durch die Verkleinerung des Flutbeckens bis auf weniger als ein Drittel die Strömungen verstärkt werden. Doch hat die Erscheinung eine ziemlich einfache Erklärung:

Wenn keine Reibung vorhanden ist, entsteht in einer am Ende geschlossenen Rinne, wie die Zuidersee eine ist, eine stehende Schwingung. Am geschlossenen Ende hat die vertikale Bewegung ein Maximum, der Strom ist dort natürlich gleich Null.

Auf ein Viertel der Wellenlänge davon entfernt liegt die erste Knotenlinie: der Gezeitenhub verschwindet dort vollständig, aber die Strömung ist hier gerade am stärksten.

Durch die Reibung wird das Phänomen komplizierter: die Gezeiten verschwinden nicht ganz, doch ihre Höhe ist sehr klein, während das Maximum der Strömung in der Nähe des reibungslosen Wertes bleibt.

Eine halbe Wellenlänge vom geschlossenen Ende entfernt hat die Gezeitenwelle einen Bauch, die Strömung, die hier bei Abwesenheit der Reibung Null wäre, hat auch in Wirklichkeit einen kleineren Wert, als mehr nach dem Innern der Zuidersee.

Bei den jetzigen Verhältnissen ist die Entfernung des geschlossenen Endes zur Nordsee ein wenig mehr als die Hälfte der Wellenlänge der Hauptgezeiten, die Strömungen zwischen den Watteninseln hindurch sind also verhältnismäßig schwach. Die Gezeitenbewegung in der Zuidersee entsteht dann auch zum größten Teile durch Eigenschwingung.

Der nach Abschließung noch übrigbleibende Teil hat eine Länge von fast ein Viertel der Welle: die Knotenlinie liegt gerade außerhalb der Watteninseln, und das Resultat ist ein starker Strom und hohe Gezeiten.

Da die verstärkten Gezeitenströmungen unerwünscht sind für die Erhaltung der Seedeiche, wird wahrscheinlich im Anschluß an diese Ergebnisse der Entwurf der Abschließung der Zuidersee geändert: der Deich wird soviel wie möglich gegen Nordwesten verschoben (nach $p - p$). Die Knotenlinie entfernt sich dann mehr von der Nordseeküste und der Strom zwischen den Watteninseln verringert sich wieder.

Die analytische Theorie der Bewegungsgleichungen einer inkompressiblen zähen Flüssigkeit.

Von C. W. Oseen in Upsala.

Es ist mir eine große Ehre, vor Ihnen über ein Thema sprechen zu dürfen, dem ich viele Jahre hindurch fast meine ganze Kraft gewidmet habe. Schon in meiner frühen Jugend ergriff mich das hydrodynamische Problem, die Frage: wie kommt es, daß die tatsächlichen Bewegungen einer Flüssigkeit einen so ganz anderen Charakter haben als die einfachen schönen Bewegungen, die man in den hydrodynamischen Lehrbüchern beschreibt. Früh stellte ich mir die Aufgabe, die Aufklärung des d'Alembertschen Paradoxons zu versuchen. Der Weg, der zu diesem Ziel führen konnte, war nach meiner Auffassung das Studium der Bewegungsgleichungen einer zähen inkompressiblen Flüssigkeit. Über die Ergebnisse, zu denen mich dieses Studium geführt hat, will ich jetzt berichten.

Die Bewegungsgleichungen einer zähen, inkompressiblen Flüssigkeit lauten bekanntlich:

$$\left.\begin{aligned}
\varrho\left(\frac{\partial u}{\partial t} + u\frac{\partial u}{\partial x} + v\frac{\partial u}{\partial y} + w\frac{\partial u}{\partial z}\right) &= X - \frac{\partial p}{\partial x} + \mu\,\varDelta\,u, \\
\varrho\left(\frac{\partial v}{\partial t} + u\frac{\partial v}{\partial x} + v\frac{\partial v}{\partial y} + w\frac{\partial v}{\partial z}\right) &= Y - \frac{\partial p}{\partial y} + \mu\,\varDelta\,v, \\
\varrho\left(\frac{\partial w}{\partial t} + u\frac{\partial w}{\partial x} + v\frac{\partial w}{\partial y} + w\frac{\partial w}{\partial z}\right) &= Z - \frac{\partial p}{\partial z} + \mu\,\varDelta\,w, \\
\frac{\partial u}{\partial x} + \frac{\partial v}{\partial y} + \frac{\partial w}{\partial z} &= 0.
\end{aligned}\right\} \quad \cdot\ \cdot\ (1)$$

Man kann sie auch zweckmäßig in der folgenden, sogen. Lambschen Form schreiben:

$$\left.\begin{aligned}
\varrho\left\{\frac{\partial u}{\partial t} + v\left(\frac{\partial u}{\partial y} - \frac{\partial v}{\partial x}\right) - w\left(\frac{\partial w}{\partial x} - \frac{\partial u}{\partial z}\right)\right\} &= X - \frac{\partial q}{\partial x} + \mu\,\varDelta\,u, \\
\varrho\left\{\frac{\partial v}{\partial t} + w\left(\frac{\partial v}{\partial z} - \frac{\partial w}{\partial y}\right) - u\left(\frac{\partial u}{\partial y} - \frac{\partial v}{\partial x}\right)\right\} &= Y - \frac{\partial q}{\partial y} + \mu\,\varDelta\,v, \\
\varrho\left\{\frac{\partial w}{\partial t} + u\left(\frac{\partial w}{\partial x} - \frac{\partial u}{\partial z}\right) - v\left(\frac{\partial v}{\partial z} - \frac{\partial w}{\partial y}\right)\right\} &= Z - \frac{\partial q}{\partial z} + \mu\,\varDelta\,w, \\
\frac{\partial u}{\partial x} + \frac{\partial v}{\partial y} + \frac{\partial w}{\partial z} = 0; \quad\text{wo}\quad q &= p + \frac{1}{2}\varrho\,(u^2 + v^2 + w^2).
\end{aligned}\right\} (1\,a)$$

Das Ziel der Forschung auf diesem Gebiete ist die vollständige und gleichzeitig übersichtliche Lösung dieser Gleichungen bei vorgeschriebener, im allgemeinen von t abhängiger Begrenzung der Flüssigkeit und bei beliebig vorgeschriebenen Anfangswerten von u, v, w. Ob dieses Ziel je erreicht werden wird, wissen wir nicht. Zur Zeit sind wir noch weit entfernt von einer Lösung der erwähnten Art.

Ich habe in meinen Untersuchungen zunächst angenommen, daß die Flüssigkeit den ganzen Raum erfüllt. Wenn man ferner die sogen. quadratischen Glieder: $u\dfrac{\partial u}{\partial x}$ usw. vernachlässigt, so wird man zu dem System:

$$\varrho\,\frac{\partial u}{\partial t} = X - \frac{\partial p}{\partial x} + \mu\,\varDelta\,u\,,$$

$$\varrho\,\frac{\partial v}{\partial t} = Y - \frac{\partial p}{\partial y} + \mu\,\varDelta\,v\,,$$

$$\varrho\,\frac{\partial w}{\partial t} = Z - \frac{\partial p}{\partial z} + \mu\,\varDelta\,w\,,$$

$$\frac{\partial u}{\partial x} + \frac{\partial v}{\partial y} + \frac{\partial w}{\partial z} = 0$$

geführt. Die Aufgabe ist, die Lösung u, v, w dieses Systems zu finden, die etwa für $t = t_0$ die Werte u_0, v_0, w_0 annimmt. Sie lautet:

$$u\,(x, y, z, t) = \frac{1}{4\,\pi}\sqrt{\frac{1}{\varrho\,\mu\,\pi}}\iiint_{\infty} \{u\,(\xi, \eta, \zeta, t_0)\,u'_\xi + v\,v'_\xi + w\,w'_\xi\}\,d\xi\,d\eta\,d\zeta$$
$$t = t_0$$

$$+ \frac{1}{4\,\pi}\sqrt{\frac{1}{\varrho\,\mu\,\pi}}\int_{t_0}^{t} d\tau \iiint_{\infty} \{X\,(\xi, \eta, \zeta, \tau)\,u'_\xi + Y\,v'_\xi + Z\,w'_\xi\}\,d\xi\,d\eta\,d\zeta$$

$$\cdot\ \cdot\ \cdot\ \cdot\ \cdot\ \cdot\ \cdot\ \cdot\ \cdot\ \cdot\ \cdot\ \cdot\ \cdot\ \cdot\ \cdot\ \cdot\ \cdot\ \cdot\ \cdot$$

$$p = \frac{1}{4\,\pi}\iiint_{\infty} \left\{X\,\frac{\partial}{\partial \xi}\left(\frac{1}{r}\right) + Y\,\frac{\partial}{\partial \eta}\,\frac{1}{r} + Z\,\frac{\partial}{\partial \zeta}\left(\frac{1}{r}\right)\right\}\,d\xi\,d\eta\,d\zeta\,.$$

Hier ist:

$$u'_\xi = -\frac{\partial^2 P}{\partial \eta^2} - \frac{\partial^2 P}{\partial \zeta^2}\,, \qquad v'_\xi = \frac{\partial^2 P}{\partial \xi\,\partial \eta}\,, \qquad w'_\xi = \frac{\partial^2 P}{\partial \xi\,\partial \zeta}$$

usw.

$$P = \frac{1}{r}\int_{0}^{r} e^{-\frac{\varrho\,a^2}{4\,\mu\,(t-\tau)}}\,\frac{1}{\sqrt{t-\tau}}\,d\alpha\,. \qquad r = \sqrt{(x-\xi)^2 + (y-\eta)^2 + (z-\zeta)^2}$$

Nach der Erledigung dieser ersten Aufgabe konnte ich mir die weitere Aufgabe stellen, durch sukzessive Annäherungen das vollständige System 1 oder 1a zu integrieren. Ich will hier nicht auf

Einzelheiten eingehen. Es genügt zu erwähnen, daß man, wenn eine Flüssigkeit den ganzen Raum erfüllt, und wenn die Bewegung zur Zeit t_0 regulär ist, d. h. wenn in diesem Momente u, v, w stetige und zweimal stetig differenzierbare Funktionen von x, y, z sind, stets eine solche Größe t_1 finden kann, daß diejenige Bewegung, die man durch die Methode der sukzessiven Annäherungen bekommt, im Intervalle $t_0 \leqq t \leqq t_0 + t_1$ regulär ist. Man kann dann weitergehen und ein neues Intervall $t_0 + t_1 \leqq t \leqq t_0 + t_2$ bestimmen, in welchem die Bewegung immer noch regulär ist. So kann man fortfahren. Man bekommt eine Reihe von reellen positiven Größen $t_1, t_2, t_3 \ldots t_n$ derart, daß die Bewegung der Flüssigkeit sicher regulär ist, wenn

$$t_0 < t < t_0 + t_1 + t_2 + \cdots + t_m$$

und dies, wie groß man auch die ganze Zahl m wählt.

Hier tritt nun eine Frage auf. Ist die Reihe:

$$t_1 + t_2 + \cdots +$$

konvergent oder divergent? Wenn sie divergent ist, so heißt das, daß wir die Bewegung der Flüssigkeit mittels unserer Methode beliebig weit vorausberechnen können und daß sie stets regulär bleibt. Wenn dagegen die Reihe konvergent ist, so heißt das, daß unsere Methode in einem gewissen Moment versagt. Dies ist nur dann möglich, wenn die Bewegung in diesem Moment aufhört, regulär zu sein.

Ich habe mich lange bemüht, zu zeigen, daß die Reihe divergent ist. Es ist mir nicht gelungen. Allmählich bin ich zu der Überzeugung geführt worden, daß es tatsächlich unmöglich ist, zu beweisen, daß die Reihe stets divergiert, daß sie vielmehr unter gewissen Umständen konvergiert. So wurde ich zu der Frage geführt: welche physikalische Bedeutung können Singularitäten in den Lösungen der hydrodynamischen Differentialgleichungen haben? Eine Antwort bot sich hier von selbst dar. Wir wissen alle, daß die Bewegungen einer Flüssigkeit von zwei verschiedenen Arten sein können, laminar oder turbulent. Kann es nicht so sein, daß der Unterschied zwischen diesen beiden Bewegungsarten eben der ist, daß die turbulenten Bewegungen Bewegungen mit Singularitäten sind, die laminaren Bewegungen ohne Singularitäten? —

Wenn diese Hypothese richtig war, so mußte es möglich sein, zu zeigen, daß die Singularitäten, welche in der Bewegung einer Flüssigkeit auftreten können, Wirbel sind. Um dieses Ziel zu erreichen, war es notwendig, die Theorie in mathematischer Hinsicht zu verfeinern und zu vertiefen. Ich will hierauf nicht eingehen. Genug, es gelang, den Satz zu beweisen: Wenn die Bewegung einer unendlich ausgedehnten Flüssigkeit aufhört, regulär zu sein, dann hat der Wirbelvektor irgendwo in der Flüssigkeit einen unendlich großen Wert. Ich sah in diesem Satze eine Bestätigung meiner Hypothese.

Offenbar steht die Frage, über die ich soeben gesprochen habe, im engsten Zusammenhang mit dem alten berühmten Stabilitätsprobleme in der Hydrodynamik. Meine Auffassung von diesem Probleme dürfte schon aus dem obigen klar sein. Betrachten wir etwa den Fall, daß eine Flüssigkeit von zwei ebenen, parallelen Wänden begrenzt ist, von denen eine ruht, während sich die andere mit konstanter Geschwindigkeit parallel mit sich selbst bewegt. Es ist jetzt allgemein bekannt, daß diese Bewegung zufälligen Störungen gegenüber stabil ist. Ich habe selber einen kleinen Beitrag zur Klärung dieser Frage gegeben, indem ich zeigte, daß die Bewegung selbst im ungünstigten Falle, wenn die Breite unendlich groß wird, immer noch stabil ist. Wir wollen jetzt annehmen, daß irgendeine dauernde Störung, etwa eine Unebenheit einer Wand, die Bewegung beeinflußt. Bei genügend großer Geschwindigkeit haben wir zu erwarten, daß eine Singularität, das heißt ein Wirbel, auftritt. In diesem Augenblick setzt die turbulente Bewegung ein. Diese Auffassung steht in voller Übereinstimmung mit einem bekannten Experiment von Herrn Kollegen Ekman. Eine Theorie der Stabilität ist nach dieser Auffassung identisch mit einer Theorie der Singularitäten. Kein Wunder, daß wir diese Theorie noch nicht besitzen.

Noch ein Wort über die Bewegung einer unendlich ausgedehnten Flüssigkeit, einer Flüssigkeit, welche den ganzen Raum erfüllt. Wir haben gesehen, daß, wenn die Bewegung im Momente t_0 regulär ist, es möglich ist, die Bewegung bis zu dem Momente vorauszuberechnen, wo eine Singularität auftritt. Nach der Methode, von der ich oben gesprochen habe, muß man zu diesem Zweck eine gewisse, im allgemeinen unendlich große Zahl von analytischen Ausdrücken berechnen, die, jeder in einem Zeitintervall, die Bewegung darstellen. Man kann nun fragen, ob es möglich ist, eine einheitliche Lösung anzugeben, welche die Bewegung von $t = t_0$, bis zu dem Momente darstellt, wo die Singularität auftritt. Auch das ist möglich. Für numerische Zwecke ist diese Lösung zu kompliziert. Doch halte ich es nicht für ausgeschlossen, daß sie oder vielmehr die Methode, welche diese Lösung gibt, einmal von Bedeutung werden wird.

Ich gehe zu den schwierigen Fragen über, die auftreten, wenn die Flüssigkeit eine Grenzfläche hat. Ich beschränke mich auf den Fall, wo ein Körper sich in einer Flüssigkeit bewegt. Meine ersten Arbeiten über dieses Problem beziehen sich auf die bekannte Stokessche Aufgabe, den Widerstand einer zähen Flüssigkeit gegen die stationäre Translation einer kleinen Kugel zu berechnen. Im Jahre 1887 machte Whitehead einen Versuch, die Berechnung von Stokes durch Berücksichtigung der von Stokes vernachlässigten quadratischen Glieder zu verbessern. Es stellte sich aber heraus, daß dies unmöglich war, indem die Korrektionsglieder im unendlich Fernen nicht verschwinden, sondern vielmehr unendlich groß werden. Whitehead zog hieraus den Schluß, daß auch in einer zähen Flüssigkeit und selbst bei den kleinsten Geschwindigkeiten hinter der Kugel sich eine Diskontinuitätsfläche bilden muß. Zu der Zeit, als ich mich mit diesen Fragen zu beschäftigen anfing, war es vollständig klar, daß diese Erklärung nicht richtig sein konnte. Man wußte, daß in einer zähen Flüssigkeit Diskontinuitätsflächen unmöglich sind. Man wußte auch, daß das Stokessche Widerstandsgesetz tatsächlich richtig war. Die Schwierigkeit, welche Herr Whitehead gefunden hatte, mußte also eine andere Erklärung haben. Es war nicht schwer, diese Erklärung zu finden. Wir führen mit Stokes ein Koordinatensystem ein, dessen Anfangspunkt im Zentrum der Kugel liegt und sich also mit der Kugel bewegt. In diesem Koordinatensystem ist die Bewegung der Flüssigkeit von t unabhängig und wir haben deshalb:

$$\varrho\left(u\frac{\partial u}{\partial x}+v\frac{\partial u}{\partial y}+w\frac{\partial u}{\partial z}\right)=-\frac{\partial p}{\partial x}+\mu\,\Delta u,$$

$$\varrho\left(u\frac{\partial v}{\partial x}+v\frac{\partial v}{\partial y}+w\frac{\partial v}{\partial z}\right)=-\frac{\partial p}{\partial y}+\mu\,\Delta v,$$

$$\varrho\left(u\frac{\partial w}{\partial x}+v\frac{\partial w}{\partial y}+w\frac{\partial w}{\partial z}\right)=-\frac{\partial p}{\partial z}+\mu\,\Delta w,$$

$$\frac{\partial u}{\partial x}+\frac{\partial v}{\partial y}+\frac{\partial w}{\partial z}=0.$$

Die Grenzbedingungen sind:

$$u=v=w=0\quad\text{für}\quad r=\sqrt{x^2+y^2+z^2}=a,$$

$$u=-u_0,\qquad\qquad v=w=0\quad\text{für}\quad r=\infty.$$

Wenn wir jetzt: $u=-u_0+u'$, $v=v'$, $w=w'$ setzen, so bekommen wir:

$$-\varrho\,u_0\frac{\partial u'}{\partial x}+\varrho\left(u'\frac{\partial u'}{\partial x}+v'\frac{\partial u'}{\partial y}+w'\frac{\partial u'}{\partial z}\right)=-\frac{\partial p}{\partial x}+\mu\,\Delta u',$$

$$-\varrho\,u_0\frac{\partial v'}{\partial x}+\varrho\left(u'\frac{\partial v'}{\partial x}+v'\frac{\partial v'}{\partial y}+w'\frac{\partial v'}{\partial z}\right)=-\frac{\partial p}{\partial y}+\mu\,\Delta v',$$

$$-\varrho\,u_0\frac{\partial w'}{\partial x}+\varrho\left(u'\frac{\partial w'}{\partial x}+v'\frac{\partial w'}{\partial y}+w'\frac{\partial w'}{\partial z}\right)=-\frac{\partial p}{\partial z}+\mu\,\Delta w',$$

$$\frac{\partial u'}{\partial x}+\frac{\partial v'}{\partial y}+\frac{\partial w'}{\partial z}=0.$$

Die Methode von Stokes besteht darin, alle Glieder links in den drei ersten Gleichungen zu vernachlässigen. Man sieht aber leicht, wenn man die so erhaltenen Gleichungen löst und nachträglich $\varrho u_0\dfrac{\partial x'}{\partial u}$ usw. berechnet, daß diese Glieder, selbst bei den kleinsten Werten von u_0 gar nicht klein neben $\dfrac{\partial p}{\partial x}$ oder $\mu\Delta u'$ sind, sondern vielmehr, in genügend großer Entfernung von der Kugel, beliebig groß im Verhältnis zu diesen Größen sind. Dies zeigt sofort, daß die Theorie von Stokes mathematisch unbefriedigend ist. Es ist jetzt nicht schwer, die Stokessche Theorie zu verbessern. Wir vernachlässigen die Glieder $\varrho u' \dfrac{\partial u'}{\partial x}$ usw., behalten aber die Glieder

$-\varrho u_0 \dfrac{\partial u'}{\partial x}$ usw. bei.   Das so erhaltene System:

$$ -\varrho u_0 \frac{\partial u'}{\partial x} = -\frac{\partial p}{\partial x} + \mu \varDelta u $$

$$ -\varrho u_0 \frac{\partial v'}{\partial x} = -\frac{\partial p}{\partial y} + \mu \varDelta v' $$

$$ -\varrho u_0 \frac{\partial w'}{\partial x} = -\frac{\partial p}{\partial z} + \mu \varDelta w', $$

$$ \frac{\partial u'}{\partial x} + \frac{\partial v'}{\partial y} + \frac{\partial w'}{\partial z} = 0 $$

mit den Grenzbedingungen: für $r = a$; $u' = u_0$; $v' = w' = 0$; für $r = \infty$
$u' = v' = w' = 0$ besitzt die approximative Lösung:

$$ u' = \frac{3}{2} \frac{a \cdot u_0}{r} e^{-\frac{\varrho}{2\mu}(u_0 \cdot x + |u_0| r)} - \frac{3\mu a}{2\varrho} \frac{\partial}{\partial x} \frac{1 - e^{-\frac{\varrho}{2\mu}(u_0 x + |u_0| r)}}{r} $$

$$ - \frac{1}{4} a^3 u_0 \frac{\partial^2}{\partial x^2}\left(\frac{1}{r}\right); $$

$$ v' = -\frac{3\mu a}{2\varrho} \frac{\partial}{\partial y} \frac{1 - e^{-\frac{\varrho}{2\mu}(u_0 x + |u_0| r)}}{r} - \frac{1}{4} a^3 u_0 \frac{\partial^2}{\partial x \partial y}\left(\frac{1}{r}\right); $$

$$ w' = -\frac{3\mu a}{2\varrho} \frac{\partial}{\partial z} \frac{1 - e^{-\frac{\varrho}{2\mu}(u_0 x + |u_0| r)}}{r} - \frac{1}{4} a^3 u_0 \frac{\partial^2}{\partial x \partial z}\left(\frac{1}{r}\right); $$

$$ p' = -\frac{3}{2} a u_0 \mu \frac{\partial}{\partial x}\left(\frac{1}{r}\right) + \frac{1}{4}\varrho a^3 u_0{}^2 \frac{\partial^2}{\partial x^2}\left(\frac{1}{r}\right); $$

Diese Ausdrücke genügen exakt den Differentialgleichungen, aber nur
annähernd der Grenzbedingung $u' = u_0$, $u = w = 0$ für $r = a$. Das
Interessante an diesen Formeln beruht zunächst darauf, daß sie zeigen,
daß die Bewegung der Flüssigkeit hinter dem Körper einen ganz
anderen Charakter als vor dem Körper hat. Während die ältere
Hydrodynamik sowohl bei verschwindender Zähigkeit wie bei vor-
herrschender Zähigkeit Symmetrie vor und hinter der Kugel ergab,
so geben unsere Formeln dagegen selbst bei den kleinsten Geschwindigkeiten eine ausgeprägte Dissymmetrie. Man sieht das sofort, wenn
man den absoluten Betrag des Wirbelvektors berechnet. Man findet:

$$ \frac{3}{2} a\,|u \cdot| \frac{\sqrt{r^2 - x^2}}{r^3}\left(1 + \frac{\varrho\,|u_0|}{2\mu} r\right) \cdot e^{-\frac{\varrho}{2\mu}(u_0 x + |u_0| r)}\ . $$

Vor dem Körper haben die beiden Glieder im Exponenten dasselbe Vorzeichen, hinter dem Körper entgegengesetzte Vorzeichen.
Man sieht: Hinter dem Körper entsteht, selbst bei den kleinsten

Geschwindigkeiten, ein Wirbelschwanz. Es gibt bei der Bewegung eines Körpers in einer zähen Flüssigkeit gar keine kritische Reynoldssche Zahl. Die Bewegung hat von Anfang an qualitativ denselben Charakter.

Der Widerstand gegen die Bewegung der Kugel hat nach Stokes den Wert $6\,\pi\mu a u_0$. Meine Methode ergibt:

$$6\,\pi\mu \cdot a u_0 \left(1 + \frac{3}{8}\,\frac{\varrho\,a\,|u_0|}{\mu} \right).$$

Es gibt eine ziemlich umfassende Literatur über die Bewegung kleiner Körper in einer zähen Flüssigkeit. Bald nach der Veröffentlichung meiner ersten Abhandlung über das Stokessche Gesetz zeigte Lamb, daß meine Rechnungsmethode imstande ist, ein altes Paradoxon in der Hydrodynamik aufzuklären. Stokes machte zuerst den Versuch, den Widerstand gegen die Bewegung eines unendlich langen Zylinders in einer zähen Flüssigkeit zu berechnen. Er fand indessen, daß bei stationärer Bewegung des Zylinders die ganze unendliche Flüssigkeit an dem Zylinder haften und ihm in seiner Bewegung folgen muß. Lamb zeigte, daß dieses Ergebnis nur auf der Stokesschen Rechenmethode beruht und daß, wenn man den Widerstand nach meiner Methode berechnet, man einen ganz vernünftigen Wert:

$$\frac{2\,|\pi\,\mu\,u_0}{\dfrac{1}{2} - \gamma - \lg \dfrac{\varrho\,a\,|u_0|}{4\,\mu}}$$

pro Längeneinheit bekommt.

Sehr wertvolle Beiträge zu diesem Kapitel der Wissenschaft hat Dr. Faxén in Upsala gegeben. Er hat in mustergültiger Weise die schwierige Frage nach dem Einfluß der Wände auf das Widerstandsgesetz behandelt. So hat er unter anderem eine von Herrn Weyssenhoff hervorgehobene Schwierigkeit vollständig aufgelöst. Herr Weyssenhoff fand, daß die experimentellen Tatsachen betreffs der Bewegung einer kleinen Kugel in einem Rohr nicht mit meiner Widerstandsformel im Einklang stehen. Theoretisch war dies allerdings gar nicht zu erwarten, da sich meine Formel ja auf den Fall bezieht, wo eine Kugel sich in einer unbegrenzten Flüssigkeit bewegt. Merkwürdigerweise glaubte doch Herr Weyssenhoff schließen zu können, daß meine Formel auch in einer unbegrenzten Flüssigkeit nicht gültig sein kann. Faxén hat nun mittels meiner Methode die stationäre Bewegung einer kleinen Kugel längs der Achse eines Rohres berechnet. Seine Ergebnisse stimmen sowohl bei dünnen wie bei dicken Rohren gut mit den Messungen überein. Er schließt, daß mein Korrektionsglied und meine Rechenmethode sich bei dem Vergleich mit den experimentellen Tatsachen gut bewähren.

Ich habe im Jahre 1915 meine Widerstandsberechnung auch für ein Ellipsoid ausgeführt. Weitere Beiträge zu diesen Fragen haben Dr. Burgess, Herr Dhirendra Kumar Sen u. a. gegeben.

Ich komme zu dem schwierigsten Teile meiner Untersuchungen, dem Teile, wodurch ich eine Antwort auf meine alte Frage gewann, die Frage: wie kommt es, daß die tatsächlichen Bewegungen einer Flüssigkeit einen so ganz anderen Charakter haben als diejenigen, die man in den hydrodynamischen Lehrbüchern beschreibt?

Wir kehren zu den Gleichungen zurück, die wir für den Fall aufgestellt haben, daß ein Körper sich mit konstanter Geschwindigkeit in einer zähen Flüssigkeit bewegt. Wir schreiben sie folgendermaßen:

$$-\varrho u_0 \frac{\partial u'}{\partial x} + \varrho \left[v'\left(\frac{\partial u'}{\partial y} - \frac{\partial v'}{\partial x}\right) - w'\left(\frac{\partial w'}{\partial x} - \frac{\partial u'}{\partial z}\right) \right] = -\frac{\partial q}{\partial x} + \mu \Delta u'$$

$$-\varrho u_0 \frac{\partial v'}{\partial x} + \varrho \left[w'\left(\frac{\partial v'}{\partial z} - \frac{\partial w'}{\partial y}\right) - u'\left(\frac{\partial u'}{\partial y} - \frac{\partial v'}{\partial x}\right) \right] = -\frac{\partial q}{\partial y} + \mu \Delta v'$$

$$-\varrho u_0 \frac{\partial w'}{\partial x} + \varrho \left[u'\left(\frac{\partial w'}{\partial x} - \frac{\partial u'}{\partial z}\right) - v'\left(\frac{\partial v'}{\partial z} - \frac{\partial w'}{\partial y}\right) \right] = -\frac{\partial q}{\partial z} + \mu \Delta w'$$

$$\frac{\partial u'}{\partial x} + \frac{\partial v'}{\partial y} + \frac{\partial w'}{\partial z} = 0; \qquad q = p + \frac{\varrho}{2}\left(u'^2 + v'^2 + w'^2\right).$$

$u' = u_0$, $v' = w' = 0$ an der Oberfläche, $u' = v' = w' = 0$ im unendlich Fernen.

Die klassische **Green-Dirichletsche** Theorie würde diese Gleichungen folgendermaßen behandeln. Zunächst würde sie den Reibungskoeffizienten μ gleich Null setzen und also die Glieder $\mu \Delta u'$, $\mu \Delta v'$, $\mu \Delta w'$ vernachlässigen. Sodann würde sie den Satz benutzen, daß in einer reibungslosen Flüssigkeit Wirbel nicht entstehen können. Sie würde deshalb $\dfrac{\partial u'}{\partial y} - \dfrac{\partial v'}{\partial x} = 0$ usw. setzen. Sie würde also schließlich das System:

$$-\varrho u_0 \frac{\partial u'}{\partial x} = -\frac{\partial q}{\partial x}; \qquad -\varrho u_0 \frac{\partial v'}{\partial x} = -\frac{\partial q}{\partial y}; \qquad -\varrho u_0 \frac{\partial w'}{\partial x} = -\frac{\partial q}{\partial z};$$

$$\frac{\partial u'}{\partial x} + \frac{\partial v'}{\partial y} + \frac{\partial w'}{\partial z} = 0$$

betrachten. Dieses System würde sie folgendermaßen lösen: Alle Gleichungen werden durch den Ansatz:

$$u' = \frac{\partial \varphi}{\partial x}; \qquad v' = \frac{\partial \varphi}{\partial y}; \qquad w' = \frac{\partial \varphi}{\partial z}; \qquad q = \varrho u_0 \frac{\partial \varphi'}{\partial x}$$

befriedigt, wenn:

$$\Delta \varphi = 0.$$

Eine Lösung dieser Gleichung zu finden, die an der Oberfläche des Körpers den Bedingungen: $\dfrac{\partial \varphi}{\partial x} = u_0$, $\dfrac{\partial \varphi}{\partial y} = \dfrac{\partial \varphi}{\partial z} = 0$, ist im allgemeinen nicht möglich. Die alte Theorie ersetzt deshalb diese

Grenzbedingungen durch die einzige, stets erfüllbare Bedingung:

$$\frac{\partial \varphi}{\partial n} = u \cdot \cos (n_0, x).$$

Ich habe mir nun gesagt: Die alte Theorie behauptet, daß bei verschwindendem μ die Wirbelkomponenten verschwinden. Es muß dann möglich sein, μ so klein zu nehmen, daß die quadratischen Glieder nur einen sehr kleinen Einfluß ausüben. Wenn die Behauptung der alten Theorie richtig ist, so müssen wir, wenn wir diese Glieder vernachlässigen, dann unsere Gleichungen auflösen und schließlich $\mu = 0$ setzen, eine wirbellose Grenzbewegung bekommen. Ich beschloß nachzuprüfen, ob dies wirklich wahr ist.

Ich will hier gar nicht auf die mathematischen Details eingehen. Ich will nur mein Resultat erwähnen. Wenn man das System:

$$- \varrho u_0 \frac{\partial u'}{\partial x} = - \frac{\partial q}{\partial x} + \mu \varDelta u';$$

$$- \varrho u_0 \frac{\partial v'}{\partial x} = - \frac{\partial q}{\partial y} + \mu \varDelta v';$$

$$- \varrho u_0 \frac{\partial w'}{\partial x} = - \frac{\partial q}{\partial z} + \mu \varDelta w';$$

$$\frac{\partial u'}{\partial x} + \frac{\partial v'}{\partial y} + \frac{\partial w'}{\partial z} = 0.$$

$u' = u_0$, $v' = w' = 0$ an der Oberfläche des Körpers, $u' = v' = w' = 0$ im unendlich Fernen bei kleinem μ auflöst und dann den Grenzübergang $\mu \to 0$ ausführt, dann bekommt man eine diskontinuierliche Bewegung der Flüssigkeit. Hinter dem Körper, innerhalb eines mit der Bewegungsrichtung parallelen und den Körper tangierenden Zylinders, herrscht (Abb. 1) eine Wirbel-

Abb. 1.

bewegung, im ganzen übrigen Raume eine Potentialbewegung. Um diese Bewegungen zu bestimmen, hat man eine Potentialfunktion φ zu bestimmen, welche außerhalb des Körpers regulär ist und an der Oberfläche desselben den Bedingungen:

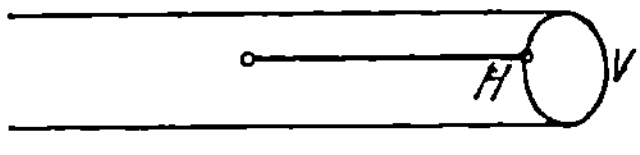

$$\text{an } V \qquad \frac{\partial \varphi}{\partial n} = u_0 \cos (n x)$$

$$\text{an } H \qquad \frac{d}{dn} \frac{\partial \varphi}{\partial x} = 0$$

genügt. Man hat dann, außerhalb des Zylinders:

$$u' = \frac{\partial \varphi}{\partial x}; \qquad v' = \frac{\partial \varphi}{\partial y}; \qquad w' = \frac{\partial \varphi}{\partial z}$$

innerhalb des Zylinders:

$$u' = u_0 + \frac{\partial \varphi}{\partial x} - \left(\frac{\partial \varphi}{\partial x}\right)_H; \qquad v' = \frac{\partial \varphi}{\partial y} - \left(\frac{\partial \varphi}{\partial y}\right)_H; \qquad w' = \frac{\partial \varphi}{\partial z} - \left(\frac{\partial \varphi}{\partial z}\right)_H.$$

Innerhalb des Zylinders ist also die Bewegung eine Wirbelbewegung.

Welchen Schluß kann man aus diesen Ergebnissen ziehen? Ein
Schluß scheint mir mit voller Deutlichkeit hervorzugehen. Der Satz
aus der klassischen Hydrodynamik, von dem ich ausgegangen bin,
der Satz, daß bei verschwindender Reibung die Wirbel verschwinden,
kann nicht richtig sein. Die Antwort meiner alten Frage: „Wie
kommt es, daß die tatsächlichen Bewegungen einer Flüssigkeit einen
so ganz anderen Charakter haben als die einfachen Bewegungen,
die man in den hydrodynamischen Lehrbüchern beschreibt", lautet:
Die klassische Hydrodynamik beruht auf einem schlecht ausgeführten
Grenzübergang zu verschwindender Reibung. Ebenso wie das System:

$$- \varrho\, u_0 \frac{\partial u'}{\partial x} = - \frac{\partial q}{\partial x}\,; \qquad - \varrho\, u_0 \frac{\partial v'}{\partial x} = - \frac{\partial q}{\partial y}\,; \qquad - \varrho\, u_0 \frac{\partial w'}{\partial x} = - \frac{\partial q}{\partial z}\,,$$

$$\frac{\partial u'}{\partial x} + \frac{\partial v'}{\partial y} + \frac{\partial w'}{\partial z} = 0$$

ganz gewiß die Lösung besitzt, welche die klassische Hydrodynamik
als die richtige Lösung des hydrodynamischen Problems auffaßt,
aber dazu eine ganz andere Lösung besitzt, diejenige, welche ich
durch meinen Grenzübergang fand, so besitzen auch die vollständigen
Bewegungsgleichungen für eine ideale Flüssigkeit ganz gewiß für den
Fall, wo sich ein starrer Körper in der Flüssigkeit bewegt, eine
stetige, wirbellose Lösung, aber noch dazu eine andere Lösung, die
man durch Grenzübergang bestimmen muß.

Ich habe in diesen Betrachtungen vorausgesetzt, daß die Randwertaufgabe, zu welcher ich durch meinen Grenzübergang geführt
wurde, wirklich eine Lösung besitzt. Es ist notwendig, etwas näher
auf diesen Punkt einzugehen, weil Herr Noether kürzlich eine
Arbeit veröffentlicht hat, die, wenn ich Herrn Noether recht ver-
stehe, den Zweck hat, zu zeigen, daß mein Problem im allgemeinen
keine Lösung hat. Herr Noether betrachtet den Fall, wo ein Kreiszylinder sich senkrecht gegen die Achse in einer Flüssigkeit bewegt.
Das Problem ist dann ein ebenes. Man kann die Randbedingung:
$\frac{\partial}{\partial n}\frac{\partial \varphi}{\partial x} = 0$ an der Rückseite des Körpers zweckmäßig in der folgenden Weise umformen. Wenn ψ die zu φ konjugierte Funktion ist,
hat man an der Rückseite:

$$\frac{d}{dn}\frac{\partial \varphi}{\partial x} = \pm \frac{d}{ds}\frac{\partial \psi}{\partial x} = 0\,.$$

Also: $\frac{\partial \psi}{\partial x} = \frac{\partial \varphi}{\partial y} = \text{konst.} = 0$. Die Aufgabe ist also, eine Lösung
der Gleichung:

$$\frac{\partial^2 \varphi}{\partial x^2} + \frac{\partial^2 \varphi}{\partial y^2} = 0$$

zu finden, die außerhalb des Querschnittes regulär ist, an der Vorderseite der Bedingung $\dfrac{\partial \varphi}{\partial n} = u_0 \cdot \cos(n\,x)$ und an der Rückseite der Be-

dingung $\dfrac{\partial \varphi}{\partial y} = 0$ genügt.   Herr Noether verwandelt dies äußere Problem durch eine Transformation durch reziproke Radien in ein inneres. Er macht dann für die gesuchte Funktion einen Ansatz, der das Problem auf eine singuläre Fredholmsche Integralgleichung zurückführt. Von dieser Gleichung zeigt er dann durch eine schöne und wertvolle Untersuchung, daß sie im allgemeinen unlösbar ist und nur dann eine Lösung besitzt, wenn die gegebene Funktion (also hier die Konstante u_0) zwei Bedingungen genügt.

Was ich hiergegen anzuführen habe, ist, daß man allerdings von der Funktion φ verlangen muß, daß sie überall außerhalb des Querschnittes regulär ist, aber nicht, daß sie sich im unendlich Fernen regulär verhält. Eine systematische Untersuchung hat in der Tat zu dem Ergebnis geführt, daß in dem ebenen Probleme die Funktion φ im unendlich Fernen sich wie:

$$A \cdot \lg r + B \cdot \operatorname{arc\,tg} \frac{y}{x} + \text{reguläre Funktion}$$

verhält, wo A und B Konstanten sind. Man sieht, daß man gerade über die nötige Zahl von Konstanten verfügt, um die Bedingungen von Herrn Noether zu befriedigen.   ·

Welche ist die physikalische Bedeutung der Glieder $A \cdot \lg r + B \cdot \operatorname{arc\,tg} \dfrac{y}{x}$? Ich beschränke mich auf das letzte, interessanteste Glied. Es zeigt, daß die Bewegung, welche ich durch meinen Grenzübergang erhalte, im allgemeinen eine zyklische ist. Es findet eine Zirkulation um den Körper statt. Bekanntlich steht dieses Ergebnis in voller Übereinstimmung mit den Tatsachen.

Herr Noether hat mein Grenzproblem auf eine singuläre Fredholmsche Integralgleichung zurückgeführt. Man kann aber auch das Problem auf eine reguläre Integralgleichung zurückführen. Man bekommt in demjenigen Falle, wo der Körper ein Kreiszylinder ist, der sich senkrecht gegen die Achse bewegt, zur Bestimmung zweier Funktionen P und Z:

$$P(\vartheta) + \frac{1}{2\pi}\int_0^{\pi} P(\vartheta_0)\,d\vartheta_0 + \frac{1}{2\pi}\int_{\pi}^{2\pi} Z(\vartheta_0)\,\frac{\sin\frac{1}{2}(\vartheta + \vartheta_0)}{\sin\frac{1}{2}(\vartheta - \vartheta_0)}\,d\vartheta_0 = u_0 \cos\vartheta ,$$

$$(0 \leqq \vartheta \leqq \pi),$$

$$Z(\vartheta') - \frac{1}{2\pi}\int_{\pi}^{2\pi} Z(\vartheta_0)\,d\vartheta_0 - \frac{1}{2\pi}\int_0^{\pi} P(\vartheta_0)\,\frac{\sin\frac{1}{2}(\vartheta' + \vartheta_0)}{\sin\frac{1}{2}(\vartheta' - \vartheta_0)}\,d\vartheta_0 = 0 ,$$

$$(\pi \leqq \vartheta' \leqq 2\pi).$$

Dieses System ist mit einer regulären Fredholmschen Integralgleichung äquivalent.

Die Überlegung, welche mich zu meinem Grenzübergange führte,
kann man natürlich auch betreffs des Systems:

$$\varrho\left\{\frac{\partial u}{\partial t}+v\left(\frac{\partial u}{\partial y}-\frac{\partial v}{\partial x}\right)-w\left(\frac{\partial w}{\partial x}-\frac{\partial u}{\partial z}\right)\right\}=-\frac{\partial q}{\partial x}+\mu\,\Delta u$$

$$- \cdots -$$

anstellen. Man wird so zu der Aufgabe geführt, eine Lösung des
Systems:

$$\varrho\frac{\partial u}{\partial t}=-\frac{\partial q}{\partial x}+\mu\,\Delta u;\quad \varrho\frac{\partial v}{\partial t}=-\frac{\partial q}{\partial y}+\mu\,\Delta v;\quad \varrho\frac{\partial w}{\partial t}=-\frac{\partial q}{\partial z}+\mu\,\Delta w,$$

$$\frac{\partial u}{\partial x}+\frac{\partial v}{\partial y}+\frac{\partial w}{\partial z}=0$$

bei verschwindendem μ zu suchen, welche. an der Oberfläche eines
beliebig bewegten Körpers vorgeschriebene Werte von u, v, w annimmt. Ich habe diese Aufgabe für den
Fall gelöst, daß der Körper eine translatori-
sche, übrigens beliebig beschleunigte Bewegung ausführt. Man wird zu dem Problem
geführt, eine außerhalb des Körpers reguläre
Potentialfunktion φ zu bestimmen, die an
der Vorderseite des Körpers der Bedingung

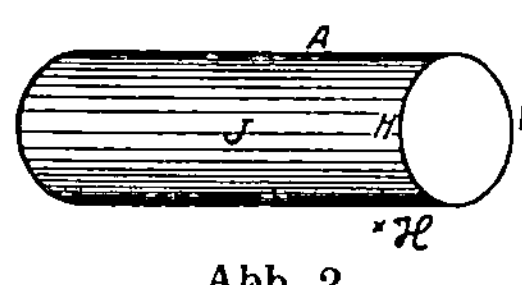

Abb. 2.

$$\frac{\partial\varphi}{\partial n}=u_0(t)\cos(nx)$$ genügt, und an der Rückseite der Bedingung:

$$\frac{d}{dn}\frac{\partial\varphi}{\partial t}=\frac{\partial u_0}{\partial t}\cos(nx).$$

Wenn man diese Funktion bestimmt hat, so ist die Lösung (Abb. 2)

in A: $u=\dfrac{\partial\varphi}{\partial x};\quad v=\dfrac{\partial\varphi}{\partial y};\quad w=\dfrac{\partial\varphi}{\partial z};\quad p=-\varrho\dfrac{\partial\varphi}{\partial t},$

in J: $u=u_0(t')+\left(\dfrac{\partial\varphi}{\partial x}\right)_t-\left(\dfrac{\partial\varphi}{\partial x}\right)_{t'}\qquad v=\left(\dfrac{\partial\varphi}{\partial y}\right)_t-\left(\dfrac{\partial\varphi}{\partial y}\right)_{t'};$

$$w=\left(\frac{\partial\varphi}{\partial z}\right)_t-\left(\frac{\partial\varphi}{\partial z}\right)_{t'};\qquad p=-\varrho\frac{\partial\varphi}{\partial t}.$$

t' ist in diesen Formeln die Zeit, wo die Rückseite des Körpers den
Punkt x, y, z verläßt.

Ich will zum Schluß einige Worte über die Probleme sagen, die
nach meiner Meinung zur Zeit die wichtigsten auf diesem Gebiete
sind. In erster Linie ist hier die Randwertaufgabe für die Gleichungen
zu erwähnen, welche man durch Weglassen der quadratischen Glieder

aus den hydrodynamischen Differentialgleichungen erhält. In einem einzigen Falle besitze ich eine befriedigende Lösung dieses Problems: im Falle der ruhenden Kugel. Ich bin zur Zeit mit dem Versuch beschäftigt, die Randwertaufgabe für die Gleichungen der stationären Bewegung zu lösen.

Wenn es gelingt, die Randwertaufgaben zu lösen, tritt ein anderes Problem auf die Tagesordnung: Die Bestimmung des Grenzübergangs bei verschwindendem μ für die Lösung der vollständigen hydrodynamischen Differentialgleichungen. Wie diese Aufgabe zu lösen ist, das zu entwickeln, gestattet mir die Zeit nicht. Ich will bloß sagen, daß ich auch dieses Problem für lösbar halte.

Bemerkung zu der Frage der Strömungsform um Widerstandskörper bei großen Reynoldsschen Kennzahlen.

Von **Th. v. Kármán** in Aachen.

Es ist nicht ohne Interesse, den theoretischen Erwägungen über die Frage, welcher Strömungsform die stationäre Bewegung um einen festen Körper mit wachsender Kennzahl (mit zunehmender Geschwindigkeit oder abnehmender Reibung) in der Grenze zustrebt, die Beobachtungen über die tatsächlich entstehende Strömung entgegenzuhalten. Diese ist zunächst überhaupt nicht stationär, woraus man wahrscheinlich folgern muß, daß die symmetrische, stationäre Strömungsform, zu welcher man durch die von Herrn Oseen entwickelten mathematisch äußerst erfolgreichen Methoden geführt wird, nicht stabil ist. Die tatsächlich eintretende Bewegung zeigt zwei Grundtypen: eine Strömungsform mit diskreten Wirbelgebilden, zum Teil mit ausgesprochener Periodizität und eine quasistationäre (sog. turbulente) Strömungsform, d. h. einen Strömungszustand, bei welchem in einem ausgedehnten Gebiet hinter dem Körper die Geschwindigkeit in jedem Punkte um einen zwar örtlich veränderlichen, aber zeitlich konstanten Mittelwert schwankt. Der Übergang zwischen den beiden Strömungszuständen, wie aus den Untersuchungen von Eiffel, Prandtl und Wieselsberger bekannt ist, erfolgt zum Teil plötzlich, und zwar so, daß die ersterwähnte Strömungsform bei kleineren Kennzahlen auftritt.

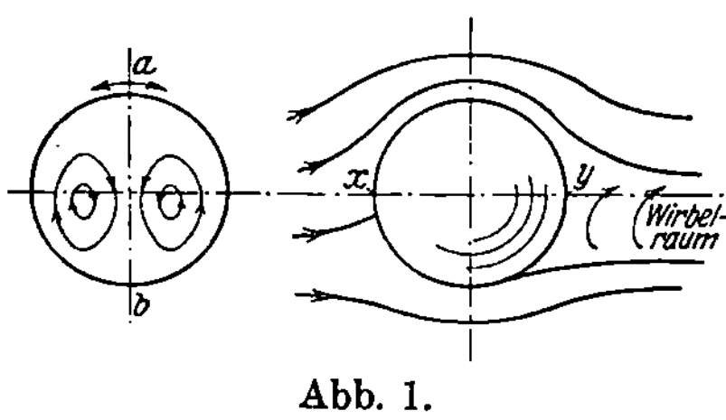

Abb. 1.

Für die Strömungsform mit diskreten Wirbelgebilden und bestimmten Perioden liefert die Erscheinung der „Wirbelstraße" ein charakteristisches Beispiel, welches bei der Bewegung eines unendlich ausgedehnten Zylinders in einer Flüssigkeit zustande kommt, und deren Stabilität ich in einer früheren Arbeit nachgewiesen habe. Es ist eine interessante Frage, welches Gebilde dieser Wirbelstraße mit abwechselnd drehenden Wirbelfäden bei einem dreidimensionalen Körper z. B. bei einem Umdrehungskörper entspricht, wenn dieser in der Richtung der Symmetrieachse sich bewegt. Da zeigen die

Beobachtungen, wie sie in dem aerodynamischen Institut in Aachen an einer Kugel durch Sichtbarmachung der Bewegung mittels suspendierter Metallteilchen gemacht worden sind, folgendes: man beobachtet zwei Wirbelfäden mit entgegengesetztcm Drehsinn, beide

Abb. 2.

parallel zur Bewegungsrichtung (Abb. 1). Das gesamte Gebilde entspricht daher etwa dem Gebilde, welches nach der Prandtlschen Theorie hinter einer Flugzeugtragfläche entsteht. Der — angenähert mit dem Quadrat der Geschwindigkeit — proportionale Formwider-

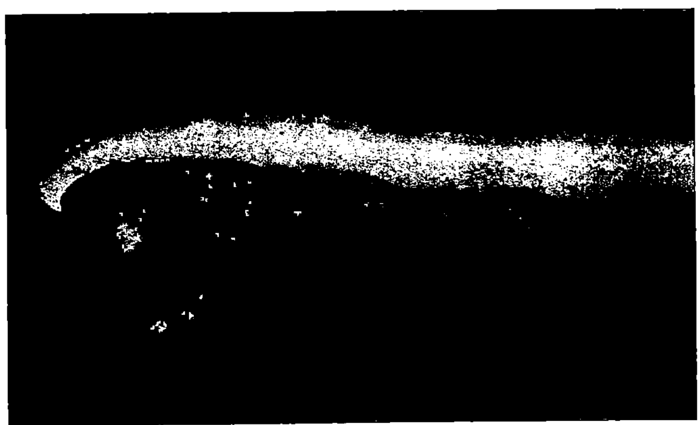

Abb. 3.

stand ergibt sich aus der Energie des Wirbelsystems — etwa wie der induzierte Widerstand der Tragfläche. Ein solches Wirbelpaar hat jedoch außerdem zur Folge, daß auf den Körper eine Kraft senkrecht zur Bewegungsrichtung wirkt, als eine Art Auftrieb. Nun sind aber alle zur Bewegungsrichtung senkrechte Achsen gleichwertig, so daß keine Kraftrichtung ausgezeichnet werden kann. Dieser scheinbare Widerspruch löst sich dadurch, daß die Ebene des Wirbelpaares ihre Lage fortwährend ändert und zwar wie die Beobachtung zeigt, unregelmäßig, rein nach Wahrscheinlichkeit. Es wirkt zwar eine senkrechte Kraft auf die Kugel, die Richtung der Kraft wechselt jedoch so, daß der Mittelwert sich aufhebt. Dies steht mit der Beobachtung im Einklang, daß z. B. eine mit leichtem Gas gefüllte Kugel nicht geradlinig steigt, sondern entsprechend der wechselnden Kraftrichtung hin und her pendelt.

Abb. 1 zeigt das Strömungsbild schematisch. Abb. 2 und 3 zeigen je eine Aufnahme, wobei man bei der ersten Aufnahme (Abb. 2) die Metallteilchen an dem hinteren, bei der zweiten Aufnahme (Abb. 3) am theoretischen vorderen Staupunkt austreten ließ. Im ersten Fall erfüllen die Teilchen den ganzen Wirbelraum, im zweiten Fall werden sie in der Ebene der Zirkulation von der Strömung mitgenommen.

Nichtlaminare Lösungen der Differentialgleichungen für reibende Flüssigkeiten.

Von W. Heisenberg in München.

Die bisherigen Untersuchungen über die Stabilität oder Labilität der laminaren Strömung haben, in Übereinstimmung mit experimentellen Untersuchungen von Ekman, zum Ergebnis geführt, daß die laminare Strömung gegenüber kleinen Störungen — kleinen Schwingungen im Sinn der gewöhnlichen Mechanik — im allgemeinen stabil[1]) sei. Es bleiben also nur noch zwei Möglichkeiten, dem Turbulenzproblem näherzukommen: Erstens kann man die Stabilität der laminaren Strömung gegenüber Störungen untersuchen, die nicht unter den Begriff der „kleinen Schwingungen" fallen. Dies Problem hat Noether[2]) in Angriff genommen. Zweitens aber kann man die Stabilitätsfrage ganz offen lassen und die Frage stellen: Gibt es noch eine andere Lösung der hydrodynamischen Differentialgleichungen, als die laminare? Diese Frage wollen wir im folgenden zu beantworten versuchen. Wir fragen also nach der turbulenten Bewegung selbst, nach ihrem Aussehen und nach dem Wertbereich der Reynoldsschen Zahl R, für den sie möglich ist.

Wir schreiben die hydrodynamischen Differentialgleichungen an

$$
\left.
\begin{aligned}
\frac{\partial u}{\partial t} + u\frac{\partial u}{\partial x} + v\frac{\partial u}{\partial y} &= -\frac{1}{\varrho}\left(\frac{\partial p}{\partial x} - \mu\,\Delta u\right) \\
\frac{\partial v}{\partial t} + u\frac{\partial v}{\partial x} + v\frac{\partial v}{\partial y} &= -\frac{1}{\varrho}\left(\frac{\partial p}{\partial y} - \mu\,\Delta v\right)
\end{aligned}
\right\} \quad \ldots \ldots \quad (1)
$$

und wollen den Couetteschen Fall behandeln — Strömung des Wassers zwischen zwei parallelen, relativ zueinander mit der Geschwindigkeit $\overline{u}$ bewegten Platten. Die X-Achse legen wir in die Mitte zwischen die beiden Platten, parallel zu ihnen so, daß die eine

---

[1]) Vgl. jedoch Prandtl, L.: Bemerkung über die Entstehung der Turbulenz, Phys. Z. 23, 1922, S. 19.

[2]) Noether, F.: Über die Entstehung einer turbulenten Flüssigkeitsbewegung. Sitzungsber. d. bayr. Ak. d. W. 1913, II, S. 309 (dazu vgl. Blumenthal, O.: Zum Turbulenzproblem, ebd. 1913, III, S. 563) u. Gött. Nachr. 1917: „Zur Theorie der Turbulenz."

sich mit $+\dfrac{\overline{u}}{2}$, die andere mit $-\dfrac{\overline{u}}{2}$ relativ zur X-Achse bewegt. Der Plattenabstand sei h.

Wir führen nun in bekannter Weise dimensionslose Variable ein durch den Ansatz:

$$\mathfrak{u} = \frac{u}{\overline{u}}, \qquad \mathfrak{v} = \frac{v}{\overline{u}}, \qquad t = t\,\frac{\overline{u}}{h}, \qquad \xi = \frac{x}{h}, \qquad \eta = \frac{y}{h}$$

und setzen wegen der Divergenzbedingung:

$$\mathfrak{u} = + \frac{\partial \varphi}{\partial \eta}; \qquad \mathfrak{v} = - \frac{\partial \varphi}{\partial \xi}.$$

Dann folgt aus (1) ($R = $ Reynoldssche Zahl):

$$\frac{\partial}{\partial t}\,\varDelta \varphi + \frac{\partial \varphi}{\partial \eta}\,\frac{\partial}{\partial \xi}\,\varDelta \varphi - \frac{\partial \varphi}{\partial \xi}\,\frac{\partial}{\partial \eta}\,\varDelta \varphi = \frac{1}{R}\,\varDelta \varDelta \varphi. \quad \ldots \quad (2)$$

Bis hierher gilt alles ganz allgemein.

Zur turbulenten Strömung speziell wollen wir nun folgendermaßen gelangen:

Wir zerlegen die Geschwindigkeit entsprechend den experimentellen Ergebnissen über die Turbulenz in zwei wesentlich verschiedene Teile: der eine gibt die mittlere Geschwindigkeitsverteilung — hat also nur eine X-Komponente — und soll mit $\mathfrak{u}_1 = w\ (\mathfrak{v}_1 = 0)$ bezeichnet werden. Der andere stellt die dieser Geschwindigkeitsverteilung überlagerten Schwingungen dar und soll als rein periodisch und harmonisch in ξ und t betrachtet werden. Mathematisch bedeutet dies: Wir nehmen die turbulente Bewegung als periodisch in ξ und t an, entwickeln φ, $\mathfrak{u}$ und $\mathfrak{v}$ dementsprechend in eine Fourierreihe und behalten in erster Näherung von dieser Fourierreihe nur die ersten beiden Glieder — das konstante und das rein harmonische — bei. Eine exakte Behandlung des Turbulenzproblems hat natürlich auch die höheren Fourierglieder mit zu berücksichtigen. Doch läßt gerade das experimentell bekannte Bild der turbulenten Bewegung vermuten, daß die Fourierreihen gut konvergent sind[1]).

Wir setzen also:

$$\varphi = \varphi_0(\eta) + e^{i(\alpha\xi - \beta t)}\,\varphi_1(\eta) + e^{-i(\alpha\xi - \beta t)}\,\overline{\varphi}_1(\eta) + \cdots \quad \ldots \quad (3)$$

Das konjugierte Glied mußten wir hinzufügen, um ein reelles φ zu erhalten; für φ_0 gilt:

$$\frac{\partial \varphi_0}{\partial \eta} = w.$$

Setzt man diesen Ansatz für φ in (2) ein und vergleicht gleiche

---

[1]) Dieser Ansatz findet sich schon bei Noether (Jahresber. der deutschen Math.-Ver. 23, 1914, S. 138), jedoch ohne ins Einzelne gehende physikalische Folgerungen.

Potenzen von $e^{i(\alpha\xi-\beta t)}$ auf beiden Seiten, so ergeben sich die beiden grundlegenden Differentialgleichungen:

$$\varphi_1'''' - \alpha^2\,\varphi_1'' + \alpha^4\,\varphi_1 = i\cdot\alpha\cdot R\left[\left(w-\frac{\beta}{\alpha}\right)(\varphi_1'' - \alpha^2\,\varphi_1) - w''\,\varphi_1\right] \quad . \quad (4)$$

$$w''' = i\alpha R\left(\overline{\varphi}_1\,\varphi_1''' - \overline{\varphi}_1'''\,\varphi_1 + \overline{\varphi}_1'\,\varphi_1'' - \varphi_1'\,\overline{\varphi}_1''\right) \cdot\,\cdot\,\cdot \quad (5)$$

Letztere Gleichung (5) läßt sich noch zweimal integrieren und liefert:

$$w' = i\cdot\alpha\cdot R\left(\overline{\varphi}_1\,\varphi_1' - \overline{\varphi}_1'\,\varphi_1\right) + \delta + \delta_1\cdot\eta ; \quad . \quad . \quad . \quad . \quad (6)$$

δ und δ_1 sind die Integrationskonstanten, δ_1 ist jedoch $=0$ zu setzen; aus (1) folgt nämlich, daß w'' am Rand verschwindet (dies ist nur bei der Couetteschen Anordnung der Fall, wo am Rand $\frac{\partial p}{\partial x}=0$ ist; dagegen ist z. B. bei der Strömung des Wassers in Röhren ein Druckgefälle vorhanden. Da nun am Rande auch φ_1 und φ_1' verschwindet (wegen $\mathfrak{u}=0$ und $\mathfrak{v}=0$), so folgt, daß in

$$w'' = i\,\alpha\,R\left(\overline{\varphi}_1\,\varphi_1'' - \overline{\varphi}_1''\,\varphi_1\right) + \delta_1$$

tatsächlich $\delta_1 = 0$ zu setzen ist.

Zur Integration der beiden simultanen Differentialgleichungen (4) und (6) kann ein Näherungsverfahren etwa in folgender Weise versucht werden: Wir wissen, daß w um den Punkt $\eta = 0$ schiefsymmetrisch ist und wir kennen für $\eta = \pm\frac{1}{2}$ die Grenzbedingungen. Also entwickeln wir etwa φ_1 und w in der Umgebung von $\eta = 0$ und $\eta = \pm\frac{1}{2}$ nach Potenzen von η und suchen so Näherungen für die Lösungen zu bekommen, deren Konvergenz allerdings zunächst ganz ungewiß ist.

Das Aneinanderfügen der beiden von $\eta = 0$ und $\eta = \frac{1}{2}$ kommenden Näherungen geschieht durch die Bedingung, daß an

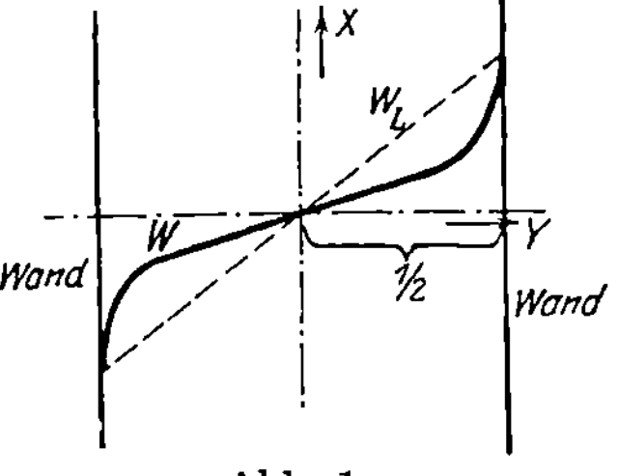

Abb. 1.

der betreffenden Stelle, wo die Näherungen ineinander übergehen sollen, $\varphi_1, \varphi_1', \varphi_1''$, und φ_1''' und w stetig sein müssen. Die Stetigkeit der übrigen Differentialquotienten von φ_1 und w folgt dann aus (4) und (6). Durch die Grenzbedingungen $w = \pm\frac{1}{2}$ für $\eta = \pm\frac{1}{2}$ und $\varphi_1 = \varphi_1' = 0$ für $\eta = \pm\frac{1}{2}$ werden jetzt φ_1 und w eindeutig festgelegt, wenn α und R gegeben sind.

Aus den Schlußresultaten, die diese Näherungsrechnung liefert, sei folgendes Wichtigste hervorgehoben:

1. Das Geschwindigkeitsprofil w weicht vom laminaren Profil $w_{\mathfrak{R}}$ wesentlich ab und schmiegt sich mit wachsendem R immer mehr den Wänden der Flüssigkeit an. Die Gesamtenergie der Flüssigkeit ist bei der turbulenten Bewegung geringer, als bei der laminaren.

2. Im mittleren Teil des Flüssigkeitsstromes, in dem w merklich linear in η geht, vollziehen sich die Bewegungen — in Über-

einstimmung mit der Prandtlschen Grenzschichttheorie — ganz wie in einer reibungslosen Flüssigkeit. Der Einfluß der Reibung macht sich erst in der unmittelbaren Nähe der Wände geltend. Hier sind auch die der Grundströmung überlagerten Wirbelgeschwindigkeiten am größten.

3. Nicht für alle Werte der Reynoldsschen Zahl ist die turbulente Strömung möglich. Unterhalb eines gewissen Wertes von R können sich über das Grundprofil w keine ungedämpften Schwingungen mehr überlagern, alle vorkommenden Störungen würden abklingen. Die angedeutete Näherungsrechnung liefert für diesen kritischen Wert

$$R \sim 1560.$$

Alle diese Ergebnisse stehen in Übereinstimmung mit der Erfahrung.

Am Schluß sei aber noch hervorgehoben, daß wir allen Grund haben, die Resultate mit großer Vorsicht aufzunehmen, solange die Konvergenzbeweise für die angewandten Näherungsverfahren ausstehen. Zunächst scheint mir der Wert der Resultate im wesentlichen nur darin zu liegen, daß sie die Hoffnung bestärken, daß der zur Behandlung des Turbulenzproblems eingeschlagene Weg richtig ist.

Anm. bei der Korrektur. Einen sehr viel allgemeineren Überblick über die Lösungen von (4) und (6) gewinnt man durch die Anwendung der asymptotischen Formeln für die Integrale von (4), wie sie z. B. im Spezialfall $w = y^3$, $\beta = 0$ Blumenthal l. c. verwendet hat. Man kann dann allgemeine Kriterien dafür angeben, wann ein Profil ungedämpfte und labile Schwingungen zuläßt und wann nicht, und kann für die labilen Profile die kritische Reynoldssche Zahl berechnen. An den obigen Resultaten ändert sich qualitativ bei Anwendung dieser Methoden nichts; es zeigt sich aber, daß man, um zu einigermaßen sicheren quantitativen Ergebnissen zu gelangen, wenigstens noch ein weiteres Glied der Fourierreihe (3) zu berücksichtigen hat; hierdurch wird die Möglichkeit, durch Aneinanderfügen der von der Mitte und von den Rändern kommenden Lösungen in der oben beschriebenen Weise eine gute Näherung für die Lösung von (4) und (6) und die Reynoldssche Zahl zu erhalten, in Frage gestellt. Die Größenordnung der kritischen Reynoldsschen Zahl bleibt aber jedenfalls erhalten. (Die ausführliche Veröffentlichung erscheint demnächst in den Ann. d. Physik.)

Ein Versuch zur Abschätzung des turbulenten Strömungwiderstandes.

Von **J. M. Burgers** in Delft (Holland).

Mehrfach ist die Meinung ausgesprochen worden, daß die turbulente Bewegung einer Flüssigkeit „statistisch" betrachtet werden muß, ohne daß jedoch diese Ausdrucksweise näher bestimmt wurde.

Eine statistische Behandlung muß darauf hinauskommen, daß man anstatt der genauen Bewegungsgleichungen für die wirklichen Bewegungen nur eine oder mehrere Gleichungen verwendet, welchen der mittlere Bewegungszustand genügen soll, wodurch er aber nicht eindeutig bestimmt wird, und daß man daneben einen Ansatz formuliert, mit dessen Hilfe man die mittlere Häufigkeit der Bewegungen bestimmen kann.

Man betrachte z. B. die einfache Couettesche Strömung zwischen zwei parallelen ebenen Wänden, und es wird die eine Wand mit einer Kraft S pro Flächeneinheit nach rechts, die andere mit der gleichen Kraft nach links gezogen, so daß sie sich mit entgegengesetzt gleichen Geschwindigkeiten $\pm \frac{1}{2} V$ bewegen. Man fragt nun — nachdem die Turbulenz einmal eingetreten ist — nach der mittleren Strömungsgeschwindigkeit U als Funktion von y, und insbesondere nach dem Zusammenhang zwischen V und S.

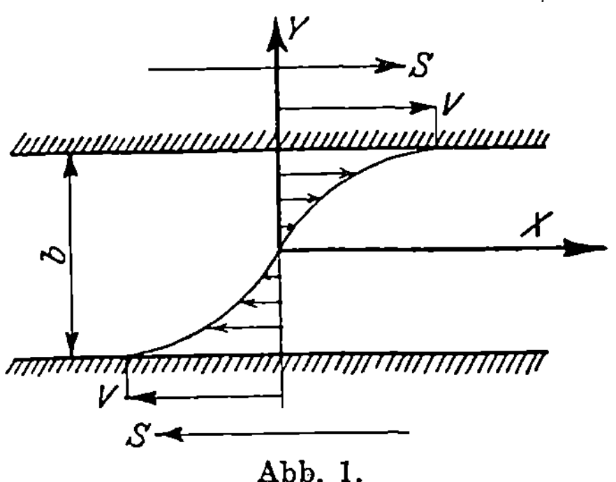

Abb. 1.

Es seien u, v die momentanen Werte der turbulenten Zusatzgeschwindigkeit, und es werden zeitliche Mittelwerte wie üblich durch einen Strich angedeutet; dann gelten die folgenden allgemeinen Gleichungen (welche von **Reynolds** und **Lorentz** abgeleitet worden sind):

$$\mu \frac{dU}{dy} = S + \varrho \,\overline{u\,v} \quad\ldots\ldots\ldots\ldots \quad (1)$$

$$\int_{-b/2}^{+b/2} dy \left(\varrho \,\overline{u\,v}\, \frac{dU}{dy} + \mu\, \overline{\zeta^2} \right) = 0 \ldots\ldots\ldots \quad (2)$$

Darin ist: $\mu =$ Koeffizient der inneren Reibung; $\varrho =$ Dichte; $\zeta = \dfrac{dv}{dx} - \dfrac{du}{dy}$ (u, v verschwinden an beiden Wänden, während U daselbt den Wert $\frac{1}{2}V$, bzw. $-\frac{1}{2}V$, annimmt)[1]).

Die 1. Gleichung ist die Bewegungsgleichung für die Hauptbewegung; die 2. sagt aus, daß die Energie, welche in der Zeiteinheit von der Hauptbewegung auf die Nebenbewegung übertragen wird, gleich ist dem Energieverlust, welche die letzteren infolge der inneren Reibung erleidet. Eliminiert man U aus (2), so erhält man:

$$\int\limits_{-b/_2}^{+b/_2} dy \left\{ \varrho^2 \,(\overline{u\,v})^2 + \varrho\, S\,(\overline{u\,v}) + \mu^2 \,\overline{\zeta^2} \right\} = 0 \quad . \quad . \quad . \quad . \quad (3)$$

Daneben sollen u und v der Kontinuitätsgleichung genügen:

$$\frac{du}{dx} + \frac{dv}{dy} = 0 \quad . \quad . \quad . \quad . \quad . \quad . \quad . \quad . \quad . \quad (4)$$

und die schon genannten Randbedingungen erfüllt sein:

$$u = v = 0 \quad . \quad . \quad . \quad . \quad . \quad . \quad . \quad . \quad . \quad (5)$$

an beiden Wänden.

Die Gleichungen (3) bis (5) genügen nicht, um u und v oder auch nur den Wert von $\overline{u\,v}$ (den man zur Integration der Gleichung (1) braucht), zu bestimmen. Man kann nun versuchen die Lösung der (nicht angeschriebenen) vollständigen Gleichungen für u und v zu umgehen, indem man bestimmte, den Randbedingungen (5) genügende, Wirbelverteilungen annimmt. Bei jeder angenommenen Wirbelverteilung kann man nach Gl. (1) und (3) die zugehörigen Werte von S und V, und den Widerstandsbeiwert $C = S/\varrho V^2$ berechnen. Hätte man nun einen vernünftigen Ansatz zur Bestimmung der relativen Häufigkeit aller möglichen Wirbelverteilungen, so würde es prinzipiell möglich sein, den wahren Wert von C durch statistische Mittelbildung abzuleiten.

Die Durchführung dieses Gedankens stößt auf die Schwierigkeit: wie soll man die allgemeinst mögliche Wirbelverteilung in elementare Wirbelfelder zerlegen? Die Gleichung (3) (welche nicht homogen ist in den Geschwindigkeiten u und v) gibt dazu nicht die Mittel, welchen sonst bei Bewegungen die linearen Differentialgleichungen genügen, durch die Eigenfunktionen geliefert werden. Es ist mir nur gelungen, zwei einfache Typen von Wirbelfeldern zu konstruieren, welche zusammengesetzt sind aus schiefen, elliptischen Wirbeln, wie sie von Herrn Lorentz verwendet sind in einer Untersuchung über die Entstehung der Turbulenz[2]). Da die Umlaufgeschwindigkeit der Strömung in diesen Wirbeln am Rande auf Null sinkt, können die

---

[1]) Bei der skizzierten Anordnung ist $\overline{u\,v}$ eine negative Größe.
[2]) Lorentz, H. A.: Abhandl. über theoretische Physik Bd. 1, S. 48—52. — Die Verteilung der Umlaufgeschwindigkeiten ist gegenüber der von Lorentz verwendeten etwas abgeändert.

Wirbel die Wände des Kanals berühren, ohne daß Gl. (5) verletzt wird.

Man kann nun z. B. lauter gleiche Wirbel annehmen, welche gleichmäßig über die Strömung verteilt sind. Die Größe $-\overline{uv}$ erhält dann einen Wert, welcher über den ganzen Querschnitt konstant ist, mit Ausschluß zweier „Grenzschichten" entlang den Wänden, welche Schichten eine Dicke haben gleich dem Durchmesser D der Wirbel (quer zur Richtung des Kanals gemessen). In diesen Grenzschichten sinken u, v und $-\overline{uv}$ bis zu Null herab (die Turbulenz verschwindet hier). — Auch kann man Wirbel derselben Gestalt, aber ungleicher Abmessungen annehmen, und zwar mit Durchmessern D, welche von der Kanalbreite b bis zu einem gewissen Minimalwert D_0 herabgehen. Bei einer passend gewählten Lagerung und Intensitätsverteilung erhält $-\overline{uv}$ wieder einen konstanten Wert, außerhalb zweier Grenzschichten von der Dicke D_0.

Berechnet man für beide Fälle den Beiwert C, so zeigt es sich, daß C Funktion ist von D, beziehungsweise D_0. Aus Mangel an einem Prinzip zur Bestimmung von D habe ich mich vorläufig nach einem Vorschlag des Herrn von Kármán begnügt, zu berechnen, für welchen Wert das Maximum von C eintritt. Man findet:

Fall I: $D = 29{,}7\,b\,R^{-1/2}$;

$$C = 0{,}027\,R^{-1/2} \quad \dots \dots \dots \dots \dots \dots \quad (6)$$

(wo $R =$ Reynoldssche Zahl $= Vb\varrho/\mu$) also S proportional zu $V^{3/2}$.

Fall II: $D_0 = 522\,b\,R^{-1}$;

$$C = 0{,}00135 \quad \dots \dots \dots \dots \dots \dots \dots \quad (7)$$

also: S proportional zu V^2.

Bekanntlich liegt der wirkliche Wert von C zwischen den Werten, welche die Formeln (6) und (7) ergeben: nach von Kármáns Betrachtungen über das Verhalten von $U(y)$ in der Nähe einer Wand[1]), erhält man:

$$C = 0{,}008\,R^{-1/4}.$$

Die hier angedeuteten Berechnungen sind ausführlich entwickelt in einer Mitteilung, welche in den „Verslagen der Kon. Akademie van Wetenschappen te Amsterdam" erschienen ist[2]).

---

[1]) v. Kármán, Th.: Z. ang. Math. Mech. Bd. 1, S. 233. 1921.
[2]) l. c. Bd. 32, S. 574. 1923.

Über die Oberflächenreibung von Flüssigkeiten.

Von Th. v. Kármán in Aachen.

1. Problemstellung. Die Frage nach der Oberflächenreibung der Flüssigkeiten wird in der technischen Praxis zumeist in folgender Weise gestellt:

Eine Flüssigkeit ströme mit der Relativgeschwindigkeit U an einer festen Wand vorbei. Wie groß ist die Reibungskraft für die Flächeneinheit bzw. die von der Flüssigkeit auf die Wand übertragene Tangentialspannung?

Setzt man die Tangentialspannung — ähnlich wie es in der Hydraulik für den Normaldruck geschieht — proportional der Größe $\gamma \dfrac{U^2}{2g}$ ($\gamma =$ spez. Gewicht der Flüssigkeit, $g =$ Beschleunigung der Schwere), so können wir schreiben:

$$\tau = c_f \gamma \frac{U^2}{2g}, \quad \cdot \quad \cdot \quad \cdot \quad \cdot \quad \cdot \quad \cdot \quad \cdot \quad \cdot \quad (1)$$

wobei die dimensionslose Größe c_r schlechthin als Reibungskoeffizient bezeichnet wird. In der Technik nimmt man zumeist an, daß der Beiwert c_f von der Beschaffenheit der Flüssigkeit (Zähigkeit und Dichte), von der Beschaffenheit der Oberfläche (Rauhigkeit) und evtl. von der Geschwindigkeit U abhängt.

Wenn man Erfahrung und Theorie genauer prüft, so gelangt man indessen zum Ergebnis, daß eine solche Größe c_r, welche für das Flächenelement unabhängig von der Gesamtanordnung gelten soll, nicht existiert, sondern im allgemeinen das gesamte Strömungsbild und die Lage des Flächenelementes in der Gesamtanordnung für die Reibungskraft am Einzelelement maßgebend ist.

In den folgenden Ausführungen wird versucht, jene Probleme kurz zusammenzustellen, in welchen diese Aufgabe mit einigem Erfolg bisher in Angriff genommen wurde.

2. Reine Reibungsströmung. Verhältnismäßig einfache und mit der Erfahrung gut übereinstimmenden Ergebnisse erzielte die hydrodynamische Theorie in jenen Fällen, in welchen die Trägheitskräfte gegen die Reibungskräfte im ganzen Bereich der Flüssigkeit als vernachlässigbar klein angenommen werden dürfen. Solche Strömungszustände, welche lediglich durch das Gleichgewicht zwischen den

Druckkräften und der inneren Reibung bedingt werden, bezeichnen wir als reine Reibungsströmung, im Gegensatz zu den Strömungszuständen, für welche das Zusammenspiel der Trägheit und der Reibung maßgebend ist.

Die wichtigsten Fälle reiner Reibungsströmung sind:

a) Schmiermittelreibung, d. h. die Bewegung verhältnismäßig zäher Flüssigkeiten zwischen Flächen, welche in geringer wechselseitiger Entfernung gegeneinander bewegt werden. Insbesondere ist die Reibungsströmung zwischen bewegten parallelen Flächen (z. B. Spurlager) und zwischen Voll- und Hohlzylinder (Halslager) behandelt worden. Die Ergebnisse der Berechnung sind im allgemeinen in Übereinstimmung mit der Erfahrung. Die Diskrepanzen sind zweierlei Natur:

α) Unstimmigkeiten werden dadurch verursacht, daß man die Zuführung und Abführung des Schmiermittels irgendwie idealisieren muß, wodurch die unmittelbare Anwendbarkeit der theoretischen Rechnung für die Praxis beschränkt wird[1]).

β) Eine Diskrepanz ernsterer Natur ist experimentell festgestellt worden bei Wiederholung der Versuche mit verschiedenen Ölsorten und bei verschiedenen Temperaturen. Es wurde in einigen Fällen festgestellt, daß die gemessenen Kräfte den Gesetzen der mechanischen Ähnlichkeit nicht genügend genau gehorchten[2]). Hieraus muß man schließen, daß außer der Zähigkeit, welche als einzige physikalische Größe in die Rechnung eingeht, weitere Materialeigenschaften maßgebend sind. Diese Diskrepanz kann vielleicht dadurch aufgeklärt werden, daß die Theorie eine unbeschränkte Adhäsion zwischen Schmiermittel und Wand, d. h. ein vollständiges Haften der Flüssigkeit annimmt, während dies nur so lange richtig ist, als die Moleküle oder die Molekelkomplexe gegen den Gitterabstand im festen Körper klein sind. Bei verhältnismäßig großen Molekelkomplexen kann Gleiten auftreten. Hiefür spricht, daß auffallende Unstimmigkeiten gerade bei Ölsorten aufgetreten sind (z. B. bei Voltolöl), welche aus mittels eines elektrischen Verfahrens vergrößerten Molekelkomplexen bestehen. Die neueren Forschungsergebnisse zeigen indessen[3]), daß zwischen geschmierten Flächen zwei ganz verschiedene Reibungsarten auftreten: einerseits die Schmiermittelreibung in engerem Sinne, wobei zwischen den Flächen eine den hydrodynamischen Gesetzen unterworfene Flüssigkeitsschicht besteht, und andererseits die Reibung zwischen adsorbierenden Flächen, bei welcher eine Flüssigkeitshaut von molekularer Dicke sich auf die Fläche legt und die Wirkung hervorruft, als wenn die Flächen hochpoliert wären. Für die Verminderung der Reibung ist in dem letzteren Falle nach den Versuchen das Molekulargewicht von großem Einfluß.

---

[1]) Vgl. z. B. Sommerfeld, A.: Z. techn. Phys. 1921, S. 58; Gümbel: Z. techn. Phys. 1922, S. 94, beide mit vielen Literaturangaben.

[2]) Biel: Z. V. d. I. 1920, S. 447 u. 483.

[3]) Vgl. z. B. Stanton, Air congress, London 1223.

b) Strömung in Kapillaren. Für ein Rohr mit konstantem Querschnitt liefert die hydrodynamische Theorie einen stationären Strömungszustand, bei welchem die Trägheitskräfte keine Rolle spielen. Die entsprechende Geschwindigkeitsverteilung nennen wir die Poiseuillesche; die Reibungskräfte an der Wand sind durch den Wert

$$\tau = \mu \frac{du}{dy} \quad \ldots \ldots \ldots \ldots \quad (2)$$

$\left(\frac{du}{dy}\right.$ = Gefälle der Geschwindigkeit an der Wand senkrecht zu der-

selben, μ = Reibungskoeffizient$\Big)$ gegeben und können auf Grund der Geschwindigkeitsverteilung ermittelt werden. Der Reibungswiderstand bzw. der Druckabfall ist mithin proportional der mittleren Durchströmgeschwindigkeit oder der Durchströmmenge. Dieses Widerstandsgesetz nennen wir das lineare oder Poiseuillesche Gesetz.

Eine Abweichung vom linearen Widerstandsgesetz erhält man, wenn die Geschwindigkeitsverteilung längs des Rohres nicht konstant ist, wenn z. B. die Flüssigkeit mit über den Querschnitt nahezu gleichmäßiger Geschwindigkeitsverteilung eintritt und die Poiseuillesche Verteilung erst nach Durchschreiten einer „Anlaufstrecke" sich entwickelt. Dieser „Anlaufeffekt" kann indessen durch Energiebetrachtungen unschwer berücksichtigt werden (vgl. die Theorie der Zähigkeitsmesser)[1].

Eine wesentliche Diskrepanz bedeutet hingegen die Erfahrungstatsache, daß die Poiseuillesche Geschwindigkeitsverteilung — obwohl sie stets eine exakte Lösung der Bewegungsgleichungen für zähe Flüssigkeiten darstellt — oberhalb eines kritischen Wertes der

sog. Reynoldsschen Kennzahl $R = \dfrac{U r \varrho}{\mu}$ (U = mittlere Durchflußgeschwindigkeit, ϱ = Dichte, μ = Zähigkeit der Flüssigkeit, r = eine zweckmäßig gewählte lineare Querschnittsabmessung, z. B. der hydraulische Halbmesser) durch eine nicht stationäre Geschwindigkeitsverteilung ersetzt wird. Diesen Strömungszustand, welcher als quasistationär bezeichnet werden kann, nennen wir den turbulenten. Er ist dadurch gekennzeichnet, daß die Geschwindigkeit an einer bestimmten Stelle einen stationären Mittelwert hat, welcher durch unregelmäßige Schwankungen von bestimmter Größe überlagert wird. Die örtliche Verteilung des stationären Mittelwertes ist indessen von der Poiseuilleschen wesentlich verschieden. Während nämlich bei der Poiseuilleschen Strömung die Schubspannung in bezug auf ein Flächenelement der xz-Ebene (x = Stromrichtung) gleich

---

[1] Z. B. v. Mises, R.: Phys. Z. 1911, S. 812; Schiller, L.: Z. techn. Phys. 1921, S. 50, Z. ang. Math. Mech. 1922, S. 96, Z. techn. Phys. 1922, S. 35.

$\tau = \mu \dfrac{\partial u}{\partial y}$ ist, tritt bei der turbulenten Strömung zu der Reibungs-

kraft $\mu \dfrac{\partial \bar{u}}{\partial y}$ ($\bar{u} =$ mittlere Geschwindigkeit) die Impulsübertragung

durch die Schwankungen, so daß wir setzen müssen:

$$\tau = \mu \frac{\partial u}{\partial y} - \varrho \overline{u v} , \quad \ldots \ldots \ldots \ldots \quad (3)$$

wobei $\overline{u v}$ den zeitlichen Mittelwert des Produktes bedeutet (u, v Geschwindigkeitskomponenten in der x, y -Richtung). Der Mittelwert $\overline{u v}$ ist im allgemeinen negativ, so daß die Kraftübertragung intensiver ist, als nach dem Poiseuilleschen Gesetz dem Geschwindig-

keitsgefälle $\dfrac{\partial u}{\partial y}$ entsprechen würde.

c) **Widerstand bewegter Körper in Flüssigkeiten bei sehr geringer Reynoldsscher Kennzahl.** Bezeichnen wir als

Kennzahl die Größe $\dfrac{U d \varrho}{\mu}$, wobei ϱ und μ die frühere Bedeutung

haben, U indessen die Geschwindigkeit des bewegten Körpers, d eine lineare Abmessung des Körpers bezeichnen, so darf man den Strömungszustand bei sehr kleinen Werten von R (z. B. bei sehr kleinen Abmessungen und sehr kleinen Geschwindigkeiten) bis zu Entfernungen, welche gegen die Abmessungen des Körpers sehr groß sind, als reine Reibungsströmung ansprechen. Mit dieser Annäherung erhält man das sog. lineare Widerstandsgesetz von Stokes; der Widerstand ist die Resultierende der Reibungskräfte an der Oberfläche und ist proportional der ersten Potenz der Geschwindigkeit.

Während bei der Strömung in einem Rohr die Gültigkeit des linearen Gesetzes mit einem Umschlag in einen anderen Strömungszustand aufhört, geht das lineare Widerstandsgesetz bei wachsendem R allmählich in ein angenähert quadratisches über, da der Einfluß der vernachlässigten Trägheitskräfte allmählich zur Geltung kommt. Zum Reibungswiderstand kommt der Formwiderstand, d. h. ein Anteil bestehend aus der Resultierenden der Normaldrücke hinzu. Es ist jedoch zu bemerken, daß bei wachsender Kennzahl auch der Reibungswiderstand selbst stärker als mit der ersten Potenz der Geschwindigkeit zunimmt, weil für die Reibungskräfte an der Oberfläche auch das Zusammenspiel der Trägheit und Reibung in der Flüssigkeit maßgebend ist.

3. Zusammenspiel der Reibung und Trägheit. Wenn weder die Trägheits- noch die Reibungskräfte vernachlässigt werden können, stößt die Ermittlung des Strömungszustandes im allgemeinen auf beträchtliche, bisher nur in vereinzelten Fällen überwundene mathematische Schwierigkeiten. Immerhin hat man in folgenden Fällen brauchbare Ergebnisse erhalten:

a) In einzelnen seltenen Fällen gelingt es, exakte Lösungen der Bewegungsgleichungen mit Berücksichtigung der Trägheit und der

Reibung anzugeben. Hierzu gehört die ebene Strömung zwischen geradlinigen, konvergenten oder divergenten Wänden, ferner die Bewegung, welche durch die Rotation einer unendlich ausgedehnten ebenen Scheibe erzeugt wird.

b) In manchen Fällen darf man annehmen, daß die Reibungskräfte nur in unmittelbarer Nähe der Wand die Strömung wesentlich beeinflussen. In diesen Fällen führt die von L. Prandtl angegebene Annahme einer „Grenzschicht" und angenäherte Lösung der Bewegungsgleichungen zu brauchbaren Aufschlüssen über Geschwindigkeitsverteilung und Kräfte.

Die Gültigkeit der Berechnung ist in beiden Fällen durch den Umstand beschränkt, daß — ähnlich wie bei der Strömung durch ein Rohr — jenseits einer kritischen Kennzahl die stationäre oder langsam veränderliche Strömung durch eine nichtstationäre, pulsierende ersetzt wird, welche wir schlechthin auch in diesem Falle als turbulente Strömung bezeichnen. Eine richtige Theorie dieser Strömungszustände ist bisher nicht vorhanden. Eine halb empirische Theorie erlaubt die Übertragung der Gesetze zwischen verschiedenen geometrischen Anordnungen und hierdurch eine Ermittlung der Abhängigkeit der Kräfte von Geschwindigkeit und Abmessungen.

4. Beispiele exakter Lösungen.

a) Herr Hamel[1]) hat sich die Frage gestellt, unter welchen Bedingungen die Stromlinien einer Potentialströmung mit jenen einer Strömung, welche die exakten Bewegungsgleichungen einer zähen Flüssigkeit befriedigt, übereinstimmen. Von diesem Gesichtspunkt ausgehend, fand er eine Reihe von exakten Lösungen, unter welchen die Strömung zwischen geraden Wänden oder die Quellen- und Senkenströmung mit Reibung besonderes Interesse verdient.

Die Flüssigkeit sei durch zwei gerade Linien $\vartheta = \pm \alpha$ begrenzt; wir nehmen geradlinige Stromlinien an und setzen entsprechend der Kontinuität für die radial gerichtete Geschwindigkeit v_r

$$v_r = \frac{f(\vartheta)}{r}. \qquad \ldots \ldots \ldots \quad (4)$$

Alsdann liefern die Bewegungsgleichungen für die Funktion f die Differentialgleichung

$$2ff' + \frac{\mu}{\varrho}(f'' + 4f') = 0 \quad \ldots \ldots \ldots \quad (5)$$

oder integriert mit der Integrationskonstante A

$$f^2 + \frac{\mu}{\varrho}(f'' + 4f) = A. \quad \ldots \ldots \ldots \quad (5a)$$

Zu dieser Gleichung kommen die Randbedingungen $f = 0$ für $\vartheta = \pm \alpha$; die Flüssigkeit haftet an den Wänden.

---

[1]) Hamel, G.: Jahresbericht der Math. Ver. 1916, S. 34.

Die Lösung ist mit Hilfe von elliptischen Integralen explizite aufzustellen. Ihre Diskussion liefert folgende Ergebnisse:

Als Kennzahl können wir das Produkt der mittleren Durchströmgeschwindigkeit mit der Bogenlänge eines Kreisbogenquerschnittes, dividiert durch die kinematische Zähigkeit $\frac{\mu}{\varrho}$, einführen. Diese Größe ist infolge der Kontinuität für alle Querschnitte gleich. Bei geringen Kennzahlen erhalten wir eine Geschwindigkeitsverteilung, welche der zwischen zwei parallelen Wänden bestehenden Poiseuilleschen analog ist. Für kleine Winkelöffnungen α geht diese Verteilung in die parabolische, d. h. in die Poiseuillesche, über. Bei wachsender Kennzahl müssen wir zwei Fälle unterscheiden: die konvergente Düse (Senkenströmung) und die divergente Düse (Quellenströmung).

Im ersten Falle wird die Geschwindigkeitsverteilung mit wachsender Kennzahl immer gleichmäßiger; der Abfall der Geschwindigkeit erfolgt nur in unmittelbarer Nähe der Wand. Für große Kennzahlen erhalten wir für die Geschwindigkeit als Funktion des Winkels $\varphi = \alpha - \vartheta$, mit v_0 als Geschwindigkeit in der Mitte:

$$v_r = v_0 \left\{ 3 \, \mathfrak{Tg}^2 \sqrt{\frac{R}{4}} (\varphi + c) - 2 \right\}, \quad \ldots \ldots \quad (6)$$

wobei die Konstante c durch die Gleichung

$$\mathfrak{Tg} \sqrt{\frac{R}{4}} \, c = \sqrt{\frac{2}{3}}$$

bestimmt ist und R die Kennzahl im obigen Sinne $R = \dfrac{Q\varrho}{\mu} \simeq \dfrac{2\,v_0\,\alpha\,r\varrho}{\mu}$ bedeutet ($Q = $ Durchströmmenge). Man sieht, daß der Winkelbereich, in welchem v_r von v_0 merklich verschieden ist, mit $\dfrac{1}{\sqrt{R}}$ proportional abnimmt.

Im zweiten Falle weicht die Geschwindigkeitsverteilung von der Poiseuilleschen in entgegengesetztem Sinne ab. Die Geschwindigkeitsunterschiede nehmen zu: die Durchflußmenge konzentriert sich in der Mitte. Wir kommen zu einer Kennzahl, bei welcher an der Wand $\dfrac{d\,v_r}{d\,\vartheta} = 0$ wird. Wenn wir diese Kennzahl überschreiten, gibt es nur solche Lösungen, bei welchen teilweise eine Rückströmung stattfindet. Und zwar haben wir bei gleicher Kennzahl, d. h. bei gleicher Durchflußmenge, drei Lösungen, bei welchen v_r an der Wand verschwindet: eine symmetrische und zwei asymmetrische. Wir können so sagen: Der Strahl schießt entweder in der Mitte durch oder aber er legt sich auf die linke bzw. rechte Seite. Lassen wir die Kennzahl weiter wachsen, so nimmt die Anzahl der Bereiche mit entgegengesetzter Strömungsrichtung und die Anzahl der gleichzeitig möglichen Lösungen weiter zu.

Man sieht an diesem lehrreichen Beispiel, daß die Strömung gegen das Druckgefälle wesentlich anders verläuft als die Strömung in der Richtung des fallenden Druckes. In dem ersten Falle genügt die geringste Reibung, daß die Strömung von der Potentialströmung im ganzen Bereich wesentlich abweicht; in dem zweiten Falle weicht die Strömung von der reibungslosen Strömung nur in der Nähe der Wand ab.

b) **Reibung rotierender Scheiben.** Wir stellen uns folgende Aufgabe[1]):

Die Flüssigkeit sei durch die Ebene $x = 0$ begrenzt; dieselbe drehe sich um die x-Achse mit der Drehgeschwindigkeit ω. Es ist die Bewegung der Flüssigkeit in dem Raume $x > 0$ zu bestimmen, und zwar unter der Bedingung, daß die Flüssigkeit an der rotierenden Wand haftet.

Bezeichnet man die Komponente der Geschwindigkeit in der Richtung der Rotationsachse mit v_x, die beiden Komponenten in einer hierzu senkrechten Ebene (die Radial- und die Umfanggeschwindigkeit) mit v_r und v_u, so sieht man unmittelbar, daß die Bewegungsgleichungen gelöst werden durch den Ansatz:

$$\left.\begin{aligned}
v_r &= r\,f(x) \\
v_u &= r\,g(x) \\
v_x &= h(x)
\end{aligned}\right\} \quad \ldots \ldots \ldots \ldots \quad (7)$$

Gleichzeitig wird der Druck p nur eine Funktion der Koordinate x allein.

Man erhält alsdann drei gewöhnliche Differentialgleichungen für $f(x)$, $g(x)$ und $h(x)$, welche wie folgt lauten:

$$\left.\begin{aligned}
f^2 - g^2 + h\,\frac{df}{dx} &= \frac{\mu}{\varrho}\,\frac{d^2 f}{dx^2} \\[2mm]
2\,fg + h\,\frac{dg}{dx} &= \frac{\mu}{\varrho}\,\frac{d^2 g}{dx^2} \\[2mm]
\frac{dh}{dx} + 2\,f &= 0
\end{aligned}\right\} \quad \ldots \ldots \ldots \quad (8)$$

Diese Gleichungen können numerisch oder graphisch gelöst werden und man gelangt zu folgenden Ergebnissen:

Die Flüssigkeit wird von einer Geschwindigkeit, welche mit der Entfernung von der Wand abnimmt, mitgenommen und gleichzeitig nach außen geschleudert. Die Auswärtsbewegung ist an der Wand Null, nimmt dann rasch zu und wieder ab. Die herausgeschleuderte Flüssigkeitsmenge wird durch eine Zuströmung in der Richtung der Rotationsachse ersetzt. Die Dicke der Schicht, in welcher die Rotationsgeschwindigkeit merklich von Null verschieden ist und

---

[1]) Vgl. v. Kármán, Über laminare und turbulente Reibung, Z. ang. Math. Mech. Bd. 1, 233 ff. 1921; auch Abhandlungen aus dem aerodynamischen Institut an der Technischen Hochschule Aachen, 1. Lieferung.

gleichzeitig ein merkliches Herausschleudern der Flüssigkeit vor sich geht, nimmt mit wachsender Geschwindigkeit ab und zwar proportional der Größe $\sqrt{\dfrac{\nu}{\omega}}$ ($\nu =$ kinematische Zähigkeit); die in den Ebenen $x =$ konst. gleichförmig verteilte Zuströmungsgeschwindigkeit nimmt dagegen wie $\sqrt{\omega\,\nu}$ zu. Sie beträgt in großer Entfernung von der Wand

$$v_x = -\,0{,}708\,\sqrt{\omega\,\nu}\,, \ \ \ldots \ldots \ldots \ldots \ (9)$$

Mit Hilfe des Satzes vom Drehimpuls läßt sich das Moment berechnen, welches die Reibungskräfte auf eine aus der Ebene $x = 0$ herausgeschnittene Kreisscheibe vom Radius a ausüben. Man findet

$$M = 0{,}92\,a^4\,\varrho^{1/2}\,\nu^{1/2}\,\omega^{3/2} \ \ . \ \ldots \ldots \ldots \ (10)$$

Setzt man andererseits die Reibung nach dem Ansatz (1) mit einem mittleren Reibungskoeffizienten

$$\tau = \bar{c}_f\,\gamma\,\frac{r^2\,\omega^2}{2\,g}\,,$$

so würde man erhalten

$$M = \gamma\,\bar{c}_f \int_0^a 2\,\pi r^2\,\tau\,d\,r = \frac{\pi}{5}\,\bar{c}_f\,\frac{a^5\,\omega^2}{g}\,\gamma\,. \ \ \ldots \ldots \ldots \ (11)$$

Durch Vergleich ergibt sich für mittleren Reibungskoeffizienten

$$\bar{c}_f = \frac{4 \cdot 6}{\pi}\,\frac{1}{\sqrt{\dfrac{a^2\,\omega}{\nu}}} = \frac{1 \cdot 47}{\sqrt{R}}\,, \ \ \ldots \ldots \ldots \ (12)$$

wobei als Kennzahl

$$R = \frac{a\,U}{\nu} = \frac{a^2\,\omega}{\nu}$$

eingeführt wird.

Diese Formel steht in vorzüglicher Übereinstimmung mit Versuchen von Riaboutschinsky[1]. Bei Überschreitung einer kritischen Kennzahl hört jedoch die Gültigkeit der Formel auf und tritt ein schnelleres Wachsen der Reibung mit der Drehzahl ein. [Vgl. Gl. (40) und (41).]

5. Die Grenzschichtsmethode von Prandtl. — Beide Beispiele exakter Lösungen haben gezeigt, daß der Einfluß der Reibung in diesen Fällen auf eine Schicht in der Wandnähe sich beschränkt, deren Dicke mit abnehmender Reibung und zwar wie $\sqrt{\nu}$ gegen Null konvergiert.

L. Prandtl hat diese Erscheinung vor Kenntnis der oben dargestellten exakten Lösungen aus den Differentialgleichungen der

---

[1] Veröffentlichungen der aerodyn. Versuchsanstalt in Koutschino, Heft 5.

zähen Flüssigkeit geschlossen und eine Methode angegeben, um auch in Fällen, in welchen eine exakte Lösung bisher unüberwindlichen Schwierigkeiten begegnet, angenäherte Lösungen zu finden, indem er annahm, daß die Strömung außerhalb der erwähnten dünnen Schicht durch eine reibungslose Potentialströmung angenähert werden kann. In den beiden oben dargelegten Beispielen ist dies in der Tat erfüllt. In dem Fall der konvergenten Düse nähert sich die Strömung mit abnehmender Reibung offenbar der einfachen gleichmäßigen Senkenströmung, wie sie ohne Rücksicht auf das Haften an der Wand in einer reibungslosen Flüssigkeit erfolgen würde; im Fall der rotierenden Scheibe ist der Grenzzustand für verschwindende Reibung die Ruhe. Es bleibt dann die Aufgabe, die Strömung innerhalb der dünnen Grenzschicht zu ermitteln; bei dieser Berechnung kann man jedoch folgende Vereinfachungen sich erlauben:

a) Man vernachlässigt die Differentialquotienten der in Betracht kommenden Geschwindigkeitskomponenten parallel zur Wandrichtung gegen die Differentialquotienten senkrecht zur Wandrichtung.

b) Der Krümmungshalbmesser der Wand wird als groß gegen die Querabmessung der Grenzschicht angenommen.

c) Die Änderung des Druckes quer durch die Grenzschicht wird vernachlässigt, d. h. der Druck wird dem durch die Potentialströmung sich ergebenden Druck gleichgesetzt.

Die letzte Annahme bedeutet eine wesentliche Vereinfachung, weil dadurch der Druck in den Gleichungen als eine bekannte, eingeprägte Kraft erscheint. Im Falle der ebenen Bewegung hat man z. B. nur eine Bewegungsgleichung zu integrieren, welche mit den Vernachlässigungen a) und b) lautet

$$u \frac{\partial u}{\partial x} + v \frac{\partial u}{\partial y} = - \frac{1}{\varrho} \frac{dp}{dx} + \frac{\mu}{\varrho} \frac{\partial^2 u}{\partial y^2}, \quad \ldots \ldots \quad (13)$$

wobei man statt des im allgemeinen längs der Wand gekrümmten Streifens einen geraden Streifen in dem rechtwinkligen x, y-System betrachten kann, in welchem z. B. $y = 0$ die Wand darstellt und p eine gegebene Funktion von x ist. In der Tat, wenn $U(x)$ die Geschwindigkeitsverteilung längs der Bogenlänge der Wand angibt, so gilt (bei stationärer Strömung) für den Druck die Bernoullische Beziehung: $\varrho \frac{U^2}{2} + p = $ konst. und daraus — indem wir uns die Bogenlänge längs der x-Achse abgewickelt denken —

$$\frac{dp}{dx} = - \varrho U \frac{dU}{dx} . \quad \ldots \ldots \ldots \ldots \quad (14)$$

Die Gleichung (13) bestimmt nun zusammen mit der Kontinuitätsgleichung

$$\frac{\partial u}{\partial x} + \frac{\partial v}{\partial y} = 0 \quad \ldots \ldots \ldots \ldots \quad (15)$$

die Strömung in der Grenzschicht, wobei als Randbedingungen folgende Forderungen hinzutreten:

an der Wand $\qquad y = 0, \qquad u = v = 0,$

beim Übergang aus der Grenzschicht in die Außenströmung:

$$y = \infty, \qquad u = U(x).$$

Die Brauchbarkeit dieser Annäherungsmethode ist leider durch folgenden Umstand stark beschränkt. Ist $\dfrac{dU}{dx} < 0$, findet mit anderen Worten die Strömung gegen wachsenden Druck statt, so führt die Berechnung zu dem Ergebnis, daß die Strömung in der Grenzschicht die Wand verläßt, von der Wand sich ablöst, bzw. von einem bestimmten Querschnitt an in der Grenzschicht eine Rückströmung auftritt, zumeist verbunden mit einem rapiden Anwachsen der Grenzschichtdicke. Dieses Ergebnis ist soweit sehr befriedigend, daß eine Reihe bekannter Erscheinungen (z. B. Ablösung am Hinterteil von Widerstandskörpern, Strömung in Diffusoren) dadurch richtig erklärt werden. Es erklärt auch, in welcher Weise wirbelnde Flüssigkeit von der Wand in das weitere Strömungsfeld gelangt; gleichzeitig wird aber durch die Ablösung das gesamte Strömungsfeld derartig abgeändert, daß man von einer Potentialströmung im ganzen Bereich nicht mehr sprechen kann und damit der Anwendung der Prandtlschen

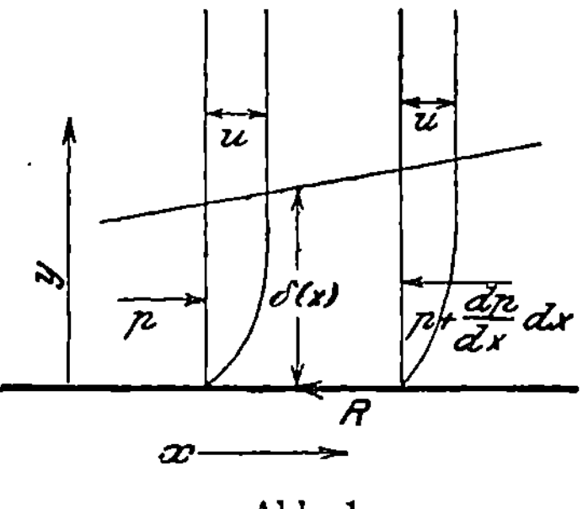

Abb. 1.

Grenzschichtmethode der Boden entzogen wird. Es steht mit dieser Ausführung im Einklang, daß wir z. B. im Falle der exakten Lösung für die divergente Düse zu keiner Grenzschicht geführt worden sind, sondern die Gesamtströmung von der Potentialströmung wesentlich abweicht.

6. Physikalische Deutung der Grenzschichttheorie. — Der physikalische Sinn der Grenzschichttheorie wird klar vor Augen geführt, wenn man auf die in der Grenzschicht strömende Flüssigkeit den Impulssatz anwendet.

Ich beschränke mich auf ebene stationäre Strömung. Die Achse $y = 0$ soll die Wand darstellen (Abb. 1). Statt des allmählichen Überganges in die Potentialströmung nehme ich eine von x abhängige Grenzschichtdicke $\delta(x)$ an, so daß für $y = \delta$, die Geschwindigkeitskomponente u in eine bestimmte Funktion $U(x)$ übergeht. Der Druck ist längs der Linien $x = $ konst. für $o < y < \delta$ konstant und eine gegebene Funktion $p(x)$ von x. Wir betrachten zwei Querschnitte x und $x + dx$. Nach dem Impulssatz ist bei stationärer Strömung der Überschuß an ausströmender Bewegungsgröße gleich der Resultierenden der wirkenden Kräfte.

Als Bewegungsgröße in der x-Richtung haben wir erstens die durch den Querschnitt transportierten Impulse

$$J = \int_0^\delta \varrho\, u^2\, dx,$$

zweitens die Impulsmenge, welche durch die Trennungslinie $y = \delta$ eintritt, zu rechnen. Die an dieser Linie eintretende Flüssigkeitsmenge ist aus Kontinuitätsgründen offenbar $\dfrac{dQ}{dx} dx$, falls $Q = \int_0^\delta u\, dy$ das durch den Querschnitt durchströmende Volumen bedeutet; die entsprechende Impulsmenge beträgt $\varrho\, U \dfrac{d}{dx}\left[\int_0^\delta u\, dy\right] dx$.

Wir haben daher, als Impulsüberschuß, $\dfrac{dJ}{dx} - U\varrho\,\dfrac{dQ}{dx}$. Diese Größe ist nach dem Impulssatz gleich der Resultierenden aus Druckdifferenz und Reibung an der Wand. Die Druckdifferenz beträgt $-\dfrac{dp}{dx}\,\delta\, dx$, die Reibung an dem Wandelement dx ist gleich $- dx\,\mu\left(\dfrac{\partial u}{\partial y}\right)_{y=0}$, so daß wir erhalten

$$\varrho\,\frac{d}{dx}\int_0^\delta u^2\, dy - \varrho\, U\frac{d}{dx}\int_0^\delta u\, dy = -\frac{dp}{dx}\,\delta - \mu\left[\frac{\partial u}{\partial y}\right]_{y=0} \quad \ldots \ldots (16)$$

Man kann nun folgendes Verfahren zur Gewinnung von angenäherten Resultaten anwenden. Man macht für die Geschwindigkeitsverteilung in der Grenzschicht, d. h. für $o < y < \delta$ plausible Annahmen, wobei die Dicke der Grenzschicht δ offengelassen wird. Alsdann liefert die Beziehung (16) eine Bestimmungsgleichung für δ als Funktion von x. Es zeigt sich, daß man wenigstens in einfachen Fällen in dieser Weise zu guten Annäherungen gelangt.

7. Die Reibung an der ebenen Wand. — Wir wollen die soeben angedeutete Methode auf die Grundaufgabe zur Bestimmung der Oberflächenreibung, auf den Fall einer gleichmäßigen Strömung längs einer ebenen Wand anwenden.

Die gleichförmige Geschwindigkeit in einiger Entfernung von der Wand sei U. Alsdann folgt aus der Bernoullischen Beziehung $p = $ konst., d. h. $\dfrac{dp}{dx} = 0$. Als Geschwindigkeitsverteilung wollen wir eine Parabel annehmen, welche so bestimmt ist, daß für $y = 0$, $u = 0$, dagegen für $y = \delta$, $u = U$ und $\dfrac{du}{dx} = 0$ wird. Wir können diese Bedingungen erfüllen durch den Ansatz:

$$u = U\frac{(2\,\delta - y)\,y}{\delta^2}.$$

Wir können nun die Integrale $\int_0^\delta u\,dy$ und $\int_0^\delta u^2\,dy$ leicht berechnen und erhalten:

$$\int_0^\delta u\,dy = \frac{2}{3}\cdot U\delta$$

$$\int_0^\delta u^2\,dy = \frac{8}{15}\,U^2\,\delta.$$

Andererseits ist

$$\left[\frac{\partial u}{\partial y}\right]_{y=0} = \frac{2\,U}{\delta}.$$

Wir erhalten daher die Differentialgleichung für δ

$$\frac{8}{15}\,U^2\frac{d\delta}{dx} - \frac{2}{3}\,U^2\frac{d\delta}{dx} = -\frac{\mu}{\varrho}\frac{2\,U}{\delta} \quad \ldots \ldots \ldots (17)$$

und daraus

$$\delta\frac{d\delta}{dx} = 15\,\frac{\mu}{\varrho}\frac{1}{U}.$$

$$\delta^2 = 30\,\frac{\mu x}{\varrho U}\ldots \ldots \ldots \ldots \ldots (18)$$

Den Reibungswiderstand einer Platte von der Länge l erhält man offenbar, als das Integral der Reibungskräfte von $x = 0$ bis $x = l$, d. h.

$$K = \int_0^l \mu\,\frac{2\,U}{\delta}\,dx = \frac{4}{\sqrt{30}}\,U^{3/2}\,\mu^{1/2}\,\varrho^{1/2}\,l^{1/2}. \quad \ldots \ldots (19)$$

Benutzen wir den formalen Ansatz (1), so haben wir

$$K = \bar{c}_f\gamma\,\frac{U^2}{2\,g}\,l. \quad \ldots \ldots \ldots \ldots (20)$$

Durch Vergleich erhalten wir als mittleren Reibungskoeffizienten

$$\bar{c}_f = \frac{8}{\sqrt{30}}\frac{1}{\sqrt{R}} = 1{,}46\,\frac{1}{\sqrt{R}}\,{}^{[1]}), \quad \ldots \ldots \ldots (21)$$

wobei wir $R = \dfrac{Ul}{\nu}$ als Reynoldssche Kennziffer einführen. Es ist aber zu bemerken, daß im Einklang mit dem in der Einleitung Gesagten man nicht schlechthin von einem Reibungskoeffizienten c_f sprechen kann. Derselbe ist ∞ an der Vorderkante der Platte und

---

[1]) Durch genaue Integration der Grenzschichtgleichungen erhält man $\bar{c}_f = \dfrac{1{,}33}{\sqrt{R}}.$

nimmt längs der Platte allmählich mit wachsender Grenzschichtdicke ab. Der mittlere Reibungskoeffizient wird dadurch eine Funktion der Reynoldsschen Kennzahl.

Die Erfahrung zeigt, daß die in dieser Formel enthaltene Art der Abhängigkeit von der Reynoldsschen Kennzahl wohl für kleine Werte derselben Gültigkeit hat, während bei großen Kennzahlen die Abnahme von $\bar{c}_f$ viel langsamer erfolgt. Wie bereits erwähnt wurde, wird diese Erscheinung dadurch erklärt, daß die hier angenommene stationäre (laminare) Beschaffenheit der Grenzschicht für große Reynoldssche Kennzahlen nicht zutrifft, sondern eine nur im Mittel stationäre, turbulente Strömungsart einsetzt. Man wird in dieser Annahme bestärkt durch die Beobachtung, daß, wenn man eine andere Art Reynoldssche Kennzahl aus Geschwindigkeit, kinematischer Zähigkeit und Grenzschichtdicke bildet, der Zustandswechsel bei Kennzahlen gleicher Größenordnung, wie bei Rohren erfolgt. Auf dieser Grundlage kann man über die Gesetzmäßigkeiten der turbulenten Grenzschicht und der turbulenten Oberflächenreibung weitere Aufschlüsse gewinnen, wenn man die aus der Strömung in Rohren gewonnenen empirischen Annahmen auf diesen Fall überträgt.

8. Die turbulente Strömung in glatten Röhren. — Das empirische Material über den sog. turbulenten oder „hydraulischen" Strömungswiderstand ist sehr ausgedehnt und stammt aus Versuchen, welche über ein Jahrhundert sich erstrecken[1]). Das Material hat jedoch nur in den letzten Jahren eine systematische Klärung erfahren, weil die Ordnungsprinzipe fehlten. Als solche müssen wir folgende beiden Grundsätze vor Augen halten:

a) Um zwei Strömungszustände vergleichen zu können, müssen dieselben auf die Reynoldssche Kennzahl bezogen werden.

b) Es muß die Beschaffenheit der Wand (Glattheit, Rauhigkeit) berücksichtigt werden.

Auf die Frage, wie die Rauhigkeit in Betracht gezogen werden soll, wollen wir später zurückkommen. Der erste Schritt, um über das empirische Material Klarheit zu erreichen, muß darin bestehen, die Versuche, welche den Grenzfall der glatten Wand angenähert verwirklichen, abzusondern. Alsdann können Versuche mit geometrisch ähnlichen Anordnungen vollständig übersehen werden, wenn man als Ordnungsparameter nach a) die Reynoldssche Kennzahl einführt. Man erhält dann folgende zwei Hauptergebnisse:

A. Im ausgebildeten turbulenten Zustand ist die Geschwindigkeitsverteilung in Röhren mit geometrisch ähnlichen Querschnitten, ähnlich, d. h. das Verhältnis der Geschwindigkeit an einer Stelle zu der über den Querschnitt gemittelten Geschwindigkeit ist unabhängig von der Reynoldsschen Zahl.

B. Der Strömungszustand, gemessen an dem Druckabfall, ist

---

[1]) Vgl. z. B. Forchheimer: Hydraulik.

sehr gut angenähert mit der $^7/_4$ Potenz der Geschwindigkeit proportional.

Das Resultat unter B. können wir im Einklang mit der technischen Vorstellung über die Oberflächenreibung in folgender Weise ausdrücken: Denken wir uns über den Rohrumfang eine Reibungskraft pro cm² gleich $c_f \gamma \dfrac{U^2}{2\,g}$ verteilt, wobei U die mittlere Geschwindigkeit bezeichnet, so ist offenbar Druckgefälle mal Rohrquerschnitt gleich der Resultierenden der Reibungskräfte über den Umfang. Wir erhalten daher mit F als Querschnitt und U als Umfang:

$$- F \frac{dp}{dx} = c_f \gamma \frac{U^2}{2\,g}\, U$$

oder

$$- \frac{dp}{dx} = c_f \gamma \frac{U^2}{2\,g} \frac{U}{F}\,.$$

Rechnen wir den Druckabfall in Flüssigkeitssäule, so ist der Druckabfall pro Längeneinheit

$$h = - \frac{1}{\gamma} \frac{dp}{dx} = c_f \gamma \frac{U^2}{2\,g} \frac{1}{r}, \quad \ldots \ldots \ldots \ldots (22)$$

wobei r den hydraulischen Radius (Verhältnis der Querschnittsfläche zum benetzten Umfang) $r = \dfrac{F}{U}$ bezeichnet.

Für kreisförmige Rohre gilt nun laut B. nach der Zusammenstellung von H. Blasius ($d =$ Durchmesser des Rohres)

$$h = 0{,}316 \frac{1}{d} \frac{U^2}{2\,g} \sqrt[4]{\frac{\mu}{\varrho\,U d}}, \quad \ldots \ldots \ldots \ldots (23)$$

so daß wir für den Reibungskoeffizienten erhalten, indem wir berücksichtigen, daß der hydraulische Radius $r = \dfrac{d}{4}$ beträgt und $R = \dfrac{r\,U\varrho}{\mu}$ als Kennzahl einführen:

$$c_f = 0{,}0559 \frac{1}{\sqrt[4]{R}} \ldots \ldots \ldots \ldots \ldots (24)$$

Diese Gesetzmäßigkeit vorausgesetzt, kann man — wie zuerst von Prandtl gezeigt wurde — auf die Geschwindigkeitsverteilung in der Nähe der Wand schließen, wenn man erstens das empirische Resultat A. berücksichtigt, zweitens annimmt, daß

C. die Geschwindigkeitsverteilung in der Nähe eines Wandelementes nur von der Reibungskraft, d. h. der Tangentialspannung abhängt, welche an das Wandelement übertragen wird, nicht aber von den übrigen Wandelementen, d. h. von der Querschnittsform. Diese letztere Annahme ist sicher nicht immer richtig, z. B. in den

Ecken eines vieleckigen Querschnitts, aber sie ist plausibel für alle Fälle, wo der Krümmungshalbmesser des Querschnittsprofils groß ist gegen die Schichtdicke, in welcher wir die Geschwindigkeitsverteilung ermitteln wollen.

Unter den angeführten Annahmen schließen wir auf die Geschwindigkeitsverteilung durch folgenden einfachen Gedankengang:

Wir bezeichnen die Koordinate senkrecht zur Wand mit y, die Schubspannung an dem betreffenden Wandelement mit τ. Die Geschwindigkeit in der Entfernung y von der Wand ist dann nach der Annahme C. nur eine Funktion von τ und y, und von den physikalischen Konstanten ϱ und μ

$$u = f(\varrho, \mu, \tau, y). \quad\dots\dots\dots\dots (25)$$

Nun ist nach A. die Geschwindigkeitsverteilung bei verschiedenen Reynoldsschen Kennzahlen ähnlich, folglich besteht zwischen u und τ eine ähnliche Beziehung, wie zwischen der mittleren Geschwindigkeit U und τ. Wir nehmen in Verallgemeinerung von B. an, daß der Strömungswiderstand, d. h. die Reibungskraft mit der n-ten Potenz der Geschwindigkeit wächst. Wir haben daher bei konstanten y, μ und ϱ, $\tau \sim u^n$ oder $\mu \sim \tau^{1/n}$. Die Gl. (25) muß daher die Form haben:

$$u = g(y, \mu, \varrho)\,\tau^{1/n}. \quad\dots\dots\dots\dots (26)$$

Diese Formel kann nur dimensionsrichtig sein, wenn die Funktion $g(y, \mu, \varrho)$ die Form hat

$$g(y, \mu, \varrho) = \text{Konst.}\; y^\alpha\, \mu^\beta\, \varrho^\gamma$$

und mit Berücksichtigung der Dimensionen von μ und ϱ

$$g(y, \mu, \varrho) = \text{Konst.}\; y^{\frac{2}{n}-1}\, \mu^{1-\frac{2}{n}}\, \varrho^{\frac{1}{n}-1}$$

oder

$$u = \text{Konst.}\; y^{\frac{2}{n}-1}\, \mu^{1-\frac{2}{n}}\, \varrho^{\frac{1}{n}}\, \tau^{1/n}. \quad\dots\dots\dots (27)$$

Für den Spezialfall des Blasiusschen Gesetzes erhalten wir mit $n = \frac{7}{4}$

$$u = \text{Konst.}\; y^{\frac{1}{7}}\, \mu^{-\frac{1}{7}}\, \varrho^{-\frac{3}{7}}\, \tau^{\frac{4}{7}} = \text{Konst.}\; \left(\frac{y}{\nu}\right)^{\frac{1}{7}} \left(\frac{\tau}{\varrho}\right)^{\frac{4}{7}}. \quad\dots\dots (28)$$

Die Geschwindigkeit in der Nähe der Wand wächst mit der $^1/_7$-Potenz der Entfernung.

Wir können so sagen: wenn wir die Geschwindigkeit in der Nähe der Wand nach Potenzen der Entfernung entwickeln, so beginnt die Entwicklung mit dem Gliede $\sqrt[7]{y}$. Andererseits ist die Schubspannung durch die Geschwindigkeitsverteilung mittels der Beziehung gegeben:

$$\tau = \text{Konst.}\; \varrho\, \nu^{1/4}\, \frac{u^{7/4}}{y^{1/4}}. \quad\dots\dots\dots\dots (29)$$

Die so abgeleiteten Beziehungen decken sich gut mit den Beobachtungen[1]. Die Konstanten ergeben sich aus dem empirischen Material im Mittel wie folgt:

$$u = 8{,}7 \left(\frac{\tau_0}{\varrho}\right)^{4/7} \left(\frac{y}{\nu}\right)^{1/7} \left.\begin{matrix}\\\\\end{matrix}\right\} \quad \ldots \ldots \quad (30)$$

$$\tau = 0{,}0225\, \varrho\, \nu^{1/4} \left(\frac{u}{\sqrt[7]{y}}\right)^{7/4}$$

9. Die turbulente Oberflächenreibung. Die so gewonnenen Beziehungen können wir auf den oben behandelten typischen Fall der Oberflächenreibung übertragen. Wir behalten die Vorstellung von der Grenzschicht und die Grundgleichung für die Grenzschichtdicke bei, indem wir schreiben:

$$\frac{d}{dx}\int_0^\delta u^2\, dy - U\frac{d}{dx}\int_0^\delta u\, dy = -\tau, \quad \ldots \ldots \quad (31)$$

wobei τ die Reibungskraft an der Wand bezeichnet. In Abweichung von der Laminartheorie setzen wir jedoch einerseits die Geschwindigkeit proportional $\sqrt[7]{y}$, etwa

$$u = U\left(\frac{y}{\delta}\right)^{1/7}, \quad \ldots \ldots \ldots \quad (32)$$

andererseits die Schubspannung nach (30)

$$\tau = 0{,}0225\, \varrho\nu^{1/4}\left(\frac{U}{\sqrt[7]{y}}\right)^{7/4} \quad \ldots \ldots \quad (33)$$

oder mit Benutzung des Ansatzes (32)

$$\tau = 0{,}0225\, \varrho\, \nu^{1/4}\,\frac{U^{7/4}}{\delta^{1/4}}. \quad \ldots \ldots \quad (34)$$

---

[1] Genaue Messungen in unmittelbarster Nähe der Wand zeigen allerdings einen linearen Verlauf der Geschwindigkeit mit y, d. h. $\dfrac{du}{dy}$ ist nicht ∞ für $y = 0$, sondern geht einem endlichen Mittelwert zu. Dies ist natürlich, wenn wir berücksichtigen, daß streng genommen an der Wand die Beziehung $\tau = \mu\dfrac{du}{dy}$ gelten muß. Im Innern der Flüssigkeit kommt zu der Reibungskraft $\mu\dfrac{du}{dy}$ das Glied $-\varrho\overline{uv}$ zu, so daß bei konstantem τ $\dfrac{d\overline{u}}{dy}$ ($\overline{u} =$ die mittlere Geschwindigkeit) abnimmt. Die Abnahme erfolgt wie $1/y^{6/7}$. Wir müssen daher eigentlich so sagen: es gibt drei Bereiche: unmittelbar an der Wand gilt lineares Anwachsen der Geschwindigkeit (Poiseuillescher Zustand), dann kommt ein Zwischenbereich (Bereich der $1/7$-Potenz) mit turbulenter Kraftübertragung, aber abhängig von dem Wandelement; schließlich in der Mitte des Rohres wirken alle Wandelemente zusammen.

Wir berechnen die Integrale in Gl. (31);

$$\left.\begin{array}{l} \int_0^\delta u\,dy = \tfrac{7}{8}\,U\delta, \\[2mm] \int_0^\delta u^2\,dy = \tfrac{7}{9}\,U^2\,\delta \end{array}\right\} \quad \ldots \ldots \ldots \quad (35)$$

und erhalten folgende Gleichung für δ:

$$\frac{7}{72}\frac{d\delta}{dx} = 0{,}0225\left(\frac{\nu}{U\delta}\right)^{1/4}, \quad \ldots \ldots \ldots \quad (36)$$

und daraus

$$\delta = 0{,}37\left(\frac{\nu}{Ux}\right)^{1/5}. \quad \ldots \ldots \ldots \quad (37)$$

Die Oberflächenreibung längs der Platte von der Länge l ergibt sich durch Integration der elementaren Schutzspannungen zu:

$$W = 0{,}018\,\varrho\,U^2\,l\left(\frac{\nu}{Ul}\right)^{1/5}. \quad \ldots \ldots \ldots \quad (38)$$

Vergleichen wir diese Formel mit dem allgemeinen Ansatz

$$W = \bar{c}_f\,\gamma\,\frac{U^2}{2\,g}\,l,$$

so haben wir mit $R = \dfrac{Ul}{\nu}$, als Reynoldsscher Kennzahl zu setzen:

$$\bar{c}_f = 0{,}072\,\frac{1}{R^{1/5}}. \quad \ldots \ldots \ldots \quad (39)$$

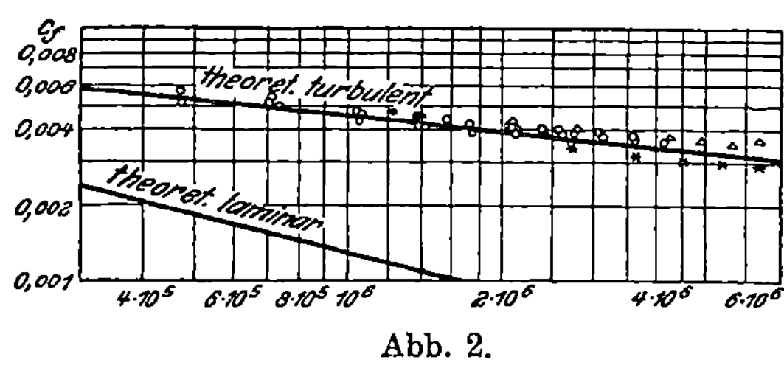

Abb. 2.

Die Abbildung 2 zeigt die gute Übereinstimmung zwischen Berechnung und Beobachtung, und zwar nicht nur bezüglich der Abhängigkeit, sondern auch der absoluten Größe der Reibungszahl.

In derselben Weise können wir auch den Fall der turbulenten Oberflächenreibung an einer rotierenden Scheibe durchrechnen[1]). Wir erhalten mit a als Scheibendurchmesser für das Reibungsmoment ($\omega =$ Winkelgeschwindigkeit)

$$M = 0{,}0364\,a^5\,\omega^2\,\varrho\left(\frac{\nu}{a^2\,\omega}\right)^{1/5} \quad \ldots \ldots \quad (40)$$

Setzen wir das Moment nach Gl. (11)

$$M = \frac{\pi}{5}\cdot\bar{c}_f\,\frac{a^5\,\omega^3}{g}\,\gamma,$$

---

[1]) Vgl. Kármán: Über laminare und turbulente Reibung, a. a. O.

so ergibt sich als mittlerer Reibungskoeffizient

$$\bar{c}_f = 0{,}058 \, \frac{1}{\sqrt[5]{\dfrac{a^2\,\omega}{\nu}}} \qquad \ldots \ldots \ldots \quad (41)$$

Die Ergebnisse stimmen mit Reibungsversuchen, welche von G. Kempf in der Schiffsbautechnischen Versuchsanstalt zu Hamburg in Wasser durchgeführt worden sind und in einer Notiz des Herrn Kempf nachfolgend dargelegt werden, gut überein.

10. Einfluß der Rauhigkeit. Die bisherigen Untersuchungen zeigen folgendes: Wenn man auch von einem „Reibungskoeffizienten" der Oberflächenreibung schlechthin nicht sprechen kann, so kann man doch für jede Anordnung einen „mittleren Reibungskoeffizienten" ermitteln, welcher bei glatten Oberflächen nur noch von der Reynoldsschen Kennzahl abhängig ist. Bei rauhen Flächen ist dies nur dann richtig, wenn man mit den Abmessungen zugleich auch die Längenmaße der Wandrauhigkeit in demselben Verhältnis wachsen läßt. Hält man hingegen die Beschaffenheit der Wand fest, so ist es klar, daß außer der Reynoldsschen Kennzahl das Verhältnis eines Wandrauhigkeitsmaßes zu den Abmessungen der Anordnung mitbestimmend ist. Man kann z. B. — wie Blasius und v. Mises für den Fall der Strömung durch Röhren und Kanäle vorgeschlagen haben — die Rauhigkeit durch eine bestimmte Längenabmessung (etwa mittlere Erhöhung der Rauhigkeitselemente) kennzeichnen und das Verhältnis dieser Größe zu der Längengröße bilden, welche in der Kennzahl vorkommt. Bezeichnen wir dieses Verhältnis als relative Rauhigkeit, so kann bei derselben Wandbeschaffenheit der mittlere Reibungskoeffizient offenbar nur eine Funktion der Reynoldsschen Kennzahl und der relativen Rauhigkeit sein. Es treten nun zwei Fragen auf[1]):

a) Wie ist die Abhängigkeit des Reibungskoeffizienten bei gleicher Wandbeschaffenheit von der relativen Rauhigkeit?

b) Genügen die Parameter, Reynoldssche Kennzahl und relative Rauhigkeit, wenn man Wände mit verschiedener Beschaffenheit vergleichen will? Mit anderen Worten: läßt sich der Einfluß der Rauhigkeit durch ein Längenmaß ausdrücken?

Wenn die Ordnung des empirischen Materials bereits für glatte Wände schwierig ist, so ist es naturgemäß noch weitaus schwieriger, im Falle verschieden rauher Wände einen vollständigen Überblick zu gewinnen. Wir wollen uns auf den Fall zylindrischer Rohre beschränken und nur das Prinzipielle zusammenfassen; indem wir die beiden obigen Fragen zu beantworten suchen.

a) Fassen wir Versuchsergebnisse zusammen, welche auf Wände mit exakt gleicher Beschaffenheit sich beziehen, so ist der Reibungskoeffizient zu setzen:

$$c_f = f\!\left(R, \frac{k}{r}\right), \qquad \ldots \ldots \ldots \ldots \quad (42)$$

---

[1]) Vgl. Hopf, L.: Z. ang. Math. Mech. 1923, Heft 5.

wobei R die Reynoldssche Kennzahl, r den hydraulischen Radius, k das Längenmaß der Rauhigkeit bedeutet. Wählen wir z. B. R als Abszisse, so erhalten wir eine Kurvenschar für verschiedene Werte von $\frac{k}{r}$. Es ist zunächst zu bemerken, daß wahrscheinlich alle Kurven die gemeinsame Eigenschaft haben, daß für große Reynoldssche Zahlen der Reibungskoeffizient unabhängig von der Reynoldsschen Zahl wird (Reibungswiderstand proportional dem Quadrat der Geschwindigkeit). Dieser Zustand wird im allgemeinen um so früher erreicht, je größer die relative Rauhigkeit ist. Für sehr geringe relative Rauhigkeiten läßt sich dieser Grenzzustand allerdings nicht mit absoluter Sicherheit nachweisen, da die Versuche nicht bis zu den erforderlichen Reynoldsschen Zahlen reichen. Der Übergang von der Laminarströmung zu diesem Grenzzustand mit konstanter Reibungszahl ist für verschiedene Rauhigkeitszahlen verschieden: während bei geringen Rauhigkeitszahlen die Reibungszahl im Übergangsgebiet mit wachsender Reynoldsscher Zahl ständig abnimmt, findet man bei starker relativer Rauhigkeit eine Zunahme.

Praktisch wichtig erscheint es, für den Grenzwiderstand $c_f =$ konst. die Abhängigkeit der Reibungszahl c_f von der relativen Rauhigkeit zu ermitteln. Setzt man $c_f =$ konst. $\left(\dfrac{k}{r}\right)^m$, so erhalten wir für den Druckabfall:

$$h = \text{konst.} \left(\frac{k}{r}\right)^m \frac{1}{r} \frac{U^2}{2\,g},$$

d. h.

$$h = \text{konst.} \frac{k^m}{r^{m+1}} \frac{U^2}{2\,g}. \qquad \ldots \ldots \ldots \quad (43)$$

Für Wände mit gleicher Beschaffenheit, d. h. für gleiche Werte von k haben wir daher als empirische Formel (mit einer nicht dimensionsfreien Konstanten ψ)

$$h = \psi \frac{1}{r^{m+1}} \frac{U^2}{2\,g}. \qquad \ldots \ldots \ldots \quad (44)$$

Herr Fromm hat im Anschluß an die Hopfschen Untersuchungen[1]) im aerodynamischen Institut der Technischen Hochschule Aachen exakte Versuche mit einer Rinne von viereckigem Querschnitt (wobei eine viereckige Rinne mit verhältnismäßig großer Breite gewählt wurde, um den einfachen zweidimensionalen Fall verwirklichen und dasselbe Wandmaterial bei verschiedenen Querschnittsabmessungen verwenden zu können) durchgeführt und erhielt für den Exponenten m[2])

$$m = 0{,}314$$

<hr>

[1]) Hopf, L.: a. a. O. und früher Die Wasserkraft, 1920, Heft 6.
[2]) Fromm, K.: Z. ang. Math. Mech. 1923, § 339, auch Abhandlungen aus dem aerodyn. Institut Aachen, 3. Lieferung.

Diesen Exponenten kann man nun mit dem für glatte Rinnen ermittelten Exponenten der Geschwindigkeitsverteilung durch folgenden Gedankengang verbinden:

Die Proportionalität der Reibungszahl mit dem Quadrat der Geschwindigkeit legt die Vermutung nahe, daß die Reibung an der rauhen Wand — wenigstens bei gröberer Rauhigkeit — lediglich als ein Mittelwert des Formwiderstandes der einzelnen Erhebungen zustande kommt. Der Widerstand einer Erhebung ist jedoch proportional der Geschwindigkeit, durch welche sie getroffen wird. Wenn wir daher ein und dasselbe Wandelement mit einer bestimmten Anzahl von Erhebungen betrachten und die mittlere Geschwindigkeit in der Rinne und die Querschnittsabmessungen vergrößern (bei ähnlich bleibender Querschnittsform), so muß die Reibung mit U_k^2 proportional wachsen, wobei U_k die Geschwindigkeit in der Entfernung k von der Wand bedeutet. Angenommen, daß für die Geschwindigkeitsverteilung dieselben Gesetze gelten, wie in der Rinne mit glatter Wand, so wächst u erstens proportional mit der mittleren Geschwindigkeit U, zweitens mit der $^1/_7$-Potenz von $\dfrac{k}{r}$, so daß wir für die Reibung erhalten:

$$\tau = \text{konst.} \left(\frac{k}{r}\right)^{2/7} U^2 \quad \ldots \ldots \ldots \ldots \quad (45)$$

oder für die Reibungszahl c_f

$$c_f = \text{konst.} \left(\frac{k}{r}\right)^{2/7} {}^1) \quad \ldots \ldots \ldots \ldots \quad (46)$$

in ganz guter Übereinstimmung mit dem durch den Versuch gefundenen Exponenten 0,314.

Man kann diesen Gedankengang weiter verfolgen und auf den Fall erweitern, daß der Widerstand der einzelnen Erhebungen nicht genau dem quadratischen Widerstandsgesetz folgt. Dies anzunehmen sind wir deshalb berechtigt, weil einer Elementarerhebung als Widerstandskörper im allgemeinen, infolge der geringen Abmessungen und der in der Wandnähe herrschenden geringen Geschwindigkeiten eine kleine Reynoldssche Kennzahl zukommt und bekanntlich bei solchen erhebliche Abweichungen vom quadratischen Gesetz auftreten. Man sieht, daß wir zu einer zwanglosen Erklärung der Erscheinung gelangen, daß die mit dem Quadrat der Geschwindigkeit proportionale Reibung, d. h. die konstante Reibungszahl erst bei großen Reynoldsschen Zahlen auftritt, und zwar um so später, je feiner die Rauhigkeit ist. Führen wir etwa die Reynoldssche Zahl der Elementarerhebung mit $R_k = \dfrac{k\,U_k}{\nu}$ ein oder, wenn wir U_k proportional $U\left(\dfrac{k}{r}\right)^{1/7}$

---

¹) Herr Fromm fand mit geringer Abweichung von Blasius für die viereckige glatte Rinne $c_f = 0{,}0705 \dfrac{1}{R^{0,27}}$. Daraus würde sich für die Geschwindigkeitsverteilung statt $^1/_7$ der Exponent 0,156 ergeben, wodurch die Übereinstimmung noch besser erscheint.

setzen, mit $R_k = \dfrac{k^{5/7}\,U}{r^{1/7}\,\nu}$ ein, so muß die Reibung für dasselbe Wand-element offenbar die Form haben:

$$\tau = f\!\left(\frac{k^{5/7}\,U}{r^{1/7}\,\nu}\right)\gamma\,\frac{U_k^{\,2}}{2\,g} = f\!\left(\frac{k^{5/7}\,U}{r^{1/7}\,\nu}\right)\gamma\left(\frac{k}{r}\right)^{2/7}\frac{U^2}{2\,g} \quad \ldots \quad (47)$$

und die Reibungszahl

$$c_f = f\!\left(\frac{k^{5/7}\,U}{r^{1/7}\,\nu}\right)\left(\frac{k}{r}\right)^{2/7} \quad \ldots\ldots\ldots\ldots \quad (48)$$

Die Reynoldssche Kennzahl der Rinne beträgt $\dfrac{Ur}{\nu}$; führen wir diese und die relative Rauhigkeit $\dfrac{k}{r}$ wieder ein, so erhalten wir folgende interessante Gesetzmäßigkeit:

$$c_f = f\!\left[R\left(\frac{k}{r}\right)^{5/7}\right]\cdot\left(\frac{k}{r}\right)^{2/7} \quad \ldots\ldots\ldots\ldots \quad (49)$$

Dies bedeutet so viel, daß wenn wir für verschiedene Rinnen mit gleicher Wandbeschaffenheit und ähnlicher Querschnittsform $c_f\left(\dfrac{r}{k}\right)^{2/7}$, d. h. $c_f\,r^{2/7}$ als Funktion von $\dfrac{R}{r^{5/7}}$ auftragen, sämtliche empirisch auf-genommene Kurven in eine einzige Kurve zusammenfallen müssen. Das empirische Material reicht leider nicht aus, um zu entscheiden, ob dieses verallgemeinerte Ähnlichkeitsgesetz der rauhen Wände erfüllt ist oder nicht.

b) Die Frage, ob die Rauhigkeit durch eine Längenabmessung ausreichend gekennzeichnet werden kann, ist gleichbedeutend damit, ob alle empirischen Kurven, welche die Reibungszahl in rauhen Rohren mit ähnlicher Querschnittsform als Faktor der Kennzahl R darstellen, von ähnlichem Querschnitt in eine einzige Kusvenschar nach einem Parameter $\dfrac{k}{r}$ sich ordnen lassen oder nicht. Die Antwort ist ver-neinend, was schon dadurch wahrscheinlich ist, daß außer der mitt-leren Erhebung offenbar auch die Art der Rauhigkeit, z. B. die Steil-heit der Erhebungen, vom Einfluß sein muß.

Es müssen daher alle Versuche, das gesamte Material in ein bestimmtes System von Rauhigkeitsgraden einzuzwingen, im all-gemeinen versagen. Eine solche Einordnung ist eventuell möglich, wenn man sich auf den Grenzzustand mit quadratischem Reibungs-gesetz (c_f unabhängig von der Kennzahl) sich beschränkt. Falls es sich zeigen würde, daß die Reibungsziffer von dem hydraulischen Radius für Wände mit verschiedener Beschaffenheit dieselbe Ab-hängigkeit zeigt, so lassen sich offenbar gleichen Werten c_f gleiche relative Rauhigkeiten zuordnen, so daß sich jede Wand tatsächlich durch eine Rauhigkeitszahl (von der Dimension einer Länge) kennzeichnen läßt. Man kann daher, wenn man die Rauhigkeit eines bestimmten Materials als Bezugsgröße wählt, für die anderen Materialien eine Art Rauhigkeit ermitteln, indem man ihr Rauhigkeitsmaß zu der gewählten Einheitsrauhigkeit in Verhältnis setzt. Herr Fromm hat in der Tat für eine Reihe von verschieden rauh gemachten Blechen dieselbe Gesetzmäßigkeit $c_f = \text{konst.} \left(\dfrac{k}{r}\right)^{0,314}$ nachgewiesen. Er war daher in der Lage, quantitative Angaben über den Rauhigkeitsgrad einer Reihe von Wandelementen zu liefern.

Man sieht im allgemeinen, daß es einer ausgedehnten Reihe systematischer Versuche mit weiten Variationsbereichen bedarf, um über dieses verwickelte Erscheinungsgebiet vollen und klaren Überblick zu verschaffen. Es fehlt dabei die sicher führende Hand der Theorie; solange die Grundaufgabe: die mechanischen Gesetze der turbulenten Reibungsübertragung zu finden, nicht gelöst ist, besteht wenig Hoffnung, das empirische Material völlig durchblicken zu können. Es ist wahrscheinlich, daß zur Lösung dieser Grundaufgabe die statistische Betrachtungsweise herangezogen werden muß. Zur Durchführung der Untersuchung bedarf man jedoch ebenso wahrscheinlich einer glücklichen Idee, welche bisher nicht gefunden worden ist.

Über Reibungswiderstand rotierender Scheiben.

Von **G. Kempf** in Hamburg.

Nachdem v. Kármán die empirischen Gesetze des laminaren und turbulenten Reibungswiderstandes einer ebenen Platte und einer rotierenden Scheibe aufgestellt hat, ist es, um die Berechnung praktisch anwenden zu können, wichtig, zu wissen, in welchem Maße die theoretisch errechneten Widerstandswerte von ebenen Platten und rotierenden Scheiben durch Widerstandsmessungen bestätigt werden.

Der theoretisch errechnete turbulente Widerstand ebener Platten ist nach den Mitteilungen v. Kármáns mit Versuchsergebnissen von Gibbons und Wieselsberger in außerordentlich guter Übereinstimmung.

An Versuchsergebnissen mit rotierenden Scheiben lag nicht entsprechend genügendes Material vor, um sicher zu entscheiden, ob nicht bereits doch schon bei mäßigen Reynoldsschen Zahlen von etwa 3×10^5 ein Übergang von laminarem zu turbulentem Reibungszustand vorkommt, worauf eine der Arbeit von W. Schmidt[1] entnommene Scheibenmessung hinzudeuten scheint, die allerdings vom Verfasser selbst als zweifelhaft bezeichnet wird. Bei Modellversuchen mit Schiffsschrauben, die vielfach bei diesen Reynoldsschen Zahlen ausgeführt werden, wäre es höchst störend, wenn mit solchem Übergangszustand gerechnet werden müßte, und es ist daher von praktischer Bedeutung, die Vorgänge in dieser Zone zu klären. Da in der Hamburgischen Schiffbau-Versuchsanstalt zur meßtechnischen Eichung der Apparate Widerstandsmessungen mit rotierenden Scheiben notwendig wurden, konnten diese Versuche gleichzeitig zu dem Zweck ausgebildet werden, um nachzuprüfen, wie sich die gemessenen Widerstände zu den berechneten Kurven verhalten. Untersucht wurden vier ähnliche möglichst glatte Scheiben aus blankem Messingblech, aus Holz mit geschliffener Lackpolitur und aus geglättetem Paraffin. Die Abmessungen der Scheiben betragen:

110 mm Durchmesser, aus Messing, 4 mm dick,
220   „   „   „ Messing, 4 mm, und aus Holz, 8 mm dick,
440   „   „   „ Holz, 16 mm dick,
880   „   „   „ Paraffin, 32 mm dick.

---

[1] Z. V. D. I. Bd. 65, S. 441.

Sämtliche Scheiben sind mit ähnlichen kegelförmigen Spitzen
auf der Achse beiderseitig versehen gewesen. Der Widerstand wurde
nach verschiedenen Methoden durch Torsionsfedern und durch Gewichts-
zug über eine Rolle gemessen, um mögliche Fehlerquellen, die in jeder
praktischen Meßvorrichtung liegen können, auszuschalten. Schwierigkeiten bereitete die wirklich einwandfreie und genaue Bestimmung

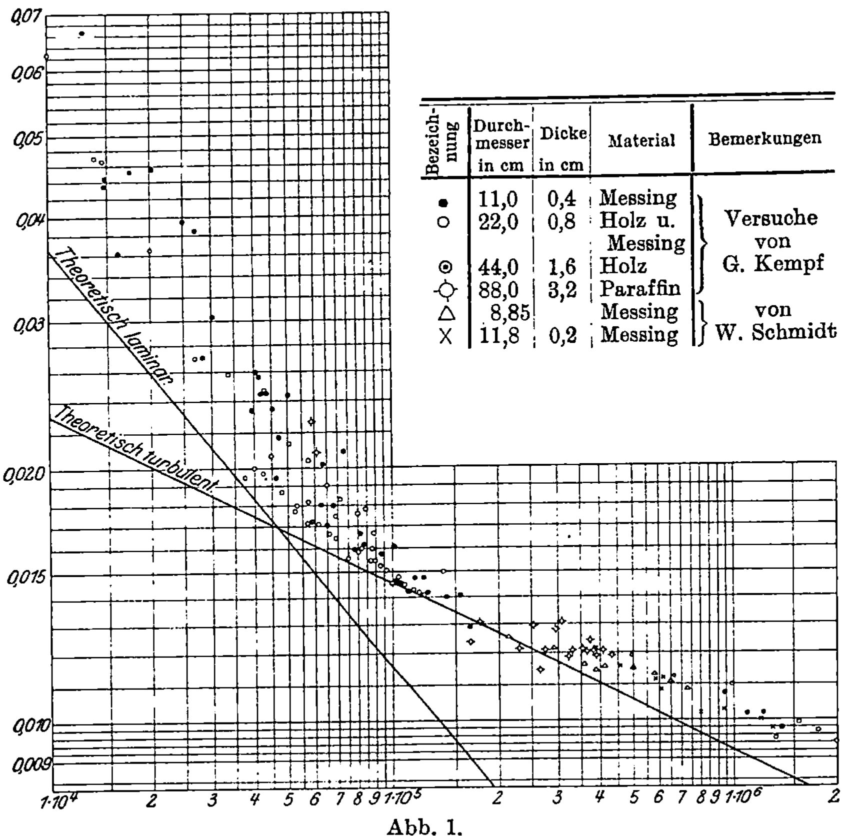

Bezeichnung	Durchmesser in cm	Dicke in cm	Material	Bemerkungen
●	11,0	0,4	Messing	Versuche von G. Kempf
○	22,0	0,8	Holz u. Messing	
◉	44,0	1,6	Holz	
◇	88,0	3,2	Paraffin	
△	8,85		Messing	von W. Schmidt
✕	11,8	0,2	Messing	

Abb. 1.

der Leerreibung der Drehvorrichtung. Die Ergebnisse zeigen gute
Übereinstimmung mit den nach v. Kármán theoretisch errechneten
Widerstandswerten (Abb. 1)[1]. Bei den größeren Reynoldsschen
Zahlen, bei denen die Scheiben schon beträchtliche Drehzahlen er-

---

[1] In der Abbildung stellen die Abszissen die Logarithmen der Kenn-
zahl $\dfrac{\omega a^2}{\nu}$ ($a =$ Halbmesser), die Ordinaten die Logarithmen der Reibungsziffer c_r, definiert durch $M = c_r \gamma \dfrac{a^5 \omega^2}{2g}$, dar ($c_r$ unterscheidet sich daher durch
einen Faktor von dem in der vorangehenden 1. Abhandlung benutzten mittleren
Reibungskoeffizienten $\bar{c}_f$).

reichen, vibrierten die Scheiben, wodurch die etwas größeren Widerstandswerte erklärt werden können, Bei abnehmenden Reynoldsschen Zahlen unter 8×10^4 wächst die Widerstandsziffer gegenüber der theoretisch turbulenten Kurve und lehnt sich an die theoretisch laminare Kurve an. Wenn es sich in dieser Zone praktisch auch um so kleine Kräfte handelt, daß die Leerreibung der Meßeinrichtung bereits einen bedeutenden Anteil ausmacht und geringe, unkontrollierbare Schwankungen in dieser Leerreibung das Meßergebnis schon merklich beeinträchtigen können, so ist das doch nicht in solchem Maße möglich, daß dadurch die allgemeine steigende Tendenz der Widerstandsziffern gegenüber der theoretisch turbulenten Reibungskurve verändert wird[1]).

Allgemein ergibt sich:

1. Die gemessenen Widerstandsziffern lehnen sich praktisch mit guter Annäherung an die v. Kármánschen theoretischen Kurven für turbulente und laminare Reibung an; die zugrunde liegenden Ansätze stimmen also gut mit den praktischen Ergebnissen überein.

2. Für kleine Reynoldssche Zahlen bis zu etwa 8×10^4 lehnen sich die Ergebnisse an die Kurven für theoretisch laminare Reibung, darüber an die Kurve für theoretisch turbulente Reibung an.

3. Die Messungen ergeben eine praktische Bestätigung des Reynoldsschen Ähnlichkeitsgesetzes für rotierende glatte Scheiben von 8,8 bis 88 cm Durchmesser.

------

[1]) In der Zone um $R = 2 \cdot 10^5$ konnten infolge der Eigenschaften der Meßvorrichtung nur wenig Meßpunkte gewonnen werden.

Experimentelle Bestimmung der Druckverteilung an rotierenden ebenen Flächen.

Von **M. Panetti** in Turin.

1. Es ist bekannt, daß die Luftkräfte auf rotierende Körper aus den bei geradliniger Translation gewonnenen Werten nicht unmittelbar abgeleitet werden können.

· Das Geschwindigkeitsfeld relativ zum rotierenden Körper hat kein Potential, so daß die Bernoullische Konstante von Stromlinie zu Stromlinie verschiedene Werte annehmen kann.

Es ist daher angebracht, indem man die Klärung dieser komplizierten Strömungszustände den modernen mathematischen Untersuchungen überläßt, für technische Zwecke den Vorgang experimentell zu verfolgen.

2. Ein für die Anwendungen besonders wichtiger Fall ist die gleichförmige Rotation einer viereckigen Platte um eine Achse, die in der Ebene der Platte liegt und einer Seite derselben parallel ist; dieser Fall entspricht z. B. den Bremsflügeln, wie sie bei Flugmotoren benutzt werden. Ihr Widerstand ist erheblich größer als man erhalten würde, wenn man für jedes Element den Widerstand in Rechnung setzt, welchen es bei einer Translation mit der seiner Umfangsgeschwindigkeit gleichen Geschwindigkeit erleiden würde.

3. Der Verfasser hat durch eine in dem Laboratorium des Polytechnikums in Turin ausgeführte Versuchsreihe die Abhängigkeit dieses Widerstandes von dem Verhältnis der zur Drehachse senkrechten Seite h zu der doppelten Achsenentfernung des Plattenmittelpunktes $2\,r_0$

$$\beta = \frac{h}{2\,r_0}$$

und vom Seitenverhältnis der Platte selbst ($b =$ Seitenlänge parallel zur Achse)

$$\alpha = \frac{b}{h}$$

bestimmt.

Der Einfluß des ersten Verhältnisses ist ziemlich klar. Der Einfluß des zweiten wird durch die radiale Schleuderbewegung der Luft erklärt, welche die Rotation des Flügelblattes erzeugt; diese hat zur Folge, daß der effektive Anstellwinkel sich erheblich von

90^0 unterscheidet, in welchem Falle das Seitenverhältnis bekanntlich großen Einfluß hat, der heute bereits auch in seinen Gründen erkannt ist.

Innerhalb der Grenzen α zwischen 0,8 und 3,0, β zwischen 0,12 und 0,5 wurde für den Widerstandskoeffizienten folgende empirische Formel gefunden:

$$\chi_r = 0{,}72 + 1{,}44\,\beta - 0{,}16\,\alpha + 1{,}28\,\alpha\beta \,.^{1)}$$

Mit Hilfe dieses Koeffizienten rechnet sich das Moment der Luftkräfte, indem wir das Moment aller Einzeldrücke, wie in Nr. 2 dargelegt wurde, summieren, nach der Formel

$$M = \chi_r\,\varrho\,\frac{1}{4}\,b\left[1 - \left(\frac{r'}{r}\right)^4\right]\omega^2 r^4,$$

wobei r und r' die beiden Halbmesser entsprechend den zur Achse parallelen Seiten und ϱ die Dichte des Mediums bezeichnet.

4. Die weiteren Versuche beziehen sich auf die Bestimmung der Druckverteilung auf der Vorder- und Rückseite der rotierenden Platte durch manometrische Messung. Der vom Verfasser entworfene Apparat zur Übertragung des Druckes am bewegten Körper auf ein feststehendes Manometer besteht lediglich in einer hydraulischen Kupplung zwischen dem beweglichen und dem feststehenden Teil der Rohrleitung.

Die bewegte Rohrleitung führt von einer kleinen Öffnung der Platte zu dem äußeren beweglichen Teil der Kupplung, welche in der Nabe des Flügelpaares untergebracht und als kleines Faß mit kreisringförmigem Schluß und Zwischenwänden ausgebildet ist.

Die eben erwähnten Wände bilden mit zwei an der inneren festen Welle angeordneten Scheiben einen Labyrinth.

Die Welle ist hohl; ihre Bohrung steht einerseits mit dem inneren Teile der Dichtung, andererseits durch eine feste Rohrleitung mit dem Manometer in Verbindung.

Das Labyrinth enthält eine zähe Flüssigkeit, z. B. Glyzerin, welche durch die inneren rotierenden Wände mitgenommen und durch die Zentrifugalkraft herausgeschleudert wird, so daß sie den äußeren Teil des Raumes erfüllt. Hierdurch ist die Abdichtung erzielt.

5. Der durch das Manometer registrierte Druck ist kleiner als der Druck, welcher in dem Meßpunkte am Anfang der Rohrleitung herrscht. Die beiden Drucke unterscheiden sich durch die Zentrifugalkraft, welche in einer rotierenden Luftsäule von der Länge r entsteht, wobei r die Achsenentfernung des Meßpunktes bedeutet. Die Differenz ist genau gleich dem Staudruck, welcher der Geschwindigkeit des betreffenden Punktes $r\omega$ entspricht

$$p_a = \tfrac{1}{2}\varrho\,r^2\,\omega^2,$$

wenn wir von der Kompressibilität der Luft absehen.

---

[1] Panetti und Burzio: Ricerche sperimentali sulla resistenza dell' aria contro schermi piani, sottili rotanti. Atti della R. Accademia delle Scienze Torino 1914.

6. Wenn daher der Vorgang sich so einfach gestalten würde, daß in jedem Punkte an der Vorderseite der Platte ein Druck entsteht, welcher der relativen Geschwindigkeit gegen die ruhende Luft entspricht, so würde der Druck in jedem Punkte gerade p_a betragen und das Manometer würde für jeden Punkt in der Vorderseite ständig Null zeigen.

7. Die Versuche haben demgegenüber im Mittel einen Überdruck von etwa 10 v. H. bezogen auf den Staudruck p_a gezeigt. Sie beziehen sich auf eine quadratische Platte von 270 mm Seitenlänge, welche an einem mittleren Radius von 500 mm mit einer minutlichen Drehzahl zwischen 750—950 rotiert. Der Druck wurde an 6 Meßzellen abgenommen, welche auf einer Geraden senkrecht zur Drehachse in 38 mm gegenseitiger Entfernung liegen.

8. Das Druckdiagramm[1]) zeigt folgenden Verlauf: erhebliche Überschreitungen von p_a entstehen in der Nähe der Innenkante (bis 25 v. H.), im mittleren Drittel sind die Überschreitungen minimal oder Null, während an der Außenseite der Überdruck nur 10 v.H. beträgt. Der Druckverlauf erinnert an die Kurven, welche Stanton für unter etwa 30—45° Anstellwinkel schief angeblasene Platten erhalten hat.

Wir finden daher die Erklärung bestätigt, welche wir in Nr. 3 für den Einfluß des Seitenverhältnisses auf das Bremsmoment gegeben haben, und es erklärt sich auch der große Wert des Momentes sowohl für die quadratischen Platten als für die schmalen Platten, da es bekannt ist, daß solche Platten bei Anstellwinkeln in der Nähe von 45° mehr Widerstand erfahren als beim senkrechten Anblasen.

9. Herr v. Kármán hat anläßlich der Diskussion, welche dieser Mitteilung folgte, auf die Wichtigkeit der durch die Flügel erzeugten Radialbewewung für die Erklärung der mitgeteilten Erscheinung hingewiesen. Die Radialgeschwindigkeit v_r und die Drehgeschwindigkeit $r\omega$ liefern eine resultierende Relativgeschwindigkeit, welche bedeutend größer sein kann als $r\omega$, und so erklärt sich, daß man bedeutend größere Staudrucke erhält, als sie der Geschwindigkeit $r\omega$ entsprechen würden.

Da man experimentell Überschreitungen von p_a bis 30 v. H. feststellt, so müßte die Radialgeschwindigkeit

$$v_r = 0,55\, r\,\omega$$

betragen, entsprechend der Gleichung

$$\tfrac{1}{2}\varrho\,(\omega^2 r^2 + v_r{}^2) = 1,3\, p_a\,.$$

10. Nach Ansicht des Verfassers läßt sich die Erscheinung auf Grund der Prandtlschen Tragflächentheorie erklären, wenn man in Betracht zieht, daß durch Induktion tatsächlich eine nach außen

---

[1]) Pasqualini, C.: Determinazione del regine delle pressioni sopra una piastra piana rotante. Ingegneria, Milano, September 1922.

gerichtete Geschwindigkeit entsteht. Wenn ganz allgemein genommen ein Flügel von der Luft unter einem bestimmten Winkel getroffen wird, so entsteht ein Auftrieb und dementsprechend eine Zirkulation oder ein gebundener Wirbel.

Die Randwirbel, in welche der letztere übergeht und welche den Flügeln an ihren Flanken in Spirallinien folgen dürften, induzieren in dem Raume, welchen der Flügel durchschreitet, eine nach außen gerichtete Radialgeschwindigkeit v_r und eine Umfangsgeschwindigkeit im Sinne der Drehrichtung der Flügel, welche infolgedessen die Relativgeschwindigkeit zwischen Flügel und Luft vermindert.

Beide Komponenten vermindern den ursprünglichen Anstellwinkel von 90° und vergrößern in gewissem Bereich den Wert des Auftriebes. In der Tat ist zwischen 90° und 50° Anstellwinkel α die Gesamtkraft S auf eine ebene Platte fast konstant, so daß der Auftrieb $S \cos \alpha$ wächst. Da nun mit wachsendem Auftrieb die induzierte Geschwindigkeit zunimmt, so ist der Zustand labil, bis er sich etwa bei 45° bis 30° Anstellwinkel stabilisiert, in welchem Bereich — je nach dem Seitenverhältnis — der Auftrieb einen Maximalwert erreicht.

11. So erklärt sich auch die Leichtigkeit, mit welcher — wie die Versuche zeigen — sich der aerodynamische Zustand verändert und der Einfluß, welchen der unmittelbar vorangehende Zustand über gar nicht kurze Zeiträume ausübt.

Über die gleichförmige Rotation eines festen Körpers in einer unbegrenzten Flüssigkeit.

Von B. Caldonazzo in Mailand.

Ein fester Körper C, umgeben von einer unbegrenzten reibungslosen Flüssigkeit, welche keinen Volumkräften unterworfen ist und ursprünglich in Ruhe war, rotiere um eine feste Achse. Die Bewegung des Körpers C erzeugt eine Bewegung der Flüssigkeitsteilchen, welche zwar nicht in bezug auf ein raumfestes System, jedoch in bezug auf ein mit dem Körper C mitbewegtes System stationär ist[1].

Da die Strömung in bezug auf das raumfeste Koordinatensystem der Bedingung der Stationarität nicht genügt, so kann man voraussehen, daß die Bernoullische Gleichung

$$p = \text{konst.} - \frac{\varrho}{2} V^2$$

($p =$ Druck, $\varrho =$ Dichte der Flüssigkeit, $V =$ der Absolutwert der Geschwindigkeit) nicht gültig sein wird.

In der Tat findet man, daß an die Stelle der gewöhnlichen Form des Bernoullischen Theorems folgende Beziehung tritt:

$$p = \text{konst.} - \frac{\varrho}{2} V^2 + \omega K_\omega,$$

wobei ω die Drehgeschwindigkeit des Körpers C und K_ω das Mo-

---

[1] Anläßlich des vorangegangenen Vortrages des Herrn M. Panetti wurden bei der Diskussion Zweifel geäußert, ob das Bernoullische Theorem nicht seine Gültigkeit verliert, wenn die Bewegung der Flüssigkeit von der gleichförmigen Rotation eines eingetauchten Körpers herrührt. Es ist den Diskussionsrednern entgangen, daß diese Frage in bejahender und erschöpfender Weise beantwortet worden ist durch eine Mitteilung des Herrn Prof. Cisotti „Sul moto permanente di un solido in un fluido indefinito, Atti del R. Istit, Veneto 1909—10, Bd. 69, II. Teil, S. 442 (vgl. auch T. Boggio, daselbst S. 883). Dadurch ist es möglich, die von H. Panetti experimentell behandelte Aufgabe vom theoretischen Standpunkte aus vollständig zu diskutieren. Dies ist der Gegenstand meiner Mitteilung. Es ist noch zu bemerken, daß die Abhandlung des Herrn Cisotti den allgemeinen Fall gleichzeitiger Translation und Drehung behandelt, indem er nur voraussetzt, daß die Bewegung in bezug auf C einen stationären Charakter besitzt.

ment der Bewegungsgröße um die feste Achse, bezogen auf die Volumeinheit, bedeutet.

Nach den obigen Voraussetzungen ist die Bewegung der Flüssigkeit notwendigerweise wirbellos; wir bezeichnen mit φ das Geschwindigkeitspotential und legen in den Punkt O ein mit C mitbewegtes Achsenkreuz $Oxyz$, so daß Oz die Drehachse darstellt und der Drehvektor nach der positiven z-Achse gerichtet ist; alsdann können wir schreiben:

$$p = \text{konst.} - \frac{\varrho}{2} V^2 + \omega \varrho \left(x \frac{\partial \varphi}{\partial y} - y \frac{\partial \varphi}{\partial x} \right) . \quad . \quad . \quad . \quad . \quad . \quad (1)$$

Das Geschwindigkeitspotential, bezogen auf das bewegte Achsenkreuz ist nur eine Funktion der x, y, z und enthält nicht explizite die Zeit.

Es ist klar, daß, wenn wir ein bestimmtes rotierendes System C festlegen, die gesamte Strömung und alle ihre Größen sich durch φ ausdrücken lassen. Andererseits fordert die Bestimmung von φ die Bestimmung einer harmonischen Funktion, welche in dem ganzen flüssigen Raum der Gleichung $\Delta \varphi = 0$ genügt, mit der Randbedingung:

$$\frac{\partial \varphi}{\partial n} = \omega \left(\beta x - \alpha y \right) \quad . \quad . \quad . \quad . \quad . \quad . \quad . \quad . \quad . \quad (2)$$

an der Oberfläche von C, wobei n die innere Normale an der Oberfläche von C, α und β die Richtungskosinusse derselben in bezug auf die Achsen x und y bedeuten.

Die Gleichung (2) drückt die Bedingung aus, daß an der Oberfläche von C die zur Oberfläche senkrechte Geschwindigkeitskomponente der Flüssigkeit gleich ist der Geschwindigkeit der festen Wand in derselben Richtung.

Der Einfluß der Bewegung des Körpers C auf die Strömung muß mit wachsender Entfernung abnehmen; so verschwindet die Absolutgeschwindigkeit der Flüssigkeit im Unendlichen. Mit anderen Worten: die ersten Ableitungen von φ müssen im Unendlichen verschwinden.

Diese Bedingungen bestimmen φ bis auf eine unwesentliche Konstante.

Die Aufgabe vereinfacht sich bedeutend, wenn wir für C einen unendlichen Zylinder annehmen, welcher um eine zu seinen Erzeugenden parallele Achse rotiert und dementsprechend die Strömung in parallelen, zur Drehachse senkrechten Ebenen erfolgt.

In dieser Mitteilung beschäftige ich mich genauer mit dem Fall, daß der zylindrische Körper durch eine Lamelle von der Länge l gebildet wird. In diesem Fall kann man das Potential φ und alle Elemente der Bewegung explizite bestimmen, namentlich die Druckverteilung, die Stromlinien der absoluten und relativen Bewegung und die Kräfte, welche auf die Längeneinheit der Lamelle wirken.

Die resultierende Kraft ist bei einem beliebigen Querschnitt des Zylinders in komplexer Form durch die Gleichung

$$R_x + i R_y = \varrho \, \omega \int\limits_s f \, dz$$

gegeben, wo $f = \varphi + i\psi$ das komplexe Potential, $z = x + iy$ bedeutet und das Integral über die Begrenzung des Zylinders zu erstrecken ist. In dem von uns betrachteten Falle einer Lamelle besteht die Kraftwirkung erstens aus einer Kraft, welche in der Rotationsachse wirkt und parallel zur Lamellenebene gerichtet ist. Die Kraft ist bestrebt, die Lamelle von der Achse zu verdrängen.

Ferner erhält man in bezug auf den Lamellenmittelpunkt ein Moment, welches bestrebt ist, die Lamelle senkrecht zur Bahn des Mittelpunktes einzustellen. So erhält man ein Ergebnis, welches einer für den Fall der gleichförmigen Translationsbewegung bekannten Tatsache analog ist.

1. Die Fragestellung. — Der Körper C sei eine viereckige Platte mit sehr großem Seitenverhältnis. Um die Ideen zu fixieren, nehmen wir an, daß die Platte mit vertikal gestellten langen Seiten in einen Behälter eintaucht. Die Platte dreht sich um eine vertikale Achse. Wenn wir den Behälter groß und die Platte lang genug annehmen, so erfolgt die Bewegung in genügender Entfernung vom Boden und von der freien Oberfläche lediglich in horizontalen Ebenen. Es genügt also, die Bewegung in einer solchen Ebene zu betrachten, z. B. in der Ebene $z = 0$. Wir haben dann den Fall einer Flüssigkeitsschicht, in welcher eine geradlinige Stange von der Länge l sich um den Punkt 0 gleichförmig dreht. Dies ist eine schematische Darstellung des Problems, welches H. Panetti durch Versuche studiert hat und von welchem wir ausgegangen sind.

Wir haben oben gezeigt, daß die Aufgabe auf die Bestimmung einer Funktion $\varphi(x, y)$ der Koordinaten x und y in der Ebene $z = 0$ führt, welche in jedem Punkte der Strömungsebene harmonisch und regulär ist, und welche an der Grenze des Körpers C der Bedingung (2) genügt, während ihre Ableitungen im Unendlichen verschwinden.

Wir legen zweckmäßigerweise (Abb. 1) die x-Achse durch den Mittelpunkt M der rotierenden Linie; wir bezeichnen mit ν den Winkel zwischen der letzteren und der x-Achse; ν soll zwischen $-\dfrac{\pi}{2}$ und $\dfrac{\pi}{2}$ liegen und positiv von x zu y gerechnet werden. Wir legen außerdem an der Lamelle die positive Richtung so fest, daß diese mit der x-Achse den Winkel ν bildet. Wir nennen dann linke bzw. rechte Seite der Lamelle jene, welche von dem Beobachter aus, welcher mit dem Gesicht nach der positiven Richtung der drehenden Linie gerichtet in der negativen z-Achse Stellung nimmt, links bzw. rechts erscheint.

Es ist dann leicht zu sehen, daß die Richtungskosinusse der nach innen gerichteten Normalen durch

$$\alpha = \pm \sin\nu, \qquad \beta = \mp \cos\nu$$

gegeben sind, wobei sich das obere Vorzeichen auf die linke, das

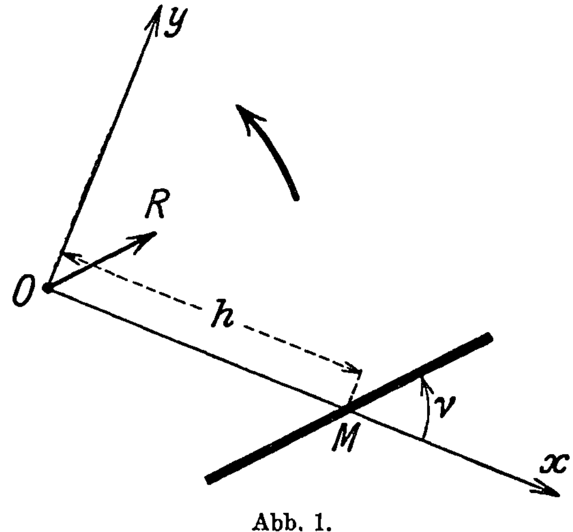

Abb. 1.

untere auf die rechte Seite bezieht. Dementsprechend haben wir, nach (2),

$$\frac{\partial\varphi}{\partial n} = \mp\,\omega\,(x\cos\nu + y\sin\nu).$$

Andererseits gilt für beide Seiten

$$\frac{\partial\varphi}{\partial n} = \frac{\partial\varphi}{\partial n}\frac{dx}{dn} + \frac{\partial\varphi}{\partial y}\frac{dy}{dn} = \pm\left(\frac{\partial\varphi}{\partial x}\sin\nu - \frac{\partial\varphi}{\partial y}\cos\nu\right).$$

Daraus ergibt sich die Randbedingung für den von uns betrachteten Fall

$$-\frac{\partial\varphi}{\partial x}\sin\nu + \frac{\partial\varphi}{\partial y}\cos\nu = \omega\,(x\cos\nu + y\sin\nu). \quad . \quad . \quad . \quad . \ (3)$$

2. Die Funktion $f(z)$. — Wir fügen zu φ die konjugierte harmonische Funktion ψ hinzu. Alsdann ist $f = \varphi + i\psi$ eine analytische Funktion der Variabeln $x + iy$, so daß

$$\frac{df}{dz} = u - iv,$$

wobei u, v die Komponenten der absoluten Geschwindigkeit darstellen, zerlegt nach den bewegten Achsen x, y.

Wir führen die neue Variable ζ ein durch die Formel

$$z = h + \frac{l}{4} e^{i\nu}\left(\zeta + \frac{1}{\zeta}\right), \quad \ldots \ldots \ldots (4)$$

wobei h die Entfernung $\overline{MO}$ bezeichnet. Durch (4) wird das Strömungsfeld (zweifach zusammenhängend durch den Schnitt, welcher der Lamelle entspricht) konform abgebildet auf den Bereich der Ebene $\zeta = r e^{i\sigma}$, welcher außerhalb des Kreises $|\zeta| = 1$ liegt, und zwar so, daß der linken Seite der Lamelle der Halbkreisumfang $\varrho = 1$, $0 \leq \sigma \leq \pi$, der rechten Seite die andere Hälfte des Kreisumfanges entspricht; dem Punkte $z = \infty$ entspricht $\zeta = \infty$. In der ζ-Ebene wird f eine analytische Funktion von ζ, regulär in jedem inneren Punkte; wir können sie ansetzen als eine Reihe nach absteigenden Potenzen

$$f(\zeta) = A_0 + B_0 + \sum_{n=1}^{\infty}(A_n + iB_n)\zeta^{-n}, \quad \ldots \ldots (5)$$

wobei die reellen Konstanten A_n und B_n so zu bestimmen sind, daß die Randbedingung (3) erfüllt ist.

Zu diesem Zwecke muß bemerkt werden, daß die linke Seite von (3) durch den Realteil von

$$\iota e^{i\nu}\frac{df}{dz} = \iota e^{i\nu}\frac{df}{d\zeta}\frac{d\zeta}{dz}$$

und die rechte Seite durch den Realteil von $\omega e^{-i\nu}z$ gegeben ist, wobei man zu berücksichtigen hat, daß am Kreisumfang $\zeta = e^{i\sigma}$ gilt.

Aus (4) und (5) folgt

$$\iota e^{i\nu}\frac{df}{dz} = -\frac{4\iota}{l}\frac{\zeta}{\zeta^2 - 1}\sum_{n=1}^{\infty} n(A_n + iB_n)\zeta^{-n}$$

$$\omega e^{-i\nu}z = \omega h e^{-i\nu} + \frac{\omega l}{4}\left(\zeta + \frac{1}{\zeta}\right).$$

Wenn wir die Realteile dieser zwei Ausdrücke gleichsetzen, so finden wir

$$A_1 = A_2 = \ldots = 0; \quad B_1 = -\frac{1}{2}\omega h l \cos\nu, \quad B_2 = -\frac{\omega l^2}{16},$$

$$B_3 = B_4 = \ldots = 0$$

und infolgedessen, bis auf eine unwesentliche Konstante,

$$f(\zeta) = -\frac{i\omega l}{2}\left\{\frac{h\cos\nu}{\zeta} + \frac{l}{\zeta^2}\right\}, \quad \ldots \ldots \ldots (6)$$

Die Absolutgeschwindigkeit eines Flüssigkeitsteilchens ist

$$u - \iota v = w = \frac{df}{d\zeta}\frac{d\zeta}{dz}$$

oder

$$w = \frac{2\iota\omega e^{-\iota\nu}}{\zeta^2 - 1}\left\{h\cos\nu + \frac{l}{4\zeta}\right\}.$$

Dieser Ausdruck verschwindet offenbar im ∞, so daß sämtliche Bedingungen für φ erfüllt sind und die Aufgabe vollständig gelöst ist.

Wie man sieht, ist die Geschwindigkeit unendlich an beiden Eckpunkten der Lamelle $\zeta = \pm 1$; bezüglich $\zeta = -1$ bildet der Fall, daß $l = 4\,h \cos \nu$ beträgt, eine Ausnahme.

3. Die Druckverteilung. — Aus (7) folgt für alle Oberflächenpunkte, das heißt für $\zeta = e^{i\,\sigma}$

$$V^2 = \frac{\omega^2}{\sin^2 \sigma}\left\{ h^2 \cos^2 \nu + \frac{l^2}{16} + \frac{h\,l}{2} \cos \nu \cos \sigma \right\}.$$

Aus (4) erhält man ebenfalls mit $\zeta = e^{i\,\sigma}$,

$$x = h + \frac{l}{2} \cos \nu \cos \sigma, \qquad y = \frac{l}{2} \sin \nu \sin \sigma.$$

Wie man sieht, fallen zwei Punkte, welche in der ζ-Ebene auf dem Einheitskreis symmetrisch in bezug auf die reelle Achse liegen, in der z-Ebene zusammen, bzw. sie liegen an beiden Seiten der Lamelle. Die beiden Punkte gehen ineinander über, wenn σ mit $-\sigma$ vertauscht wird; nun bleibt dabei V^2 unverändert, so daß wir daraus ersehen, daß die Geschwindigkeit der Flüssigkeit in entsprechenden Punkten an beiden Seiten der Lamelle gleichen Wert hat.

Wir haben jedoch, um die Druckverteilung zu bestimmen, noch das Zusatzglied zu ermitteln, welches zu dem Ausdruck für p nach dem gewöhnlichen Bernoullischen Theorem hinzutritt. Wir finden

$$\omega\,K_\omega = \omega\,\varrho\left(x\,\frac{\partial \varphi}{\partial y} - y\,\frac{\partial \varphi}{\partial y} \right)$$

$$= \frac{\omega^2\,\varrho}{\sin \sigma}\left\{ h^2 \cos \nu \sin(\nu + \sigma) + \frac{h\,l}{4} \sin \nu \cos 2\,\sigma + \frac{h\,l}{2} \cos \nu \sin 2\,\sigma \right.$$

$$\left. + \frac{l^2}{8} \cos \sigma \sin 2\,\sigma \right\}.$$

Da dieser Ausdruck in σ nicht gerade ist, so ist der Druck an beiden Seiten der Lamelle im allgemeinen nicht gleich.

Es ist zweckmäßig die Entfernung

$$\xi = \frac{l}{2} \cos \sigma$$

eines Punktes der Lamelle von dem Mittelpunkt M einzuführen, positiv gerechnet im positiven Sinne der Lamelle, negativ in der entgegengesetzten Richtung.

Mit dieser Bezeichnung und mit Benutzung der Ausdrücke für V^2 und K_ω können wir die Gleichung (1) folgendermaßen schreiben:

$$p = \text{konst.} + \frac{\varrho\,\omega^2\,l^2}{2\,(l^2 - 4\,\xi^2)}\left[h^2 \cos^2 \nu + \frac{l^2}{16} + h \cos \nu\,\xi \right]$$

$$+ \omega^2\,\varrho\left[\xi^2 + 2\,h\,\xi \cos \nu \pm \frac{h \sin \nu}{4\,\sqrt{l^2 - 4\,\xi^2}}\,(8\,h\,\xi \cos \nu + 8\,\xi^2 - l^2) \right],$$

wobei beim Doppelvorzeichen das obere Vorzeichen auf die linke, das untere auf die rechte Seite sich bezieht.

Die Druckdifferenz an beiden Seiten rührt nur von dem Glied mit Doppelvorzeichen her und beträgt für die Längeneinheit gerechnet

$$P = \frac{\omega^2 \varrho\, h \sin \nu}{2\sqrt{l^2 - 4\,\xi^2}}\,(8\,h\,\xi \cos \nu + 8\,\xi^2 - l^2),$$

wobei ein positiver Wert von P Überdruck an der rechten Seite der Lamelle bedeutet. Nur wenn der Lamellenschnitt parallel zur x-Achse liegt $(\nu = 0)$ ist P identisch Null längs der ganzen Lamelle.

Gleichzeitig mit der Geschwindigkeit, wird auch p unendlich an den Kanten. Andererseits ist die Resultierende der Drucke, die auf die ganze Lamelle wirken, gleich Null, weil man leicht zeigen kann, daß

$$\int_{-\frac{l}{2}}^{\frac{l}{2}} P\,d\xi = 0$$

ist.

Dieses Ergebnis werden wir später auf anderem Wege wieder finden; es sei hier nur bemerkt, daß das Resultat dem sogenannten d'Alembertschen Paradoxon entspricht.

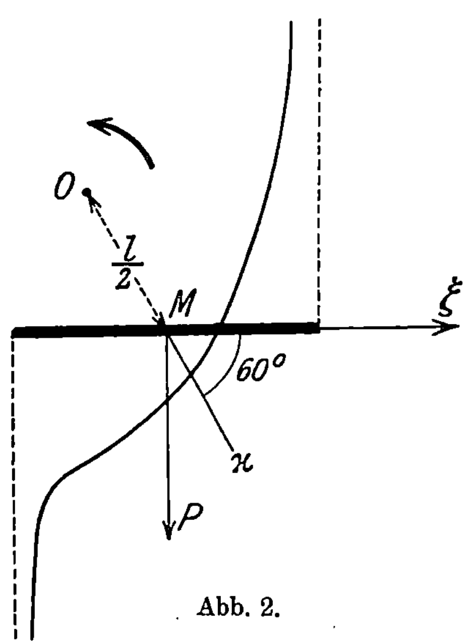

Abb. 2.

In Abb. 2 ist der Verlauf von P für den Fall $\nu = \dfrac{\pi}{3}$ und $h = \dfrac{l}{2}$ dargestellt, wobei wir für P einen geeigneten Maßstab gewählt haben.

4. Stromlinien. — Die Absolutbewegung ist nicht stationär; dagegen sind die Stromlinien in bezug auf das bewegte Achsenkreuz unabhängig von der Zeit. Sie sind gegeben durch die Gleichung $\psi = $ konst., welche mit Rücksicht auf (6) in folgender Weise geschrieben werden kann:

$$h \cos \nu\, r \cos \sigma + \frac{l}{8} \cos 2\,\sigma = C r^2,$$

wobei C eine reelle Konstante ist und die Punkte im Strömungsfeld durch $\zeta = r\, e^{i\,\sigma}$ und (4) festgelegt werden.

In Abb. 3 sind einige Stromlinien gezeichnet für den Fall, daß die Platte um eine ihrer Kanten rotiert

$$\left(h = \frac{l}{2}, \quad \nu = 0 \right).$$

Die Relativgeschwindigkeit der Flüssigkeit im bewegten System ist gegeben (in komplexer Form) durch

$$w - \omega\,(y + ix).$$

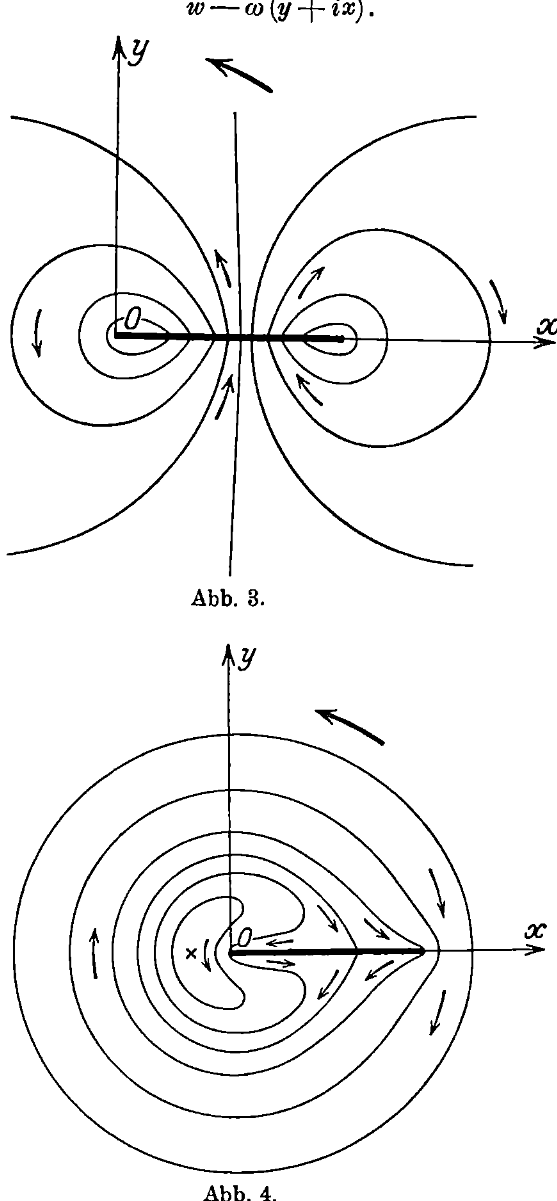

Abb. 3.

Abb. 4.

Die entsprechende Stromfunktion ist ψ vermindert um $-\dfrac{\omega}{2}(x^2 + y^2)$.
Nach (6) und (4) können wir die Gleichung für die Stromlinien im

bewegten System schreiben:

$$\left(r + \frac{1}{r}\right)\left\{r - \frac{1}{r} + \frac{2\cos 2\,\sigma}{r} + \frac{8\,h}{l}\cos(\sigma + \nu)\right\} = \text{konst.}$$

Setzen wir die Konstante an der rechten Seite gleich Null, so erhalten wir jene Stromlinie, welche die beiden Seiten der Platte $(r = 1)$ enthält.

In Abb. 4 sind einige Stromlinien der Relativbewegung gezeichnet für denselben Fall, auf welchen sich Abb. 3 bezieht.

5. Die ausgeübten Kräfte. — Die von der Flüssigkeit auf einen eingetauchten Körper ausgeübten Kräfte sind im Falle der ebenen Bewegung durch die Komponenten

$$R_x = \varrho\,\omega \int_s \varphi\,\beta\,ds, \qquad R_y = -\,\varrho\,\omega \int_s \varphi\,\alpha\,ds^1)$$

gegeben, wobei s den Integrationsweg um den Rand des Körpers bedeutet. Wenn wir den positiven Integrationsweg so wählen, daß der Körper links liegt, so haben wir

$$dx = \beta\,ds, \qquad dy - \alpha\,ds.$$

Wir können alsdann die Kraftkomponente zusammenfassen durch den komplexen Ausdruck:

$$R_x + \iota R_y = \varrho\,\omega \int_s \varphi\,dz.$$

Diesem Ausdruck können wir eine für die Berechnung geeignetere Form geben. Zunächst gilt für die Stromfunktion der Relativbewegung, daß

$$\psi' = \psi - \frac{\omega}{2}(x^2 + y^2)$$

längs s konstant ist. Daraus folgt:

$$\int_s \psi'\,dz = 0$$

und

$$\int_s \psi\,dz = \frac{\omega}{2}\int_s (x^2 + y^2)\,dz.$$

Nun ist aber das Integral auf der rechten Seite offenbar Null, so daß folgt:

$$\int_s \psi\,dz = 0.$$

Wir dürfen daher schreiben:

$$\int_s \varphi\,dz = \int_s (\varphi + i\psi)\,dz = \int_s f(z)\,dz$$

$^1)$ Cisotti, a. a. O.

und wir erhalten für die Kraft die gesuchte Form

$$R_x + i R_y = \varrho\,\omega \int_s \int f\,dz,$$

welche geeignet ist für die Berechnung, da sie den Cauchyschen Residuensatz anzuwenden gestattet.

Das Drehmoment in bezug auf den Ursprungspunkt O ist im allgemeinen Falle der dreidimensionalen Strömung durch einen zur Rotationsachse senkrechten Vektor gegeben; in dem behandelten einfachen Falle einer ebenen Strömung, wo die Geschwindigkeit in jedem Punkte senkrecht zur Drehachse steht, verschwindet das Moment identisch.

Für den speziellen Fall einer ebenen Platte können wir die Resultierende leicht berechnen. Die Gleichung (8) schreiben wir:

$$R_x + i R_y = \varrho\,\omega \int_{s_1} f(\zeta)\frac{dz}{d\zeta}\,d\zeta,$$

wobei der Integrationsweg s_1 in der ζ-Ebene über den Umfang des Einheitskreises zu erstrecken ist. Mit Rücksicht auf (4) und (6) erhält man:

$$R_x + i R_y = -\frac{1}{8}\,\iota\varrho\omega^2\,l^2\,e^{\iota\,\nu}\int_{s_1}\left(\frac{h\cos\nu}{\zeta} + \frac{l}{8\,\zeta^2}\right)\left(1 - \frac{1}{\zeta^2}\right)d\zeta$$

$$= -\frac{1}{8}\,\iota\varrho\omega^2\,l^2\,e^{\iota\,\nu}\int_{s_1}\frac{h\cos\nu}{\zeta}\,d\zeta$$

$$= \frac{\pi}{4}\,\varrho\,\omega^2\,l^2\,h\cos\nu\,e^{\iota\,\nu}.$$

Wir sehen daher, daß die **Resultierende parallel gerichtet ist zur Spur der Lamelle** und zwar so gerichtet, daß sie die Platte von der Drehachse nach außen zu drängen trachtet. Ihre Größe ist gegeben durch:

$$R = \frac{\pi}{4}\,\varrho\,\omega^2\,l^2\,h\cos\nu.$$

Wie wir bereits im Punkte 3. gefunden haben, ist die Normalkraft gleich Null; nur die zur Lamelle parallele Komponente ist von Null verschieden. Wie bereits bemerkt, ist dies im Einklang mit dem d'Alembertschen Paradoxon.

Da das Drehmoment in bezug auf O verschwindet, ist die gesamte Kraftwirkung äquivalent einer Kraft, welche in O angreift. Verlegen wir diese Kraft nach M, d. h. nach dem Mittelpunkt der Platte, so erhalten wir daneben ein Moment vom Betrage:

$$\frac{\pi}{8}\,\varrho\,\omega^2\,l^2\,h^2\sin 2\,\nu = \frac{\pi}{8}\,\varrho\,V_M^2\,l^2\sin 2\,\nu,$$

wobei $V_M = \omega h$ die Geschwindigkeit des Punktes M der Platte bezeichnet.

Dieses Moment verschwindet für $\nu = 0$ und $\nu = \pm \dfrac{\pi}{2}$; in allen übrigen Fällen ist das Moment bestrebt, die Platte in die Richtung $OM\,(\nu = 0)$ einzustellen, d. h. quer zur Rotationsrichtung; wir erhalten damit ein analoges Ergebnis, wie für den Fall der Platte, welche einer Parallelströmung ausgesetzt ist. Nehmen wir an, daß der Drehpunkt O ins Unendliche rückt, wobei h ins Unendliche wachsen und ω zu Null abnehmen soll, jedoch so, daß $V_M = \omega h$ gegen einen endlichen Grenzwert V_0 konvergiert. Für diesen Fall erhalten wir die Resultierende Null und das Moment in bezug auf M gleich

$$\frac{\pi}{8}\,\varrho\,V_0^2\,l^2\,\sin 2\,\nu\,.$$

Dieser Grenzfall führt zur gleichförmigen Translation einer Platte mit der Geschwindigkeit V_0, wobei diese mit der Platte den Winkel ν bildet. Das Ergebnis stimmt mit dem für diesen Grenzfall unmittelbar gefundenen und z. B. von Cisotti[1]) gegebenen Resultat überein.

---

[1]) Cisotti, U.: Sopra la traslazione uniforme di un solido in un liquido indefinito, Annali di mat. pura ed appl. Bd. 19, Serie III, (1912), S. 106.

Laboratoriumsmessungen über das Dämpfungsmoment bei kleinen Schwingungen eines Flugzeuges.

Von **M. Panetti** in Turin.

1. Die theoretische Behandlung der gestörten Bewegung eines Flugzeuges, welches zuerst von Crocco in Angriff genommen wurde und von Bryan, Bairstow, Fuchs und Hopf ausgeführt wurde, verlangt bekanntlich die Kenntnis einer Reihe aerodynamischer Beiwerte, welche nur auf dem Wege des Experiments gewonnen werden können.

Es sind dies die Koeffizienten, welche die Abhängigkeit der Luftkräfte von dem augenblicklichen Bewegungszustand festlegen, besonders wenn die Bewegung den Anstellwinkel ändert. Bekanntlich treten bei der Drehbewegung von festen Körpern in einem flüssigen Medium sehr komplizierte Vorgänge auf.

2. Der wichtigste der erwähnten Koeffizienten ist jener, welcher die Abhängigkeit der Momente der Luftkräfte bei einer bestimmten Geschwindigkeit V und bei einem bestimmten Anstellwinkel α von der Winkelgeschwindigkeit $\dfrac{d\alpha}{dt}$ angibt.

3. In den speziellen Fällen, auf welche die bisherigen technischen Untersuchungen sich beschränken, bleibt die Lage der Drehachse unverändert relativ zum Flugzeug. Dies trifft zu, wenn die Bewegung in einer vertikalen bzw. horizontalen Ebene stattfindet und bei der Drehung um die Längsachse.

4. Wenn die entsprechenden Drehbewegungen Schwingungen mit kleinen Amplituden sind, so erhalten wir die charakteristischen Stampf-, Schlinger- und Rollbewegungen, für welche man annehmen kann, daß die Winkel α Änderungen ϑ erfahren, welche klein sind gegen den Mittelwert α_0 und ihre Ableitungen

$$\frac{d\alpha}{dt} = \frac{d\vartheta}{dt} \cdot \quad \ldots \ldots \ldots \ldots \quad (1)$$

nehmen auch nur Werte innerhalb enger Grenzen an.

Das Moment der Luftkräfte M, bezogen auf eine Achse durch den Schwerpunkt des Körpers, hängt — bei gegebener Körperform und Bewegungsart — von der Geschwindigkeit V, vom Anstellwinkel

$$\alpha = \alpha_0 + \vartheta \quad \ldots \ldots \ldots \ldots \quad (2)$$

und dessen zeitlicher Ableitung (1) ab.

Man kann daher für M die ersten Glieder einer Reihenentwicklung nach den beiden erwähnten Variabeln ansetzen und schreiben

$$M = M_0 - A\frac{d\vartheta}{dt} - B\vartheta \ldots \ldots \ldots \ldots (3)$$

Dabei bedeutet

M_0 das Moment der Luftkräfte bei der Geschwindigkeit V und bei dem Anstellwinkel α_0, d. h. im Gleichgewichtszustand des Flugzeuges.

A und B sind Funktionen von V und α_0, und zwar ist A die Größe, welche wir im Punkt 2 erwähnt haben, während B den wohlbekannten Beiwert darstellt, welcher die Abhängigkeit des Momentes der Luftkräfte vom Anstellwinkel bei verschwindender Winkelgeschwindigkeit angibt. Die Größe B pflegt man in der Flugtechnik durch ein Diagramm als Funktion des Anstellwinkels darzustellen, und zwar für die gebräuchlichen Anstellwinkel angenähert mit geradlinigem Verlauf. Dies entspricht der Annahme, welche dem letzten Glied der Gl. (3) zugrunde liegt.

5. Es ist noch bekannt, daß sowohl ϑ als $\dfrac{d\vartheta}{dt}$ in der Formel 3

negative Vorzeichen haben müssen, da das Glied $\dfrac{d\vartheta}{dt}$ einem Moment entspricht, welches dem Sinne nach der Änderung des Anstellwinkels sicher entgegengesetzt ist (Dämpfungsmoment) und das zweite Moment in der Regel einer Abweichung des Anstellwinkels vom Mittelwert entgegenwirkt (Stabilisierungsmoment). Folglich ist die Größe A allenfalls und B in der Regel positiv.

6. Der Bau der beiden Faktoren folgt aus Dimensionsgründen, namentlich in welcher Potenz sie jene Größen enthalten, welche die Luftkräfte bestimmen: die Dichte des Mediums ϱ, ein Flächenmaß des Flugzeuges F und die Geschwindigkeit V.

Da der Faktor A die Dimension eines mit einer Zeitgröße multiplizierten Momentes haben muß, folgt

$$A = \chi_m'' \varrho F^2 V, \ldots \ldots \ldots \ldots (4)$$

wobei wir χ_m'' als **Dämpfungsbeiwert** bezeichnen können; derselbe hängt dann nur von der Form und Einstellung des Flugzeuges ab.

Der Faktor B besitzt die Dimensionen eines Momentes, so daß wir setzen können

$$B = \chi_m' \varrho F^{3/2} V^2; \ldots \ldots \ldots \ldots (5)$$

χ_m' ist der **Koeffizient des Stabilisierungsmomentes**.

Für geometrisch ähnliche Flugzeuge, welche gegen die Bewegungsrichtung gleiche Einstellung haben, sind χ_m' und χ_m'' unveränderte Werte.

7. Der Schwerpunktweg ist bei der Stampfbewegung, Schlingerbewegung und beim Rollen nicht geradlinig, weil bei periodischer Änderung des Anstellwinkels die Kräfte ebenfalls periodische Ände-

rungen erfahren und so der Schwerpunkt Schwingungen nach der Höhen- bzw. Seitenlage ausführt. Infolgedessen ändert sich die Geschwindigkeitsrichtung und der effektive Anstellwinkel ist nicht identisch mit dem für den Horizontalflug angenommenen Anstellwinkel des Flugzeuges. Die Winkelabweichung ist durch das Verhältnis der Transversalgeschwindigkeit v zu der Horizontalkomponente u gegeben.

Wenn wir daher die Bewegungsgleichung auf den Schwerpunkt beziehen, so müssen wir zwar für das Moment der Luftkräfte den Winkel ϑ, aber für die Winkelbeschleunigung die Ableitung des Winkels $\left(\vartheta + \dfrac{v}{u}\right)$ einsetzen.

Das Moment M sei ausgeglichen im Normalzustand (z. B. durch das konstante Moment der treibenden Kraft der Luftschraube); alsdann rautet die Momentengleichung für die gestörte Bewegung

$$J \frac{d^2}{dt^2}\left(\vartheta + \frac{v}{u}\right) = - A \frac{d\vartheta}{dt} - B\vartheta. \quad \ldots \ldots \ldots \quad (6)$$

Die Auflösung dieser Gleichung verlangt die Kenntnis der Größe A bzw. des Koeffizienten χ''_m.

8. Die soeben erwähnte Komplikation fällt weg, wenn die Richtung der Geschwindigkeit konstant ist. Die Gleichung (6) lautet dann

$$J \frac{d^2\vartheta}{dt^2} = - A \frac{d\vartheta}{dt} - B\vartheta. \quad \ldots \ldots \ldots \quad (7)$$

Die Lösung dieser Gleichung liefert bekanntlich eine gedämpfte Schwingung nach der Formel

$$\vartheta = \vartheta_0 e^{-\mu t}\sin(\omega t), \quad \ldots \ldots \ldots \quad (8)$$

wobei die Zeit t von einem Durchgang durch die Gleichgewichtslage gerechnet ist.

In der Formel (8) bedeutet ·

$$\omega = \sqrt{\frac{B}{J} - \mu^2} = \frac{2\pi}{T} \quad \ldots \ldots \ldots \quad (9)$$

die Frequenz; T die Schwingungszeit;

$$\mu = \frac{A}{2J} \quad \ldots \ldots \ldots \quad (10)$$

das logarithmische Dekrement, d. h. wenn ϑ_l und ϑ_{l+n} zwei Amplituden sind, zwischen welchen die Zeitdauer nT liegt, so ist

$$\mu = \frac{1}{nT} \log \frac{\vartheta_l}{\vartheta_{l+n}}. \quad \ldots \ldots \ldots \quad (11)$$

9. Die Größe A kann experimentell bestimmt werden, wenn wir das Flugzeugmodell um eine durch den Schwerpunkt gelegte Achse oszillieren lassen, während es durch einen Luftstrom von der Ge-

schwindigkeit V angeblasen wird. Bei dieser Anordnung haben wir gerade den unter (8) angeführten einfachen Fall verwirklicht. Um aber das Modell in Schwingungen zu halten, muß man es mit einem Pendelapparat verbinden, welcher indessen eigenes Richtungsmoment und Dämpfung besitzt. Diese Momente summieren sich mit dem Moment der Luftkräfte, so daß dadurch eine Komplikation in das Problem eingeführt wird.

10. Der vom Verfasser für das Laboratorium am Polytechnikum in Turin konstruierte Apparat benutzt ein Torsionspendel[1]). Ein dicker Faden geht längs des vertikalen Durchmessers durch den Luftkanal; derselbe ist oben an einer drehbaren Aufhängevorrichtung befestigt und trägt unten eine schwere Scheibe, welche die Pendelmasse vom Trägheitsmoment J_0 bildet.

Mit dieser Scheibe ist ein torsionsfestes Rohr starr verbunden, welches mit dem Faden koaxial angeordnet ist und zur Befestigung des Flugzeugmodells dient, welches in dieser Weise — da die Torsionsdeformation des Rohres vernachlässigt werden kann — die Bewegung der Pendelmasse mitmachen muß.

Das Rohr ist in Kugellagern gelagert, welche in zwei horizontalen Balken untergebracht sind, wodurch der Winddruck aufgenommen wird.

11. Das rückführende Moment wird durch die Torsionselastizität des Fadens geliefert und hat die Größe

$$- B_0 \alpha = - \frac{G j}{l} \alpha, \quad \ldots \ldots \ldots \quad (12)$$

wobei α die Winkelverdrehung des drehbaren Teiles (Pendelmasse und Modell), j das polare Trägheitsmoment des Fadenquerschnittes, l die freie Länge des Fadens, G den Schubmodul des Fadenmaterials bezeichnet.

12. Die Dämpfung des Pendels rührt von der Luftreibung an der Scheibe, von der inneren Reibung des elastischen Fadens, ferner von der Reibung in den Kugellagern her; für alle Fälle besteht sie aus einem konstanten (von der Winkelgeschwindigkeit unabhängigen) und aus einem von dieser abhängigen Anteil. Daß der erste Anteil wirklich nicht existiert, zeigt die Tatsache, daß das Pendel in der Ruhe keine Unempfindlichkeit zeigt. Den zweiten Anteil können wir mit guter Annäherung der Winkelgeschwindigkeit proportional ansetzen gleich

$$- A_0 \frac{d\alpha}{dt} . \quad \ldots \ldots \ldots \ldots \quad (13)$$

13. Unter der Wirkung eines konstanten Luftstromes von der Geschwindigkeit V wird das aus dem Pendel und Modell bestehende Aggregat eine Gleichgewichtslage mit dem Positionswinkel α_0 an-

---

[1]) Vgl. Burzio, Filippo: Un metodo per la determinazione della stabilità longitudinale dei velivoli. („Ingegneria" Okt. 1922.)

nehmen, in welcher das Moment der Luftkräfte M_0 und das elastische Moment $-B_0 \alpha_0$ sich das Gleichgewicht halten. Den Winkel α_0 kann man variieren, indem man die relative Lage des Modells gegen die Pendelscheibe verändert.

14. Wenn nun das System um diese Gleichgewichtslage kleine Schwingungen ausführt, so genügt der Ausschlag ϑ einer Gleichung von der Bauart der Gl. (7), wobei das Pendel zwei Momente liefert, von welchen das eine proportional α, oder wenn wir das Moment M_0 abziehen, proportional ϑ, und das zweite proportional $\dfrac{d\alpha}{dt} = \dfrac{d\vartheta}{dt}$ ist.

Wir erhalten somit die Differentialgleichung

$$(J + J_0) \frac{d^2 \vartheta}{dt^2} = -(A + A_0) \frac{d\vartheta}{dt} - (B + B_0) \vartheta, \quad . \ . \ (14)$$

wobei J das Trägheitsmoment des Modells in bezug auf die Pendelachse bezeichnet; es ist in der Regel vernachlässigbar neben J_0.

15. Der Versuch liefert durch Messung des Dekrementes μ_1, welches ähnlich wie μ aus Gl. (11) gerechnet wird, den Wert der Summe $A + A_0$ [1]).

Um A zu bestimmen, muß A_0 getrennt gemessen werden, indem man das Pendel in ruhiger Luft schwingen läßt. Für diesen Fall gilt die Gleichung

$$J_0 \frac{d^2 \alpha}{dt^2} = -A_0 \frac{d\alpha}{dt} - B_0 \alpha,$$

aus welcher man das Dekrement μ_0 in der erwähnten Weise berechnen kann.

Mit Vernachlässigung von J, wie am Ende des letzten Punktes erwähnt wurde, gilt die einfache Beziehung für jedes Wertepaar von V und α_0

$$A = 2 J_0 (\mu_1 - \mu_0). \ . \ . \ . \ . \ . \ . \ . \ . \ (15)$$

16. Für die Frequenz ω_1 mit Wind und ω_0 ohne Modell ergibt sich in analoger Weise wie unter (9)

$$\omega_1 = \sqrt{\frac{B + B_0}{J + J_0} - \mu_1{}^2}, \qquad \omega_0 = \sqrt{\frac{B_0}{J_0} - \mu_0{}^2}$$

und aus den beiden Beobachtungen erhält man den Wert von B bzw. χ'_m, welche man unmittelbar vergleichen kann mit den Werten, die die direkte statische Messung der Luftkräfte mittels der aerodynamischen Wage liefert.

17. Ich will zur Veranschaulichung der Methode einige Ergebnisse angeben.

Der zuerst ausgeführte Apparat enthielt eine Pendelmasse von 35 kg Gewicht mit einem Trägheitsmoment $J = 0{,}0411 \ \mathrm{kgms^2}$; der Fadendurchmesser betrug 7 mm, die Länge 2,12 m.

---

[1]) Vgl. Burzio a. a. O.

Die Schwingungsdauer ergab sich zu $T_0 = 1{,}80$, die Frequenz zu $\omega_0 = 3{,}49$, das Dekrement im Mittel zu $\mu_0 = 0{,}022$.

Nachdem ein Eindeckermodell mit den Flächenausmaßen 80×19 cm für die Hauptfläche, $27{,}5 \times 7{,}5$ cm für die in einer Entfernung von 50 cm angeordnete Dämpfungsfläche mit dem Pendel verbunden wurde, erhielten wir folgende Resultate:

$$
\begin{aligned}
V &= 8 \ \text{m/s} \quad 15 \ \text{m/s} \quad 23 \ \text{m/s} \\
\alpha_0 &= 1^0 \qquad\quad 2^0\ 15' \qquad 5^0 \\
\omega_1 &= 2{,}85 \qquad 2{,}93 \qquad 3{,}92 \\
\mu_1 &= 0{,}146 \qquad 0{,}279 \qquad 0{,}468 \\
\mu_1 - \mu_0 &= 0{,}124 \qquad 0{,}257 \qquad 0{,}446 .
\end{aligned}
$$

Die Zahlen in der letzten Reihe sind nach Gl. (15) proportional dem Faktor A, woraus man sieht, daß dieser Faktor mit der Geschwindigkeit V proportional wächst, wie aus Gl. (4) folgt. Die Proportionalität ist nicht exakt, weil bei den Versuchen der Wert α nicht genau konstant gehalten wurde.

Wenn wir auf Grund der Gleichungen (4) und (15) den Dämpfungskoeffizienten χ_m'' berechnen, so erhalten wir

$$\chi_m'' = 0{,}334 \quad 0{,}374 \quad 0{,}428$$

oder im Mittelwert $\chi_m'' = 0{,}38$, so daß man diesen Wert der Berechnung von Stampfbewegungen dem benutzten Modell ähnlicher Flugzeuge zugrunde legen kann.

Über die Dynamik der Flugzeuge.

Von L. Hopf in Aachen.

Die experimentelle und theoretische Einsicht in die Natur der
Luftkräfte hat uns heute in den Stand gesetzt, mit genügender
Sicherheit die Leistungen eines Flugzeugs zu berechnen; wir dimen-
sionieren die Flugzeuge mit Hilfe statischer Rechnungen, indem wir
die bei stationärem Flug auftretenden Kräfte und Momente ins
Gleichgewicht setzen mit dem Flugzeuggewicht und der Schraubenkraft bzw. den dazu gehörenden Momenten. Die individuelle Berechnung der Flugzeuge wird wohl auch in absehbarer Zeit auf diese
Gedankengänge beschränkt bleiben und nur von einer tiefergehen-
den und genaueren Erforschung der betreffenden Zahlenwerte Nutzen
ziehen. Die allgemeine Entwicklung des Flugzeugbaues schöpft aber
ihre Richtlinien zum großen Teil aus einer anderen Quelle, nämlich
aus den Erfahrungen und Überlegungen, welche an die nichtstationäre Bewegung des Flugzeugs anknüpfen, und bei welchen die
Gesichtspunkte der Flugsicherheit (Stabilität), der Steuerbarkeit
(Wendigkeit) und der Beanspruchung im Vordergrunde stehen. Aus-
sagen von Flugzeugführern, unvorhergesehene Unglücksfälle und un-
sichere Überlegungen haben in der ersten Zeit der Flugtechnik hier
den Ausschlag gegeben; an deren Stelle klare Rechnungen und
wissenschaftlich gesicherte Ergebnisse treten zu lassen, ist das Ziel
der Flugzeugdynamik. Aus tastenden Anfängen ist diese Wissenschaft gerade in der Zeit entstanden, über welche auf unserer Versammlung berichtet werden soll; denn erst in den letzten Jahren
sind die Erfahrungen über die Luftkräfte weit genug gediehen, um
eine brauchbare Grundlage für eine Dynamik des Flugzeugs abzu-
geben. Was heute geschaffen ist, kann man auch durchaus noch
nicht als etwas Fertiges ansehen; aber vielleicht sind die von der
Theorie herausgearbeiteten Gesichtspunkte stark genug, um als
Fundament exakter Experimente und technischer Weiterentwicklung
zu dienen.

Das Problem der Flugzeugdynamik ist kein hydrodynamisches.
Die Luftkräfte in ihrer Abhängigkeit von den einzelnen Parametern
der Flugbewegung werden aus der Erfahrung (oder evtl. aus der hydrodynamischen Theorie) als bekannte Größen entnommen, und es wird
die Bewegung des Flugzeugs als die Bewegung eines starren Körpers

untersucht. Das allgemeine Problem ist also die Diskussion einer Bewegung von 6 Freiheitsgraden; im besonderen Fall der reinen Längsbewegung, bei welcher das Flugzeug keine horizontalen Kurven beschreibt, die Flugbahn also ständig in der Symmetrieebene des Flugzeugs bleibt, aber natürlich in dieser Symmetrieebene beliebig gekrümmt sein kann, kommen wir zu einer ebenen Bewegung von 3 Freiheitsgraden, die wesentlich leichter zu behandeln, daher auch schon erschöpfender durchforscht ist. Über das ebene Problem soll zunächst berichtet werden:

I. Längsbewegung.

Die ebene Bewegung eines Flugzeugs wird durch folgende 3 Koordinaten beschrieben: die **Geschwindigkeit** (v), den **Anstellwinkel**, d. i. den Winkel zwischen Flugzeugachse (oder Flügelsehne) und Flugbahn (α) und den Winkel zwischen Flugzeugachse und horizontaler Richtung (ϑ), welcher die **Orientierung des Flugzeugs gegenüber der Schwererichtung** und gegenüber dem Inertialsystem angibt (Abb. 1). Die Flugbahn selbst schließt danach mit der Horizontalen den Anstiegwinkel (φ) ein, der gegeben ist als Differenz von ϑ und α. Die Luftkraft und ihr Moment hängen von ϑ nicht ab, sondern nur von α und v. Der

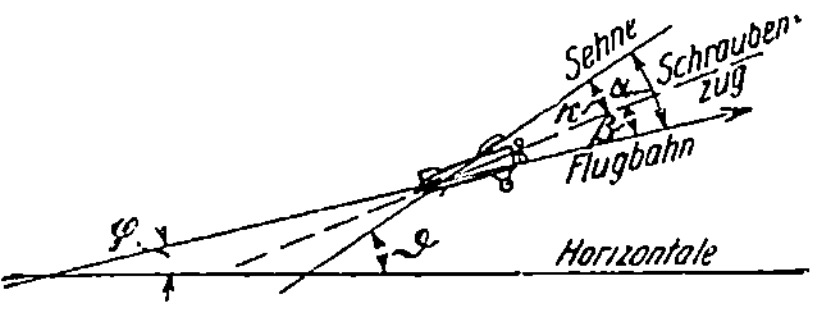

Abb. 1. Koordinaten der Längsbewegung.

Parameter, welcher die Leistungen des Flugzeugs am besten charakterisiert, ist aber die Neigung der Flugbahn φ. Die mechanischen Zusammenhänge werden wohl am klarsten, wenn ich die mathematischen Gleichungen hier hinschreibe, obwohl ich im Rahmen dieses Vortrages keine mathematischen Entwicklungen geben kann. Es ist im Hinblick auf die gewählten Variablen am zweckmäßigsten, wenn die Kraftkomponenten in Richtung der Flugbahn und senkrecht dazu gewählt werden. Die Luftkraftkomponente, welche der Richtung der Flugbahn entgegenwirkt, nennt man den Widerstand W, die Komponente senkrecht zur Flugbahn den Auftrieb A, und man setzt, wie stets in der Aerodynamik, an:

$$W = c_w F \frac{\gamma}{2\,g} v^2 \qquad A = c_a F \frac{\gamma}{2\,g} v^2$$

(γ/g Luftdichte, F Flügelfläche).

Dann lautet die **Bewegungsgleichung in der Flugrichtung**:

$$\frac{G}{g} \frac{d\,v}{d\,t} = S \cos\beta - G \sin\varphi - c_w F \frac{\gamma}{2\,g} v^2 \quad \ldots\ldots (1)$$

(G Gewicht, S Luftschraubenzug, $\beta - \alpha$ ist ein konstanter Winkel $\varkappa$).

Senkrecht zur Bewegungsrichtung wirkt als Massenkraft nur die Zentrifugalkraft, welche mit den gewählten Variablen am besten in der Form $\dfrac{G}{g}\,v\,\dfrac{d\varphi}{dt}$ hingeschrieben wird. Die Bewegungs-gleichung lautet daher:

$$\frac{G}{g}\,v\,\frac{d\varphi}{dt} = S\sin\beta - G\cos\varphi + c_a\,F\,\frac{\gamma}{2\,g}\,v^2 \quad\ldots\ldots\quad (2)$$

Die **Momentengleichung** gibt die Winkelbeschleunigung im Raum $\dfrac{d^2\vartheta}{dt^2}$ an; sie lautet, wenn J das Trägheitsmoment des Flugzeugs um die Schwerpunktsachse (senkrecht zur Symmetrieebene) und M das Moment der Luftkräfte bedeutet, und wenn das Moment der Schraubenkraft um den Schwerpunkt vernachlässigt wird:

$$J\,\frac{d^2\vartheta}{dt^2} = -M\,.$$

Das Moment der Luftkräfte, welches hier positiv gerechnet ist, wenn es die Flugzeugspitze nach unten zu drücken strebt, hängt von der Geschwindigkeit und vom Anstellwinkel ab, außerdem aber auch vom Ruderausschlag (s), somit von den Steuermaßnahmen des Führers. Den Einfluß des Ruderausschlags auf die Luftkräfte selbst, also auf die beiden anderen Gleichungen, kann man vernachlässigen; Steuer-maßnahmen sind daher nur Eingriffe in das Momentengleichgewicht. Wichtig ist ferner, daß das Moment der Luftkraft auch noch von der Drehgeschwindigkeit $\dfrac{d\vartheta}{dt}$ abhängen muß; denn bei einer Drehung des Flugzeugs wird die Luftbewegung an den weit vom Schwer-punkt entfernten Leitflächen eine andere, wie die Luftbewegung an den Flügeln, weniger der Geschwindigkeit als der Richtung nach; die Folge davon ist ein **dämpfendes Zusatzmoment**, welches übrigens mit praktisch genügender Genauigkeit der Geschwindigkeit proportional und unabhängig vom Anstellwinkel angenommen werden kann. Diese Andeutungen können wohl genügen zum Verständnis folgender Form der Momentengleichung:

$$J\,\frac{d^2\vartheta}{dt^2} = -m\,(\alpha,\,s)\,v^2 - n\,v\,\frac{d\vartheta}{dt} \quad\ldots\ldots\quad (3)$$

dabei sind m und n bekannte Größen, welche von den Abmes-sungen des Flugzeuges usw. abhängen, m insbesondere noch vom Anstellwinkel und vom Ruderausschlag.

Die meisten älteren Arbeiten, welche auf diesen Gleichungen fußen, sind reine **Stabilitätsuntersuchungen mit der Methode der kleinen Schwingungen**. Die Unbekannten werden als nur wenig abweichend von Gleichgewichtswerten angesehen; alle Glieder werden nach diesen kleinen Abweichungen entwickelt, so daß die Gleichungen linear werden. In bekannter Weise ergibt sich bei dieser Entwicklung eine Säkulargleichung, und zwar eine algebraische Gleichung 4. Grades; und je nachdem die Wurzeln dieser Gleichung

auf gedämpfte oder anwachsende Schwingungen führen, ist der
Gleichgewichtszustand als stabil oder instabil anzusehen. Von den
Ergebnissen dieser Untersuchungen sei nur wenig hervorgehoben:
Im praktisch wichtigen Bereich der Anstellwinkel ist in erster Linie
für die Stabilität das Vorzeichen der Größe $\dfrac{\partial m}{\partial \alpha}$ maßgebend; es wird
damit durch exakte Rechnung eine rein statische Stabilitäts-
betrachtung gerechtfertigt, welche, auf einem unexakten Schlusse be-
ruhend, schon lange als maßgebend angesehen wurde. Ist das Vor-
zeichen von $\dfrac{\partial m}{\partial \alpha}$ positiv, so daß bei einer zufälligen Erhöhung des
Anstellwinkels ein Moment auftritt, welches die Flugzeugspitze nach
unten zu drücken strebt, so ist Stabilität vorhanden, andernfalls
Instabilität. Nach der exakten Durchrechnung erweist sich diese
Stabilitätsbedingung als notwendig, aber nur dann als hinreichend,
wenn die Größe n der Gl. (3), also das dämpfende Moment,
einen bestimmten, vom Anstellwinkel und von $\dfrac{\partial m}{\partial \alpha}$ abhängigen Wert
nicht unterschreitet.

Diese Ergebnisse sind interessant, aber weder theoretisch noch
praktisch befriedigend; denn sie lassen die Art der Flugzeugbewegung, die Reaktion des Flugzeugs auf eine ungewollte oder ge-
wollte Anregung, auf eine Störung oder Steuerungsmaßnahme im
Dunkel; sie geben auch dem Praktiker keinen Anhalt dafür, welche
Stabilität er erstreben soll, wie sich Stabilität und Steuerfähigkeit
vertragen u. dgl. Kármán und Trefftz, welche wohl am klarsten
die Längsstabilität von Flugzeugen untersucht haben, sind schon
einen Schritt weitergegangen und haben die typischen Flugzeug-
bewegungen hervorgehoben, welche den einzelnen Wurzeln der
Säkulargleichung, also den einzelnen freien Partialschwingungen des
Flugzeugs entsprechen. Als charakteristisch für die Längsbewegung
ergibt sich, daß meistens (bis auf besondere weniger interessante
Fälle) eine langsame, schwach gedämpfte und eine rasche, stark gedämpfte Schwingung auftreten. Der Charakter dieser Schwingungen
hängt im wesentlichen von $\dfrac{\partial m}{\partial \alpha}$ ab und ist in den Extremfällen
leicht festzustellen:

Ist $\dfrac{\partial m}{\partial \alpha} = 0$, also das Flugzeug „statisch indifferent", so erweist sich das Flugzeug als indifferent gegen seine Lage zur Horizon-
talen ϑ; es ist kein Moment vorhanden, welches ein bestimmtes ϑ
erzwingt, oder einem aufgeprägtem ϑ widerstrebt. Eine Drehbewegung $\dfrac{d\vartheta}{dt}$ hingegen ist stark gedämpft. Diese aperiodisch gedämpfte Bewegung tritt in unserem Grenzfall an Stelle der raschen
Schwingungen im allgemeinen Fall. Die langsamen schwach gedämpften Schwingungen zeigen ein aperiodisches Heranrücken des

Anstellwinkels und der Geschwindigkeit an ihre Gleichgewichtswerte unter unveränderter Beibehaltung der Anfangsorientierung ϑ des Flugzeugs. Der Verlauf der Flugbahn ist dementsprechend unmittelbar der Gleichung $\varphi = \vartheta - \alpha$ zu entnehmen.

Ist $\dfrac{\partial m}{\partial \alpha} = \infty$, also das Flugzeug unendlich stabil, so zeigen sich zwei richtige Schwingungen, eine Drehschwingung um die unveränderte und unbeschleunigte Flugbahn (φ und $v = $ const), welche infolge des dämpfenden Momentes (n) mit der Zeit abklingt und eine langsame Schwerpunktschwingung, welche das Flugzeug unter Einhaltung seines Anstellwinkels ($\alpha = $ const) ausführt.

Diese letztgenannte Schwingung nun ist wesensgleich mit der lange bekannten „Phygoid"bewegung von Lanchester, welche ganz allgemein ohne Einschränkung auf kleine Schwingungen aus unsern Gleichungen abgeleitet werden kann, wenn man aus der letzten mit $m = \infty$ die Konstanz des Anstellwinkels entnimmt und in den Kraftgleichungen die dissipativen Kräfte (den Energie verzehrenden Widerstand und den Energie zuführenden Schraubenschub) vernachlässigt. Diese Bewegung ist die einzige seit längerer Zeit bekannte beschleunigte Längsbewegung, die ohne Beschränkung auf kleine Schwingungen ausgerechnet worden ist; sie kann nicht nur viel an Modellen beobachtet werden, sondern tritt auch bei Flugzeugen, besonders in der eindrucksvollen Form des Schleifenfluges (looping the loop) häufig auf.

R. Fuchs und ich stellten uns nun die Aufgabe, für den allgemeinen Fall beliebiger Flugzeugbauweise, insbesondere beliebiger Stabilität, die Bewegungsformen aus den mechanischen Gleichungen zu erschließen, welche ohne Beschränkung auf unendlich kleine Abweichungen von Gleichgewichtszuständen auftreten, und sowohl das Verhalten der Flugzeuge gegen Störungen wie die Reaktion auf Steuermaßnahmen zu verfolgen. Im Falle unendlicher Stabilität leistet ja die Phygoidtheorie das Gewünschte; sie gibt den Verlauf einer Störung wieder; aber die Wirkung von Steuerungsmaßnahmen kann schon deshalb aus der Phygoidtheorie nicht folgen, weil ein unendlich stabiles Flugzeug, welches seinen Anstellwinkel fest beibehält, gar nicht gesteuert werden kann.

Wir stellten daher der Phygoidentheorie zunächst den anderen Grenzfall des indifferenten Flugzeugs gegenüber. Setzt man in Gl. (3) $m = $ const $= 0$, so folgt unmittelbar — wie es ja oben bei Besprechung der kleinen Schwingungen schon hervortrat —, daß während einer Bewegung ohne Anfangsdrehung $\left(\dfrac{d\vartheta}{dt} = 0 \text{ für } t = 0 \right)$ ϑ ständig konstant bleibt. Die beiden anderen Gleichungen, welche noch die Unbekannten v und φ enthalten, lassen sich nun leicht numerisch integrieren, wenn auch nicht in geschlossener Form; letztere Möglichkeit bietet sich in der Phygoidtheorie deshalb, weil dort α konstant ist und daher auch c_a und c_w konstant sind. Hier treten diese beiden Größen als empirisch gegebene Größen auf; ersetzt man die empirischen Funktionen durch analytische Ausdrücke, so kann man die Integration auch in geschlossener Form erhalten; aber dies kann nur unter Umständen zur Vereinfachung der Rechnung, nicht aber zur besseren Übersicht über die Ergebnisse führen.

Der Charakter der Lösungen wird nun entscheidend dadurch bestimmt, daß die in der Bahnrichtung wirkenden Kräfte klein sind gegenüber den senkrecht zur Bahn wirkenden Kräften. Dies ist ja eine grundlegende Tatsache, auf welcher die Lösbarkeit des Flugproblems überhaupt beruht, man erkennt hier eine Analogie zur vollkommenen Wegstreichung der dissipativen Kräfte in der Phygoidtheorie. Weichen nun die Werte von α und v im Anfangszustand von den Gleichgewichtswerten ab, so wirken die Kräfte senkrecht zur Bahn stärker als die in der Bahnrichtung, die Zentrifugalbeschleunigung ist am Anfang stärker als die Bahnbeschleunigung, und es stellt sich zunächst das partielle Gleichgewicht senkrecht zur Bahn her, ehe die Geschwindigkeit wesentlich von ihrem Anfangswert abgewichen ist. Jede Störung verläuft also in 2 zeitlich getrennten Akten: erst stellt sich bei fast gleichbleibender Geschwindigkeit der Anstellwinkel auf den Wert ein, welcher bei

der betr. Geschwindigkeit dem Gleichgewicht der bahnsenkrechten Kräfte entspricht; dann nehmen Geschwindigkeit und Anstellwinkel langsam ihre Gleichgewichtswerte an, während ständig das Gleichgewicht der bahnsenkrechten Kräfte erhalten bleibt.

Ich gebe hier eine Darstellung der Vorgänge, welche auch im allgemeinen Fall verwendbar bleibt und uns hier die mathematischen Entwicklungen vollkommen sparen kann (Abb. 2). Was ich am Verlauf von Kurven zeige, ist natürlich ohne weiteres in mathematische Form zu kleiden und zur numerischen Integration zu verwenden.

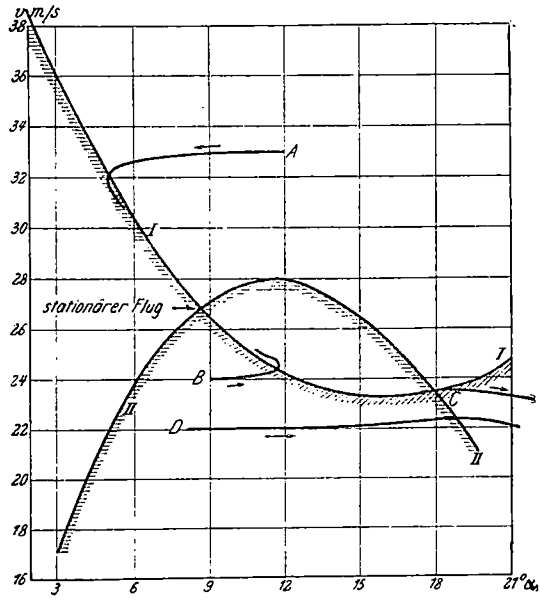

Abb. 2. Längsbewegung des indifferenten Flugzeugs.

Bei bestimmt gegebenem ϑ — das ja beim indifferenten Flugzeug während der ganzen Störungsbewegung konstant bleibt — ist der dynamische Zustand des Fluges durch einen Punkt in einer v-α-Ebene dargestellt. In dieser Ebene faßt eine Kurve (I) alle diejengen Werte von v und α zusammen, in welchen die bahnsenkrechten Kräfte sich das Gleichgewicht halten, eine andere Kurve (II) zeigt Gleichgewicht der Bahnrichtungskräfte an. Wo sich beide Kurven schneiden, herrscht volles Gleichgewicht. Die Lage des v-α-Punktes, welcher den momentanen Flugzustand darstellt, in bezug auf diese beiden Kurven bestimmt das Vorzeichen von $\dfrac{d\,v}{d\,t}$ und $\dfrac{d\,\alpha}{d\,t}$; auf den schraffierten Seiten der Kurve I wächst α, auf der schraffierten Seite der Kurve II wächst v, auf den anderen Seiten nehmen α bzw. v ab. Man erkennt dies unmittelbar aus den Gl. (1) und (2), wenn man noch bedenkt, daß $\dfrac{d\,\varphi}{d\,t} = -\dfrac{d\,\alpha}{d\,t}$ wegen der Konstanz von ϑ. Nun wird der Verlauf der v-α-Kurve, welche die Bewegung des Flugzeugs darstellt ohne weiteres klar; die Kurven A bis D der Abbildung sind Ergebnisse numerischer Integration; sie zeigen den Verlauf in den 2 Akten, der oben geschildert wurde. Die Abhängigkeit von der Zeit, welche sich bei der Integration natürlich auch ergibt, ist dabei nicht zu erkennen. Es genügt hier wohl die Angabe, daß sich der 1. Akt sehr schnell, der 2. Akt wesentlich langsamer abspielt, so daß die Kurve I von unserer darstellenden Kurve A z. B. nach etwa 1 Sekunde, das volle Gleichgewicht erst nach etwa $^1/_2$ Minute erreicht wird.

Diese Überlegungen über die beschleunigte Bewegung des indifferenten Flugzeugs bilden nun die Grundlagen für die Integration der Bewegungsgleichungen im allgemeinen Fall. In den beiden besprochenen Grenzfällen gestaltete sich die Rechnung deshalb einfach, weil die Momentengleichung unmittelbar zur Bestimmung eines Parameters ($\alpha =$ konst. bzw. $\vartheta =$ konst.) benutzt werden konnte. Im allgemeinen Fall ist dies nun nicht mehr möglich, wir haben also nicht nur eine einzige Drehung $\left(\text{wie } \dfrac{d\,\varphi}{d\,t} \text{ beim unendlich stabilen,}\right.$ $\left. \dfrac{d\,\alpha}{d\,t} \text{ beim indifferenten Flugzeug}\right)$ zu betrachten, sondern zwei: die Drehung des Flugzeugs $\left(\dfrac{d\,\vartheta}{d\,t}\right)$ und die Drehung der Flugbahn $\left(\dfrac{d\,\varphi}{d\,t}\right)$. Diese beiden Drehungen werden von verschiedenen Umständen beeinflußt; durch Störung des Gleichgewichtes der bahnsenkrechten Kräfte wird die Flugbahn gedreht, durch Störung des Momentengleichgewichts, insbesondere wenn der Führer durch einen Steuerausschlag ein zusätzliches Moment erzeugt, entsteht eine Drehbeschleunigung des Flugzeugs. Beide Drehungen stehen nur dadurch miteinander in Verbindung, daß bei nicht ganz gleicher Drehung von Flugbahn und Flugzeug — und eine solche Gleichheit tritt schon deshalb nicht ein, weil die Störungen eine Drehgeschwindigkeit der Flugbahn, aber eine Drehbeschleunigung des Flugzeugs zur Folge haben — der Anstellwinkel und mit ihm die Luftkraft verändert werden. Durch diese Zusammenhänge bekommt die Längsbewegung des Flugzeugs ihren besonderen Charakter. Die Geschwindigkeitsänderung tritt — wie beim indifferenten Flugzeug — gegen diese Drehbewegungen im Anfang der Bewegung, der das Hauptinteresse bietet, zurück und macht sich erst später geltend.

Auch diese Zusammenhänge sind besonders leicht an Hand eines Diagrammes zu überblicken, das eine Erweiterung der Abb. 2 darstellt (Abb..3). Im allgemeinen Fall sind aber nicht 2, sondern

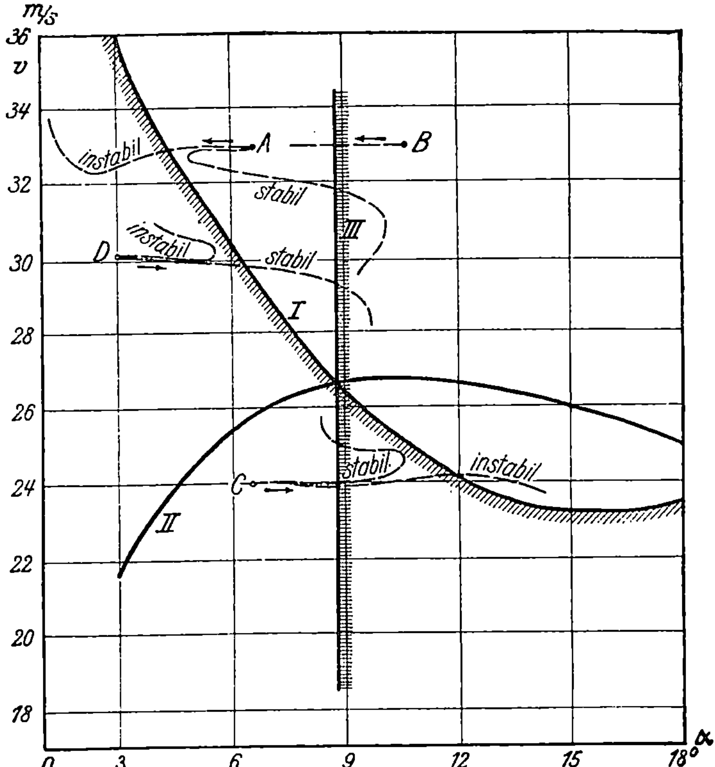

Abb. 3. Diagramm zum Vergleich der statisch stabilen und der statisch instabilen Flugzeugs.

3 Parameter vorhanden, v, α und ϑ. Der Punkt, welcher den momentanen Flugzustand darstellt, bewegt sich daher nicht auf einer v-α-Ebene, sondern in einem v-α-ϑ-Raum. Die Darstellung wird nun besonders übersichtlich dadurch, daß die Fläche, auf welcher die Gleichgewichtszustände der bahnsenkrechten Kräfte zusammengefaßt sind, in allen für den Normalflug wichtigen Ebenen $\vartheta = $ konst., sich kaum unterscheiden; nur bei den Problemen des Sturzfluges treten nämlich Werte von $\cos \vartheta$ und von $\cos \varphi$ auf, welche von 1 inner-

halb der hier nötigen Genauigkeitsgrenzen verschieden sind. So stellt in den meisten wichtigen Fällen wieder eine einzige Kurve I in der v-α-Ebene das Gleichgewicht der bahnsenkrechten Kräfte dar und die Lage des darstellenden Punktes gegenüber dieser Kurve ist maßgebend für das Vorzeichen von $\dfrac{d\varphi}{dt}$, also für die Drehung der Flugbahn. Auf der schraffierten Seite wird die Flugbahn flacher, auf der anderen steiler. Aber auch die Drehung des Flugzeuges $\left(\dfrac{d\vartheta}{dt}\right)$ ist im ebenen v-α-Diagramm ohne weiteres abzulesen; denn das Vorzeichen der Drehbeschleunigung wird nach (3) bei gegebenem s durch die Lage des darstellenden Punktes gegenüber der Ebene $\alpha = \text{konst.}$ im v-α-ϑ-Raum (III in Abb. 3) gegeben. Hier tritt die Bedeutung der „statischen Stabilität" klar hervor; das Vorzeichen der Drehbeschleunigung wird dadurch bestimmt, ob das Moment der Luftkraft an einem Punkte des v-α-ϑ-Raumes kopflastig oder schwanzlastig wirkt, d. h. ob es das Flugzeug bei Erhöhung des Anstellwinkels gegenüber dem durch III gegebenen Gleichgewichtswert nach unten oder nach oben drückt. Eben das hatten wir aber oben als Kriterium der statischen Stabilität erkannt. Die Kurve II tritt wieder in ihrer Bedeutung zurück, und dies ist der wesentliche Punkt, der die einfache Integration der Gleichungen und die einfache Darstellung überhaupt ermöglicht; denn die Kurve II hängt sehr wesentlich von ϑ ab. Die in der Abbildung eingezeichneten Kurven $A, B \ldots$ werden durch diese Darlegungen wohl ohne weiteres verständlich; sie zeigen den qualitativen Verlauf einer Gleichgewichtsstörung; als Beispiel sei Kurve A etwas näher erläutert: Ist ein Flugzeug so aus seinem Gleichgewicht gebracht, daß sein Anstellwinkel etwas erniedrigt, seine Geschwindigkeit stark erhöht ist, wobei es noch gleichgültig bleibt, welche Lage es zufällig gegenüber der Horizontalen einnimmt (solange ϑ nicht zu groß ist), so wird sein augenblicklicher Zustand durch den Punkt A dargestellt. Nach dem oben Gesagten muß in diesem Falle $\dfrac{d\varphi}{dt}$ positiv sein, die Flugbahn krümmt sich also sofort nach oben. Das Flugzeug dreht sich im ersten Augenblick noch nicht; denn die Störung des Momentengleichgewichtes hat nur eine Drehbeschleunigung, keine Drehgeschwindigkeit zur Folge. Infolgedessen sinkt der Anstellwinkel und mit ihm die Krümmung der Flugbahn. Der darstellende Punkt bewegt sich wie beim indifferenten Flugzeug auf die Kurve I zu. Nun aber tritt die Drehbeschleunigung des Flugzeugs ins Spiel und zwar in verschiedenem Sinn, je nachdem das Flugzeug statisch stabil oder instabil ist. Fällt das Luftkraftmoment mit fallendem Anstellwinkel, ist also die statische Stabilität vorhanden, so erhält $\dfrac{d^2\vartheta}{dt^2}$ und somit $\dfrac{d\vartheta}{dt}$ positive Werte; das Flugzeug wird nach oben, d. h. der

Flugbahn nach gedreht. Der darstellende Punkt kann nun die Kurve (besser Fläche) I nicht erreichen; denn dort ist ja $\dfrac{d\varphi}{dt} = 0$, $\dfrac{d\vartheta}{dt}$ und

somit $\dfrac{d\alpha}{dt}$ positiv. Die Flugbahn wird also ständig ansteigen und zwar immer steiler und steiler; die Drehung des Flugzeugs hingegen findet ihre Grenze nach Überschreitung der Geraden III, wenn $\dfrac{d^2\vartheta}{dt^2}$

negativ wird. Nun wird $\dfrac{d\vartheta}{dt}$ kleiner, aber dafür $\dfrac{d\varphi}{dt}$ größer, infolgedessen sinkt der Anstellwinkel wieder; der Charakter einer Schwingung beginnt sich in der Flugzeugbewegung geltend zu machen. Da ϑ, wie φ, ständig wächst, sinkt die Kurve II nach unten im Diagramm; die Geschwindigkeit sinkt immer rascher, was ja bei einer ständig ansteigenden Bewegung selbstverständlich ist. Unsere darstellende Kurve nähert sich der Kurve I in der Nähe ihres Schnittpunktes mit Kurve III; dort kann sie diese überschreiten; dann kann $\dfrac{d\varphi}{dt}$ negativ werden, die Flugbahn sich wieder nach unten krümmen, und nun stellt sich — als Folge des langsamen Ausgleichs der Kräfte in der Bahnrichtung — eine langsam periodische Bewegung ein, welche der langsamen Schwingung in der Stabilitätstheorie entspricht. Man sieht bei dieser Darstellung die zwei Arten von Schwingungen, wie sie in der Stabilitätstheorie gefunden werden, in ihrer mechanischen Bedeutung. Man sieht aber auch die geringe praktische Wichtigkeit der langsamen Schwingungen, welche in der Stabilitätstheorie besonders interessant erscheinen; denn nur die ersten Augenblicke eines Störungsverlaufes sind wesentlich; dann arbeitet der Führer bereits dagegen und beeinflußt den ganzen Verlauf entscheidend.

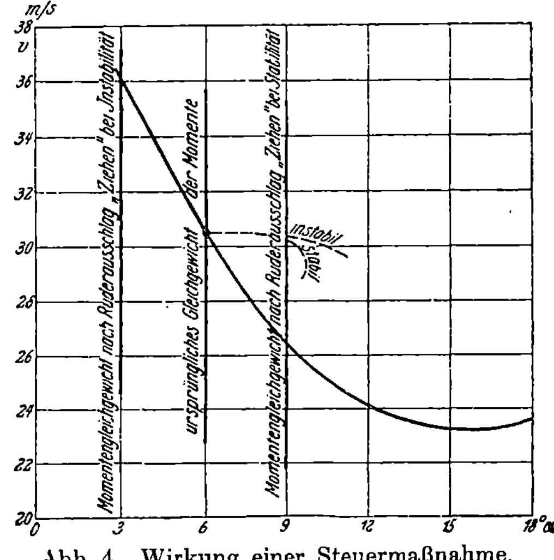

Abb. 4. Wirkung einer Steuermaßnahme.

Bei statischer Instabilität ist die Krümmung der Flugbahn im ersten Augenblick dieselbe; aber die Drehbeschleunigung wirkt nach der entgegengesetzten Richtung. Die Flugbahn krümmt sich nach oben; das Flugzeug selbst wird aber nicht der Flugbahn nach, sondern ihr entgegen nach unten gedreht. Beide Drehungen wirken in diesem Fall dahin, den Anstellwinkel zu verkleinern; die darstellende Kurve überschreitet, ohne daß die Geschwindigkeit nennenswert sinken kann, die Kurve I, die Flugbahn folgt nun dem Flugzeug nach und krümmt sich nach unten. Die Folge ist ein rasches Abwärtsstürzen, wobei nun die Geschwindigkeit natürlich auch rasch zunimmt.

In ganz analoger Weise läßt sich ein Steuerungsvorgang verfolgen: Der Anfangszustand ist in diesem Fall ein Gleichgewichtszustand; man denke sich nun in einem unendlich kleinen Augenblick die Ruderstellung verändert; dann ist das Momentengleichgewicht gestört. Der Gleichgewichtszustand wird nunmehr durch ein Kurvensystem (I, II, III) dargestellt, welches den Punkt nicht enthält, aber solange ϑ klein bleibt, ändert sich ja die Kurve I nur wenig, so daß man im ersten Augenblick das Gleichgewicht der bahnsenkrechten Kräfte als gewahrt, also den Punkt auf Kurve I liegend annehmen kann. Nun wird also zunächst $\dfrac{d\varphi}{dt} = 0$ sein; die Richtung der Drehbeschleunigung wird aber in jedem Fall die gewünschte sein; denn z. B. durch einen Ruderausschlag, der — wie in Abb. 4 — ein Moment erzeugt, welches die Flugzeugspitze nach oben zu drehen sucht, wird unter allen Umständen sowohl beim stabilen, wie beim instabilen Flugzeug eine Drehbeschleunigung in der gewünschten Richtung erzeugt; das Flugzeug wird nach oben gedreht; da nun infolgedessen $\left(\dfrac{d\vartheta}{dt} > 0 \; \dfrac{d\varphi}{dt} = 0\right)$ der Anstellwinkel wachsen muß, zeigt unser Diagramm, daß sowohl beim stabilen als auch wohl beim instabilen Flugzeug der darstellende Punkt auf die in Abb. 3 unschraffierte Seite der Kurve I rückt, also die Flugbahn nach oben gekrümmt wird. Das eigentliche Ziel der Steuerbewegung wird also in jedem Fall erreicht; aber bei dieser Bewegung nähert sich das

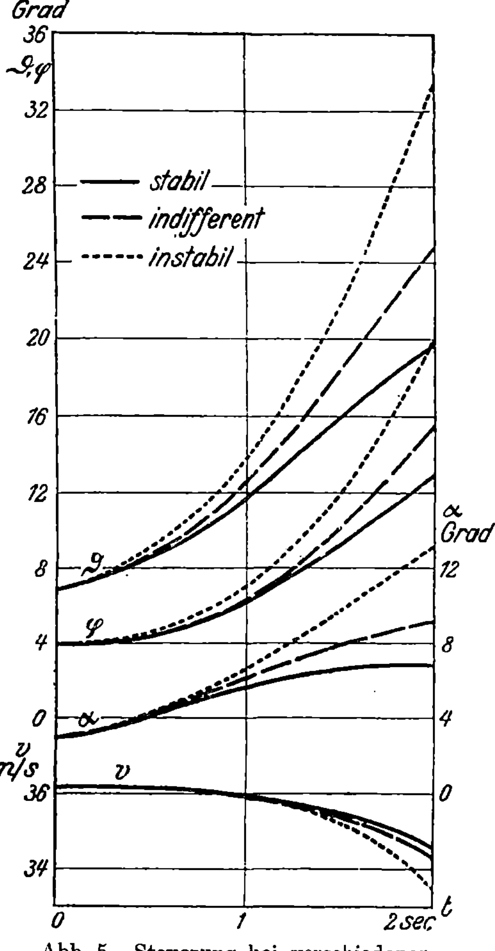

Abb. 5. Steuerung bei verschiedener Stabilität.

stabile Flugzeug dem neuen Gleichgewichtszustand, das instabile entfernt sich daraus; ohne neue Steuermaßnahmen müssen sich bei Instabilität Flugbahn und Flugzeug ungehemmt weiter nach oben drehen, was zu unmöglichen Flugzuständen, zum Abrutschen und zum Absturz führt.

Ich kann im Rahmen dieses Vortrages nicht genauer auf die einzelnen Vorgänge eingehen, noch weniger von den numerischen Integrationsergebnissen sprechen. Die angeführten qualitativen Betrachtungen lassen sich ja leicht in eine quantitative schrittweise Integration der Differentialgleichungen umdenken. Als Beispiele seien 2 Kurvenblätter hier reproduziert: Das erste (Abb. 5) zeigt die Wirkung eines Steuerausschlages beim stabilen, indifferenten und instabilen Flugzeug und gibt über das oben Gesagte hinaus nur die Abhängigkeit von der Zeit. Man sieht, wie die Drehung der Flugbahn (φ) erst die sekundäre Folge der Drehung des Flugzeugs (ϑ) ist; man sieht ferner die raschere Reaktion des instabilen Flugzeugs, das Bestreben des stabilen Flugzeugs, schon in der 2. Sekunde sich dem neuen Gleichgewichtszustand zu nähern, aber noch kein Hervortreten des Schwingungscharakters, obwohl 2 Sekunden für die Steuerung eines Flugzeugs keine unerhebliche Zeit sind; ferner das hemmungslose Weitergehen der Drehung bei Instabilität und die relative Bedeutungslosigkeit der Geschwindigkeitsänderung.

Das 2. Kurvenblatt (Abb. 6) stellt die Verhältnisse im sogenannten „überzogenen Zustand"

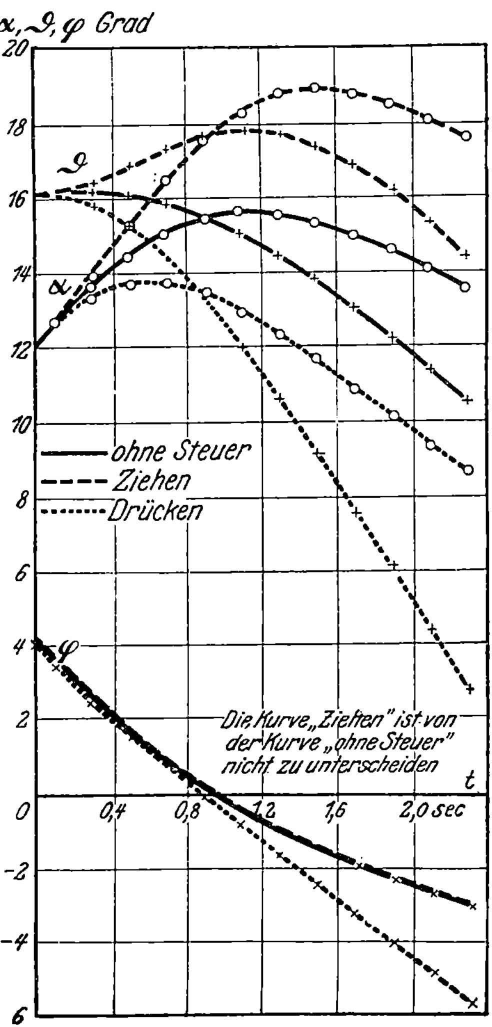

Abb. 6. Flugzeugbewegung im überzogenen Zustand.

dar. Dieser ist dadurch charakterisiert, daß die Geschwindigkeit — wie im Falle D der Abb. 2 — unter den Minimalwert gesunken ist, bei welchem ein Gleichgewicht der bahnsenkrechten Kräfte überhaupt noch möglich ist. In diesem Falle trifft die den Flug darstellende Kurve die Kurve I zunächst überhaupt nicht, sondern erst, wenn die Geschwindigkeit wieder gewachsen ist. Das Vorzeichen von $\dfrac{d\varphi}{dt}$, das am Anfang negativ war, wird aber erst dann wieder positiv, wenn die Kurve I überschritten ist. Die Flugbahn krümmt sich erst stark nach unten, und erst der langsame Ausgleich der Kräfte in der Bahnrichtung ermöglicht ein Zurückkrümmen nach oben, während sich im normalen Flug nach dem oben Gesagten die Drehung bedeutend schneller regelt als die Geschwindigkeit. Diese typische Bewegung des Flugzeugs, die jedem Flugzeugführer wohl bekannt ist, verliert ihre größten Schrecken dadurch, daß kein Flugzeug bei großen Anstellwinkeln instabil ist, daß darum die Drehung des Flugzeugs und infolgedessen auch die der Flugbahn nicht hemmungslos weiter geht. Das Interessanteste an der Bewegung ist aber die Unmöglichkeit, die Flugbahn in diesem Falle aufzurichten dadurch, daß man „zieht", d. h. mit Hilfe des Steuers ein aufrichtendes Moment auf das Flugzeug auszuüben sucht. Das Kurvenblatt zeigt, wie in diesem Fall wohl das Flugzeug die gewünschte Bewegung macht (ϑ wird größer), aber die Flugbahn nicht nachfolgt (φ verläuft genau so wie ohne Steuermaßnahme). Die Folge des Steuerausschlages ist nur eine Vergrößerung des Anstellwinkels. Man muß sogar die entgegengesetzte Steuerbewegung einleiten — wie gleichfalls den Flugzeugführern sehr wohl bekannt ist; man muß das Flugzeug erst recht nach unten drücken, um die Geschwindigkeit zu erhöhen und so rascher wieder einen Ausgleich der bahnsenkrechten Kräfte und damit die Steuerfähigkeit des Flugzeugs zu ermöglichen.

II. Allgemeines Problem; Seitenbewegung.

Kann man somit einerseits sagen, daß für alle Probleme der ebenen Bewegung grundsätzliche Schwierigkeiten nicht mehr existieren, so sind andererseits für das allgemeine Problem nur wenige Grundlagen und Ansätze vorhanden; allerdings Ansätze, die praktisch von großer Wichtigkeit zu sein scheinen. Die experimentellen Unterlagen sind hier nicht so klar wie bei der ebenen Bewegung, da die beim Kurvenflug auftretenden Luftkräfte nicht einfach im Luftkanal gemessen werden können, sondern teilweise mit komplizierten, vielleicht nicht ganz einwandfreien Meßapparaten bestimmt, teilweise mit Hilfe einer Integration über die einzeln herausgenommenen Flügelelemente abgeschätzt werden müssen.

Die allgemeine Flugzeugbewegung wird durch 6 Parameter beschrieben; außer den Parametern der Längsbewegung tritt noch die Drehgeschwindigkeit in der Horizontalebene (ω), also die Geschwindigkeit der Kursänderung, ferner die „Seitenneigung" der Flügelebene gegen die Horizontalebene (μ) und der „Seitenwinkel", d. i. der Wind, welcher die unsymmetrische Orientierung des Flugzeugs gegen seine Fahrtrichtung mißt (τ), auf (Abb. 7). Die Drehgeschwindigkeit in einer vertikalen Ebene ist kein neuer Parameter, da sie durch $\dfrac{d\vartheta}{dt}$ schon gegeben ist. Von den genannten Parametern hängen die Komponenten der Massenkräfte sowie die Luftkräfte im allgemeinen nicht in einfacher Weise ab; ich verzichte daher darauf, hier Formeln hinzuschreiben und exakte mathematische Ableitungen zu geben.

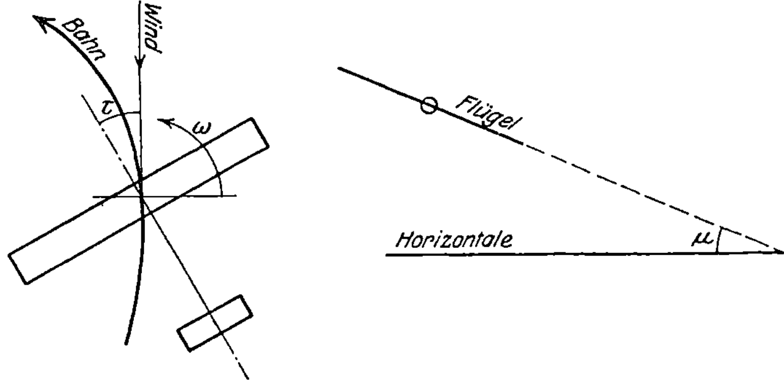

Abb. 7. Parameter der Seitenbewegung.

Was vor dem Kriege über die allgemeine Flugzeugbewegung gearbeitet worden ist, bezieht sich auf den einfachsten Fall, daß alle Parameter der Flugzeugbewegung nur wenig von den Werten abweichen, die zum stationären geraden Flug gehören, daß also insbesondere die zuletzt erwähnten Parameter der Seitenbewegung als unendlich klein von der ersten Ordnung angesehen werden können. Dieser Fall ist deshalb so viel einfacher und übersichtlicher wie jeder andere, weil dabei die seitliche Bewegung des Flugzeugs unabhängig von der Längsbewegung verläuft, somit das allgemeine System von 6 Gleichungen in zwei ganz gesondert zu behandelnde Systeme von je 3 Gleichungen zerfällt.

Die so entstehenden 3 Gleichungen der Seitenbewegung sind schon vor dem Kriege zuerst von Bryan und am tiefgehendsten von Reißner und Gehlen diskutiert worden. Das Hauptverdienst der letzteren Arbeiten, die leider wegen ihrer formalen Schwierigkeiten nicht genügend beachtet worden sind, sehe ich darin, daß sie sich nicht auf die Untersuchung der Stabilitätskriterien beschränken, sondern zum Herausschälen der typischen Bewegungen und zur Beschreibung des vollständigen Verlaufes einer nicht stationären Seitenbewegung vordringen. Der Verlauf einer Störung und die Wirkung eines Steuerausschlages werden in Abhängigkeit von der Konstruktion des Flugzeugs verfolgt und klargelegt, so wie sie oben bei der Längsbewegung auseinandergesetzt wurden, allerdings nur mit der Einschränkung, daß es sich um kleine Abweichungen von der stationären geraden Fahrt handelt.

Von den Ergebnissen dieser Arbeiten und der späteren englisch-amerikanischen, bei welchen die wertvolle Ergänzung durch Modellversuche hinzugekommen ist, seien nur die 3 typischen Seitenbewegungen des Flugzeugs in der Nähe der geraden Fahrt hervorgehoben:

1. Eine **Rollbewegung**, eine Drehung des Flugzeugs um seine Längsachse, welcher kein rücktreibendes Moment entgegenwirkt, die aber im Normalflug stark gedämpft ist. Der Wegfall dieser Dämpfung bei großen Anstellwinkeln ist der Grund für die seitliche Instabilität bei langsamem Flug und großen Anstellwinkeln und für den Übergang des oben erörterten überzogenen Flugs in die unten zu besprechende Trudelbewegung.

2. Eine „**Spiralsturz**" genannte Bewegung, welche durch seitliche Neigung und Abrutschen der Flügel eingeleitet wird und ihren Charakter dadurch erhält, daß der Hauptwiderstand gegen diese Bewegung vom Leitwerk ausgeht und daß daher das Flugzeug das Bestreben hat, sich um das Leitwerk zu drehen, wobei der äußere, rascher bewegte Flügel noch weiter aus seiner Gleichgewichtsstellung herausgedreht wird. Diese Bewegung scheint die wichtigste; der ihr zugrunde liegende mathematische Ausdruck spielt dieselbe Rolle in der Theorie der Seitenbewegung, wie die „statische Stabilität" in der Theorie der Längsbewegung. Aus ihm folgen die Möglichkeiten, um die Seitenstabilität zu erhalten, welche als V-Stellung, Pfeilstellung und Verwindung (Taubenform) der Flügel bekannt sind. Die Spiralsturzbewegung ist nur sehr schwach gedämpft oder sehr schwach angefacht; sie beherrscht daher die Seitenbewegung des Flugzeugs vollkommen nach den ersten Sekunden der Störung. Am Anfang einer nichtstationären Bewegung, also etwa innerhalb einer Zeitspanne, wie wir sie oben bei Beschreibung der Längsbewegung angenommen haben, tritt sie jedoch zurück gegenüber dem

3. Bewegungstyp, einer Art **Windfahnenbewegung**, bei welcher sich das Flugzeug wie eine Windfahne unter gedämpften Schwingungen in den Wind einstellt bzw. sich bei Instabilität aperiodisch aus seiner Gleichgewichtslage herausdreht. Es sei bemerkt, daß diese für die Seitensteuerung wesentliche Bewegung von **Hunsaker** anders beschrieben wird, nämlich als „Dutch Roll", eine Schlittschuhlauffigur, bei welcher eine Verbindung von Seitenneigung und Kurvenfahrt das Wesentlichste ist. Mir scheint die Beschreibung als Windfahnenbewegung richtiger, doch ist vielleicht hierüber das letzte Wort nicht gesprochen.

Dieser Teil der Seitenbewegungstheorie ist ziemlich vollständig durchdacht, aber einstweilen nicht weiter ausgebaut worden; das allgemeine Problem der Seitenbewegung ist in den letzten Jahren dagegen von einer anderen Seite energisch angefaßt worden. Die Näherung an die gerade Fahrt wurde verlassen und somit die Trennung der Seitenbewegung von der Längsbewegung aufgegeben; im Gegenteil fand man gerade in dem Zusammenwirken der beiden Bewegungen das interessanteste Problem; dafür beschränkt man sich einstweilen auf die zeitlich unveränderliche Bewegung, also auf den stationären Kurvenflug. Mechanisch unterscheidet sich diese Problemstellung von der vorigen in folgenden Punkten: Die Zentrifugalkraft, welche beim Kurvenflug auftritt, ist nicht mehr unendlich klein, sondern kann beliebige Werte annehmen; sie muß dadurch aufgenommen werden, daß das Flugzeug sich richtig in die Kurve legt und daß die Auftriebskraft der Flügel der Resultierenden aus Schwere und Fliehkraft das Gleichgewicht hält; die wesentliche Wirkung des Kurvenflugs ist also eine Überbelastung des Flugzeugs und somit eine Änderung der Gleichgewichtsverhältnisse in der bahnsenkrechten Richtung, d. h. eine Beeinflussung des Längsgleichgewichts, welche in der oben besprochenen Theorie herausfiel. Gegenüber der Kraft, welche bei dieser Seitenneigung vom Auftrieb hergegeben wird, tritt aber die in der Theorie der kleinen Schwingungen entscheidende Kraft, welche vom Seitenwind herrührt, vollkommen zurück. Solch eine Kraft ist viel zu klein, um im Kräftehaushalt eine Rolle zu spielen, außer wenn es sich um unendlich kleine Seitenbewegungen handelt, bei welchen die Auftriebskraft nur mit einer sehr kleinen Komponente in das seitliche Gleichgewicht eingreift. Mit dem Seitenwind tritt aber auch die Bedeutung des Momentengleichgewichts um die Achse senkrecht zur Flügelebene zurück, so daß man in erster Näherung eine Variable und eine Gleichung vernachlässigen kann, und zwar bemerkenswerterweise eine Variable, die in der Nähe der geraden stationären Bewegung, also beim Beginn des Kurvenflugs und daher bei der Seitensteuerung von besonderer Bedeutung ist. Als wesentlich erweist sich ferner bei der jetzt zu besprechenden Theorie gegenüber der vorigen die Mitführung der Kreiselmomente; diese enthalten quadratische Ausdrücke in den Komponenten der Drehgeschwindigkeit, fallen darum bei Betrachtung kleiner Schwingungen um den geraden Flugzustand weg, wachsen aber bei raschen Drehungen sehr stark an.

Auf die Ergebnisse dieser Überlegungen hinsichtlich des Kräftegleichgewichts will ich hier nicht eingehen; es läßt sich aus der Überbelastung des Flugzeugs durch die Fliehkraft berechnen, welches die engste Kurve, welches die Kurve größter Drehgeschwindigkeit unter bestimmten Umständen ist und dergleichen. Interessanter sind die Verhältnisse des Momentengleichgewichts, welches vom Ausschlag dreier Steuer abhängt. Die Diskussion dieser Verhältnisse ist in Fluß gebracht worden durch eine Erfahrungstatsache, welche wie kaum eine andere für die Sicherheit des Fluges von Wichtigkeit ist, nämlich durch die Trudelgefahr. Fast alle Flugzeuge haben die Neigung, auf eine große Störung, besonders beim überzogenen Flug oder bei einem Flug, der sich der genauen Kontrolle durch das Auge des Führers entzieht, wie z. B. im Nebel, von selbst in einen stationären Kurvenflug überzugehen, bei welchem die Flugbahn steil nach unten verläuft und das Flugzeug sehr rasche Drehungen ausführt. Diese Bewegung des Flugzeugs ist deshalb so gefährlich, weil sich dabei eine hohe Unempfindlichkeit gegen Steuermaßnahmen zeigt, der Führer also unter Umständen wehrlos werden kann, wenn das Trudeln einmal begonnen hat. Lange Erfahrungen und viele Todesopfer haben erst den Weg gezeigt, wie man durch bestimmte, durchaus nicht naheliegende Steuermanöver das Flugzeug wieder in die Hand bekommt; aber bei bestimmten großen Flugzeugen scheint auch das zu versagen.

Um diese Erscheinungen zu erklären und rechnerisch zu fassen, ging ich von der Anschauung aus, daß bei der stationären Kurvenfahrt der Flugzustand mit den Ruderausschlägen nicht eindeutig verbunden sein kann, daß vielmehr im allgemeinen zu einer bestimmten Kombination von Ruderausschlägen zwei mögliche Bahnen gehören müssen. Die eine, welche ich Flugkurve nennen will, zeigt bei geringen Ruderausschlägen kleine Drehgeschwindigkeit und flache Neigung gegen die Erde; das Flugzeug ist dabei fest in der Hand des Führers; die gerade Bahn ist eine spezielle Form solcher Flugkurven und daher durch Ruderausschlag stets zu erzwingen. Bei der anderen, Trudelkurve genannten, Bewegungsform verläuft die Flugbahn unter raschen Drehungen steil nach unten, und die Steuerbarkeit scheint deshalb aufzuhören, weil jede Änderung der Ruderstellung das Flugzeug nur aus einer Trudelkurve in die andere, niemals in die Nähe der geraden Bahn überführt.

Das Zustandekommen von Flugkurven ist mechanisch klar und einfach; dagegen ist es ein Problem, woher das Momentengleichgewicht bei den Trudelkurven stammt. Hier findet man nun eine aerodynamische und eine massendynamische Grundlage. Die aerodynamische Ursache wird durch ein geistreiches Experiment von Bairstow aufgedeckt und durch bewundernswerte englische Versuchsflüge bekräftigt; es ist die Eigendrehung (Autorotation) eines Flügels. Diese Erscheinung besteht darin, daß ein Flügelmodell, welches um eine in seiner Symmetrieebene gelegene Achse oder um die Luftstromachse frei drehbar im Luftstrom aufgehangen wird, bei großem Anstellwinkel (Flügelsehne gegen Luftstrom) von selbst in Drehungen von ganz bestimmter Drehzahl kommt. Diese Drehzahl läßt sich aus der Luftgeschwindigkeit und der Spannweite des Flügels berechnen. Wenn man nämlich das Moment der Luftkräfte auf die einzelnen Flügelelemente über den ganzen Flügel integriert, so ergibt sich, da infolge der Drehung der Anstellwinkel von Element zu Element verschieden ist, ein verschwindendes Gesamtmoment bei einem bestimmten mittleren Anstellwinkel, der größer ist als der zum Auftriebsmaximum gehörige. Die englischen Versuchsflüge zeigen in der Tat stets den großen Anstellwinkel und eine Drehgeschwindigkeit, welche mit der durch diese Überschlagsrechnung erhaltenen übereinstimmt.

Durch diese Versuche sind die aerodynamischen Verhältnisse beim Trudeln und das Momentengleichgewicht um die Längsachse des Flugzeugs geklärt, aber noch nicht das Gleichgewicht um die

Flügelachse, die Möglichkeit, daß ein großer Anstellwinkel dauernd angenommen wird, und die Steuerlosigkeit, d. h. nach unserm oben auseinandergesetzten Standpunkt die Erscheinung, daß der große Anstellwinkel auch ohne großen Ruderausschlag sich erhält. Die Aufklärung darüber folgt aus den dynamischen Verhältnissen beim Trudeln. Bei großen Anstellwinkeln tritt nämlich ein sehr starkes Luftkraftmoment auf, welches die Flugzeugspitze nach unten zu drücken strebt und dem durch ein zusätzliches Luftkraftmoment, wie es durch Steuerausschlag (Ruderlegen) erzeugt wird, nicht das Gleichgewicht gehalten werden kann (bei kleinen Flugzeugen vielleicht durch sehr großen Ruderausschlag). Das starke Moment nun, welches die Flugzeugspitze nach oben zu drücken strebt und daher imstande ist, dem Luftkraftmoment das Gleichgewicht zu halten, gibt das Kreiselmoment um die zur Symmetrieebene senkrechte Flugzeugachse her. Abb. 8, in welcher die Masse des Flugzeugs durch 4 auf den beiden Achsen liegende Massen ersetzt ist, zeigt die Verhältnisse klar; wenn das Trägheitsmoment um die η-Achse (senkrecht zur Rumpfachse in der Symmetrieebene) größer ist als das Trägheitsmoment um die χ-Achse (Rumpfachse), dann hat das Kreiselmoment das richtige Vorzeichen, um das Trudeln möglich zu machen. Dies ist nun, wie man leicht abschätzen kann, bei den meisten Flugzeugen der Fall, und gerade die Flugzeuge, bei welchen die Massen alle längs der Rumpfachse angeordnet

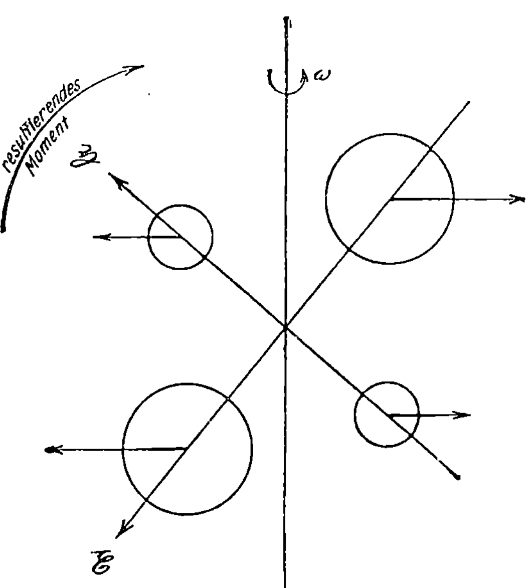

Abb. 8. Wirkung des Kreiselmoments beim Trudeln.

waren, bei welchen also das Trägheitsmoment um die η-Achse gegenüber dem andern besonders groß war, waren besonders wegen ihrer Neigung zum Trudeln gefürchtet. Es wird Aufgabe der Flugtechnik sein, das Trudeln unmöglich zu machen, entweder aerodynamisch durch Verwendung von Flügeln, welche kein scharfes Maximum der Normalkraft in Abhängigkeit vom Anstellwinkel zeigen, oder — was mir aussichtsreicher scheint — dynamisch durch entsprechende Massenverteilung.

Die Dynamik der allgemeinen Flugzeugbewegung ist somit von zwei Seiten angegriffen und ziemlich weit gefördert; die notwendige

Klarheit wird aber erst erreicht sein, wenn die Brücke von einem zum andern Pfeiler geschlagen ist, und hierin sehe ich die zur Zeit wichtigste Aufgabe der Flugzeugdynamik.

Literaturverzeichnis.

Zusammenfassende Darstellungen:

Fuchs, R. und Hopf, L.: Aerodynamik. Berlin: R. C. Schmidt & Co.

Bairstow, L.: Applied aerodynamics. London: Longmans, Green & Co.

Lanchester, F. W.: Aerodonetics. London: Archibald Constable & Co. Deutsche Übersetzung von C. und A. Runge. Leipzig: B. G. Teubner.

Einzelne Arbeiten:

Bryan, G. H.: Stability of aeroplanes. London. — Deutsche Übersetzung von H. G. Bader. Berlin: J. Springer.

v. Kármán, Th. und Trefftz, E.: Längsstabilität und Längsschwingungen von Flugzeugen. Jahrb. wiss. Ges. f. Luftfahrt, III. Berlin: J. Springer.

Bairstow, L. u. a.: Investigations into the stability ... Techn. Reports of the adv. comm. for aeronautics 1912/13.

Hunsaker, J. u. a.: Dynamical stability of aeroplanes. Washington: Smithsonian Inst.

Fuchs, R. und Hopf, L.: Die allgemeine Längsbewegung des Flugzeugs, Techn. Berichte der Flugzeugmeisterei, III.

Hopf, L.: Der überzogene Flug. Z. f. Flugtechn. u. Motorl. 1. Beiheft 1920.

Reißner, H.: Die Seitensteuerung der Flugmaschinen. Z. f. Flugtechn. u. Motorl. Bd. 1, 1910.

Reißner, H.: Seitenstabilität der Drachenflieger. Verhandlungen von Vertretern der Flugwiss. in Göttingen. München: R. Oldenbourg.

Gehlen, K.: Querstabilität und Seitensteuerung von Flugmaschinen. Aachener Dissertation. München: R. Oldenbourg. Z. f. Flugtechn. u. Motorl. Bd. 4, 1913.

Glauert, H.: The investigation of the spin of an aeroplane. Rep. and Mem. of the adv. comm. f. aeron., Nr. 618.

Hopf, L.: Flug- und Trudelkurven. Z. f. Flugtechn. u. Motorl. Bd. 12, 1921; Abh. aus dem aerod. Inst. d. Techn. Hochsch. Aachen, Heft 2.

Bestimmung der Kennlinien
für den Abflug von Wasserflugzeugen auf Grund hydrodynamischer Versuche.

Von R. Verduzio in Rom.

Vor einigen Jahren veröffentlichte ich ein Verfahren zur Ermittelung der Kennlinien für die Flugzustände eines Flugzeuges. Meine Abhandlung bezog sich jedoch ausschließlich auf die Flugzustände selbst. Indessen ist es für den Konstrukteur sehr wichtig, in manchen Fällen sogar unerläßlich, die Bedingungen für den Abflug des Flugzeuges im voraus ermitteln zu können. Bei einem normalen Landflugzeug bereitet der Start, wenn ein Flugzustand überhaupt möglich ist, im allgemeinen keine besondere Schwierigkeit. Beim Wasserflugzeug liegt die Sache anders, weil der Wasserwiderstand bereits bei geringen Geschwindigkeiten so große Werte annehmen kann, daß das Flugzeug nicht loskommt.

Für ein solches Flugzeug hat daher die Ermittelung der Kennlinien für den Start besonderes Interesse; die Ingenieure haben diese Aufgabe oft außer acht gelassen, so daß es nicht selten erst nach Abschluß der Bauarbeit, anläßlich der Erprobung des fertigen Flugzeuges sich herausstellte, daß das Flugzeug nicht imstande war, sich vom Wasser abzuheben. In den folgenden Zeilen wollen wir ein vollständiges Verfahren für die Lösung der erwähnten Aufgabe angeben. Es handelt sich um eine neue, hinreichend einfache graphische Methode, welche — wie wir glauben — zum erstenmal die vollständige Lösung des Problems liefert.

Wir tragen in einem rechtwinkligen Koordinatensystem als Abszisse den Anstellwinkel der Tragfläche, als Ordinate die auf die Geschwindigkeit Eins bezogene Tragkraft der gesamten Tragfläche F_y auf. Für normale Werte des Trimmwinkels, auf welche wir uns beschränken wollen, ist F_y durch eine Gerade, und zwar (Abb. 1) durch die Gerade $V_1 V_2 V_3 V_4 \ldots V$ gegeben. Wir zeichnen eine Vertikale durch den Punkt A_n, welcher dem Anstellwinkel i_n entspricht und schreiben zu den einzelnen Punkten der Auftriebslinie den Wert jener Geschwindigkeit V_n hin, welche beim betreffenden Anstellwinkel i_n das Flugzeug im Gleichgewicht hält. Bei dieser Geschwindigkeit soll das Ge-

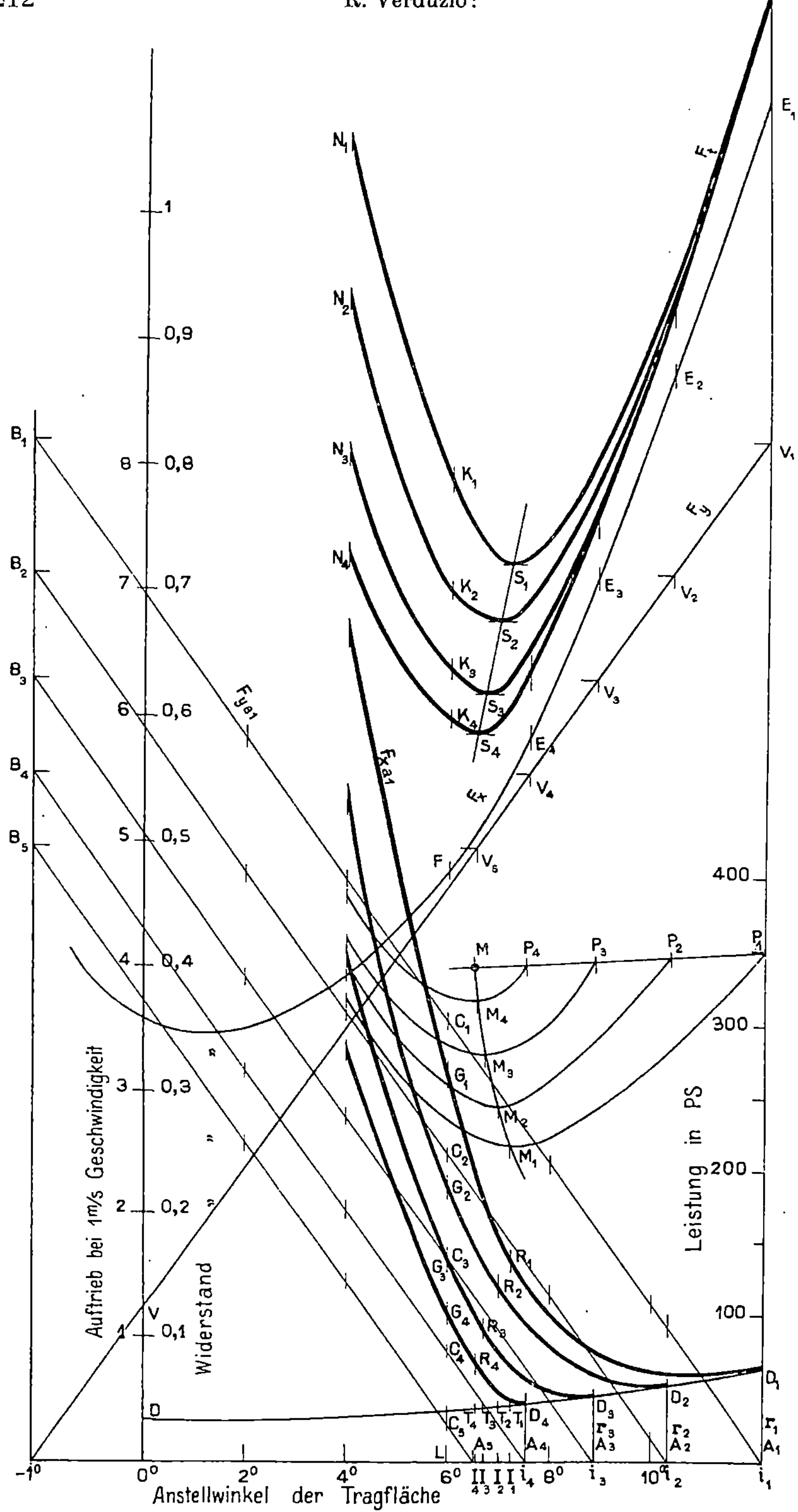

Abb 1.

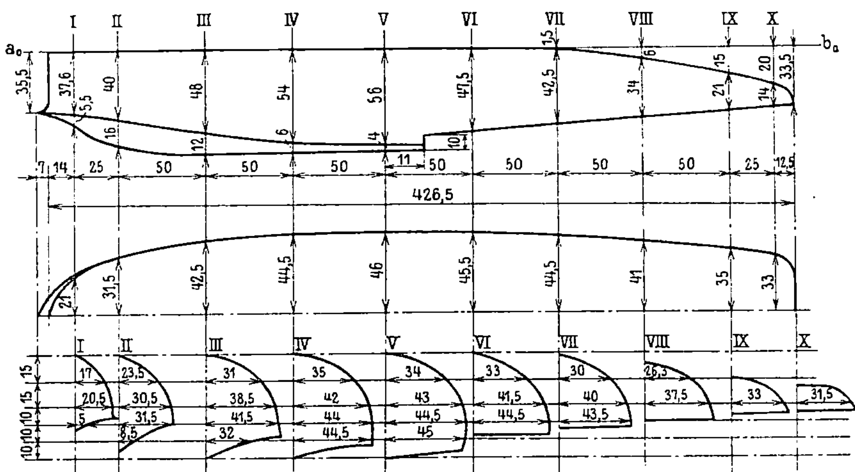

Abb. 2. Die Maße des Modells sind in mm eingetragen. Die Gerade $a_0\,b_0$ entspricht dem Trimmwinkel 0^0.

samtgewicht von der Tragfläche getragen werden, so daß der Schwimmer (bzw. Boot) nichts trägt; der letztere soll vollständig in der Luft schweben; seinen Luftwiderstand, bezogen auf die Geschwindigkeit Eins, bezeichnen wir mit r_n. Wenn wir bei konstanter Geschwindigkeit V_n den Anstellwinkel i_n vermindern, so muß einen Teil des Gesamtgewichtes der Schwimmer tragen. Beim Anstellwinkel i_0, ist der Tragflächenauftrieb Null, so daß bei dieser Trimmlage offenbar die Gesamtlast auf den Schwimmer kommt; sie wird teilweise durch den statischen, teilweise durch den dynamischen Auftrieb desselben im Gleichgewicht gehalten. Übertragen wir die Ordinate $A_n V_n$ auf die durch $-i_0$ bezeichnete Vertikale und bezeich-

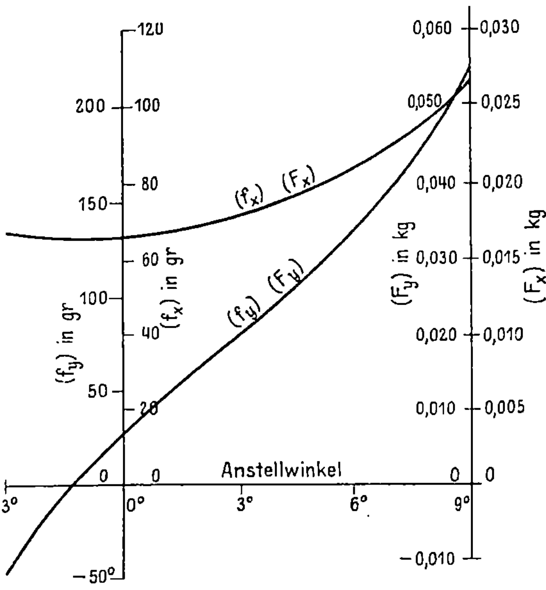

Abb. 3. f_x bedeutet den Widerstand, f_y die Tragkraft eines einzelnen Schwimmermodells (Maßstab 1 : 20) bei 40 m/sec Geschwindigkeit. F_x ist der Widerstand, F_y die Tragkraft des einzelnen Schwimmers in wirklicher Größe, reduziert auf 1 m/sec Geschwindigkeit.

nen den so erhaltenen Punkt mit B_n, so liefert offenbar die Gerade $B_n A_n$ die auf den Schwimmer fallende Tragkraft bei gegebener Geschwindigkeit V_n und bei verschiedenen Trimmwinkeln.

Indem wir an den Geraden $B_n A_n$ die für den Einheitsauftrieb des Schwimmers darstellenden Größen C_n abgreifen, können wir in einer Tabelle den Anteil der Gesamtlast zusammenstellen, welcher bei gegebener Geschwindigkeit V_n und gegebenem Anstellwinkel i_n auf den Schwimmer lastet. Man erhält folgende Tabelle:

Tabelle 1.

Anstellwinkel . .	$i = 2^0$				$i = 4^0$			
Geschwindigkeit	V_1	V_2	V_3	$V_4 \ldots$	V_1	V_2	V_3	$V_4 \ldots$
Tragkraft . . .	C_1	C_2	C_3	$C_4 \ldots$	C_1	C_2	C_3	$C_4 \ldots$
Last	$C_1 V_1^2$	$C_2 V_2^2$	$C_3 V_3^2$	$C_4 V_4^2 \ldots$	$C_1 V_1^2$	$C_2 V_2^2$	$C_3 V_3^2$	$C_4 V_4^2 \ldots$

Anstellwinkel . .	$i = 6^0$				
Geschwindigkeit	V_1	V_2	V_3	$V_4 \ldots$	
Tragkraft . . .	C_1	C_2	C_3	$C_4 \ldots$	usw.
Last	$C_1 V_1^2$	$C_2 V_2^2$	$C_3 V_3^2$	$C_4 V_4^2 \ldots$	

Wenn man nun z. B. durch Schleppversuche in einem hydrodynamischen Versuchskanal den Widerstand des Schwimmers bestimmt, so erhält man für jede Schwimmerbelastung Q_a eine Kurvenschar, welche den Widerstand in Abhängigkeit von dem Anstellwinkel i und der Geschwindigkeit V angibt. Wenn wir diese Kurven F_{xa} kennen, so können wir mittels Interpolation den Widerstand für jedes berechnete Gewicht $C_n V_n^2$ in Abhängigkeit von der Geschwindigkeit V_n und dem Anstellwinkel i_n ermitteln, indem wir zunächst für die Belastungen Q_a' und Q_a'', zwischen welchen $C_n V_n^2$ liegt, die Werte des Widerstandes F_{xa}' und F_{xa}'' entnehmen und dann durch Interpolation den richtigen Wert für $C_n V_n^2$ bestimmen. Wir sind daher in der Lage, die Tabelle 1. durch eine weitere Zeile zu ergänzen, welche den Widerstand F_{xan} zu jeder Geschwindigkeit und zu jedem Anstellwinkel angibt.

Versuche zur Bestimmung von F_{xa} sind von den Engländern durchgeführt und in ihren Berichten vom Jahre 1916 veröffentlicht worden[1]; bei diesen Versuchen wurde Q_a als unabhängig von der Geschwindigkeit betrachtet. Wir haben dagegen im Jahre 1919 die Belastung Q_a als eine von den Eigenschaften des Flugzeuges abhängige Funktion der Geschwindigkeit V_n angesetzt, etwa nach der Formel

$$Q_a = a - b V_n^2 \, ,$$

wo a und b Konstanten bezeichnen. Hierdurch tritt in Versuch und Berechnung eine leichte Komplikation ein, man erhält jedoch eine bessere Annäherung an die Wirklichkeit.

---

[1] Advisory Commitee for Aeronautics, Reports and Memoranda (New Series) No. 99, 165, 166, 187—189, 300.

Die hier (Abb. 4 und 5) wiedergegebenen Kurven zeigen den hydrodynamischen Widerstand zweier Schwimmer, in Abhängigkeit von Trimmwinkel und Geschwindigkeit bei einer Belastung $Q_a = a - bV^2$, wobei a und b an den Abbildungen angegeben sind. Die Linien F_{xa} haben einen Höchstwert bei einer bestimmten Geschwindigkeit: sie beginnen beim Wert Null und erreichen wieder denselben. Sie zeigen ein gewisses Übereinandergreifen, offenbar infolge der Vergrößerung des Widerstandes durch die beim Stattfinden des Versuches bereits vorhandenen Wellen.

$$a = 6400$$
$$b = 4.3$$

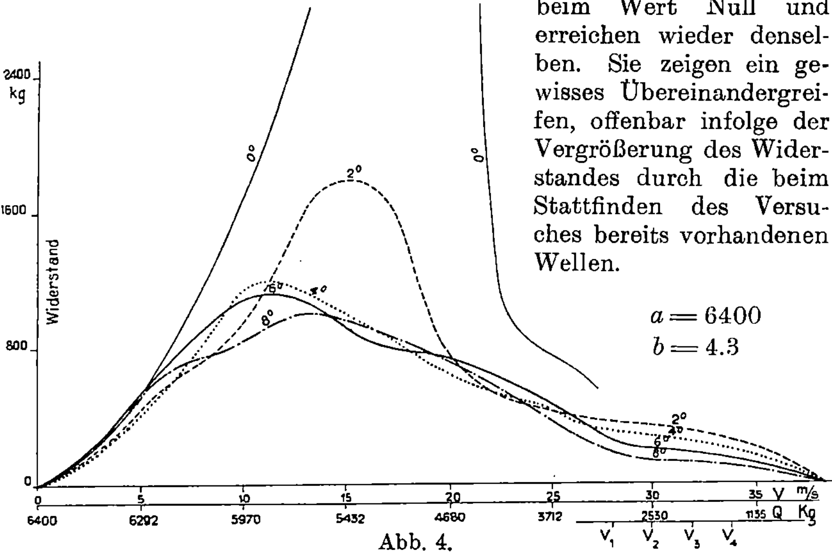

Abb. 4.

Es ist zu bemerken, daß die Werte F_{xan} nur den durch das Wasser geleisteten Widerstand liefern; da die Schleppversuche im Wasser mit geringer Geschwindigkeit geschehen, kann der Luftwiderstand des ausgetauchten Teiles bei diesen Versuchen nicht mit der nötigen Genauigkeit gemessen werden. Man hilft sich dadurch, daß man den Luftwiderstand des Schwimmers im Luftkanal besonders

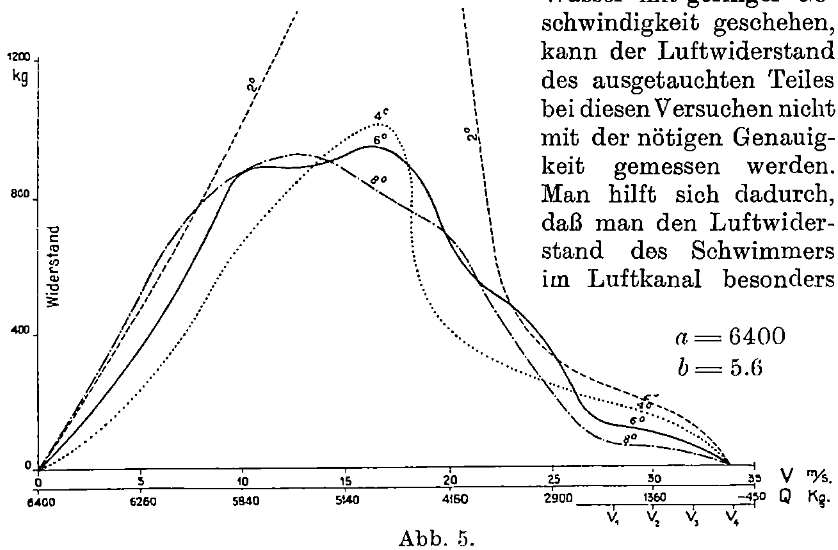

$$a = 6400$$
$$b = 5.6$$

Abb. 5.

bestimmt. Die Werte des Luftwiderstandes sind in Abb. 1 durch die Linie $D_1 D_2 D_3 \ldots$ dargestellt. Dadurch daß wir den Luftwiderstand des gesamten Schwimmers statt des ausgetauchten Teiles nehmen, setzen wir in den folgenden Berechnungen etwas zu hohe Werte für den Widerstand in Rechnung.

Wir sind nun in der Lage, in Abb. 1 in einem geeignet gewählten Maßstabe, die Widerstandskurven für den ins Wasser getauchten Teil für jede gegebene Geschwindigkeit V_n einzutragen. Mit Vernachlässigung des Luftwiderstandes müßten diese Kurven von den Punkten A_n ausgehen. Wenn wir auch den Luftwiderstand berücksichtigen wollen, dessen Größe (bezogen auf die Geschwindigkeit Eins) durch $r_n = A_n D_n$ gegeben ist, so genügt es, die Strecken $F_{r a n}$ nicht von der Abszissenachse, sondern von der Kurve $D D_n$ aufzutragen. So erhalten wir die Kurven $G_n D_n$.

Nun zeichnen wir in demselben Maßstab den Widerstand F_x des in der Luft befindlichen Teiles des Wasserflugzeuges ein, also abzüglich des Luftwiderstandes des Schwimmers. Bezeichnen wir den Schnittpunkt der Kurve F_x mit den Vertikalen $A_n V_n$ mit E_n, so zerlegt E_n die Linie F_x in zwei Teile: rechts haben wir nur Luftwiderstand, dagegen der Bereich links von E_n entspricht Zuständen, bei welchen — stets die Geschwindigkeit V_n vorausgesetzt — das Flugzeug mehr oder weniger in das Wasser eintaucht. Den Gesamtwiderstand erhält man in diesem Bereich, wenn man zu F_x die Größe $L G_n$ addiert. So gelangt man zu den Punkten K_n. Die so erhaltenen Kurven $N_n K_n F_t$ stellen den auf die Geschwindigkeit Eins bezogenen Widerstand des Wasserflugzeuges beim Start und im Flug mit der Geschwindigkeit V_n dar.

Nach Multiplikation der Größen $L K_n$ mit der dritten Potenz von V_n erhalten wir die Kurvenschar $P_n M_n$, deren Ordinaten die zur Fortbewegung des Flugzeuges vom Wasser notwendige Leistung angeben, und zwar gehört jede Kurve zu einer bestimmten Geschwindigkeit V_n. Diese Kurven haben ähnlichen Verlauf, sind nach einem gewissen Gesetze verteilt und besitzen je einen Minimalwert, welche wir durch die Linie M_n verbinden. Die Bedeutung dieser Linie wird uns sogleich klar werden.

Bei einer bestimmten Geschwindigkeit V_n braucht das Flugzeug eine bestimmte Leistung zum Abheben. Diese Leistung ist durch P_n gegeben, wobei P_n den zum Anstellwinkel i_n gehörigen Punkt der Linie $P_n M_n$ bezeichnet. Den kleinsten Leistungsbedarf erhalten wir daher, wenn wir die Linie der P_n, welche die Zustände, in welchen ein Abheben möglich ist, verbindet, mit der Linie der Minima M_n zum Schnitt bringen. Dieser Schnittpunkt liefert uns den kleinsten Wert der Leistung, welche zum Abheben tatsächlich benötigt wird. Die entsprechende Geschwindigkeit V_m bezeichnen wir als die Startgeschwindigkeit, weil das Abheben bei dieser Geschwindigkeit der geringsten Leistung bedarf.

Die Kurve M_n des kleinsten Leistungsbedarfes bestimmt zu jeder Geschwindigkeit V_n

a) den Anstellwinkel J_n der Tragfläche,
b) den Widerstand $R_n J_n$ des schwimmenden Anteiles,
c) den Widerstand $S_n R_n$ des in der Luft befindlichen Teiles.

Wenn der Anstellwinkel der Tragfläche bekannt ist, ist auch der dazu gehörige Einstellwinkel des Schwimmers gegeben.

Damit der Start möglich sei, müssen die Kurven $P_n M_n$ unterhalb der Linie der zur Verfügung stehenden Leistung liegen, und zwar mit Berücksichtigung des Wirkungsgrades der gesamten Motor- und Propelleranlage. Wenn dies nicht der Fall wäre, muß die gegenseitige Anordnung der Tragfläche und des Schwimmers geändert, die Werte F_{xa} und F_{xan} neu ermittelt werden. Wenn dann der Start ermöglicht ist, ergibt sich der geeignete Winkel J_n.

Man sieht aus der Gestalt der Kurven $N_n K_n S_n F_t$, daß die Minima S_n auf einer Linie liegen, welche sich von einer Geraden nicht viel unterscheidet und nahezu zur Ordinatenachse parallel ist, bzw. von S_1 gerechnet etwas nach links gerichtet ist: d. h. dem Kleinstwert des Widerstandes entsprechen bei wachsender Geschwindigkeit konstante oder leicht abnehmende Werte des Anstellwinkels. Dasselbe Ergebnis ist auch aus den Kurven $P_n M_n$ ersichtlich. Wir können daher folgenden allgemeinen Satz aussprechen: Soll beim Abheben eines Wasserflugzeuges die geringste Leistung angewendet werden, so muß der Anstellwinkel bei wachsender Geschwindigkeit konstant bleiben oder ganz wenig abnehmen.

Der Flugzeugführer kann daraus die nötigen Folgerungen ziehen.

In Abb. 6 ist in einem rechtwinkligen Koordinatensystem, als Abszisse die Geschwindigkeit von Null bis zur Startgeschwindigkeit V_m, an der Ordinatenachse zunächst das Gewicht des Wasserflugzeuges aufgetragen. Die Kurve F_y' stellt die Tragkraft der Tragfläche dar, wobei wir die Veränderlichkeit des Anstellwinkels J_n berücksichtigen und die entsprechenden Werte $J_1 J_2 \ldots J_m$ längs der Kurve F_y hinzuschreiben. Der Startgeschwindigkeit V_m entspricht ein Wert F_y', welcher gleich ist dem Flugzeuggewicht Q. Die Abschnitte zwischen der Horizontalen, welche das Gesamtgewicht darstellt, und der Linie F_y' ergeben die jeweilige Belastung Q_a des Schwimmers.

Die Beiwerte $R_n T_n$ bzw. $T_n L_n$ des Wasser- und Luftwiderstandes des Schwimmers können wir aus Abb. 1 entnehmen und durch Multiplikation mit V_n^2 erhalten wir die Linien F_{xan} für den Wasser- und F_{xn} für den Luftwiderstand. Die Kurve F_{xan} wird bei der Startgeschwindigkeit V_m Null, während F_{xn} den Wert $r_m V_m^2$ annimmt. Bei wachsender Geschwindigkeit hört F_{xan} auf, während F_{xn} durch eine Parabel gegeben ist. Aus Abb. 1 ergibt sich aber nur der Verlauf zwischen der Startgeschwindigkeit V_m und der Minimalgeschwindigkeit V_1. Bezüglich der Fortsetzung für kleinere Geschwindigkeiten können wir F_{xn} durch eine Gerade ersetzen, welche den Ursprungspunkt mit dem ersten bekannten Wert von F_{xn} verbindet, während für F_{xan} auf die oben erwähnten Versuchsergebnisse zurückgegriffen werden muß. Als für den Flieger einfachster Fall kann

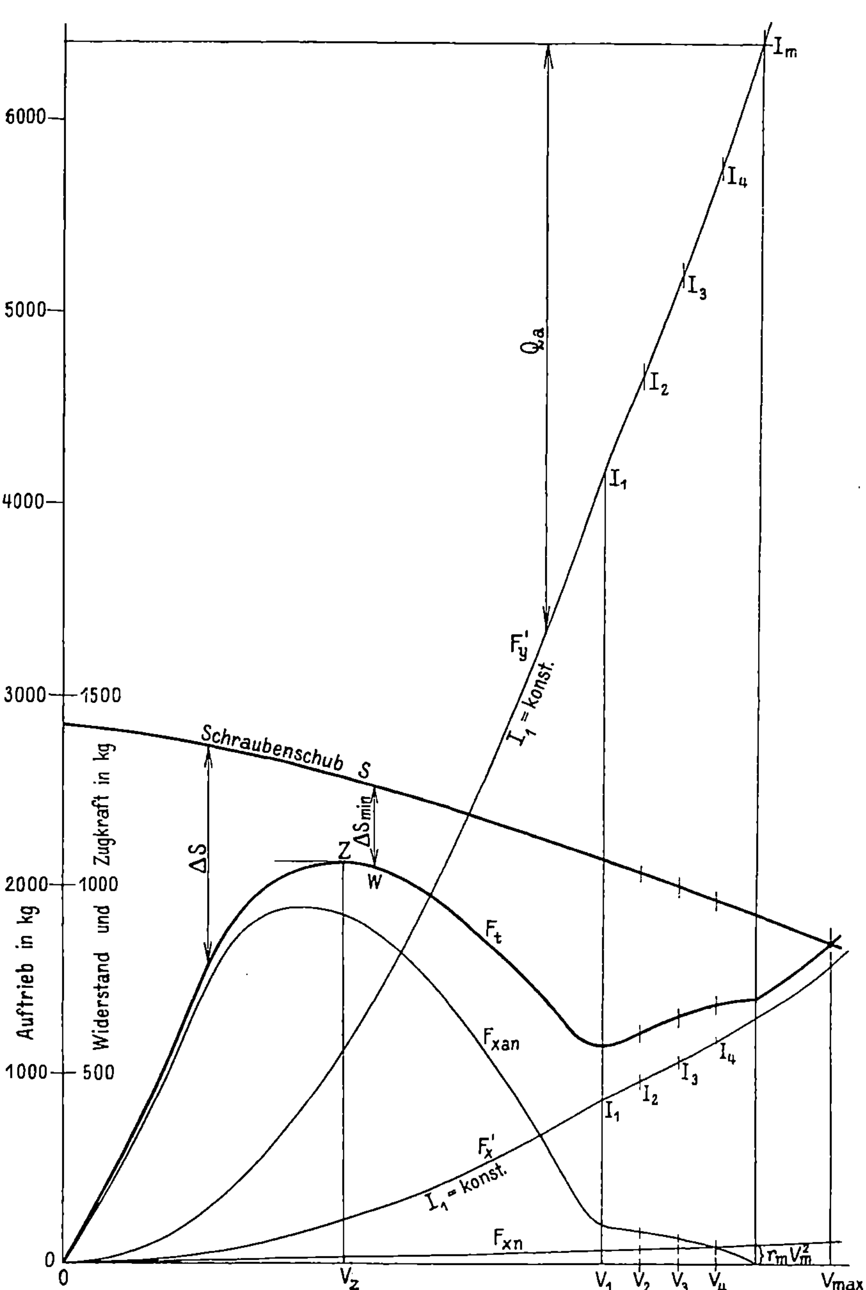

Abb. 6. Die Horizontale oben gibt das Gewicht des Wasserflugzeuges Q an.

angenommen werden, daß der Anstellwinkel J, bis das Flugzeug die Geschwindigkeit V_1 erreicht hat, · konstant und zwar gleich J_1 ist. Da aus Abb. 6 die Belastung Q_a des Schwimmers bekannt ist und wir den Anstellwinkel zu J_1 angenommen haben, so können wir aus den experimentellen Kurvenscharen den zu jeder Geschwindigkeit $V_a < V_1$ gehörigen Wert des Wasserwiderstandes F_{xan} entnehmen bzw. durch Interpolation bestimmen.

Schließlich tragen wir noch in Abb. 6 den Widerstand des in Luft befindlichen Anteils F_x' als Funktion der Geschwindigkeit mit Berücksichtigung der Veränderlichkeit des Anstellwinkels J_n ein. Wenn wir die drei Werte F_x', F_{xn}, F_{xan} addieren, so erhalten wir den Verlauf des Gesamtwiderstandes F_t während der Anlaufperiode des Wasserflugzeuges. Wenn F_t im ganzen Verlauf unterhalb der Linie S bleibt, welche die Zugkraft des Motorschraubenaggregats mit Berücksichtigung der Abhängigkeit von der Geschwindigkeit angibt, so ist der Start möglich.

Der Schnittpunkt U der Linien S und F_t bestimmt die Höchstgeschwindigkeit des Flugzeuges in der Flughöhe Null.

Der Punkt Z, in welchem F_t einen Höchstwert erreicht, bedeutet den kritischen Punkt für das Abheben. Die Ordinate ZV_z stellt den Höchstwert des Widerstandes während der Anlaufperiode dar. Die Differenz der Ordinaten $\varDelta S$ liefert den Überschuß, der zur Beschleunigung zur Verfügung steht.

Der Überschuß $\varDelta S$ hat im Punkt W ein Minimum. Dieser Punkt stellt eigentlich das kritische Moment für den Start dar, weil in diesem Punkte die geringste Reserve an Zugkraft zur Verfügung steht; wenn z. B. infolge Wellen der Widerstand, namentlich der Wasserwiderstand F_{xan} wächst, kann es wohl vorkommen, daß die Kurve F_t in W oder in einem benachbarten Punkte die Linie S überschreitet.

Mit Rücksicht darauf, daß $\varDelta S$ eine Funktion der Geschwindig-V ist, können wir schreiben

$$\varDelta S = f(V) = \frac{dV}{dt}\,m,$$

wobei m die Masse des Wasserflugzeuges bedeutet. Zu der eigentlichen Masse des Flugzeuges muß eine mit V veränderliche mitbeschleunigte Wasser- und Luftmenge hinzugerechnet werden, welche nicht genau bekannt ist; mit gewisser Annäherung kann man sie dadurch berücksichtigen, daß man die Masse des Flugzeuges mit einem konstanten Faktor multipliziert, welcher größer als Eins ist und etwa zwischen 1,3 und 1,4 liegt.

Aus der letzten Gleichung folgt:

$$t = \int m\,\frac{dV}{\varDelta S},$$

wodurch der Verlauf der Bewegung bestimmt ist.

Beitrag zur Frage der Hubschrauber.

Von **A. G. v. Baumhauer** in Amsterdam.

Anlaß zu diesem Beitrage ist:

1. Eine Bemerkung von Prof. v. Kármán[1]), daß keine Messungsergebnisse vorliegen über Propeller, deren Achse senkrecht zum Winde steht.

2. Beschreibung, wie Hubschrauber beim Aussetzen des Motors im Gleitflug den Flug fortsetzen können.

3. Beschreibung eines Manövers, welches eine stoßfreie Landung nach dem Gleitflug ermöglicht.

Für den Vergleich verschiedener Hubschrauber[2]) möchte ich als Wertungsziffer benutzen: Auftrieb, dividiert durch dazu benötigte Leistung:

$$K = \frac{A}{N} \text{ in kg pro PS.}$$

Der Nachteil, daß diese Zahl der Bedingung der Dimensionsfreiheit nicht genügt, welche im allgemeinen an Wertungsziffern gestellt wird, kann auf folgende Weise umgangen werden.

Statt der benötigten Leistung wird das Gewicht des „Normalmotors" gesetzt, welcher diese Leistung hat. Es wird dabei die Erfahrung benutzt, daß die leichtesten Luftfahrtmotoren ein Gewicht haben, daß der maximalen Leistung proportional ist und hier auf 1 kg pro Pferdestärke gesetzt wird. Es ist dann:

$$N = G_m,$$

$$K = \frac{A}{G_m}.$$

Für die Berechnung von Tragkraft und erfordete Leistung wird ein Näherungsverfahren angewandt. Es wird dabei die mehrmals gemachte Voraussetzung benutzt, daß die Kräfte, welche an einem Schraubenblatt angreifen, dieselbe sind, falls:

---

[1]) Siehe Literaturverzeichnis, S. 227.
[2]) Es werden also die ganzen Maschinen verglichen, nicht die Schrauben.

1. Die Fläche konzentriert wird in einen Punkt auf 0,7 Radius von der Mitte (Bezugspunkt),

2. die Blätter unabhängig voneinander sind,

3. die Kraft proportional ist dem Quadrat der Geschwindigkeitskomponente zur Blattvorderkante.

Fall A.   Motorflug.

I. Der Schraubenflieger am Stand, Achse senkrecht.

Dabei ist die Luftgeschwindigkeit relativ zum Schraubenflieger in der Schraubenebene gleich Null ($V = 0$).

Die Umfangsgeschwindigkeit des Bezugspunktes sei u.

$F_1 =$ Blattfläche.

$c_a =$ mittlerer Auftriebsbeiwert.

$\mu =$ spezifische Masse der Luft.

Der Auftrieb ist dann $A_0 = \dfrac{\mu}{2} \, u^2 c_a F$ mit $V = 0$.

$\varepsilon =$ Verhältnis, Widerstand W zu Auftrieb.

$L =$ erforderte Leistung in m·kg pro Sekunde.

$$L = u\,W = u\,\varepsilon\,A_0 ,$$

$$\frac{A_0}{L} = \frac{1}{u \cdot \varepsilon} ,$$

$$L = 75\,N = 75\,G_m ,$$

$$K = \frac{A_0}{G_m} = \frac{75}{u \cdot \varepsilon} . [1]$$

Die größte Wertungsziffer bekommt man mit kleiner Umfangsgeschwindigkeit und kleinem Widerstandsverhältnis. Für das erstere langsame Drehung, für das zweite gutes Schraubenblattprofil, geringe Kreisflächenbelastung (geringer induzierter Widerstand). Es sind also langsam drehende große Schrauben vorteilhaft.

Beispiel:

$$u = 30 \text{ m/sek}, \quad \varepsilon = 0,10 ,$$

$$K = \frac{A_0}{G_m} = \frac{75}{30 \cdot 0,1} = 25 ,$$

$$\frac{A_0}{N} = 25 \text{ kg/PS.}$$

---

[1] K ist auch hier dimensionslos, was man sieht durch oben statt $N = G_m$, $\alpha\,N = G_m$ zu setzen.

Hier ist $\alpha = 1$ in kg pro PS (Dimension: sek/m).

Es wird dann: $K = \dfrac{A_0}{G_m} = \dfrac{75}{\alpha\,u\,\varepsilon}$, worin die Dimensionen von α und u sich aufheben.

II. Die Geschwindigkeitskomponente in der Schraubenfläche von Null verschieden und kleiner als die Umfangsgeschwindigkeit des Bezugspunktes $(u > V > 0)$.

Wir nennen Auftrieb und Leistung bei $V = 0$ (siehe I):

$$A_0 \quad \text{und} \quad L_0 .$$

Unter Benutzung der gesagten Annahmen rechnen wir mit der
Geschwindigkeit normal zur Vorderkante:

$$v_n = u + V \cos \varphi .$$

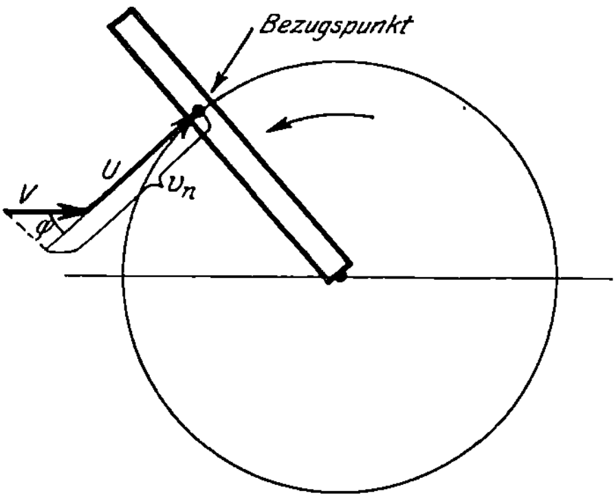

(Abb. 1) Der mittlere Auftrieb in Fall II wird dann:

$$A = \frac{1}{2\pi} \int_0^{2\pi} \frac{\mu}{2} c_a F (u + V \cos \varphi)^2 \, d\varphi ,$$

$$A = \frac{\mu}{2} c_a F \left(u^2 + \frac{V^2}{2} \right) ,$$

$$\frac{A}{A_0} = 1 + \frac{1}{2} \left(\frac{V}{u} \right)^2 ,$$

$$\frac{L}{L_0} = \frac{A}{A_0} .$$

Abb. 1.

Aus den Versuchen von Relf[2]) ist berechnet $\dfrac{A}{A_0}$ und $\dfrac{L}{L_0}$, für
$V = 0,25\, u$ und $V = 0,50\, u$, $D = 701$ mM., $n = 1000$ Umdr. pro Min.
Diese Zahlen stehen in folgender Tabelle, in welcher auch die Resultate nach obiger Berechnung danebengestellt sind.

Tabelle.

$\dfrac{V}{u}$	Gemessen		Gerechnet
	$\dfrac{A}{A_0}$	$\dfrac{L}{L_0}$	$\dfrac{A}{A_0} = \dfrac{L}{L_0}$
0,25	1,23	1,12	1,031
0,50	1,41	1,39	1,125

Aus dem großen Unterschied zwischen Experiment und Näherungsrechnung ist auf falsche Voraussetzungen bei der Rechnung zu
schließen. Es zeigt sich, daß der Auftrieb bedeutend größer ist, was
vielleicht u. a. auf Blattinterferenz und Beibehaltung größter Zirkulation hinweist.

Beim Horizontalflug muß ein Schub geliefert werden entweder
von Schrauben mit der Achse in der Flugrichtung oder durch Schrägstellen der Hubschrauben oder durch beide Hilfsmittel zusammen.

Die Größe der erforderlichen Horizontalkraft ist zurzeit ebenfalls unbekannt.

Bei den englischen Versuchen sind angeblich keine Messungen ausgeführt über den Widerstand parallel zur Windrichtung.

Um den großen Unterschied in Tragkraft der Mitwind- und Gegenwindblätter zu vermindern, sind Vorschläge gemacht worden zur periodischen Verstellung des Anstellwinkels während der Umdrehung [3, 4].

Dabei hat der Anstellwinkel den Größtwert im Mitwindgebiet. Es werden dadurch die größten Schwankungen der Konstruktionsspannungen gemildert; auch wird die Exzentrizität der resultierenden Luftkraft herabgesetzt.

Durch Verstellung der Lage und Größe des höchsten Anstellwinkels kann zur Steuerung ein Horizontalschub geliefert werden, was z. B. beim Abflug im Winde erforderlich ist.

Fall B. Gleitflug.

Es fragt sich, inwiefern ein Schraubenflieger imstande ist, im Falle einer Motorpanne, ebenso wie die Motorflugzeuge, herunterzuschweben und eine normale, wenigstens harmlose, Landung auszuführen.

I. $V = 0$.

Wenn der Motor von der Schraube gelöst wird, so daß diese sich frei drehen kann, wird im allgemeinen bei der Sinkbewegung auf die feste Hubschraube von der Luft ein Moment ausgeübt, infolge dessen eine Drehung eintritt, welche der normalen entgegengesetzt ist.

Mit den heutigen Blattprofilen wird jetzt das Blatt einen außerordentlich großen Widerstand gegen Drehung empfinden, weil jetzt die stumpfe Kante die Austrittskante ist.

Eine Umkehrung der Steigung kann es ermöglichen, daß die Strömung am Blatt in normaler Weise vor sich geht. Der Drehsinn der Schraube ist derselbe wie beim Motorflug. Beim Halten des Motors kann sofort, eventuell automatisch, die Steigung auf negativ gestellt werden. Durch Einschaltung einer Freilaufkupplung wird es ermöglicht, daß die Schraube von der Luft in normale Drehbewegung versetzt wird mit gestopptem Motor [5]. Die Tragkraft wird sich dabei nicht erheblich ändern; ein plötzliches Fallen des Hubschraubers bleibt aus, was bei der starren Schraube während der Umkehrung der Drehung unvermeidlich ist. Es fragt sich jetzt, wie groß ist bei dem so beschriebenen Flug die Sinkgeschwindigkeit? Im Falle I, wo die Horizontalgeschwindigkeit $= 0$ ist, wird dem mittleren Druck auf den Propellerkreis eine Grenze gesetzt. Dieser ist höchstens gleich dem Staudruck der Luftbewegung relativ zum Hubschrauber, also der Sinkgeschwindigkeit.

Herr Dipl.-Ing. Koning, Amsterdam, macht mich darauf aufmerksam, daß ein Herunterschweben mit einer starren Hubschraube möglich scheint mit gelöstem Motor und normaler Drehrichtung bei großem aerodynamischen Anstellwinkel. Es muß dann beim Bezugspunkt sein:

$$-\frac{C_t}{C_n} \gtrless \operatorname{tg} i\,.$$

Es sind:

C_t Tangential-, C_n Normalkraftsbeiwert, i Einstellwinkel in bezug auf die Schraubenebene.

II. $V \neq 0$.

Falls die Fallbewegung von einer horizontalen Bewegung (V) begleitet wird, kann die Sinkgeschwindigkeit geringer sein.

Die im Teil A II gebrauchte angenäherte Rechnungsweise will ich hier nicht mehr anwenden, weil damit doch keine zuverlässigen Resultate zu erwarten sind.

Ebenso wie bei Tragflächen können mit gutem Erfolg Messungen ausgeführt werden an Modellen von Schraubenfliegern. Man kann dabei die Hubschraube auf eine Welle freidrehend aufsetzen und im Windkanal Auftrieb und Widerstand bei verschiedener Neigung der Schraubenfläche ermitteln. Man wird daraus die Neigung der Bahn beim motorlosen Schraubenfluge ermitteln können. Ich vermute, daß diese kleiner als 1 : 3 sein kann.

Soviel ich weiß, sind dergleichen Modellmessungen mit geeigneten Schrauben noch nicht ausgeführt.

Landungsmanöver.

Ich möchte auf eine besondere Landungsmöglichkeit hinweisen, welche m. E. auszuführen ist mit einem Hubschrauber, dessen Schraubensteigung ebenso wie beim beschriebenen Gleitflug verstellt werden kann. Ich denke mir den Hubschrauber im Gleitflug mit frei drehender Schraube. Zur Erhöhung der Tragkraft, um die Sinkgeschwindigkeit zu verkleinern, kann in Bodennähe der Anstellwinkel der Blätter allmählich vergrößert werden. Die Drehung wird gebremst wegen Zunahme der Tangentialkomponente des Blattwiderstandes. Durch Verstellung der Blätter kann die Sinkgeschwindigkeit gleich Null werden; es kann sogar eine steigende Bewegung eintreten, bevor die Drehung ganz gebremst ist. Bei den großen Schrauben, welche mir zur Erreichung einer großen Wertziffer nötig scheinen, wird die Fallenergie des ganzen Hubschraubers bedeutend kleiner sein als die Energie der rotierenden Schraube.

Ich möchte dies an einem Beispiel erläutern. Es sei $u = 40$ sek/m, $\bar{c}_a = 0{,}45$, dann ist in der Normalatmosphäre die mittlere Flügelbelastung $Q = 45$ kg/m². Bei einer Sinkgeschwindigkeit von $w = 11$ m/sek ist der Staudruck $q_w = 7{,}56$ kg/m².

Die mittlere Schraubenkreisbelastung ist, bei einem Völligkeits-
grad von 0,10, gleich 4,5 kg/m², was 0,6 mal den Staudruck beträgt;
anscheinend ein zulässiger Bruchteil davon.

Es wird angenommen, daß das Gesamtkonstruktionsgewicht der
drehenden Schraube 8 kg/m² beträgt, deren Trägheitsradius gleich
$0,7\,R$ ist.

Die Drehenergie pro m² (E_{dr}) ist also gleich derjenigen von
einem Gewicht von 8 kg, welches eine Geschwindigkeit besitzt gleich
der Umfangsgeschwindigkeit (u) des Bezugspunktes.

Die Fallenergie pro m² (E_f) ist proportional $\frac{1}{2}\cdot 45\cdot w^2$. Das Verhältnis der beiden Energien:

$$\frac{E_f}{E_{dr}} = \frac{45\,w^2}{8\,u^2} = \frac{45\cdot 11^2}{8\cdot 40^2} = 0,425\,.$$

Weil für den mittleren Nutzeffekt während des Manövers ein Wert
zu erwarten ist, größer als 0,425 (vielleicht 0,6) muß es möglich
sein, die Fallbewegung aufzuheben, sogar einen Sprung zu machen.

Falls das hier erwähnte Manöver nahe am Boden richtig gemacht
wird, kann man mit einem Hubschrauber, ebenso wie beim Drachenflugzeug, mit abgestelltem Motor eine Landung ausführen, bei welcher
die Sinkgeschwindigkeit Null wird. Die wagerechte Geschwindigkeit
des Drachenflugzeuges darf ein Mindestmaß nicht unterschreiten;
dieselbe des Hubschraubers kann gleich Null werden, ohne daß das
Gleichgewicht zerstört wird. Es ist also die Möglichkeit vorhanden,
daß die Gefahr bei erzwungener Landung für Hubschrauber geringer
wird als für Drachenflugzeuge.

Bemerkungen.

a) Anwendung.

Obwohl die Frage, wieviel Arbeit man beim Horizontalflug des
Hubschraubers braucht, momentan nicht gelöst ist, glaube ich doch
annehmen zu können, daß die Arbeit bedeutend größer ist als die,
welche ein normales Flugzeug braucht, um dieselbe Last mit gleicher
Geschwindigkeit zu fördern. Gegenüber dem Nachteil steht aber
zugunsten des Hubschraubers, daß der letzte keine großen Felder
für Aufstieg und Landung braucht. Als Anwendungsgebiet scheint
Vorortsverkehr mit Landung im Stadtzentrum in Betracht zu kommen.

b) Stabilität.

Nach den Ausführungen des Herrn v. Kármán möchte ich nur
wenig darüber sagen.

Bei den meisten bisherigen Konstruktionen werden zwei gleich-
große gegenläufige Schrauben gebraucht. Dadurch werden sowohl
das äußere aerodynamische Moment als auch die Kreiselwirkungen
aufgehoben; letztere sind also nicht imstande, die unstabilen Pen-
delungen zu beseitigen, welche bei derartigen Hubschraubern auftreten. Eine kinematographische Aufnahme vom Pescara-Helicopter

zeigte dies deutlich. Es scheint mir darum richtig, nur eine Schraube oder wenigstens ungleiche Schrauben zu nehmen, damit die Kreiselwirkung nicht aufgehoben wird.

Die Drehung der ganzen Maschine muß dann auf eine andere Weise beseitigt werden.

In Analogie möchte ich daran erinnern, daß die ersten erfolgreichen Flugzeuge der Gebr. Wright auch mit zwei gegenläufigen Propellern versehen waren und daß jetzt die kräftigsten einmotorigen Flugzeuge von nur einem Propeller angetrieben werden.

Sehr wahrscheinlich werden besondere Hilfsmittel nötig sein für die Steuerung und zur Erhaltung der Stabilität, wie Steuer- und Dämpfungsflächen. Daß jetzt die Erfolge mit instabilen Hubschraubern gering sind, ist also nicht verwunderlich.

c) Anwendung der Hubschraube.

Vielleicht wird die Frage: „Drachenflugzeug oder Hubschrauber" in der Zukunft umgangen durch den Bau von Flugzeugen, die eine Kombination der beiden Typen darstellen. Dabei können die Schrauben gebraucht werden für Aufstieg und Landung, die Tragflächen beim Schnellflug. Die Schrauben, die dabei vorteilhaft zweiflügelig sind, können eventuell während des Fluges festgestellt werden, dermaßen, daß der Widerstand möglichst gering ist (in Längsrichtung) oder auch, daß die Schraubenflächen zum Auftrieb benutzt werden (in Querrichtung).

Eine derartige einfachere Anordnung zur Verringerung der Landungsgeschwindigkeit ist folgende.

An einem Drachenflugzeug sind z. B. zwei Zweiblatthubschrauben angebracht, welche nicht vom Motor angetrieben werden. Während des Fluges werden die Schrauben in die Flugrichtung festgestellt. Vor der Landung wird mit großer Geschwindigkeit geflogen, und dann werden die Schrauben gelöst. Die Wellen der Schrauben sind in bezug auf die Tragflächen dermaßen angeordnet, daß jetzt die Ebene der Schrauben etwas vornüber geneigt ist. Die Schrauben werden in Drehung versetzt, bis die Höchstdrehgeschwindigkeit erreicht ist. Wenn jetzt für die Landung mit z. B. 10 Grad größerem Anstellwinkel geflogen wird, werden die Schrauben gebremst. Die Schrauben geben jetzt eine Tragkraft und eine Verzögerung der wagerechten Bewegung, wodurch die Landungsfluggeschwindigkeit und der Auslauf verringert werden.

Versuche mit dieser Anordnung können ohne viel Risiko, anfangs mit verhältnismäßig kleinen Schrauben, ausgeführt werden. Das Gleichgewicht des Flugzeugs wird in normaler Weise eingehalten, auch falls die Schrauben dasselbe ungünstig beeinflussen.

d) Entwicklung.

Prinzipiell war die Frage der Drachenflugzeuge gelöst, als in 1903 mit der instabilen Wright-Maschine geflogen wurde. Die Weiterentwicklung zum stabilen leicht zu steuernden Flugzeug ist aber schnell gefolgt. Die Entwicklung des Hubschraubers hat vielleicht größere mechanische Schwierigkeiten. Die aerodynamischen Fragen können jetzt aber schneller gelöst werden, weil größere Kenntnisse der Aerodynamik vorliegen und bewährte Methoden und Hilfsmittel der aerodynamischen Forschung jetzt zur Verfügung stehen.

Literaturverzeichnis.

[1] Kármán, Th. v.: Z. Flugtechn., Schraubenflieger-Sonderheft 31.12.1922, S. 345/54. (Abh. aus dem aerod. Institut der T. H. Aachen, Heft 2).
[2] Reports and Memoranda, Nr. 265. Advisory Committee for Aeronautics by E. F. Relf, Juli 1916, London.
[3] Het Vliegveld 1920, S. 313. A. G. v. Baumhauer.
[4] Patente Frankreich, Nr. 398. 545; 400. 484; 406. 796.
[5] Crocco, A.: l'Aeronautica e la Marina 1921, Nr. 7 bis 8, S. 101.
[6] Everling: Motorwagen 1922. S. 458, mit Literaturverzeichnis.

Nachträglich herausgegeben:
[7] Margoulis, W.: Les hélicoptères. Gauthiers Villars, Paris 1922.
[8] Case, J.: Helicopters. Aeronautical Journal, London 1922, S. 390.

Über die Strömung mit Überschallgeschwindigkeit.

Von G. Zerkowitz in München.

Die Strömung mit Überschallgeschwindigkeit ist besonders bei Dampf- nnd Gasturbinen, ferner bei Strahlvorrichtungen von hervorragender Bedeutung. Aber auch bei anderen Vorgängen in der Maschinentechnik werden solche Strömungen mitunter verwirklicht.

1. Das eindimensionale Problem[1]).

Wenn in einem Gefäß, in dem der Druck dauernd auf dem unveränderlichen Wert p_1 gehalten wird, Dampf oder Gas durch eine geeignet geformte Mündung (Düse) in einen Raum strömt, in dem dauernd der Druck p herrscht, so wird dabei eine Geschwindigkeit w erzielt, die sich, wenn man die Zulaufgeschwindigkeit w_1 vernachlässigen darf, aus der Gleichung

$$A \frac{w^2}{2\,g} = i_1 - i \ . \ . \ . \ . \ . \ . \ . \ . \ . \ (1)$$

berechnet. Hierin bedeuten i_1 und i den Wärmeinhalt (Wärmefunktion bei konstantem Druck nach Gibbs) bei p_1 und p, A das Wärmeäquivalent der Arbeitseinheit, g die Beschleunigung der Schwere.

Für reibungsfreie Bewegung kann man statt (1) schreiben:

$$\frac{w^2}{2\,g} = \int_p^{p_1} v\,d\,p \ . \ . \ . \ . \ . \ . \ . \ . \ (1\,\mathrm{a})$$

oder auch

$$\frac{w^2}{2} = \int_p^{p_1} \frac{d\,p}{\varrho}, \ . \ . \ . \ . \ . \ . \ . \ . \ (1\,\mathrm{b})$$

---

[1]) Vgl. Zeuner: Theorie der Turbinen, Leipzig 1899. Stodola, Dampf und Gasturbinen, 5. Auflage.

worin v das Volumen der Gewichtseinheit, ϱ die Dichte bedeutet. Da, wie zumeist zutrifft, ein merklicher Wärmeaustausch mit der Umgebung nicht stattfindet, so kann das Adiabatengesetz

$$p \cdot v^{\varkappa} = C \quad\ldots\ldots\ldots\ldots\ldots (2\,a)$$

oder auch

$$\frac{p}{\varrho^{\varkappa}} = C_0 \quad\ldots\ldots\ldots\ldots (2\,b)$$

herangezogen werden.

Aus (1) und (2) erhält man:

$$w = \sqrt{\frac{2\,g\,\varkappa}{\varkappa - 1} p_1 v_1 \left\{ 1 - \left(\frac{p}{p_1}\right)^{\frac{\varkappa-1}{\varkappa}} \right\}} \quad\ldots\ldots (3)$$

Um den jeweils erforderlichen Querschnitt f bzw. die durchströmende Gewichtsmenge berechnen zu können, ziehen wir zunächst die Kontinuitätsbedingung der eindimensionalen Strömung heran; sie lautet:

$$G \cdot v = f \cdot w, \quad\ldots\ldots\ldots\ldots (4)$$

worin G die sekundlich durchströmende Gewichtsmenge bedeutet. Aus (2), (3) und (4) erhält man:

$$G = f \sqrt{\frac{2\,g\,\varkappa}{\varkappa - 1} \frac{p_1}{v_1} \left\{ \left(\frac{p}{p_1}\right)^{\frac{2}{\varkappa}} - \left(\frac{p}{p_1}\right)^{\frac{\varkappa+1}{\varkappa}} \right\}} \quad\ldots\ldots (5)$$

oder auch

$$G = f \cdot \chi\left(\frac{p}{p_1}\right) \cdot \quad\ldots\ldots\ldots (5\,a)$$

Die Funktion χ wird ein Maximum für $p = p_m$ und es ist

$$p_m = p_1 \left(\frac{2}{\varkappa + 1}\right)^{\frac{\varkappa}{\varkappa-1}}.$$

Man nennt p_m den kritischen Druck. Für eine bestimmte durchströmende Gewichtsmenge nimmt f vom Anfangsdruck p_1 bis p_m ab, dann zu. Diese Querschnittsfolge ist bei der Lavaldüse, die wir in

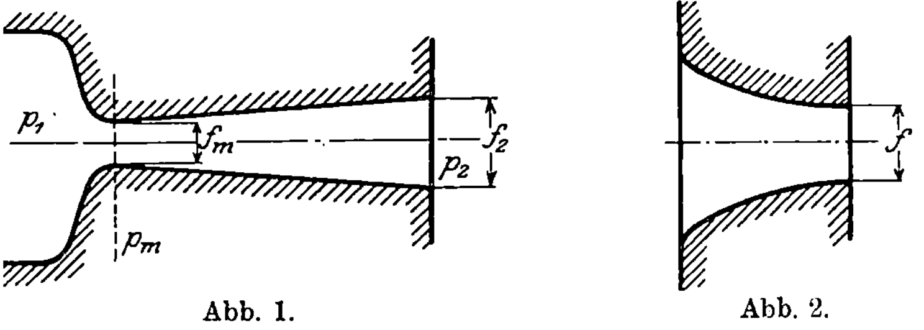

Abb. 1.   Abb. 2.

der Folge auch als erweiterte Düse bezeichnen wollen, verwirklicht (Abb. 1). Den engsten Querschnitt bezeichnen wir mit f_m. Eine Düse ohne divergenten Ansatz nach Abb. (2) wird hingegen als einfache Mündung bezeichnet. Das Druckverhältnis ist $p_m/p_1 = 0{,}546$ bei überhitztem Wasserdampf. Die Strömgeschwindigkeit bei p_m hat den Wert

$$w_m = \sqrt{2\,g\,\frac{\varkappa}{\varkappa+1}\,p_1\,v_1} \quad . \qquad \ldots \ldots \quad (6)$$

Für die Lavaldüse erhält man damit:

$$G = \psi \cdot f_m \sqrt{\frac{p_1}{v_1}}, \quad \ldots \ldots \ldots \ldots \quad (7)$$

d. h. die in der Zeiteinheit durchströmende Gewichtsmenge hängt nur von der Größe des engsten Querschnittes und vom Anfangszustand des Treibmittels ab. ψ ist eine Konstante, die für überhitzten Dampf (in kg/m/sek-Einheiten) den Wert 2,09 hat.

2. Rolle der Schallgeschwindigkeit.

Der Wert w_m ist identisch mit der Schallgeschwindigkeit w_s, die Dampf oder Gas vom Zustand p_m, v_m entspricht. Die ausschlaggebende Rolle, die die Schallgeschwindigkeit bei allen Bewegungen unter großen Druckunterschieden spielt, erklärt sich daraus, daß die Schallgeschwindigkeit bekanntlich diejenige Geschwindigkeit ist, mit der sich eine Änderung des Bewegungszustandes sowie überhaupt jede örtliche Störung im Gas fortpflanzt. Wie sich leicht zeigen läßt, gilt

$$w_s = \sqrt{\frac{\partial p}{\partial \varrho}} = \sqrt{g\,\frac{\partial p}{\partial \gamma}}, \quad \ldots \ldots \ldots \quad (8)$$

worin γ das spezifische Gewicht des Treibmittels ist. Bei der Raschheit der Fortpflanzung einer solchen Strömung gilt hierfür das Adiabatengesetz, woraus

$$w_s = \sqrt{\varkappa \cdot g \cdot p \cdot v} \quad \ldots \ldots \quad (8\,\mathrm{a})$$

wird. Aus (6) und (2) erhält man

$$w_m = \sqrt{\varkappa \cdot g \cdot p_m \cdot v_m}, \quad \ldots \quad (9)$$

so daß obige Behauptung erwiesen ist.

An Lichtbildern von Geschossen stellte man bekanntlich eine von der Spitze ausgehende Verdichtungswelle fest. Bewegt sich das Geschoß (Abb. 3) mit der Überschallgeschwindigkeit w, so ist dessen Weg in der Zeit t gleich $w \cdot t$.

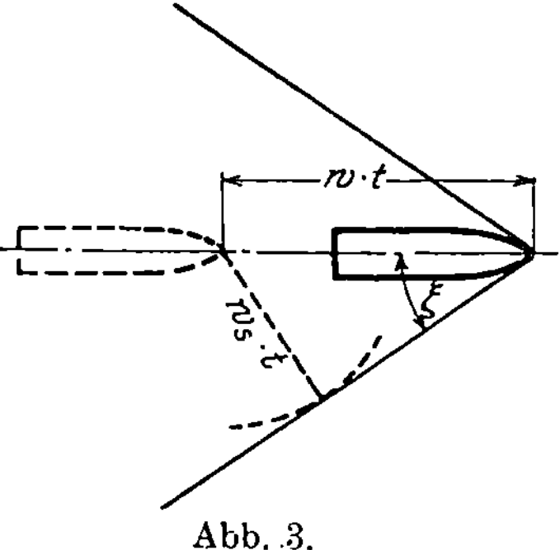

Abb. 3.

Die Schallwellen, die sich nach allen Richtungen ausbreiten, legen in der gleichen Zeit bloß den Weg $w_s\,t$ zurück. Der Kegel, der die Kugel vom Radius $w_s\,t$ berührt, hat einen Spitzenwinkel, für dessen halben Wert ξ die Beziehung

$$\sin \xi = \frac{w_s}{w} \quad \ldots \ldots \ldots \ldots \ldots \quad (10)$$

gilt[1]). Man nennt ξ den Machschen Winkel. Derselbe tritt auch auf, wenn ein mit Überschallgeschwindigkeit bewegter Gasstrahl an einem ruhenden Hindernis vorbeiströmt. So hat Magin[2]) durch künstliche Aufrauhung der Düsenwände schiefe Wellenzüge beobachtet (Abb. 4). Durch photographische Aufnahme einer länglich recht-

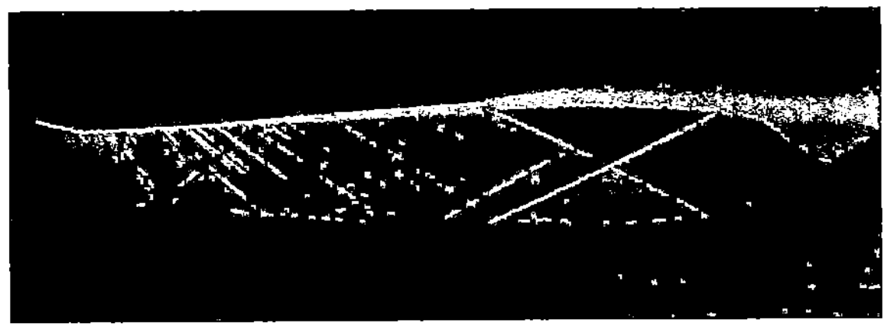

Abb. 4.

eckigen Düse, die seitlich durch Glasplatten abgeschlossen war, konnte der Machsche Winkel zur Bestimmung der Strömungsgeschwindigkeit dienen. Es zeigt sich dabei, daß in einer passend erweiterten Düse die wirkliche Geschwindigkeit der adiabatischen nur wenig nachsteht, so daß der Expansionsvorgang nur mit geringen Verlusten verbunden ist. Man hat also durch derartige Bilder die Möglichkeit, durch Messung des doppelten Winkels $2\,\xi$, den zwei Wellensysteme miteinander einschließen, das Verhältnis w_s/w für die einzelnen Querschnitte zu bestimmen.

3. Strömung um eine Ecke[3]).

Ein Dampfstrahl strömt längs einer Wand mit der Überschallgeschwindigkeit w_2 zum Punkte A (Abb. 5). Der Druck sei p_2. Im Punkte A sei unstetig eine kleine Druckänderung wirksam, deren Einfluß darin besteht, daß sich diese Störung unter dem Machschen Winkel fortpflanzt. Der Strahl erfährt eine kleine Beschleunigung und wird zugleich etwas abgelenkt. Läßt man nun eine Reihe solcher Drucksenkungen nacheinander einwirken, so daß schließlich der Druck p_3 auftritt, dem die adiabatische Geschwindigkeit w_3 entspricht, so erhält man schließlich einen abgelenkten Par-

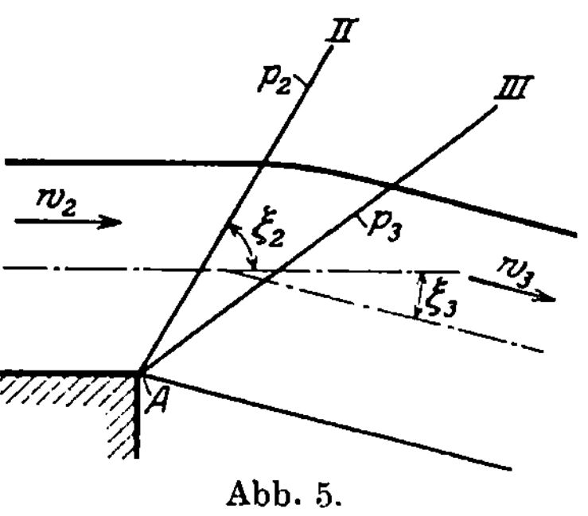

Abb. 5.

allelstrahl, für den der Machsche Winkel ξ_3 gilt. Die Expansion von p_2 auf p_3 vollzieht sich im keilförmigen Gebiet II A III.

<hr>

1) Es muß hierbei angenommen werden, daß das Geschoß sehr klein ist, andernfalls muß das Strömungsbild verbessert werden.

2) Mitt. Forschungs-Arb. V. d. I., Heft 62.

3) Vgl. Prandtl, Phys. Z. 1907.

Es läßt sich nun, wie Prandtl (a. a. O.) zuerst gezeigt hat, eine zweidimensionale Potentialströmung angeben, bei der die Expansion derart verläuft, daß längs jeden Fahrstrahls durch A Druck und Geschwindigkeit unveränderlich sind. Th. Meyer[1] hat die Rechnungen weiter ausgebaut und insbesondere auch Gleichungen für die Stromlinien angegeben. Einfacher läßt sich die Lösung in folgender Weise finden:

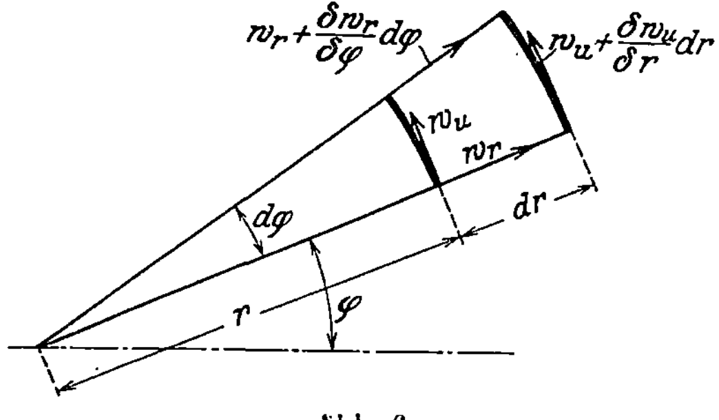

Abb. 6.

a) Wir stellen zunächst die Bedingung für die Wirbelfreiheit auf, indem wir das Linienintegral der Geschwindigkeit längs einer geschlossenen Kurve gleich Null setzen. Wir benutzen Polarkoordinaten und erhalten an Hand von Abb. 6:

$$w_r \, dr + \left(w_u + \frac{\partial w_u}{\partial r} dr \right)(r + dr) d\varphi - \left(w_r + \frac{\partial w_r}{\partial \varphi} d\varphi \right) dr - w_u \cdot r \, d\varphi = 0$$

mit

$$\frac{\partial w_r}{\partial r} = 0; \quad \frac{\partial w_u}{\partial r} = 0; \quad \frac{\partial p}{\partial r} = 0 \quad \ldots \ldots \quad (11)$$

erhält man

$$\frac{d w_r}{d \varphi} = w_u. \quad \ldots \ldots \ldots \quad (12)$$

b) Als zweite Bedingung gilt die Kontinuitätsgleichung der stationären Strömung, die in Polarkoordinaten unter Berücksichtigung von (11) lautet:

$$w_u \frac{d \varrho}{d \varphi} + \varrho \left(w_r + \frac{\partial w_u}{\partial \varphi} \right) = 0. \quad \ldots \ldots \ldots \quad (13)$$

c) Als dritte Bedingung gilt wiederum das Adiabatengesetz, also Gleichung (2 b). Die Ausrechnung ergibt zunächst, daß

$$w_r = w_s \quad \ldots \ldots \ldots \ldots \quad (14)$$

ist. Zählt man ferner den Polarwinkel φ von dem Fahrstrahl aus, für den $w_r = 0$ ist, so wird mit der abgekürzten Bezeichnung:

$$\frac{\varkappa - 1}{\varkappa + 1} = \lambda$$

$$\left. \begin{aligned} w_r &= \sqrt{2\,C_0}\, \sin(\varphi \sqrt{\lambda}) \ldots \\ w_u &= \sqrt{2\,C_0}\, \cos(\varphi \sqrt{\lambda}) \ldots \end{aligned} \right\} \quad \ldots \ldots \quad (15)$$

$$r = r_0 \left\{ \cos(\varphi \sqrt{\lambda}) \right\}^{-\frac{1}{\lambda}} \ldots \ldots \ldots \ldots \quad (16)$$

[1] Forsch.-Arb. Ing. 62, 2. Teil.

Für die Drucke gilt die Beziehung:

$$\left(\frac{p}{p_1}\right)^{\frac{\varkappa-1}{\varkappa}} = \frac{2}{\varkappa+1}\cos^2(\varphi\sqrt{\lambda}) \quad \ldots \ldots \ldots (17)$$

Dieser Vorgang wird z. B. in einer konvexen Ecke verwirklicht.

Strömt ein Gas mit Überschallgeschwindigkeit in einen Raum über, in dem ein höherer Druck herrscht, so tritt ein schiefer Verdichtungsstoß auf, der Vorgang verläuft unstetig. Auch wenn sich an die Wand (Abb. 5) im Punkte A eine zweite Wand anschließt, die mit der ersten einen Winkel bildet, der kleiner als 180^0 ist, tritt ein schiefer Verdichtungsstoß auf (konkave Ecke).

4. Abweichungen vom Adiabatengesetz.

Die wirkliche Strömung wird vor allem beeinflußt durch die Strömungswiderstände[1]). Diese berücksichtigt man bei eindimensionaler Strömung durch den summarischen Ansatz

$$dA_r = \zeta\,\frac{w^2}{g}\,dz,$$

wobei dz das Wegelement, ζ eine Widerstandsziffer, A_r die Reibungsarbeit bedeutet. An Stelle von (1a) gilt

$$\frac{w\,dw}{g} = -v\,dp - \zeta\,\frac{w^2}{g}\,dz.$$

Für Gase erhält man, wenn man

$$\alpha = \frac{w^2}{w_s{}^2}(\varkappa - 1) + 1$$

setzt:

$$\frac{dp}{dz} = \frac{\alpha\cdot\zeta - \dfrac{df}{f\cdot dz}}{w^2 - w_s{}^2}\,\varkappa\cdot p\cdot w^2 \quad \ldots \ldots \ldots (18)$$

$$\frac{dw}{w\,dz} = \frac{\zeta\,\varkappa\,\dfrac{w^2}{w_s{}^2} - \dfrac{df}{f\cdot dz}}{1 - \dfrac{w^2}{w_s{}^2}} \ldots \ldots \ldots \ldots (19)$$

Wie man sich hieraus leicht überzeugen kann, tritt innerhalb einer Düse die Schallgeschwindigkeit nur im divergenten Teile auf, und zwar für

$$\frac{df}{f\cdot dz} = \varkappa\cdot\zeta \quad \ldots \ldots \ldots \ldots (20)$$

---

[1]) Vgl. Stodola: Dampf- und Gasturbinen; H. Lorenz: Phys. Z 1903; ferner Prandtl und Pröll Z. V. d. I. 1904.

Den hierdurch gekennzeichneten Querschnitt nennt man den „tönenden" Querschnitt.

Eine weitere Abweichung findet bei gesättigtem Dampf durch die sog. Unterkühlung[1] statt. Es zeigt sich nämlich, daß anfänglich trocken gesättigter Dampf bis hinter dem engsten Querschnitt wie überhitzter Dampf expandiert; erst danach tritt Kondensation ein. Die Unterkühlung ergibt einen kleinen Arbeitsverlust. Die Verluste durch Reibung sind bis zum engsten Querschnitt gering, im divergenten Teile sind sie etwas größer[2]. Mit wesentlich höheren Verlusten ist der umgekehrte Vorgang, die Verdichtung verbunden. Hier muß der Querschnittsverlauf besonders sorgfältig ausgebildet sein, insbesondere darf der konvergente Teil nicht so kurz gehalten werden wie beim Expansionsvorgang. Aus diesem Grunde ergibt auch eine zu stark erweiterte Expansionsdüse erhöhte Verluste, weil hierbei das Treibmittel zunächst zu tief expandiert, um dann auf den Gegendruck verdichtet zu werden. Bei dieser Verdichtung tritt der „schiefe Verdichtungsstoß" auf, der mit einer Ablösung des Strahls von den Wandungen verbunden ist[3].

5. Die freie Expansion.

Da zu stark erweiterte Düsen ungünstig sind, bei wechselnden Betriebsverhältnissen jedoch Schwankungen des Wärmegefälles in der Praxis sehr häufig auftreten, so muß man vielfach Düsen verwenden, die zu wenig erweitert sind. Wir betrachten zunächst die Düsen mit Normalabschnitt. Nach Prandtl gilt für einen Strahl, der in paralleler Strömung mit Überschallgeschwindigkeit aus

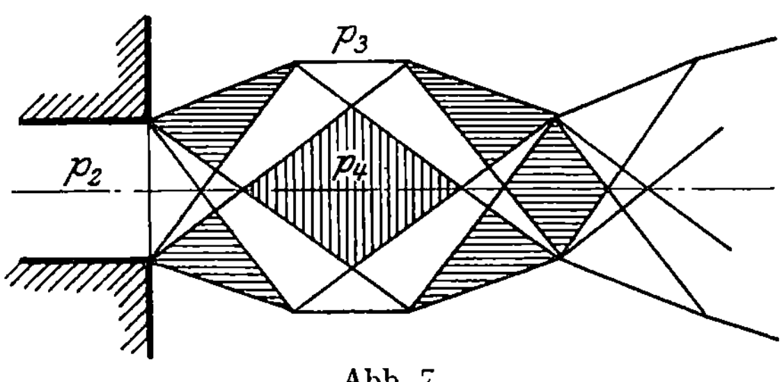

Abb. 7.

einer länglich rechteckigen Öffnung ins Freie tritt, die in Abb. 7 gegebene Darstellung[4]. In der Austrittsöffnung herrsche der Druck p_2 im Außenraum p_3. Von jeder Austrittskante gehen keilförmige Ver-

---

[1] Stodola (a a. O.), v. Helmholtz, R.: Ann. Physik 1887; Wilson, C. T. R.: Proc. Royal Soc. London 18:9 usw.

[2] Versuche von Bendemann und Loschge ergaben, daß die Vorzahl in Gleichung (7) etwa 2,03 ist, gleichgültig, ob der Dampf überhitzt oder gesättigt ist.

[3] Stodola (a. a. O.), Flügel: Mitt. Forsch.-Arb. Heft 217.

[4] Phys. Z. 1907.

dünnungswellen aus, die sich durchkreuzen und an der gegenüberliegenden Strahlgrenze als Verdichtungswellen reflektiert werden. Im mittleren Feld der Welle ist der Druck $p_4 < p_3$, so daß also der Strahl wie eine plötzlich entspannte Feder zunächst zu tief expandiert. Die Schwingungen klingen unter der Einwirkung der Reibung am Strahlrand sowie der inneren Reibung ab. Von praktischer Bedeutung ist insbesondere die Frage, welche mittlere Geschwindigkeit in axialer Richtung dabei erreicht wird. Der Augenschein lehrt, daß infolge der radialen Verbreitung des Strahls ein grundsätzlicher Energieverlust auftritt. Den Grenzwert für die erreichbare „mittlere" Geschwindigkeit liefert der Impulssatz[1]. Ist w_2 die Strahlgeschwindigkeit, $\overline{w}_3$ der Mittelwert der erreichbaren Axialgeschwindigkeit, so ist

$$\frac{G}{g}(\overline{w}_3 - w_2) = f_2(p_2 - p_3), \quad \ldots \ldots \ldots (21)$$

wobei f_2 den Austrittsquerschnitt der Düse bedeutet.

Durch Heranziehung der Kontinuitätsbedingung erhält man daraus:

$$\overline{w}_3 = w_2 + \frac{g \cdot v_2}{w_2}(p_2 - p_3). \quad \ldots \ldots \ldots (21\,a)$$

Betrachten wir z. B. eine einfache Mündung, aus der trocken gesättigter Dampf von ursprünglich 6 at austritt, so erhält man zunächst, unter Vernachlässigung der Widerstände und der Unterkühlung, für den Austrittsquerschnitt, der in diesem Falle zugleich engster Querschnitt ist, einen Druck $p_2 = p_m = 3{,}46$ at und $w_2 = w_m = 449$ m/sek. Bezeichnen wir mit w_0 die bei der adiabatischen Expansion bis auf p_3 erreichbare Geschwindigkeit, so ergibt sich nachstehende Zusammenstellung:

$p_3 = 3{,}46$	$2{,}5$	$1{,}5$	1	$0{,}1$ at
$\overline{w}_0 = 449$	560	679	778	1120 m/sek
$\overline{w}_3 = 449$	$558{,}5$	672	730	834 „

Daraus ersieht man, daß eine mäßige Überschreitung des kritischen Gefälles mittels einer einfachen Mündung durchaus angebracht sein kann, zumal hierbei die Wandreibung im divergenten Ansatz in Wegfall kommt. Erhebliche Überschreitungen des kritischen Gefälles lassen sich jedoch nur mit der Lavaldüse verwirklichen, wenn man größere Verluste vermeiden will.

6. Die Turbinenschauflung.

Die Turbinenschauflung erhält, mag sie erweitert sein, d. h. einen engsten Querschnitt aufweisen (Düse) oder nicht (einfache Leitvorrichtung), aus baulichen Gründen einen Schrägabschnitt (Abb. 8

---

[1] Zerkowitz: Dingler 1914. Z. ges. Turbinenwes. 1916.

236   G. Zerkowitz:

der Schrägabschnitt ist mit CDE bezeichnet). Wie Stodola an einer Düse und Loschge[1]) an einer einfachen Leitvorrichtung mit Hilfe von Druckmessungen gezeigt haben, findet in diesem Schrägabschnitt bei entsprechend tiefem Gegendruck eine weitere Expansion

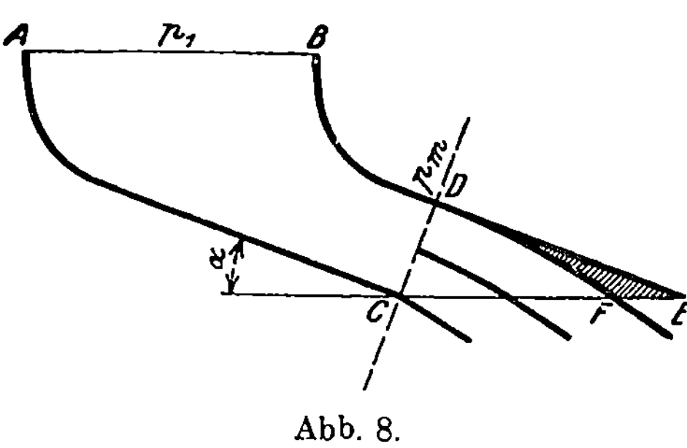

Abb. 8.

statt, die mit einer Ablenkung des Strahles verbunden ist. Dabei gehen, wie bei der Strömung nach Prandtl und Th. Meyer, die Isobaren strahlenförmig von der Ecke C aus. Die Verwirklichung der Potentialströmung könnte z. B. mittels einer Leitvorrichtung erfolgen, deren Rückwand nach DF gekrümmt wäre[2]). Ist dies nicht der Fall, ist z. B. die Rückwand gerade (DE), so erleidet das Strömungsbild, zumal noch die Wirkung der Reibung hinzukommt, eine Verzerrung, wobei die Isobaren abgebogen werden

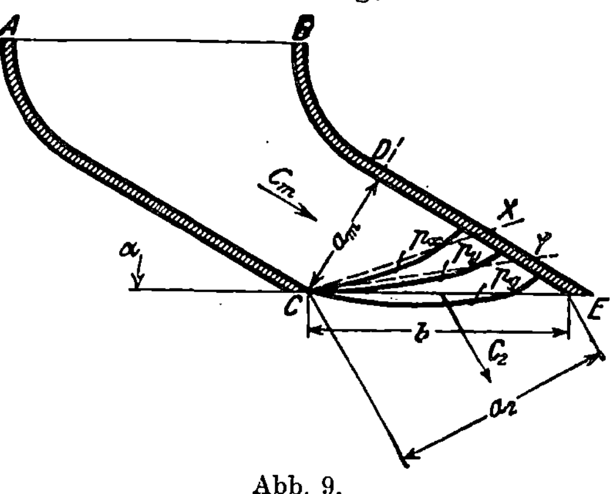

Abb. 9.

(Abb. 9). Eine solche Strömung kann mit guter Näherung wie folgt berechnet werden[3]): Wir denken uns die wirkliche Strömung durch eine ideelle ersetzt, bei der die Isobaren vom Pol C ausgehen und geradlinig verlaufen, also z. B. die Isobare p_x durch die Gerade CX usw. Der Strahl, der im Querschnitt CD die Geschwindigkeit c_m hat (aus turbinentechnischen Gründen sei nun die „absolute" Geschwindigkeit mit c bezeichnet), tritt mit der Geschwindigkeit c_2 aus, jedoch nicht unter dem Schaufelwinkel α, sondern unter dem größeren Winkel $\alpha + \omega$. Diese Strahlablenkung ist eine notwendige Folge der Expansion im Schrägschnitt und ist auf Grund des Impulssatzes auch ohne weiteres einzusehen. Die Kontinuitätsbedingung lautet dann:

$$\frac{f_m \cdot c_m}{v_m} = \frac{f_2 \cdot c_2}{v_2} \qquad \ldots \ldots \ldots \ldots (22)$$

<hr>

[1]) Loschge: Mitt. Forschungs-Arb. Heft 144, sowie Z. V. d. I. 1916; vgl. auch Christlein: Dissertation 1911 und Z. ges. Turbinenwesen 1912, ferner Flügel (a. a O.).

[2]) Vgl. hierüber Zerkowitz: Z. V. d. I. 1917; Wewerka: Z. V. d. I. 1919.

[3]) Zerkowitz: Z. V. d. I. 1922.

oder, wenn l, die Höhe der Schauflung, senkrecht zur Darstellungsebene in Abb. 9 gemessen, konstant bleibt, wie leicht einzusehen:

$$\frac{c_m}{v_m}\sin\alpha = \frac{c_2}{v_2}\sin(\alpha+\omega). \quad\ldots\ldots\ldots \quad (22\,\mathrm{a})$$

Ist DE nicht geradlinig, so kann auch diese Abweichung in einfachster Weise berücksichtigt werden. Andererseits schließt auch hier jede Isobare mit der entsprechenden Geschwindigkeit den Machschen Winkel ξ ein, wobei

$$\sin\xi = \frac{c_s}{c}$$

ist. Wir können nun jeden beliebigen Expansionsverlauf etwa im bekannten Mollierschen $i-s$-Diagramm annehmen und beherrschen so mittels eines einfachen rechnerisch-zeichnerischen Verfahrens den

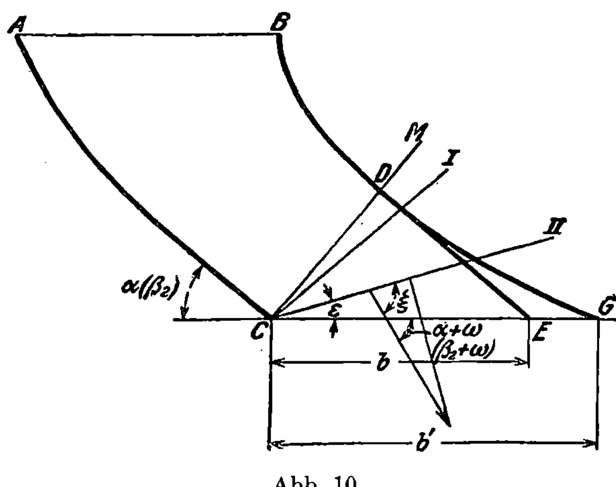

Abb. 10.

Strömvorgang. In Abb. 10 enthält CM den engsten Querschnitt, in dem die Geschwindigkeit etwas unter dem Schallwerte liegt. Im Fahrstrahl CI herrscht Schallgeschwindigkeit, in CII sei die Expansion beendet. Für die Lage von CII gilt die Bedingung:

$$\xi - \varepsilon = \alpha + \omega. \quad\ldots\ldots\ldots\ldots \quad (23)$$

Fällt CII in die Richtung von CE, so ist der Schrägabschnitt „voll" ausgenützt. Hierbei ist $\varepsilon = 0$, der erreichte Enddruck $p_2 = p_g$ (Grenzdruck).

Vorstehende Betrachtungsweise gilt für jede Art von Überdruckschauflung, also auch für Laufvorrichtungen[1]).

---

[1]) Die Doppelbezeichnung des Schaufelwinkels in Abb. 10 ist so zu verstehen, daß sich α auf die festen Leitschaufeln (Richtung der Absolutgeschwindigkeit), β_2 auf Laufschaufeln (Richtung der Relativgeschwindigkeit) bezieht.

7. Die Grenzleistungen von Dampfturbinen.

Besonderes Interesse bieten diese Vorgänge für die letzte Stufe der Turbine, die für die durchströmende Dampfmenge von entscheidender Bedeutung ist. Man ist im Laufe der Zeit dazu übergegangen, immer größere Leistungen mittels einer Dampfturbine zu bewältigen (etwa 60 000 kW bei einer Drehzahl von 1000 in der Minute, 10 000 kW bei 3000 Umdrehungen in der Minute). Die auf das Laufrad bezogene Geschwindigkeit sei mit w, die Absolutgeschwindigkeit dagegen mit c bezeichnet. Die ausschlaggebende Rolle der letzten Stufe, bei der Überdruckturbine des letzten Laufrades, erklärt sich daraus, daß das Dampfvolumen gegen das Niederdruckende stark zunimmt. Aus wärmetechnischen Gründen ist man bestrebt, in der Maschine ein möglichst hohes Vakuum auszunützen. Gehen wir z. B. davon aus, daß im engsten Querschnitt f_m ein Druck $p_m = 0{,}08$ at herrscht entsprechend $v_m = 17{,}5$ m³/kg und nehmen im Diagramm die Zustandskurve so an, daß sich 20 v. H. Energieverlust ergibt, so erhält man für den engsten Querschnitt $w_m = 346$ m/sek. Für verschiedene Enddrucke p_2 lassen sich sowohl die Werte für den Machschen Winkel ξ als auch die für den Austrittswinkel des Dampfstrahls $\alpha + \omega$ berechnen. Wie aus (23) ohne weiteres erhellt, ist der Druck, bei dem die beiden Winkel einander gleich sind, der gesuchte Enddruck. Er beträgt unter der Annahme eines Schaufelwinkels von 40° im vorliegenden Falle 0,044 at. Man ersieht daraus, daß im Schrägabschnitt noch eine beträchtliche Expansion, nämlich von 0,08 at auf 0,044 at möglich ist. Indessen bildet der Austrittsverlust, d. h. die der Absolutgeschwindigkeit beim Austritt aus dem letzten Laufrad entsprechende Energie, in manchen praktischen Fällen eine Grenze, wie an Hand eines Beispiels leicht eingesehen werden kann.

Die letzte Schauflung einer Überdruckturbine habe einen mittleren Durchmesser $D_m = 1400$ mm, die Schaufellänge sei $l = 280$ mm[1]). Es entspricht dies ungefähr einer Grenzleistungsturbine für 3000 Umdrehungen in der Minute, also einer mittleren Umfangsgeschwindigkeit von 220 m/sek; neuerdings wählt man mitunter noch längere Schaufeln, obwohl das „Fächern" der Schaufeln ihrer Länge bei Axialturbinen eine gewisse Grenze setzt.

Für 0,08 at ergibt sich folgende Zusammenstellung:

$p_2 =$	0,08	0,06	0,05	0,045 at
$c_2 =$	227	300	348	385 m/sek
$h =$	14,3	21,2	25,1	28,1 Cal
$h_{va} =$	6,1	10,7	14,4	(17,6) „
$h - h_{va} =$	8,2	10,5	10,7	(10,5) „

Darin bedeutet c_2 die absolute Austrittsgeschwindigkeit $h_{va} = A\,\dfrac{c_2^{\,2}}{2\,g}$ den Austrittsverlust, h das „innere", d. h. das aus der Zustands-

---

[1]) Daß diese Dimensionen, namentlich der Durchmesser von 1400 mm bei $n = 3000$, ungefähre Grenzwerte darstellen, ergibt sich aus Festigkeitsbetrachtungen.

kurve mit $\zeta = 0{,}2$ sich ergebende Wärmegefälle, $h - h_{va}$ das mit Rücksicht auf den Austrittsverlust tatsächlich ausgenützte Wärmegefälle. Die Erniedrigung des Enddruckes unter 0,06 at hat also praktisch keinen Sinn, weil dann der Austrittsverlust die Zunahme des Wärmegefälles überwiegt.

Das durchströmende Dampfgewicht berechnet sich aus

$$G_{\max} = \frac{f_m \cdot w_m}{v_m}$$

für den vorliegenden Fall zu 15 kg/sek. Steht vor der Turbine Dampf zur Verfügung von 15 at und 350^0 C, so ist das verfügbare (adiabatische) Gefälle bis zum Gegendruck von 0,06 at, $H_0 = 230$ Cal. Wegen der Verluste kann jedoch nur das mit dem „Gütegrad" η_g multiplizierte Wärmegefälle ausgenützt werden. Die Grenzleistung für die behandelte Turbine beträgt, wenn $\eta_g = 0{,}775$ ist:

$$N_g = \frac{15 \cdot 230 \cdot 0{,}775}{75\,A} = 15\,000 \text{ PS} = 10\,000 \text{ kW}.$$

Ist nun der Kondensatordruck kleiner als 0,06 at, so findet zwar im Schrägabschnitt noch eine weitere Expansion, im Grenzfalle im Sinne unserer obigen Untersuchung bis auf 0,044 at statt. Allein dieses höhere Vakuum kann wegen des größeren Auslaßverlustes nicht mehr ausgenützt werden. Es kann also auch die Dampfturbine, zumal bei großen Leistungen, das Vakuum nur in beschränktem Maße verarbeiten, auch bei ihr kann „unvollständige Expansion" auftreten. Vorstehende Betrachtung bezieht sich zwar auf den Fall der Überdruckturbine, bei der das Treibmittel sowohl im Leit- als auch im Laufrad expandiert. Bei der Gleichdruckturbine, bei der die Expansion wesentlich nur im Leitrad stattfindet, lassen sich die Verhältnisse nicht ebenso leicht übersehen. Hier genüge der Hinweis, daß mittels der reinen Gleichdruckwirkung strömungstechnisch auf keinen Fall höhere Leistungen bewältigt werden können als bei Überdruckwirkung und daß bei der hierbei notwendigen hohen Eintrittsgeschwindigkeit ins Laufrad in diesem zunächst eine (ungünstige) Verdichtung auftritt.

Die „unvollständige Expansion" und die wesentliche Rolle des Austrittsverlustes lehren auch, daß man bei der Umrechnung von Dampfverbrauchswerten und „Wirkungsgraden" sehr vorsichtig sein muß. Der oben angeführte „Gütegrad" oder „thermodynamische Wirkungsgrad" η_g ist für eine bestimmte Maschine von den Dampfverhältnissen in starkem Maße abhängig. Angaben für seine Veränderlichkeit in Abhängigkeit vom Anfangs- und Endzustand des Dampfes haben nur in einem beschränkten Maße Berechtigung. Änderungen des Anfangsdruckes sowie der Anfangstemperatur des Dampfes lassen sich noch verhältnismäßig leicht berücksichtigen; schwieriger ist die Berücksichtigung des Vakuums, die namentlich bei Grenzleistungsturbinen nicht auf Grund von Faustformeln erfolgen darf. Am richtigsten ist es wohl, wenn man die Angabe des Gütegrades auf ein bestimmtes Vakuum bezieht.

Neuere Anschauungen über die Hydrodynamik der Wasserturbine.

Von **D. Thoma** in München.

Die bei der Prandtlschen Tragflügeltheorie zulässige und dort überaus fruchtbare Annahme, daß durch den Flügel die Richtung der Relativströmung nur wenig geändert wird, ist für die Strömung durch eine Turbine von dem heute vorherrschenden Typus der Francis-Turbine nicht angängig, die theoretische Behandlung dieser Turbinen deswegen ungleich schwieriger. Das gegenwärtig für das Entwerfen der Schaufelungen noch übliche Verfahren beruht auf willkürlichen und — insbesondere für im Verhältnis zum Durchmesser breite Räder (Schnelläufer) — wenig zutreffenden Annahmen und verdient kaum die Bezeichnung Theorie.

Die Bestrebungen, die Wasserbewegung in der Turbine mit hydrodynamischen Methoden als ein Ganzes zu erfassen, wurden eingeleitet durch die verdienstvollen theoretischen Untersuchungen von Prášil und H. Lorenz, und gelangten zu einem gewissen Abschluß durch eine Arbeit von Bauersfeld[1]). Dem Vorgang von H. Lorenz folgend, dachte sich Bauersfeld die Wirkung der Laufradschaufelung durch ein stetiges Kraftfeld ersetzt; er gab ein Verfahren zum Entwurf der Schaufelung an, welches von gewissen vermeidbaren Beschränkungen seiner Vorgänger frei ist; geblieben war jedoch die Beschränkung auf den Fall, daß die Schaufelung bzw. das als deren Ersatz dienende Kraftfeld so beschaffen ist, daß das Meridianbild der Strömung wirbelfrei ist (Ringwirbel $= 0$). Da es nicht sicher, ja sogar nicht einmal wahrscheinlich ist, daß die technisch günstigsten Formen gerade unter denjenigen enthalten sind, bei denen der Ringwirbel im Schaufelbereich überall verschwindet, wird die praktische Brauchbarkeit des Verfahrens dadurch immerhin beeinträchtigt. Frei von dieser Beschränkung ist ein Entwurfverfahren, welches Körner[2]) angegeben hat; dieses Verfahren ist jedoch sehr mühsam und hat ebenfalls keinen Eingang in die Praxis gefunden — ob zu Recht oder Unrecht, bleibe dahingestellt.

---

[1]) Z. V. d. I. 1912, S. 2046.
[2]) Z. V. d. I. 1907, S. 1704; 1908, S. 200; 1914, S. 661.

Eine weitere sehr erhebliche Beeinträchtigung erleidet die praktische Brauchbarkeit beider Verfahren dadurch, daß die Wirkung der Schaufeln durch ein stetiges Kraftfeld ersetzt wird oder, wie man kurz sagen kann, durch die Annahme einer unendlich großen Schaufelzahl. Um die Oberflächenreibung nicht zu groß werden zu lassen, kann man in Wirklichkeit nur verhältnismäßig wenig Schaufeln anordnen; die Strömung wird dadurch erheblich anders als sie bei unendlich vielen Schaufeln von gleicher Form sein würde, insbesondere werden die Stromlinien eine verschiedene Gestalt aufweisen, je nachdem an welcher Stelle der Lichtweite zwischen zwei Schaufeln das Wasserteilchen strömt. Auch eine Verlustquelle tritt neu auf: Ein Wasserteilchen, welches den Schaufelkanal in der Nähe der Druckseite einer Schaufel durchläuft, wird, auch wenn die Kanalquerschnitte vom Laufradaustritt stetig abnehmen, unter Umständen eine Relativverzögerung erleiden, da es vom Leitrad kommend in das Gebiet höheren Druckes vor der Druckseite der Schaufel hineinlaufen muß. Es ist ja bekannt, daß eine Relativverzögerung leicht zur Ablösung und entsprechenden Wirbelverlusten Veranlassung gibt.

Zusammenfassend darf man also sagen: Die theoretische Behandlung der Francis - Turbine wird dadurch erschwert, daß die Schaufelzahl einerseits so gering ist, daß sie nicht ohne bedenkliche Fehler als unendlich groß angesehen werden darf; andererseits ist die Schaufelzahl aber wieder so groß, oder, was damit zusammenhängt, die durch die Schaufeln erzeugte Änderung in der Richtung der Relativgeschwindigkeit ist so groß, daß man nicht wie bei der Tragflügeltheorie das Quadrat der Winkeländerung vernachlässigen darf.

Das Versagen der theoretischen Behandlung hat zur Folge, daß die ausführende Praxis für die Verbesserung der Turbine hauptsächlich auf planmäßige Versuche angewiesen ist, deren Technik im Laufe des letzten Jahrzehntes sehr vervollkommnet wurde; insbesondere hat sich das Prinzip der Superposition kleiner Variationen der Schaufelfläche, deren Einfluß auf die hydraulischen Eigenschaften einzeln durch Versuch festgestellt ist, als recht fruchtbar erwiesen [1].

Die eine unendlich große Schaufelzahl annehmenden Theorien können für den Fall abnormaler Betriebszustände noch in gewisser Hinsicht ergänzt werden. Wenn das aus dem Leitrad kommende Wasser in den Schaufelbereich des Laufrades nicht mit einer zur Tangentialebene an den Schaufelanfang parallelen Relativgeschwindigkeit eintritt, ergibt sich ein „Eintrittsstoß". Der dadurch bedingte Energieverlust läßt sich für die jenen Theorien zugrunde liegenden Annahmen (unendlich viele, unendlich dünne Schaufeln) exakt berechnen. Die Grundlagen dieser Berechnung, die vielleicht von Interesse sind, will ich hier kurz angeben.

---

[1] Die neue Wasserturbinen - Versuchsanstalt in Gotha. Gotha: Verlag Engelhardt-Reyher 1918, S. 11.

In Abb. 1 ist ein System von parallelen, ruhenden Schaufeln gezeichnet, die zwischen ebenen, parallelen Begrenzungswänden angeordnet sein sollen, so daß ein ebenes Problem vorliegt; die Richtung des ankommenden Wassers ist durch die oberen Pfeile angegeben. Man nimmt an: An der Schaufelfläche tritt keine Oberflächenreibung auf, und die Schaufeln sind unendlich dünn im Vergleich zu ihrem gegenseitigen Abstande. Dann folgt, daß die von den Schaufeln auf das Wasser übertragene Gesamtkraft senkrecht zur Ebene der Schaufeln steht. Ferner hat man die Erfahrungstatsache heranzuziehen, daß die durch die scharfe Eintrittskontraktion erzeugte Ungleichmäßigkeit der Strömung sich nach Durchlaufen einer gewissen Strecke wieder ausgleicht, so daß das Wasser schließlich gleichmäßig und parallel zu den Schaufeln strömt. Es gelingt dann durch eine ganz einfache Impulsbetrachtung, deren Einzelheiten ich

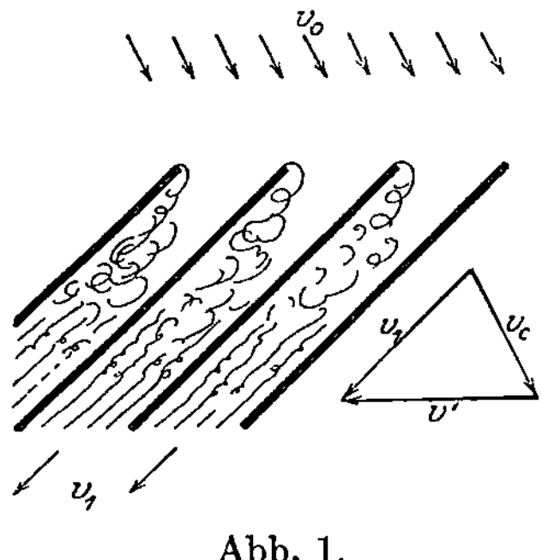

Abb. 1.

an anderer Stelle[1]) dargelegt habe, den Energieverlust durch den Eintrittsstoß zu ermitteln: Er ist $\dfrac{v'^2}{2\,g}$, wobei v' die graphische Differenz zwischen v_0 und v_1 ist. Schon Zeuner hat diese Formel angegeben (er bezeichnet v' als „verlorene Geschwindigkeit"), aber ohne Beweis. Es ist sicherlich bemerkenswert, daß er hier gefühlsmäßig das Richtige getroffen hat.

Es darf nicht überraschen, daß die Berechnung der Strömung durch ein System ebener, paralleler, unendlich dünner Schaufeln nach den Methoden der Potentialtheorie abweichend von dem eben Vorgetragenen keinen Energieverlust und auch eine andere Richtung der Schaufelkraft ergibt. Jene Rechnung setzt sich aber darüber hinweg, daß bei der gedachten Strömung an den Schaufelenden unendlich große negative Drucke auftreten müßten. Da in Wirklichkeit der Flüssigkeitsdruck in endlichen Grenzen eingeschlossen, insbesondere nach unten durch die Dampfspannung des Wassers begrenzt ist, verliert jene Rechnung für Schaufeln von vernachlässigbarer Dicke den Zusammenhang mit der Wirklichkeit. Die Behauptung, daß die Kraft bei verschwindender Dicke der Schaufeln und Abwesenheit von Reibung senkrecht zur Ebene der Schaufeln steht, wird dagegen durch einen zulässigen Grenzübergang gewonnen. Daß man die Verluste durch absichtliche Vergrößerung der Schaufeldicke und gute Abrundung der Eintrittskanten verringern kann, ist im Turbinenbau seit langem bekannt; diese Maßnahme war sogar Gegenstand eines Patentes.

Die in neuerer Zeit von Prof. Kaplan (Brünn) entwickelte Kaplan-Turbine bietet der theoretischen Behandlung viel bessere

---

[1]) Schweiz. Bauztg. 1922, S. 83.

Angriffspunkte, als die Francis - Turbine. Das Laufrad der Kaplan-Turbine (Abb. 2) besitzt eine gewisse Ähnlichkeit mit einem Propeller; es hat nur wenige (2 bis 4) flügelförmige Schaufeln. Die Umfangsgeschwindigkeit der Schaufeln ist verhältnismäßig sehr hoch, die durch die Schaufeln bewirkte Änderung der Richtung der Relativgeschwindigkeit infolgedessen (da in der Umfangsrichtung nur verhältnismäßig kleine Kräfte übertragen werden) gering. Dieser Umstand zusammen mit dem anderen Umstand, daß die Schaufeln zwischen sich große Zwischenräume frei lassen, so daß jede Schaufel von den Nachbarschaufeln nur wenig beeinflußt wird und mit einer gewissen Annäherung so arbeitet, als ob sie allein im Flüssigkeitsstrom stehen würde, gestattet einerseits prinzipiell eine ähnliche theoretische Behandlung wie beim Tragflügel, während es andererseits möglich wird, beim Entwurf der Schaufeln und Versuchsergebnisse zurückzugreifen, die für Tragflügelmodelle vorliegen.

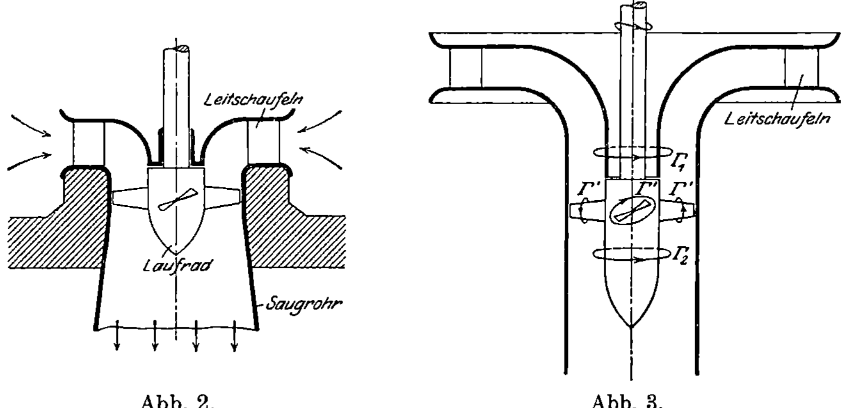

Abb. 2.   Abb. 3.

Für eine überschlägliche Betrachtung wird man von den Ungleichmäßigkeiten, welche die Strömung im Laufradbereich infolge der Nähe des Leitrades aufweist, absehen, also etwa ein Schema gemäß Abb. 3 zugrunde legen. In genügend weitem Abstande vor dem Laufrade kann dann $r\,c_u = (c_u =$ Umfangskomponente der absoluten Geschwindigkeit; $r =$ Abstand von der Achse) als konstant angesehen werden, d. h. die Zirkulation vor dem Laufrade ist konstant gleich $\Gamma_1 = 2\,\pi\,r\,c_u$.

Für den Abfluß aus dem Laufrade wünscht man in der Regel, daß im genügend großen Abstand vom Laufrad die Wassergeschwindigkeit überall achsenparallel und von gleicher Größe ist. Dann ist die Zirkulation hinter dem Laufrad überall $\Gamma_2 = 0$. Aus einer einfachen kinematischen Bedingung folgt allgemein

$$\Gamma_1 - z\,\Gamma' = \Gamma_2$$

($z =$ Schaufelzahl, $\Gamma' =$ Zirkulation um eine Schaufel), also für den speziellen Fall $\Gamma_2 = 0$: $\Gamma' = \dfrac{\Gamma_1}{z}$.

Da

$$M = \frac{Q\,\gamma}{g}\,[\,r_1\,c_{u1} - r_2\,c_{u2}\,] = \frac{Q\,\gamma}{g}\,\frac{\Gamma_1 - \Gamma_2}{2\,\pi}$$

($M =$ Drehmoment der Turbine, $Q =$ Wassermenge in der Zeiteinheit),
und nach dem Energiegesetz

$$N = M\,\omega = \eta\,\gamma\,Q\,H$$

($N =$ Leistung, $\omega =$ Winkelgeschwindigkeit des Laufrades, $\eta =$ hydraulischer Wirkungsgrad der Turbine) folgt $\Gamma_1 - \Gamma_2 = \dfrac{2\,\pi\,\eta\,H}{\omega}$
und nach Gl. 1)

$$\Gamma' = \frac{2\,\pi\,\eta\,H}{\omega\cdot z}.$$

Die Zirkulation um die Schaufel ist längs derselben konstant, sofern alle Wasserfäden mit gleichem Wirkungsgrade arbeiten.

Bei der Kaplan-Turbine sind die Laufradschaufeln um ihre Längsachse drehbar eingerichtet; zur Verringerung der Turbinenleistung werden die Leitradschaufeln und die Laufradschaufeln schräger eingestellt. Die Wirkungsgrade bei kleinen Beaufschlagungen werden dadurch sehr viel besser, als sie bei Verstellung der Leitschaufeln allein sein würden. Eine nähere Untersuchung zeigt jedoch, daß es zur Erfüllung beider Wünsche — gleiche Austrittsgeschwindigkeit für alle Wasserfäden und gleicher Energieentzug (längs der Schaufel unveränderliche Zirkulation) — notwendig sein würde, die inneren Teile der Laufradschaufeln um einen größeren Winkel zu verdrehen als die äußeren. Da in Wirklichkeit natürlich alle Querschnitte um den gleichen Winkel gedreht werden, ergeben sich Abweichungen. Sofern die Verdrehung nicht zu groß wird, ist anzunehmen, daß der Ausgleich dadurch erfolgt, daß die Wasserfäden sich nach dem inneren Teile der Laufradfläche zusammenziehen, wie in Abb. 4 schematisch angedeutet ist. Die Zirkulation um die Schaufel bleibt dabei längs derselben konstant, das Durchschnittsbild der Strömung im Meridianschnitt ist im Schaufelbereich wirbelbehaftet, außerhalb desselben wirbelfrei; die Geschwindigkeit ist in größerer Entfernung hinter dem Laufrade überall gleich groß und achsenparallel. Bei starker Herabsetzung der Leistung und entsprechend großer Verdrehung der Schaufeln dürfte der Ausgleich nicht mehr in dieser Weise ein-

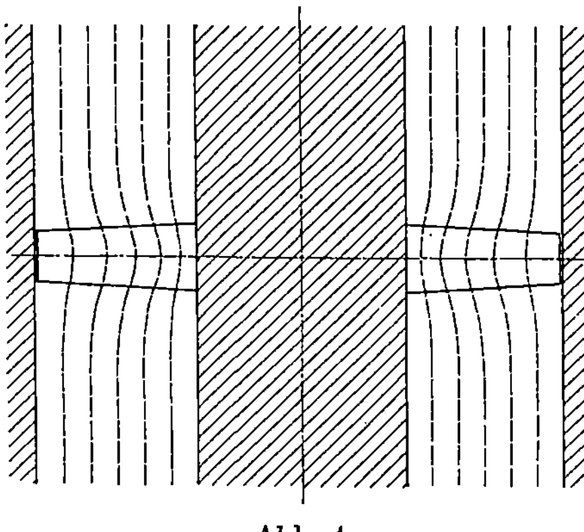

Abb. 4.

treten, vielmehr ist dann mit dem Auftreten von Unstetigkeiten in der Strömung und Verlusten zu rechnen.

Eine so elegante Behandlung von Minimumproblemen, wie sie in der Tragflügeltheorie beispielsweise hinsichtlich der günstigsten Verteilung des Auftriebes möglich war, ist beim Turbinenproblem unmöglich: Während die Rechnung sich dort auf den „induzierten Widerstand" beziehen kann, der auch in einem Medium von verschwindender Zähigkeit auftritt, liegen die Verhältnisse bei der Turbine so, daß bei einem Medium von verschwindender Zähigkeit ein Energieverlust prinzipiell nicht notwendig ist und deswegen mit jenen Methoden auch nicht berechnet werden kann; die Verluste stammen aus Quellen, die nicht oder doch nur sehr viel schwieriger rechnerisch faßbar sind: Kleine Ablösungen an den Austrittskanten der Schaufeln, Oberflächenreibung, Spaltverluste und besonders Verluste durch eintretende Unstetigkeiten der Strömung. Die reine Theorie wird daher mehr zur Klarstellung der kinematischen und dynamischen Zusammenhänge als zur Ermittlung der günstigsten Schaufelformen dienen können.

Ein Verfahren zum Entwurf der Schaufelung unter Verwendung der an Modellen von Flugzeugtragflächen erhaltenen Versuchsergebnisse hat Bauersfeld[1]) angegeben. Er nimmt an, daß jedes Wasserteilchen gezwungen sei, sich auf einer Zylinderfläche zu bewegen und denkt sich also die Turbine aus einer großen Anzahl von zylindrischen Teilturbinen zusammengesetzt — ein Verfahren, welches dem zur Zeit für Francis-Turbinen üblichen entspricht, nur daß es bei der Kaplan-Turbine eine ungleich bessere Annäherung an die Wirklichkeit gibt, als bei der viel verwickelteren Form der Francis-Turbine. Der Raum zwischen zwei benachbarten Zylinderflächen wird dann in die Ebene abgewickelt und die Strömung als ebenes Problem behandelt. In Abb. 5 ist eine solche Abwicklung, in Abb. 6 der zu-

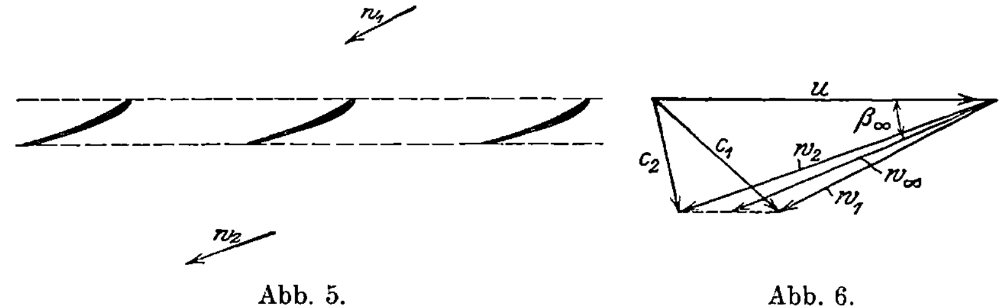

Abb. 5.   Abb. 6.

gehörige Geschwindigkeitsplan gezeichnet. Bauersfeld entnimmt einer Arbeit von Kutta über die ebene Strömung durch eine Jalousie das — übrigens auch leicht ganz elementar ableitbare — Ergebnis, daß bei verlustfreier Strömung die auf eine Schaufel ausgeübte Kraft senkrecht zu dem graphischen Mittel (w_x) aus der Relativgeschwindig-

---

[1]) Z. V. d. I. 1922, S. 461.

keit vor (w_1) und nach (w_2) dem Durchtritt für den Schaufelbereich ist. Die in Wirklichkeit auftretenden Verluste bedingen, daß die Richtung der Kraft um einen Winkel λ von jeder Richtung abweicht. Definiert man die senkrecht zu w_∞ stehende Komponente der Kraft als Auftrieb A, die in der Richtung von w_∞ fallende Komponente als Widerstand W, und entsprechend die Auftriebs- und Widerstandskoeffizienten ζ_A und ζ_W, so ist $\operatorname{tg}\lambda=\dfrac{W}{A}=\dfrac{\zeta_A}{\zeta_W}$.

Der Wirkungsgrad des betreffenden Teiles des Laufrades ergibt sich dann nach Bauersfeld zu

$$\varepsilon = \cfrac{1}{1+\cfrac{\sin\lambda}{\sin(\beta_\infty-\lambda)}\dfrac{w_\infty}{U}},$$

wobei U die Umfangsgeschwindigkeit der Schaufel ist und die Bedeutung von β_∞ aus Abb. 6 hervorgeht.

Zum Entwerfen der Schaufelung müssen für das gewählte Profil nicht nur die Werte von λ, sondern auch die Werte von ζ_A und ζ_W einzeln als Funktionen des Anstellwinkels bekannt sein, damit die Größen und Anstellwinkel der Schaufeln bestimmt werden können. Dafür stehen zwei Wege offen: Entweder kann man die spärlichen Versuche heranziehen, die an zwischen ebenen seitlichen Begrenzungsflächen angeordneten Tragflügelmodellen angestellt worden sind, oder man kann die auf die gewöhnliche Art im freien Luftstrom vorgenommenen Versuche benutzen, wenn man deren Ergebnisse nach der Prandtlschen Theorie auf unendlich große Spannweite umrechnet; in letzterem Falle steht natürlich eine sehr große Zahl von Profilen zur Auswahl zur Verfügung. In beiden Fällen muß man den Einfluß der benachbarten Schaufeln, der sich insbesondere durch eine Verkleinerung des Auftriebskoeffizienten bemerkbar macht, schätzungsweise berücksichtigen; Versuche über diese Frage wären sehr erwünscht.

Die Wirkungsgrade des Laufrades, auf die man bei dieser Berechnung geführt wird, sind recht hoch. An Verlusten im Laufrad kommen allerdings noch hinzu: Der Spaltverlust (Spalt zwischen Schaufel und zylindrischer Begrenzung), sowie die Störung, die bei der Drehbewegung, im Gegensatz zu der angenommenen ebenen Bewegung, durch den Umstand bedingt wird, daß das an den Austrittskanten entstehende, mit dem Laufrad rotierende Totwasser nach außen zentrifugiert wird. Der erstere Verlust läßt sich einigermaßen abschätzen, der zweite dürfte bei der Turbine (nicht bei ihrer Umkehrung, der Pumpe) nur gering sein. Setzt man für die an anderen Stellen der Turbine (Leitrad, Saugrohr) auftretenden Verluste noch angemessene Werte ein, so ergibt sich, daß mit der Kaplan-Turbine Wirkungsgrade bis etwa 0,9 erreichbar sein sollten. Der Typus der Francis-Turbine dürfte an sich mindestens ebenso gute oder sogar bessere Wirkungsgrade zulassen, nur ist es wegen der viel verwickelteren Formen dort nicht so leicht möglich und bisher auch nicht gelungen, die günstigsten Formen aufzufinden. Neben dem guten Wirkungsgrade ermöglicht die Kaplan-Turbine eine für viele Anwendungen sehr wünschenswerte Erhöhung der Drehzahl, auf etwa das Doppelte des mit Francis-Turbinen erreichbaren Wertes. Leider erfährt ihr Verwendungsbereich eine empfindliche Einschränkung (auf kleine Gefälle) durch die Gefahr der Hohlraumbildung (Kavitation) an der Saugseite der Schaufeln, wo schon bei verhältnismäßig kleinen Gefällen der Druck bis auf die Dampfspannung des Wassers herabgehen kann. Die Grenze des Anwendungsgebietes dürfte, soweit man es heute beurteilen kann, zwischen 5 und 10 m Gefälle liegen. Die theoretischen und experimentellen Untersuchungen über die Druckverteilung an Tragflächen ermöglichen eine besondere Beurteilung der Kavitationsgefahr und gestatten auch Maßnahmen anzugeben, um den Eintritt der Kavitation möglichst hinauszuschieben. Natürlich bleiben aber hinsichtlich dieser technisch recht wichtigen Frage Versuche mit den Turbinen selbst sehr erwünscht.

Über Strahlerweiterung und Strahlablenkung.

Von **E. Witoszynski** in Warschau.

In den folgenden Zeilen sollen zwei einfache Strömungsformen angegeben werden, welche für den Entwurf von Luftkanalanlagen von Interesse sein können.

1. Die Erweiterungsdüse (Diffusor).

Es ist bekannt, daß wenn man die Geschwindigkeit eines Gas- oder Flüssigkeitsstrahls mit kreisförmigem Querschnitt ohne bedeutende Verluste vermindern will, der Kegelwinkel der betreffenden Düse sehr gering gehalten werden muß, so daß die Düse sehr große Länge erhält.

Es ist in diesem Falle nützlich, die Form der Düse so zu bestimmen, daß die Erweiterung stetig, ohne plötzliche Änderung erfolgt und daß die Strömung — ideale, inkompressible Flüssigkeit vorausgesetzt — im Unendlichen in eine geradlinige, gleichförmige Strömung übergeht.

Man kann Lösungen angeben mit Hilfe von Ringfunktionen; der nachfolgende elementare Weg führt jedoch einfacher zum Ziele.

Die Differentialgleichung für die Strömungsfunktion einer idealen Flüssigkeit, welche ohne Wirbel achsensymmetrisch strömt, lautet in Zylinderkoordinaten z und r

$$\frac{\partial^2 \psi}{\partial r^2} - \frac{1}{r}\frac{\partial \psi}{\partial r} + \frac{\partial^2 \psi}{\partial z^2} = 0 \ . \ . \ . \ . \ . \ . \ . \ . \ . \ (1)$$

Man sieht unmittelbar, daß die Reihe

$$\psi = r^2 f(z) - \frac{r^4}{2\cdot 4}\frac{d^2 f(z)}{dz^2} + \frac{r^6}{2\cdot 4^2\cdot 6}\frac{d^4 f}{dz^4} - \ . \ . \ . \ . \ . \ (2)$$

der Gl. (1) genügt, wenn $f(z)$ eine beliebige Funktion von z ist; $f(z)$ soll so gewählt werden, daß $f(\infty) = 1$ beträgt, $\dfrac{d^2 f}{dz^2}$, $\dfrac{d^4 f}{dz^4}$ usw. im Unendlichen verschwinden und $f(z)$ mit seinen sämtlichen Differentialquotienten überall endlich bleibt.

Ein Beispiel für eine solche Funktion ist $f(z) = 1 + \dfrac{f_1(z)}{(z^2 + a^2)^n}$, wobei $f_1(z)$ eine ganze Funktion von geringerer Ordnung als $2n$ von z ist und a einen konstanten Parameter bezeichnet. Wenn wir diese Funktion in (2) einführen, erhalten wir eine Reihe, welche außer $r = a$ und $z = 0$ für alle Werte von r und z konvergiert. Man kann zeigen, was ich nicht ausführen will, daß diese Reihe mittels Ringfunktionen summiert werden kann. Wenn $f_1(z)$ nur gerade Potenzen von z enthält, so ist die Strömung symmetrisch in bezug auf die Ebene $z = 0$. Setzen wir z. B. $f_1(z) = A \dfrac{\left(1 - \dfrac{3z^2}{a^2}\right)^2}{\left(1 + \dfrac{z^2}{a^2}\right)^3}$.

Wenn wir uns auf kleine Werte von r beschränken, etwa $r < 0 \cdot 2\,a$, so genügt es, das erste Glied der Reihe (2) zu behalten, und wir erhalten

$$\psi = r^2 \left[1 + A \, \frac{\left(1 - 3\dfrac{z^2}{a^2}\right)^2}{\left(1 + \dfrac{z^2}{a^2}\right)^3} \right].$$

Wenn wir die Konstante A — entsprechend der Abb. 1 — folgendermaßen festsetzen:

$$r_1^2(1 + A) = r_0^2$$

oder

$$A = 1 - \left(\frac{r_0}{r_1}\right)^2,$$

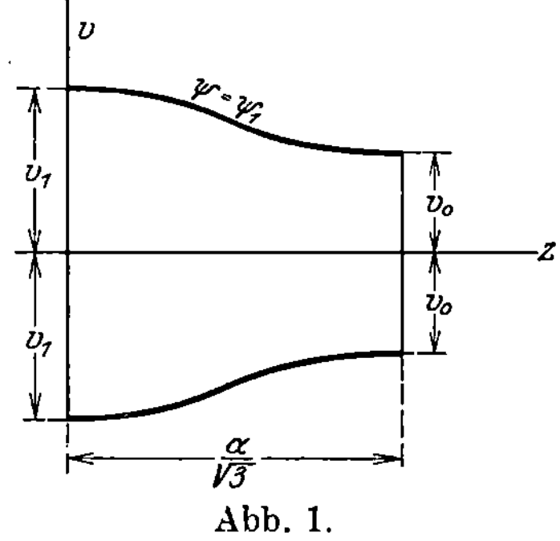

Abb. 1.

so erhalten wir die Gleichung der Stromlinie $\psi = \psi_1$

$$r = \frac{r_0}{\sqrt{1 - \left(1 - \dfrac{r_0^2}{r_1^2}\right) \dfrac{\left(1 - 3\dfrac{z^2}{a^2}\right)^2}{\left(1 + \dfrac{z^2}{a^2}\right)^3}}}.$$

Die gewählte Funktion hat die nützliche Eigenschaft, daß ihre erste Abteilung für $z = 0$ und $z = \dfrac{a}{\sqrt 3}$ verschwindet. In dieser Weise erhalten wir eine fast konstante und nahezu parallele Geschwindigkeitsverteilung in dem Eintritts- und Austrittsquerschnitt. Durch Anwendung einer solchen Diffusorform statt der konischen Düse kann man wahrscheinlich die Länge reduzieren. Dieselbe Form kann man auch als Düse für Geschwindigkeitsvermehrung benutzen.

2. Umlenkung einer ebenen Strömung um 180°.

Der Strom sei in den Querschnitten $\overline{AB}$ und $\overline{CD}$ (Abb. 2) nahezu parallel und werde in einer Ecke um 180° abgelenkt. Wir

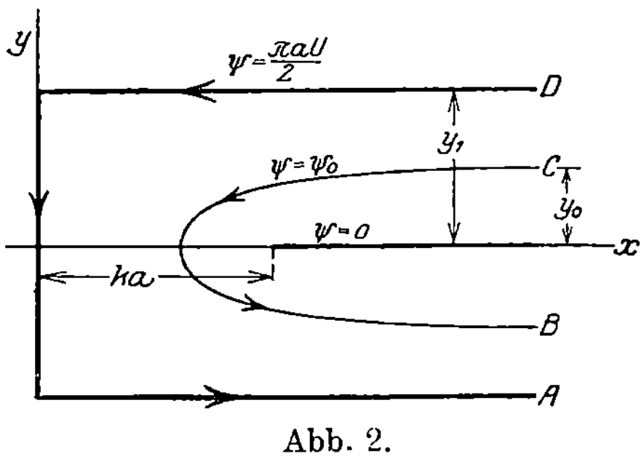

Abb. 2.

bezeichnen mit φ das Geschwindigkeitspotential, ψ die Stromfunktion, mit z die komplexe Zahl $x + iy$ und setzen

$$\mathfrak{Sin}\,\frac{z}{a} = \mathfrak{Sin}\,k\,\mathfrak{Cof}\,\frac{\varphi + z\,\psi}{aU}, \quad . \quad (1)$$

wobei k und a Konstanten, U die Geschwindigkeit im Unendlichen bedeuten. Wenn wir Gl.(1) in einen reellen und einen imaginären Teil zerlegen, erhalten wir

$$\mathfrak{Sin}\,\frac{x}{a}\,\cos\frac{y}{a} = \mathfrak{Sin}\,k\,\mathfrak{Cof}\,\frac{\varphi}{Ua}\,\cos\frac{\psi}{Ua}$$

$$\mathfrak{Cof}\,\frac{x}{a}\,\sin\frac{y}{a} = -\,\mathfrak{Sin}\,k\,\mathfrak{Sin}\,\frac{\varphi}{Ua}\,\sin\frac{\psi}{Ua}.$$

Nach Elimination von φ haben wir:

$$\left.\begin{array}{l} \dfrac{\mathfrak{Sin}^2\,\dfrac{x}{a}\cos^2\dfrac{y}{a}}{\mathfrak{Sin}^2\,k\cos^2\dfrac{\psi}{Ua}} - \dfrac{\mathfrak{Cof}^2\,\dfrac{x}{a}\sin^2\dfrac{y}{a}}{\mathfrak{Sin}^2\,k\sin^2\dfrac{\psi}{Ua}} = 1 \\[2em] \sin^2\dfrac{y}{a} = \dfrac{\mathfrak{Sin}^2\,\dfrac{x}{a} - \mathfrak{Sin}^2\,k\cos^2\dfrac{\psi}{Ua}}{\mathfrak{Sin}^2\,\dfrac{x}{a} + \mathfrak{Cof}^2\,k\cot^2\dfrac{\psi}{Ua}} \end{array}\right\} \quad . \quad . \quad . \quad . \quad (2)$$

Man sieht, daß die Stromlinie $\psi = 0$ durch den Teil der x-Achse zwischen $x = ka$ und $x = \infty$ gebildet wird. Die Stromlinie $\psi = \dfrac{\pi}{2}\,aU$ besteht aus den zwei Geraden $y = \pm\dfrac{\pi a}{2}$ und aus dem Teil der y-Achse zwischen den Grenzen $-\dfrac{\pi a}{2} < y < \dfrac{\pi a}{2}$. Mit Hilfe der Gl.(2) ist es leicht, die zwischenliegenden Stromlinien zu berechnen und zu zeichnen. Sie haben die Asymptoten

$$y_{x=\infty} = \pm\frac{\psi}{U}.$$

Wir berechnen noch die Geschwindigkeitsverteilung. Aus (1) folgt

$$\frac{\varphi + 2\,\psi}{a\,U} = \mathfrak{Ar}\,\mathfrak{Cof}\left(\frac{\mathfrak{Sin}\,\dfrac{z}{a}}{\mathfrak{Sin}\,k}\right).$$

Die komplex genommene Geschwindigkeit lautet

$$v_x - i v_y = \frac{d\,(\varphi + i\psi)}{dz}$$

oder

$$\frac{v_x - i v_y}{U} = \frac{\mathfrak{Cof}\,\dfrac{z}{a}}{\sqrt{\mathfrak{Sin}^2\,\dfrac{z}{a} - \mathfrak{Sin}^2 k}}.$$

Die Geschwindigkeit verschwindet in den Ecken $x = 0,\ y = \pm\dfrac{\pi a}{2}$. Das Maximum der Geschwindigkeit an jeder Stromlinie tritt auf der x-Achse $(y = 0)$ auf. Sein Wert beträgt

$$V_y = -\,U\,\frac{\sqrt{1 + \mathfrak{Sin}^2 k\,\cos^2\dfrac{\psi}{a\,U}}}{\mathfrak{Sin}\,k\,\sin\dfrac{\psi}{a\,U}}, \quad \ldots \ldots \ldots (3)$$

wobei ψ mit x durch die Gleichung

$$\mathfrak{Sin}\,\frac{x}{a} = \mathfrak{Sin}\,k\,\cos\frac{\psi}{a\,U} \quad \ldots \ldots \ldots (3a)$$

zusammenhängt. Wenn man die Bedingung stellt, daß die maximale Geschwindigkeit die Grenze U nicht überschreiten soll, so erhält man für den entsprechenden Wert von ψ_0

$$\frac{\sqrt{1 + \mathfrak{Sin}^2 k\,\cos^2\dfrac{\psi_0}{a\,U}}}{\mathfrak{Sin}\,k\,\sin\dfrac{\psi_0}{a\,U}} = 1, \qquad \sin\frac{\psi_0}{a\,U} = \frac{\mathfrak{Cotg}\,k}{\sqrt{2}} \quad \ldots \ldots (4)$$

Man ersieht aus Gl. (4), daß ψ_0 mit wachsender k sich dem Wert $\dfrac{\pi a\,U}{4}$ nähert. Damit haben wir gezeigt, daß wenn die Geschwindigkeit nicht über U hinauswachsen soll, $y_0 > \dfrac{y_1}{2}$ gewählt werden muß.

Die Ungleichung muß um so stärker erfüllt sein, je enger der Durchlaß $k\,a$ ist. Es ist klar, daß das Strömungsbild sich in der y-Richtung wiederholen läßt und symmetrisch in bezug auf die Achse $x = 0$ ist.

Fragen der klassischen und relativistischen Mechanik. Vier Vorträge von Prof. **T. Levi-Civita**, Bonn. Autorisierte Übersetzung. Erscheint im Frühjahr 1924.

Flugzeugbaukunde. Eine Einführung in die Flugtechnik. Von Dr.-Ing. **H. G. Bader**. Mit 94 Bildern im Text. 1924.
4.80 Goldmark; geb. 5.40 Goldmark / 1.15 Dollar; geb. 1.30 Dollar

Die Stabilität der Flugzeuge. Einführung in die dynamische Stabilität der Flugzeuge. Von Prof. **G. H. Bryan**, North Wales. Aus dem Englischen übertragen von Dipl.-Ing. **H. G. Bader**, Dresden. Mit 40 Textfiguren. 1914.　　　　　　6.30 Goldmark / 1.50 Dollar

Fluglehre. Vorträge über Theorie und Berechnung der Flugzeuge in elementarer Darstellung von Dr. **Richard von Mises**, Professor an der Universität Berlin. Zweite, durchgesehene Auflage. Mit 113 Text-abbildungen. 1922.　　　　　　6 Goldmark / 1.45 Dollar

Strömungsenergie und mechanische Arbeit. Beiträge zur ab-strakten Dynamik und ihre Anwendung auf Schiffspropeller, schnell-laufende Pumpen und Turbinen, Schiffswiderstand, Schiffssegel, Wind-turbinen, Trag- und Schlagflügel und Luftwiderstand von Geschossen. Von **Paul Wagner**, Oberingenieur, Berlin. Mit 151 Textfiguren. 1914.
Gebunden 10 Goldmark / Gebunden 2.40 Dollar

Die Berechnung der Drehschwingungen und ihre Anwendung im Maschinenbau. Von **Heinrich Holzer**, Oberingenieur der Maschinen-fabrik Augsburg-Nürnberg. Mit vielen praktischen Beispielen und 48 Textfiguren. 1921.
8 Goldmark; geb. 9 Goldmark / 1.95 Dollar; geb. 2.15 Dollar

Drehschwingungen in Kolbenmaschinenanlagen und das Ge-setz ihres Ausgleichs. Von Dr.-Ing. **Hans Wydler**, Kiel. Mit einem Nachwort: Betrachtungen über die Eigenschwingungen reibungs-freier Systeme von Prof. Dr.-Ing. Guido Zerkowitz, München. Mit 46 Textfiguren. 1922.　　　　　　6 Goldmark / 1.45 Dollar

Technische Schwingungslehre. Ein Handbuch für Ingenieure, Physiker und Mathematiker bei der Untersuchung der in der Technik angewendeten periodischen Vorgänge. Von Dipl.-Ing. Dr. **Wilhelm Hort**, Oberingenieur bei der Turbinenfabrik der AEG., Privatdozent an der Technischen Hochschule in Berlin. Zweite, völlig umge-arbeitete Auflage. Mit 423 Textfiguren. 1922.
Gebunden 24 Goldmark / Gebunden 5.75 Dollar

Mathematische Schwingungslehre. Theorie der gewöhnlichen Differentialgleichungen mit konstanten Koeffizienten sowie einiges über partielle Differentialgleichungen und Differenzengleichungen. Von Dr. **Erich Schneider**. Mit 49 Textabbildungen. 1924.
8.40 Goldmark; geb. 9.15 Goldmark / 2 Dollar; geb. 2.20 Dollar

Grundzüge der technischen Schwingungslehre. Von Prof. Dr.-Ing. **Otto Föppl**, Braunschweig, Technische Hochschule. Mit 106 Abbildungen im Text. 1923.
4 Goldmark; geb. 4.80 Goldmark / 0.95 Dollar: geb. 1.15 Dollar

Beiträge zur technischen Mechanik und technischen Physik. August Föppl zum siebzigsten Geburtstag am 25. Januar 1924 gewidmet von seinen Schülern. Mit dem Bildnis August Föppls und 111 Abbildungen im Text. 1924.
8 Goldmark; geb. 9.60 Goldmark / 2 Dollar; geb. 2.30 Dollar

Ed. Autenrieth, Technische Mechanik. Ein Lehrbuch der Statik und Dynamik für Ingenieure. Neu bearbeitet von Dr.-Ing. **Max Ensslin,** Eßlingen. Dritte, verbesserte Auflage. Mit 295 Textabbildungen.
Gebunden 15 Goldmark / Gebunden 3.60 Dollar

Theoretische Mechanik. Eine einleitende Abhandlung über die Prinzipien der Mechanik. Mit erläuternden Beispielen und zahlreichen Übungsaufgaben. Von **A. E. H. Love**, M. A., D. Sc., F. R. S., ordentlicher Professor der Naturwissenschaft an der Universität Oxford. Autorisierte deutsche Übersetzung der zweiten Auflage von Dr.-Ing. **Hans Polster.** Mit 88 Textfiguren. 1920.
12 Goldmark; geb. 14 Goldmark / 2.90 Dollar; geb. 3.35 Dollar

Ingenieur-Mechanik. Lehrbuch der technischen Mechanik in vorwiegend graphischer Behandlung. Von Dr.-Ing. Dr. phil. **Heinz Egerer,** Diplom-Ingenieur, vormals Professor für Ingenieur-Mechanik und Materialprüfung an der Technischen Hochschule Drontheim.
Erster Band: **Graphische Statik starrer Körper.** Mit 624 Textabbildungen sowie 238 Beispielen und 145 vollständig gelösten Aufgaben. Unveränderter Neudruck. 1923.
Gebunden 11 Goldmark / Gebunden 2.65 Dollar
Band 2—4 in Vorbereitung. Der zweite und dritte Band behandeln **die gesamte Mechanik starrer und nichtstarrer Körper.**
Der vierte Band bringt **die Erweiterung der Festigkeitslehre und Dynamik für Tiefbau-, Maschinen- und Elektroingenieure.**

Einführung in die Mechanik mit einfachen Beispielen aus der Flugtechnik. Von Prof. Dr. **Theodor Pöschl,** Prag. Mit 102 Textabbildungen. 1917.   3.75 Goldmark / 0.90 Dollar

Lehrbuch der technischen Mechanik für Ingenieure und Studierende. Zum Gebrauche bei Vorlesungen an Technischen Hochschulen und zum Selbststudium. Von Prof. Dr.-Ing. **Theodor Pöschl,** Prag. Mit 206 Abbildungen. 1923.
6 Goldmark; geb. 7.25 Goldmark / 1.45 Dollar; geb. 1.75 Dollar

Lehrbuch der Hydraulik für Ingenieure und Physiker. Von Dr.-Ing. **Theodor Pöschl,** o. ö. Professor an der Deutschen Technischen Hochschule in Prag. Mit etwa 150 Textabbildungen.
Erscheint im Frühjahr 1924.

Die technische Mechanik des Maschineningenieurs mit besonderer Berücksichtigung der Anwendungen. Von Prof. Dipl.-Ing. P. Stephan, Regierungsbaumeister. In vier Bänden.

Erster Band: **Allgemeine Statik.** Mit 300 Textfiguren. 1921.
Gebunden 4 Goldmark / Gebunden 0.95 Dollar

Zweiter Band: **Die Statik der Maschinenteile.** Mit 276 Textfiguren. 1921. Gebunden 7 Goldmark / Gebunden 1.70 Dollar

Dritter Band: **Bewegungslehre und Dynamik fester Körper.** Mit 264 Textfiguren. 1922. Gebunden 7 Goldmark / Gebunden 1.70 Dollar

Vierter Band: **Die Elastizität gerader Stäbe.** Mit 255 Textfiguren. 1922. Gebunden 7 Goldmark / Gebunden 1.70 Dollar

---

F. Wittenbauer, Aufgaben aus der technischen Mechanik.

Erster Band: **Allgemeiner Teil.** 839 Aufgaben nebst Lösungen. Fünfte, verbesserte Auflage bearbeitet von Dr.-Ing. **Theodor Pöschl,** o. ö. Professor an der Deutschen Technischen Hochschule in Prag. Mit 640 Textfiguren. Erscheint im Frühjahr 1924.

Zweiter Band: **Festigkeitslehre.** 611 Aufgaben nebst Lösungen und einer Formelsammlung. Dritte, verbesserte Auflage. Mit 505 Textfiguren. Unveränderter Neudruck. 1922.
Gebunden 8 Goldmark / Gebunden 1.95 Dollar

Dritter Band: **Flüssigkeiten und Gase.** 634 Aufgaben nebst Lösungen und einer Formelsammlung. Dritte, vermehrte und verbesserte Auflage. Mit 433 Textfiguren. Unveränderter Neudruck. 1922. Gebunden 8 Goldmark / Gebunden 1,95 Dollar

---

Graphische Dynamik. Ein Lehrbuch für Studierende und Ingenieure. Mit zahlreichen Anwendungen und Aufgaben. Von **Ferdinand Wittenbauer †**, Professor an der Technischen Hochschule in Graz. Mit 745 Textfiguren. 1923. Gebunden 30 Goldmark / Gebunden 7.15 Dollar

---

Lehrbuch der technischen Physik. Von Dr. Dr.-Ing. **Hans Lorenz,** o. Professor an der Technischen Hochschule Danzig, Geheimer Regierungsrat. Zweite, neubearbeitete Auflage.

Erster Band: **Technische Mechanik starrer Gebilde.** Zweite, vollständig neubearbeitete Auflage der „technischen Mechanik starrer Systeme".

Erster Teil: **Mechanik ebener Gebilde.** Mit 295 Abbildungen.
Erscheint im Frühjahr 1924.

Koordinaten-Geometrie. Von Dr. **Hans Beck,** Professor an der Universität Bonn. Erster Band: **Die Ebene.** Mit 47 Textabbildungen. 1919. 17 Goldmark / 4.05 Dollar

---

Die Herstellung gezeichneter Rechentafeln. Ein Lehrbuch der Nomographie. Von Dr.-Ing. **Otto Lacmann.** Mit 68 Abbildungen im Text und auf 3 Tafeln. 1923. 4 Goldmark / 0.95 Dollar

Die Grundlehren der mathematischen Wissenschaften in Einzeldarstellungen. Mit besonderer Berücksichtigung der Anwendungsgebiete. Gemeinsam mit W. Blaschke, Hamburg, M. Born, Göttingen, C. Runge, Göttingen. Herausgegeben von R. Courant, Göttingen.

Bd. I: **Vorlesungen über Differential-Geometrie** und geometrische Grundlagen von Einsteins Relativitätstheorie. Von **Wilhelm Blaschke,** Professor der Mathematik an der Universität Hamburg. I. Elementare Differential-Geometrie. Zweite, verbesserte Auflage. Mit einem Anhang von Kurt Reidemeister, Professor der Mathematik an der Universität Wien. Mit 40 Textfiguren. 1924.
11 Goldmark; geb. 12 Goldmark / 2.65 Dollar; geb. 2.90 Dollar

Bd. II: **Theorie und Anwendung der unendlichen Reihen.** Von Dr. **Konrad Knopp,** ord. Professor der Mathematik an der Universität Königsberg. Zweite, erweiterte Auflage. Mit 12 Textfiguren. 1924.
27 Goldmark; geb. 28 Goldmark / 6.45 Dollar, geb. 6.70 Dollar

Bd. III: **Vorlesungen über allgemeine Funktionentheorie und elliptische Funktionen.** Von **Adolf Hurwitz,** weil. ord. Professor der Mathematik am Eidgenössischen Polytechnikum Zürich. Herausgegeben und ergänzt durch einen Abschnitt über: **Geometrische Funktionentheorie von R. Courant,** ord. Professor der Mathematik an der Universität Göttingen. Zweite Auflage. In Vorbereitung.

Bd. IV: **Die mathematischen Hilfsmittel des Physikers.** Von Dr. **Erwin Madelung,** ord. Professor der theoretischen Physik an der Universität Frankfurt a. M. Mit 20 Textfiguren. 1922.
Gebunden 10 Goldmark / Gebunden 2.40 Dollar

Bd. V: **Die Theorie der Gruppen von endlicher Ordnung** mit Anwendungen auf algebraische Zahlen und Gleichungen sowie auf die Kristallographie. Von **Andreas Speiser,** ord. Professor der Mathematik an der Universität Zürich. 1923.
7 Goldmark; geb. 8.50 Goldmark / 1.70 Dollar; geb. 2.05 Dollar

Bd. VI: **Theorie der Differentialgleichungen.** Vorlesungen aus dem Gesamtgebiet der gewöhnlichen und der partiellen Differentialgleichungen. Von **Ludwig Bieberbach,** o. ö. Professor der Mathematik an der Friedrich-Wilhelms-Universität in Berlin. Mit 19 Textfiguren. 1923.
10 Goldmark; geb. 12 Goldmark / 2.40 Dollar; geb. 2.90 Dollar

Bd. VII: **Vorlesungen über Differential-Geometrie** und geometrische Grundlagen von Einsteins Relativitätstheorie. Von **Wilhelm Blaschke.** Professor der Mathematik an der Universität Hamburg. II. Affine Differential-Geometrie, bearbeitet von Kurt Reidemeister, Prof. der Mathematik an der Universität Wien. Erste und zweite Auflage. Mit 40 Textfiguren. 1923.
8.50 Goldmark; geb. 10 Goldmark / 2.05 Dollar; geb. 2.40 Dollar

Bd. VIII: **Vorlesungen über Topologie.** Von **B. v. Kerékjártó.** I. Flächentopologie. Mit 60 Textfiguren. 1923.
11.50 Goldmark; geb. 13 Goldmark / 2.75 Dollar; geb. 3.10 Dollar

Bd. IX: **Einleitung in die Mengenlehre.** Eine elementare Einführung in das Reich des Unendlichgroßen von **Adolf Fraenkel,** a. o. Professor an der Universität Marburg. Zweite, erweiterte Auflage. Mit 13 Textfiguren. 1923.
10.80 Goldmark; geb. 12.60 Goldmark / 2.60 Dollar; geb. 3 Dollar

Weitere Bände in Vorbereitung.